机 械 设 计 手 册

第 6 版

单 行 本

智能设计 仿生机械设计

主　编　闻邦椿
副主编　鄂中凯　张义民　陈良玉　孙志礼
　　　　宋锦春　柳洪义　巩亚东　宋桂秋

机 械 工 业 出 版 社

《机械设计手册》第6版 单行本共26分册，内容涵盖机械常规设计、机电一体化设计与机电控制、现代设计方法及其应用等内容，具有系统全面、信息量大、内容现代、突显创新、实用可靠、简明便查、便于携带和翻阅等特色。各分册分别为：《常用设计资料和数据》《机械制图与机械零部件精度设计》《机械零部件结构设计》《连接与紧固》《带传动和链传动 摩擦轮传动与螺旋传动》《齿轮传动》《减速器和变速器》《机构设计》《轴 弹簧》《滚动轴承》《联轴器、离合器与制动器》《起重运输机械零部件和操作件》《机架、箱体与导轨》《润滑 密封》《气压传动与控制》《机电一体化技术及设计》《机电系统控制》《机器人与机器人装备》《数控技术》《微机电系统及设计》《机械系统概念设计》《机械系统的振动设计及噪声控制》《疲劳强度设计 机械可靠性设计》《数字化设计》《工业设计与人机工程》《智能设计 仿生机械设计》。

本单行本为《智能设计 仿生机械设计》，《智能设计》主要介绍了智能模拟的科学、智能设计方法和技术综述、进化设计技术与方法、自组织设计技术与方法、自学习设计技术与方法、人工生命设计技术与方法；《仿生机械设计》主要介绍了仿生机械设计概述、仿生机械设计生物模本、仿生机械形态与结构设计等内容。

本书供从事机械设计、制造、维修及有关工程技术人员作为工具书使用，也可供大专院校的有关专业师生使用和参考。

图书在版编目（CIP）数据

机械设计手册. 智能设计 仿生机械设计/闻邦椿主编. —6 版. —北京：机械工业出版社，2020.4（2023.1 重印）
ISBN 978-7-111-64905-2

Ⅰ.①机… Ⅱ.①闻… Ⅲ.①机械设计-技术手册②智能设计-技术手册③仿生机构学-机械设计-技术手册 Ⅳ.① TH122-62 ② TB21-62 ③ TH112-62

中国版本图书馆 CIP 数据核字（2020）第 034489 号

机械工业出版社（北京市百万庄大街22号　邮政编码100037）
策划编辑：曲彩云　责任编辑：曲彩云　高依楠
责任校对：徐 强　封面设计：马精明
责任印制：常天培
固安县铭成印刷有限公司印刷
2023 年 1 月第 6 版第 2 次印刷
184mm×260mm · 14.75 印张 · 359 千字
标准书号：ISBN 978-7-111-64905-2
定价：48.00 元

电话服务
客服电话：010-88361066
　　　　　010-88379833
　　　　　010-68326294
封底无防伪标均为盗版

网络服务
机 工 官 网：www.cmpbook.com
机 工 官 博：weibo.com/cmp1952
金 书 网：www.golden-book.com
机工教育服务网：www.cmpedu.com

出 版 说 明

《机械设计手册》自出版以来，已经进行了 5 次修订，2018 年第 6 版出版发行。截至 2019 年，《机械设计手册》累计发行 39 万套。作为国家级重点科技图书，《机械设计手册》深受广大读者的欢迎和好评，在全国具有很大的影响力。该书曾获得中国出版政府奖提名奖、中国机械工业科学技术奖一等奖、全国优秀科技图书奖二等奖、中国机械工业部科技进步奖二等奖，并多次获得全国优秀畅销书奖等奖项。《机械设计手册》已成为机械设计领域的品牌产品，是机械工程领域最具权威和影响力的大型工具书之一。

《机械设计手册》第 6 版共 7 卷 55 篇，是在前 5 版的基础上吸收并总结了国内外机械工程设计领域中的新标准、新材料、新工艺、新结构、新技术、新产品、新的设计理论与方法，并配合我国创新驱动战略的需求编写而成的。与前 5 版相比，第 6 版无论是从体系还是内容，都在传承的基础上进行了创新。重点充实了机电一体化系统设计、机电控制与信息技术、现代机械设计理论与方法等现代机械设计的最新内容，将常规设计方法与现代设计方法相融合，光、机、电设计融为一体，局部的零部件设计与系统化设计互相衔接，并努力将创新设计的理念贯穿其中。《机械设计手册》第 6 版体现了国内外机械设计发展的新水平，精心诠释了常规与现代机械设计的内涵、全面荟萃凝练了机械设计各专业技术的精华，它将引领现代机械设计创新潮流、成就新一代机械设计大师，为我国实现装备制造强国梦做出重大贡献。

《机械设计手册》第 6 版的主要特色是：体系新颖、系统全面、信息量大、内容现代、突显创新、实用可靠、简明便查。应该特别指出的是，第 6 版手册具有较高的科技含量和大量技术创新性的内容。手册中的许多内容都是编著者多年研究成果的科学总结。这些内容中有不少依托国家"863 计划""973 计划""985 工程""国家科技重大专项""国家自然科学基金"重大、重点和面上项目资助项目。相关项目有不少成果曾获得国际、国家、部委、省市科技奖励、技术专利。这充分体现了手册内容的重大科学价值与创新性。如仿生机械设计、激光及其在机械工程中的应用、绿色设计与和谐设计、微机电系统及设计等前沿新技术；又如产品综合设计理论与方法是闻邦椿院士在国际上首先提出，并综合 8 部专著后首次编入手册，该方法已经在高铁、动车及离心压缩机等机械工程中成功应用，获得了巨大的社会效益和经济效益。

在《机械设计手册》历次修订的过程中，出版社和作者都广泛征求和听取各方面的意见，广大读者在对《机械设计手册》给予充分肯定的同时，也指出《机械设计手册》卷册厚重，不便携带，希望能出版篇幅较小、针对性强、便查便携的更加实用的单行本。为满足读者的需要，机械工业出版社于 2007 年首次推出了《机械设计手册》第 4 版单行本。该单行本出版后很快受到读者的欢迎和好评。《机械设计手册》第 6 版已经面市，为了使读者能按需要、有针对性地选用《机械设计手册》第 6 版中的相关内容并降低购书费用，机械工业出版社在总结《机械设计手册》前几版单行本经验的基础上推出了《机械设计手册》第 6 版单行本。

《机械设计手册》第 6 版单行本保持了《机械设计手册》第 6 版（7 卷本）的优势和特色，依据机械设计的实际情况和机械设计专业的具体情况以及手册各篇内容的相关性，将原手册的 7 卷 55 篇进行精选、合并，重新整合为 26 个分册，分别为：《常用设计资料和数据》《机械制图与机械零部件精度设计》《机械零部件结构设计》《连接与紧固》《带传动和链传动 摩擦轮传动与螺旋传动》《齿轮传动》《减速器和变速器》《机构设计》《轴 弹簧》《滚动轴承》《联轴器、离合器与制动器》《起重运输机械零部件和操作件》《机架、箱体与导轨》《润滑 密封》《气压传动与控制》《机电一体化技术及设计》《机电系统控制》《机器人与机器人装备》《数控技术》《微机电系统及设计》《机械系统概念设计》《机械系统的振动设计及噪声控制》《疲劳强度设计 机械可靠性设计》《数字化设计》《工业设计与人机工程》《智能设计 仿生机械设计》。各分册内容针对性强、篇幅适中、查阅和携带方便，读者可根据需要灵活选用。

《机械设计手册》第 6 版单行本是为了助力我国制造业转型升级、经济发展从高增长迈向高质量，满足广大读者的需要而编辑出版的，它将与《机械设计手册》第 6 版（7 卷本）一起，成为机械设计人员、工程技术人员得心应手的工具书，成为广大读者的良师益友。

由于工作量大、水平有限，难免有一些错误和不妥之处，殷切希望广大读者给予指正。

机械工业出版社

前　言

本版手册为新出版的第 6 版 7 卷本《机械设计手册》。由于科学技术的快速发展，需要我们对手册内容进行更新，增加新的科技内容，以满足广大读者的迫切需要。

《机械设计手册》自 1991 年面世发行以来，历经 5 次修订，截至 2016 年已累计发行 38 万套。作为国家级重点科技图书的《机械设计手册》，深受社会各界的重视和好评，在全国具有很大的影响力，该手册曾获得全国优秀科技图书奖二等奖（1995 年）、中国机械工业部科技进步奖二等奖（1997 年）、中国机械工业科学技术奖一等奖（2011 年）、中国出版政府奖提名奖（2013 年），并多次获得全国优秀畅销书奖等奖项。1994 年，《机械设计手册》曾在我国台湾建宏出版社出版发行，并在海内外产生了广泛的影响。《机械设计手册》荣获的一系列国家和部级奖项表明，其具有很高的科学价值、实用价值和文化价值。《机械设计手册》已成为机械设计领域的一部大型品牌工具书，已成为机械工程领域权威的和影响力较大的大型工具书，长期以来，它为我国装备制造业的发展做出了巨大贡献。

第 5 版《机械设计手册》出版发行至今已有 7 年时间，这期间我国国民经济有了很大发展，国家制定了《国家创新驱动发展战略纲要》，其中把创新驱动发展作为了国家的优先战略。因此，《机械设计手册》第 6 版修订工作的指导思想除努力贯彻"科学性、先进性、创新性、实用性、可靠性"外，更加突出了"创新性"，以全力配合我国"创新驱动发展战略"的重大需求，为实现我国建设创新型国家和科技强国梦做出贡献。

在本版手册的修订过程中，广泛调研了厂矿企业、设计院、科研院所和高等院校等多方面的使用情况和意见。对机械设计的基础内容、经典内容和传统内容，从取材、产品及其零部件的设计方法与计算流程、设计实例等多方面进行了深入系统的整合，同时，还全面总结了当前国内外机械设计的新理论、新方法、新材料、新工艺、新结构、新产品和新技术，特别是在现代设计与创新设计理论与方法、机电一体化及机械系统控制技术等方面做了系统和全面的论述和凝练。相信本版手册会以崭新的面貌展现在广大读者面前，它将对提高我国机械产品的设计水平、推进新产品的研究与开发、老产品的改造，以及产品的引进、消化、吸收和再创新，进而促进我国由制造大国向制造强国跃升，发挥出巨大的作用。

本版手册分为 7 卷 55 篇：第 1 卷　机械设计基础资料；第 2 卷　机械零部件设计（连接、紧固与传动）；第 3 卷　机械零部件设计（轴系、支承与其他）；第 4 卷　流体传动与控制；第 5 卷　机电一体化与控制技术；第 6 卷　现代设计与创新设计（一）；第 7 卷　现代设计与创新设计（二）。

本版手册有以下七大特点：

一、构建新体系

构建了科学、先进、实用、适应现代机械设计创新潮流的《机械设计手册》新结构体系。该体系层次为：机械基础、常规设计、机电一体化设计与控制技术、现代设计与创新设计方法。该体系的特点是：常规设计方法与现代设计方法互相融合，光、机、电设计融为一体，局部的零部件设计与系统化设计互相衔接，并努力将创新设计的理念贯穿于常规设计与现代设计之中。

二、凸显创新性

习近平总书记在 2014 年 6 月和 2016 年 5 月召开的中国科学院、中国工程院两院院士大会上分别提出了我国科技发展的方向就是"创新、创新、再创新"，以及实现创新型国家和科技强国的三个阶段的目标和五项具体工作。为了配合我国创新驱动发展战略的重大需求，本版手册突出了机械创新设计内容的编写，主要有以下几个方面：

（1）新增第7卷，重点介绍了创新设计及与创新设计有关的内容。

该卷主要内容有：机械创新设计概论，创新设计方法论，顶层设计原理、方法与应用，创新原理、思维、方法与应用，绿色设计与和谐设计，智能设计，仿生机械设计，互联网上的合作设计，工业通信网络，面向机械工程领域的大数据、云计算与物联网技术，3D打印设计与制造技术，系统化设计理论与方法。

（2）在一些篇章编入了创新设计和多种典型机械创新设计的内容。

"第11篇　机构设计"篇新增加了"机构创新设计"一章，该章编入了机构创新设计的原理、方法及飞剪机剪切机构创新设计，大型空间折展机构创新设计等多个创新设计的案例。典型机械的创新设计有大型全断面掘进机（盾构机）仿真分析与数字化设计、机器人挖掘机的机电一体化创新设计、节能抽油机的创新设计、产品包装生产线的机构方案创新设计等。

（3）编入了一大批典型的创新机械产品。

"机械无级变速器"一章中编入了新型金属带式无级变速器，"并联机构的设计与应用"一章中编入了数十个新型的并联机床产品，"振动的利用"一章中新编入了激振器偏移式自同步振动筛、惯性共振式振动筛、振动压路机等十多个典型的创新机械产品。这些产品有的获得了国家或省部级奖励，有的是专利产品。

（4）编入了机械设计理论和设计方法论等方面的创新研究成果。

1）闻邦椿院士团队经过长期研究，在国际上首先创建了振动利用工程学科，提出了该类机械设计理论和方法。本版手册中编入了相关内容和实例。

2）根据多年的研究，提出了以非线性动力学理论为基础的深层次的动态设计理论与方法。本版手册首次编入了该方法并列举了若干应用范例。

3）首先提出了和谐设计的新概念和新内容，阐明了自然环境、社会环境（政治环境、经济环境、人文环境、国际环境、国内环境）、技术环境、资金环境、法律环境下的产品和谐设计的概念和内容的新体系，把既有的绿色设计篇拓展为绿色设计与和谐设计篇。

4）全面系统地阐述了产品系统化设计的理论和方法，提出了产品设计的总体目标、广义目标和技术目标的内涵，提出了应该用 IQCTES 六项设计要求来代替 QCTES 五项要求，详细阐明了设计的四个理想步骤，即"3I调研""7D规划""1+3+X实施""5（A+C）检验"，明确提出了产品系统化设计的基本内容是主辅功能、三大性能和特殊性能要求的具体实现。

5）本版手册引入了闻邦椿院士经过长期实践总结出的独特的、科学的创新设计方法论体系和规则，用来指导产品设计，并提出了创新设计方法论的运用可向智能化方向发展，即采用专家系统来完成。

三、坚持科学性

手册的科学水平是评价手册编写质量的重要方面，因此，本版手册特别强调突出内容的科学性。

（1）本版手册努力贯彻科学发展观及科学方法论的指导思想和方法，并将其落实到手册内容的编写中，特别是在产品设计理论方法的和谐设计、深层次设计及系统化设计的编写中。

（2）本版手册中的许多内容是编著者多年研究成果的科学总结。这些内容中有不少是国家863、973计划项目，国家科技重大专项，国家自然科学基金重大、重点和面上项目资助项目的研究成果，有不少成果曾获得国际、国家、部委、省市科技奖励及技术专利，充分体现了本版手册内容的重大科学价值与创新性。

下面简要介绍本版手册编入的几方面的重要研究成果：

1）振动利用工程新学科是闻邦椿院士团队经过长期研究在国际上首先创建的。本版手册中编入了振动利用机械的设计理论、方法和范例。

2）产品系统化设计理论与方法的体系和内容是闻邦椿院士团队提出并加以完善的，编写者依据多年的研究成果和系列专著，经综合整理后首次编入本版手册。

3）仿生机械设计是一门新兴的综合性交叉学科，近年来得到了快速发展，它为机械设计的创新提供了新思路、新理论和新方法。吉林大学任露泉院士领导的工程仿生教育部重点实验室开展了大量的深入研究工作，取得了一系列创新成果且出版了专著，据此并结合国内外大量较新的文献资料，为本版手册构建了仿生机械设计的新体系，编写了"仿生机械设计"篇（第50篇）。

4）激光及其在机械工程中的应用篇是中国科学院长春光学精密机械与物理研究所王立军院士依据多年的研究成果，并参考国内外大量较新的文献资料编写而成的。

5）绿色制造工程是国家确立的五项重大工程之一，绿色设计是绿色制造工程的最重要环节，是一个新的学科。合肥工业大学刘志峰教授依据在绿色设计方面获多项国家和省部级奖励的研究成果，参考国内外大量较新的文献资料为本版手册首次构建了绿色设计新体系，编写了"绿色设计与和谐设计"篇（第48篇）。

6）微机电系统及设计是前沿的新技术。东南大学黄庆安教授领导的微电子机械系统教育部重点实验室多年来开展了大量研究工作，取得了一系列创新研究成果，本版手册的"微机电系统及设计"篇（第28篇）就是依据这些成果和国内外大量较新的文献资料编写而成的。

四、重视先进性

（1）本版手册对机械基础设计和常规设计的内容做了大规模全面修订，编入了大量新标准、新材料、新结构、新工艺、新产品、新技术、新设计理论和计算方法等。

1）编入和更新了产品设计中需要的大量国家标准，仅机械工程材料篇就更新了标准126个，如 GB/T 699—2015《优质碳素结构钢》和 GB/T 3077—2015《合金结构钢》等。

2）在新材料方面，充实并完善了铝及铝合金、钛及钛合金、镁及镁合金等内容。这些材料由于具有优良的力学性能、物理性能以及回收率高等优点，目前广泛应用于航空、航天、高铁、计算机、通信元件、电子产品、纺织和印刷等行业。增加了国内外粉末冶金材料的新品种，如美国、德国和日本等国家的各种粉末冶金材料。充实了国内外工程塑料及复合材料的新品种。

3）新编的"机械零部件结构设计"篇（第4篇），依据11个结构设计方面的基本要求，编写了相应的内容，并编入了结构设计的评估体系和减速器结构设计、滚动轴承部件结构设计的示例。

4）按照 GB/T 3480.1~3—2013（报批稿）、GB/T 10062.1~3—2003 及 ISO 6336—2006 等新标准，重新构建了更加完善的渐开线圆柱齿轮传动和锥齿轮传动的设计计算新体系；按照初步确定尺寸的简化计算、简化疲劳强度校核计算、一般疲劳强度校核计算，编排了三种设计计算方法，以满足不同场合、不同要求的齿轮设计。

5）在"第4卷　流体传动与控制"卷中，编入了一大批国内外知名品牌的新标准、新结构、新产品、新技术和新设计计算方法。在"液力传动"篇（第23篇）中新增加了液黏传动，它是一种新型的液力传动。

（2）"第5卷　机电一体化与控制技术"卷充实了智能控制及专家系统的内容，大篇幅增加了机器人与机器人装备的内容。

机器人是机电一体化特征最为显著的现代机械系统，机器人技术是智能制造的关键技术。由于智能制造的迅速发展，近年来机器人产业呈现出高速发展的态势。为此，本版手册大篇幅增加了"机器人与机器人装备"篇（第26篇）的内容。该篇从实用性的角度，编写了串联机器人、并联机器人、轮式机器人、机器人工装夹具及变位机；编入了机器人的驱动、控制、传感、视角和人工智能等共性技术；结合喷涂、搬运、电焊、冲压及压铸等工艺，介绍了机器人的典型应用实例；介绍了服务机器人技术的新进展。

（3）为了配合我国创新驱动战略的重大需求，本版手册扩大了创新设计的篇数，将原第6卷扩编为两卷，即新的"现代设计与创新设计（一）"（第6卷）和"现代设计与创新设计（二）"（第7卷）。前者保留了原第6卷的主要内容，后者编入了创新设计和与创新设计有关的内容及一些前沿的技术内容。

本版手册"现代设计与创新设计（一）"卷（第6卷）的重点内容和新增内容主要有：

1）在"现代设计理论与方法综述"篇（第32篇）中，简要介绍了机械制造技术发展总趋势、在国际上有影响的主要设计理论与方法、产品研究与开发的一般过程和关键技术、现代设计理论的发展和根据不同的设计目标对设计理论与方法的选用。闻邦椿院士在国内外首次按照系统工程原理，对产品的现代设计方法做了科学分类，克服了目前产品设计方法的论述缺乏系统性的不足。

2）新编了"数字化设计"篇（第40篇）。数字化设计是智能制造的重要手段，并呈现应用日益广泛、发展更加深刻的趋势。本篇编入了数字化技术及其相关技术、计算机图形学基础、产品的数字化建模、数字化仿真与分析、逆向工程与快速原型制造、协同设计、虚拟设计等内容，并编入了大型全断面掘进机（盾构机）的数字化仿真分析和数字化设计、摩托车逆向工程设计等多个实例。

3）新编了"试验优化设计"篇（第41篇）。试验是保证产品性能与质量的重要手段。本篇以新的视觉优化设计构建了试验设计的新体系、全新内容，主要包括正交试验、试验干扰控制、正交试验的结果分析、稳健试验设计、广义试验设计、回归设计、混料回归设计、试验优化分析及试验优化设计常用软件等。

4）将手册第5版的"造型设计与人机工程"篇改编为"工业设计与人机工程"篇（第42篇），引入了工业设计的相关理论及新的理念，主要有品牌设计与产品识别系统（PIS）设计、通用设计、交互设计、系统设计、服务设计等，并编入了机器人的产品系统设计分析及自行车的人机系统设计等典型案例。

（4）"现代设计与创新设计（二）"卷（第7卷）主要编入了创新设计和与创新设计有关的内容及一些前沿技术内容，其重点内容和新编内容有：

1）新编了"机械创新设计概论"篇（第44篇）。该篇主要编入了创新是我国科技和经济发展的重要战略、创新设计的发展与现状、创新设计的指导思想与目标、创新设计的内容与方法、创新设计的未来发展战略、创新设计方法论的体系和规则等。

2）新编了"创新设计方法论"篇（第45篇）。该篇为创新设计提供了正确的指导思想和方法，主要编入了创新设计方法论的体系、规则，创新设计的目的、要求、内容、步骤、程序及科学方法，创新设计工作者或团队的四项潜能，创新设计客观因素的影响及动态因素的作用，用科学哲学思想来统领创新设计工作，创新设计方法论的应用，创新设计方法论应用的智能化及专家系统，创新设计的关键因素及制约的因素分析等内容。

3）创新设计是提高机械产品竞争力的重要手段和方法，大力发展创新设计对我国国民经济发展具有重要的战略意义。为此，编写了"创新原理、思维、方法与应用"篇（第47篇）。除编入了创新思维、原理和方法，创新设计的基本理论和创新的系统化设计方法外，还编入了29种创新思维方法、30种创新技术、40种发明创造原理，列举了大量的应用范例，为引领机械创新设计做出了示范。

4）绿色设计是实现低资源消耗、低环境污染、低碳经济的保护环境和资源合理利用的重要技术政策。本版手册中编入了"绿色设计与和谐设计"篇（第48篇）。该篇系统地论述了绿色设计的概念、理论、方法及其关键技术。编者结合多年的研究实践，并参考了大量的国内外文献及较新的研究成果，首次构建了系统实用的绿色设计的完整体系，包括绿色材料选择、拆卸回收产品设计、包装设计、节能设计、绿色设计体系与评估方法，并给出了系列典型范例，这些对推动工程绿色设计的普遍实施具有重要的指引和示范作用。

5）仿生机械设计是一门新兴的综合性交叉学科，本版手册新编入了"仿生机械设计"篇（第50篇），包括仿生机械设计的原理、方法、步骤，仿生机械设计的生物模本，仿生机械形态与结构设计，仿生机械运动学设计，仿生机构设计，并结合仿生行走、飞行、游走、运动及生机电仿生手臂，编入了多个仿生机械设计范例。

6）第55篇为"系统化设计理论与方法"篇。装备制造机械产品的大型化、复杂化、信息化程度越来越高，对设计方法的科学性、全面性、深刻性、系统性提出的要求也越来越高，为了满足我国制造强国的重大需要，亟待创建一种能统领产品设计全局的先进设计方法。该方法已经在我国许多重要机械产品（如动车、大型离心压缩机等）中成功应用，并获得重大的社会效益和经济效益。本版手册对该系统化设计方法做了系统论述并给出了大型综合应用实例，相信该系统化设计方法对我国大型、复杂、现代化机械产品的设计具有重要的指导和示范作用。

7）本版手册第7卷还编入了与创新设计有关的其他多篇现代化设计方法及前沿新技术，包括顶层设计原理、方法与应用，智能设计，互联网上的合作设计，工业通信网络，面向机械工程领域的大数据、云计算与物联网技术，3D打印设计与制造技术等。

五、突出实用性

为了方便产品设计者使用和参考，本版手册对每种机械零部件和产品均给出了具体应用，并给出了选用方法或设计方法、设计步骤及应用范例，有的给出了零部件的生产企业，以加强实际设计的指导和应用。本版手册的编排尽量采用表格化、框图化等形式来表达产品设计所需要的内容和资料，使其更加简明、便查；对各种标准采用摘编、数据合并、改排和格式统一等方法进行改编，使其更为规范和便于读者使用。

六、保证可靠性

编入本版手册的资料尽可能取自原始资料，重要的资料均注明来源，以保证其可靠性。所有数据、公式、图表力求准确可靠，方法、工艺、技术力求成熟。所有材料、零部件、产品和工艺标准均采用新公布的标准资料，并且在编入时做到认真核对以避免差错。所有计算公式、计算参数和计算方法都经过长期检验，各种算例、设计实例均来自工程实际，并经过认真的计算，以确保可靠。本版手册编入的各种通用的及标准化的产品均说明其特点及适用情况，并注明生产厂家，供设计人员全面了解情况后选用。

七、保证高质量和权威性

本版手册主编单位东北大学是国家211、985重点大学、"重大机械关键设计制造共性技术"985创新平台建设单位、2011国家钢铁共性技术协同创新中心建设单位，建有"机械设计及理论国家重点学科"和"机械工程一级学科"。由东北大学机械及相关学科的老教授、老专家和中青年学术精英组成了实力强大的大型工具书编写团队骨干，以及一批来自国家重点高校、研究院所、大型企业等 30 多个单位、近 200 位专家、学者组成了高水平编审团队。编审团队成员的大多数都是所在领域的著名资深专家，他们具有深广的理论基础、丰富的机械设计工作经历、丰富的工具书编纂经验和执着的敬业精神，从而确保了本版手册的高质量和权威性。

在本版手册编写中，为便于协调，提高质量，加快编写进度，编审人员以东北大学的教师为主，并组织邀请了清华大学、上海交通大学、西安交通大学、浙江大学、哈尔滨工业大学、吉林大学、天津大学、华中科技大学、北京科技大学、大连理工大学、东南大学、同济大学、重庆大学、北京化工大学、南京航空航天大学、上海师范大学、合肥工业大学、大连交通大学、长安大学、西安建筑科技大学、沈阳工业大学、沈阳航空航天大学、沈阳建筑大学、沈阳理工大学、沈阳化工大学、重庆理工大学、中国科学院长春光学精密机械与物理研究所、中国科学院沈阳自动化研究所等单位的专家、学者参加。

在本版手册出版之际，特向著名机械专家、本手册创始人、第 1 版及第 2 版的主编徐灏教授致以崇高的敬意，向历次版本副主编邱宣怀教授、蔡春源教授、严隽琪教授、林忠钦教授、余俊教授、汪恺总工程师、周士昌教授致以崇高的敬意，向参加本手册历次版本的编写单位和人员表示衷心感谢，向在本手册历次版本的编写、出版过程中给予大力支持的单位和社会各界朋友们表示衷心感谢，特别感谢机械科学研究总院、郑州机械研究所、徐州工程机械集团公司、北方重工集团沈阳重型机械集团有限责任公司和沈阳矿山机械集团有限责任公司、沈阳机床集团有限责任公司、沈阳鼓风机集团有限责任公司及辽宁省标准研究院等单位的大力支持。

由于编者水平有限，手册中难免有一些不尽如人意之处，殷切希望广大读者批评指正。

主编　闻邦椿

目　　录

第49篇　智　能　设　计

第1章　智能模拟的科学

第2章　智能设计方法和技术综述

第3章　进化设计技术与方法

第 50 篇　仿生机械设计

第 1 章　仿生机械设计概述

第 2 章　仿生机械设计生物模本

第 3 章　仿生机械形态与结构设计

第 49 篇 智 能 设 计

主　编　王安麟
编写人　王安麟
审稿人　柳洪义

第5版
智能设计

主　编　王安麟
编写人　王安麟
审稿人　柳洪义

第1章 智能模拟的科学

智能设计（Intelligent Design，ID）主要通过智能模拟来实现。为此，本章主要介绍思维科学的基础、思维的形式、智能模拟的方法以及智能模拟的神经基础和哲学基础。

1 信息社会与思维科学

随着生产自动化水平的不断提高和现代科学技术的迅猛发展，人类社会已经进入了信息社会，正在步入智能化的新时代。人们从来没有像今天这样重视信息在生产、生活、科研以及军事等方面的重要作用。由于人们面临着信息量大、传递迅速及复杂多变等特点，因此，对这些信息的获取、加工和处理变得更加困难和重要，于是人们才真正感到，要研究和利用人认识世界的规律和方法，来提高人类自身的智能水平，并使机器（首先是计算机）智能化，就必须研究思维科学。

1.1 思维与思维科学

人们从不同角度研究思维的各个侧面已有悠久的历史。早在20世纪80年代初期，我国著名科学家钱学森教授就倡导开展思维科学的研究。与此同时，国外也开展了所谓认知科学（Cognitive Science）的研究，它主要分为认识心理学和人工智能两个领域，前者主要研究如何利用计算机仿真技术建立人的认知模型，后者侧重如何运用人的认识经验使机器（首先是计算机）智能化。

国外的认知科学研究不涉及思维类型的基础理论研究，只重视从个体角度研究思维，尤其是尚未注重对形象思维机制的研究，因此被看作是狭义的思维科学。

思维是人脑对客观事物间接的反映过程。所谓间接的反映，意味着思维不是凭感觉器官对事物表象的直接认识，而是通过间接的甚至迂回的途径来反映客观事物的特点或它们之间的联系与规律。间接认识需要借助于已有的知识和经验，要间接地认识事物的特点、本质和规律，绝不可能靠消极、被动地反映事物的表面现象。必须靠自觉地、主动地在实践活动中占有材料，靠回忆有关的知识和经验或通过联想、推想、想象等对有关材料进行分析、综合，"去粗取精、去伪存真、由此及彼、由表及里"地加工改造，才能把握事物的本质，找出事物间的规律性联系，并

有效地去改造客观事物。

人脑对客观事物的间接反映过程，包括回想、联想、表象、想象、思考、推想等。人们通过思维活动能够反映客观事物的特点、本质属性、内部联系及发展规律，因此，思维是认识过程的高级阶段。

意识是人的一种认识活动，它包括感觉、知觉和思维。思维是意识的一部分，而且是最主要的成分，假如没有思维，人就不会有意识。思维科学是研究思维的规律和方法的科学，而不涉及对具体思维内容的研究。思维科学的基础科学是研究人有意识思维规律的科学，又称思维学。人的思维除了自己能够控制的意识以外，还有很多人脑不能直接控制的意识，即所谓的下意识。例如，人走路开始迈步是人脑控制的，走了两三步后就"自动化"了，脑子并不去想该怎么走。要拐弯或遇到障碍时，又控制一下，所以，人确实有很多意识是没有经过大脑的，思维科学就是要研究人能够控制的那部分意识。

1.2 思维的类型

按照科学研究工作的需要，从思维规律的角度出发，思维可划分为抽象思维、形象思维和灵感思维三种类型。但是，人的思维活动过程往往不是一种思维方式在起作用，而是两种甚至三种先后交错的思维方式在起作用。比如，人的创造性思维的过程就绝不是单纯的抽象思维，总要包含一些形象思维，甚至要有灵感思维充当创造性思维火花的导火线和催化剂的作用。

1.2.1 抽象（逻辑）思维学

抽象思维学又称逻辑思维学，这里讲的逻辑是指人的思维规律。逻辑学分为形式逻辑和辩证逻辑两大类。

（1）形式逻辑

形式逻辑是研究人们思维形式的结构及思维的基本规律的科学。思维形式的结构不是我们头脑中虚构出来的东西，而是客观现实的一种反映，它是客观事物的某种一般关系、特性的概括反映。如"S是P"这个结构，它是"事物具有属性"这样一个事物的普遍性的反映；"M是P，S是M，所以S是P"是"全类是什么，则全类事物中的一部分也就是什么"这样一种客观关系的反映。这种思维形式的结构是人类在长期实践活动中总结出来的产物。

思维的基本规律是运用各种思维形式时都必须遵守的规律。早在公元前 4 世纪，已经有希腊哲学家亚里士多德（B. C. Aristotle，公元前 384—322）创立了形式逻辑思维规律，即同一律、矛盾律和排中律。后来，到了 17 世纪末，德国哲学家莱布尼兹（G. W. Leibniz，1646—1716）又增入了一条充足理由律，即组成了所谓的逻辑思维的四个初步规律。

从莱布尼兹开始，不少科学家和哲学家，特别是布尔（G. Boole，1815—1864）和罗素（B. Russell，1872—1970），把数学方法用于逻辑的研究，形成了数理逻辑这一学科，它可以看作是形式逻辑的一个特殊的分支。模态逻辑、多值逻辑、时序逻辑、模糊逻辑等，都属于数理逻辑这一范畴。形式逻辑又称传统逻辑，可以简称为逻辑。形式逻辑归根到底要解决的是思维的准确性问题。

（2）思维形式

思维的形式就是概念、判断和推理。概念是对客观事物的本质属性加以反映的思维形式。自然界及社会现象中的一切事物与现象，都具有许多性质。所谓性质就是事物所具有的那些相互区别、相互类似的一切质的、量的规定性，诸如数目、大小、速度、程度、动作、形态、特征、规律及关系等，都叫性质，它们是属于事物的，又称为事物的属性。属性可以分为本质的和非本质的两种。本质属性具有两个特点：其一，它是一个或一类事物内部所固有的规定性；其二，它具有把此事物和其他事物区别开的性质。本质属性一定是事物的特有属性，而事物的特有属性却不一定是事物的本质属性。作为思维形式之一的概念，所反映的是事物的本质属性。

概念包含两个方面，一是概念的内涵，一是它的外延。一个概念的内涵就是这个概念对象的本质属性，而它的外延就是这个概念所反映的全体对象。概念的内涵和外延是概念两个有机联系方面，内涵是指外延对象的属性，外延是指具有内涵属性的对象。概念外延所构成的类称作集合。由此可见，研究集合就是从外延方面研究概念。逻辑学指出概念具有外延和内涵两个方面，为我们指出了一条明确概念、研究概念的途径；概念一样，都是思维形式的一种。判断是概念与概念的联合，而推理则是判断与判断的联合。在普通逻辑中，判断是对思维对象有所断定的思想，即断定对象具有某种属性，或不具有某种属性；断定的结果是肯定或否定某种对象及其属性。这是判断的最基本的逻辑特征。如果断定的情况被实践证明是符合客观实际的，那么这个判断就是真的，否则就是假的。因此，任何判断都或者是真的或者是假的，这种或真或假的性质叫作判断的值，这是判断的又一个基本特征。

推理是根据一个或一些判断获得一个新的判断的思维方式，任何推理都必须包含前提和结论两个组成部分。已有的一个（或一些）判断称之为前提，新的判断称之为结论。在形式逻辑中，推理可以从不同角度分成多种形式，如直接推理、间接推理、演绎推理、归纳推理、类比推理、模态推理等。直接推理是指从一个前提推出结论的推理；间接推理是从两个或两个以上前提推出结论的推理；演绎推理是以一般的原理原则为前提，推到某个特殊的场合做出结论的推理方法；归纳推理是从若干个特殊的场合中的情况为前提，推求到一个一般的原理原则作为结论的推理方式；类比推理是由特殊性判断为前提，推出另一个特殊性的判断的推理方法；模态推理是最少有一个前提是模态判断的推理，所谓模态判断是对事物情况的性质加以判定的判断。

在科学论著中最常用的是演绎推理，它又分为三段论法和假言直言推理。三段论法是从两个判断（其中一个一定是"所有的 S 都是或不是 P"的形式，S 表示对象，P 表示对象所具有的某种属性）得出第三个判断的推理方法。三段论包含着三个判断：第一个判断提供了一般的原理原则，称其为大前提；第二个判断指出了一个特殊场合的情况，叫小前提；联合这两个判断，说明一般原则和特殊情况间的联系，从而得出第三个判断，称之为结论。

假言推理和直言推理都属于演绎推理，假言推理的大前提是假言判断（是指肯定或否定对象在一定条件下具有某种属性的判断），小前提和结论是直言判断（无条件地肯定或否定某种事物的判断）。

（3）思维的基本规律

从上面论述的概念、判断和推理的思维形式可以看出，人们是按照一定的规律和逻辑结构去组织思想和进行思维的。逻辑的基本规律是客观事物的相对稳定性在思维中的反映，逻辑规律只是在思维活动中起作用，不在客观事物中起作用。事物的相对稳定性反映在思维中成为思维的确定性。思维的确定性表现为概念、判断的自身统一，这就是同一律；思维的确定性表现为概念和判断的前后一贯，不自相矛盾，这就是矛盾律；思维的确定性表现为两个相互矛盾的思想之间要做出抉择，排除中间的可能性，这就是排中律。

同一律是指在同一思维过程中，每一思想的自身都具有统一性，所谓思想的统一性是指概念或判断内容的同一性。科学研究的实践表明，任何一个严密完整的科学体系都是符合同一律要求的，如果违反了同一律的要求，科学研究就不能建立严密、完整的科学体系。

矛盾律是指在同一思维过程中，每个思想与其否定都不能同时为真，其中必有一假。矛盾律是把同一律思想进一步展开，指出既肯定又否定的思想是逻辑矛盾，不能同真。矛盾律是用否定形式表示同一律用肯定形式表示的思想。矛盾律的作用是使思维首尾一致，避免自相矛盾。任何一个科学理论都具有不矛盾性，一个科学理论，如果包含有逻辑矛盾，人们就会对它产生怀疑。在科学史上，许多科学上的突破，往往是从发现原有科学体系的逻辑矛盾并在设法消除这种矛盾的基础上，创立了新的理论体系。

排中律是指在同一思维过程中，两个互相矛盾的思想必有一个是真的。排中律又比矛盾律深入一层，明确指出两个矛盾思想不能同假，必有一真。在论证中，矛盾律只能由真推假，不能由假推真，而排中律不是由真推假，而是由假推真。

同一律、矛盾律和排中律都是思维确定性的表现，它们之间的关系是密切的，只不过是从不同侧面表述思维的确定性。它们构成了逻辑思维的基本规律，所有正确的思维形式都是以这些思维的基本规律作为基础。

（4）辩证逻辑和数理逻辑

把高等数学关于变量等概念引进形式逻辑，促成了辩证逻辑的产生。辩证逻辑是关于思维运动的辩证规律的理论。

虽然形式逻辑和辩证逻辑都是研究思维形式，但是它们是从不同角度出发的。形式逻辑从抽象同一性角度研究思维形式，即把思维形式看作既成的相对稳定的范畴；辩证逻辑从具体同一性角度研究思维形式，即把思维形式看作对立统一、矛盾运动和转化的范畴。其次，形式逻辑的基本规律是同一律、矛盾律和排中律，它们虽有客观基础，但不是事物本质的规律；辩证逻辑的基本规律是对立统一、质量互变、否定之否定等规律，它们是客观事物本身的规律。

数理逻辑亦称符号逻辑，它源于形式逻辑，现已成为独立学科。数理逻辑是用数学方法研究推理、证明等问题的科学，主要内容为命题演算、谓词演算、递归论、证明论、集合论和模型论等。在形式化方面数理逻辑比形式逻辑更丰富、更发展。它用符号把概念、命题（判断）抽象为公式，把命题间的推理抽象为公式间的关系，并把推理转化为公式的推演。在数理逻辑中，用符号表示逻辑概念及其关系，常用符号"→"表示蕴含；"一"表示否定；"∨"表示命题的析取（或）；"∧"表示合取（与）；"←→"表示等价。

数理逻辑关于形式语言的研究，为计算机语言提供了前提，而数理逻辑在计算机中的应用又推动了逻辑学的发展。辩证逻辑的建立和发展，对于提高人们的认识能力和推动形式逻辑、数理逻辑与电子计算机技术的发展具有非常重要的意义。

（5）模糊逻辑和可拓逻辑

模糊逻辑是以模糊集合论为基础的，而传统的逻辑是以经典集合论为基础，通常称为二值逻辑，这种逻辑可以表述思维的确定性，但是它不能表述思维的模糊性。为了描述客观事物的模糊概念，美国加利福尼亚大学控制论专家扎德（L. A. Zadeh）教授在 1965 年发表了"模糊集合"的重要论文，从而创立了模糊数学。1975 年扎德教授又出版了《模糊集合、语言变量及模糊逻辑》一书，标志着模糊逻辑的正式诞生。

在模糊逻辑中，将逻辑真值从普通的二值逻辑真值 $\{0, 1\}$ 扩展到了 $[0, 1]$，由于模糊逻辑真值在区间 $[0, 1]$ 中连续取值，通过该真值的大小表明真的程度。因此，模糊逻辑实质上是无限多值逻辑，也就是连续值逻辑，它为描述模糊概念及模拟人的模糊逻辑思维方式提供了强有力的工具。

将辩证逻辑和形式逻辑相结合产生了一种新的逻辑——可拓逻辑，它是以可拓集合为基础的。我国蔡文教授 1983 年发表了"可拓集合和不相容问题"的创见性论文，目的在于研究解决现实世界中存在的不相容问题的规律和建立解决不相容问题的数学模型。论文中指出解决不相容问题，要考虑三个方面：一是必须涉及事物的变化及其特征；二是必须使用一些非数学方法；三是必须建立容许一定矛盾前提的逻辑。为此，建立了可拓集合的概念，以便讨论对象集内不属于经典子集而能转化到该子集内的元素，这是解决不相容问题的基础。在逻辑关系上，与可拓集合相对应，建立了关联函数的概念，把逻辑真值从 $(0, 1)$ 扩展到 $(-\infty, +\infty)$，用关联函数值的大小来衡量元素与集合的关系，使经典数学中"属于"和"不属于"集合的定性描述扩展为定量描述，以表征元素间的层次关系。

可拓逻辑能够描述事物的可变性，为解决客观世界中的矛盾问题提供了重要工具，它将在许多工程领域，如识别、决策、评价、控制、信息处理等方面有着广阔的应用前景。

1.2.2　形象（直觉）思维学

（1）形象思维及其特点

形象思维，简单地说，就是凭借形象的思维。这种思维活动通过形象来思考和表述，它的主要思维手段是图形、行为等典型形象材料，它的认识特点是以个别表现一般，始终保留着事物的直观性，要求鲜明生动。思维过程主要表现为类比、联想和想象。

人的感觉器官接触到外界事物，通过大脑产生感觉，不同的感觉（视觉、听觉等）相互联系，经过综合以后形成知觉，知觉在脑中形成外界事物的感性形象，叫作映像，或称通过感性认识获得的表象，用表象进行的思维活动叫作形象思维，又称直觉思维。

表象是回想起过去感知过事物形象的过程。表象与感觉、知觉都是对事物外部形象的反映，但两者不同的是：感觉、知觉是对当前事物的直接反映，是由事物直接作用于感觉器官引起的，是认识事物的初级阶段；表象不是对当前事物的直接反映，而是对过去感知过的形象的再现。表象过程具有生动具体的形象，但表象过程不如知觉过程鲜明、完整和稳定。此外，表象具有间接的特征，它不是当前事物的直观形象，而是通过回想或联想在头脑中呈现的过去感知过的事物的形象。

概括地说，形象思维是在实践活动和感性经验基础上，以观念性形象即表象为形式，借助各种图式语音或符号语言为工具，以在经验中积累起来的形象知识为中介反映事物本质和联系的过程。

（2）形象思维的规律

转换关联律：在形象思维过程中，人们把事物的表象以及表象过程的信息转化成事物的状态信息，即通过表象反映事物的内在性质、内部变化和关系，必须事先在实践活动中建立起表象信息和状态信息的并联系统。比如，内科医生通过听诊器捕捉患者心肺活动的声像信息，然后把它转换成患者心肺状态的信息，这种信息转换的基础是医生头脑中建立了心肺声像和心肺状态信息的并联系统。

由于形象思维最基本的过程是形象信息与状态信息转换的过程，所以转换并联是形象思维的一条基本定律。

模式补形律：模式补形律是利用观念性的形象模式对事物或事物过程的表象进行整合补形，从而推出事物的补形或全形的规律。所谓观念性的形象模式，是指事物或事物过程的概括表象，是在长期实践过程中逐渐形成的，它是对事物或事物过程的丰富形象特征进行分析、选择、概括、定型的结果，是形象思维中进行模式补形的内在根据。所谓整合补形是对事物不完整的、片面的表象进行加工、整理，同时补出缺少部分形象或补出事物完整形象的过程，它是一种形象思维的推理形式。

模式补形最主要的环节是建立事物的表象模式。在工程设计中，工程师把物体的形象抽象出来加以规范，采用简捷的线条表现出来，从而为施工人员提供了一个表象模式；在科学研究中，科学工作者对所研究的对象进行系统的研究，科学地确定每种对象的形象特征，于是就形成对象的表象模式。通过表象模式对事物不完整的形象进行整合补形是人类特有的一种形象思维能力，模式补形律是形象思维的一个普遍规律。

（3）形象思维的主要形式

形象思维的过程主要表现为类比、联想和想象。

类比是通过两个不同对象进行比较的方法进行推理，而重要的一环就是要找到合适的类比对象，这就要运用想象。类比方法在维纳控制论的形成和创立过程中起到了关键的作用，正是采用类比沟通了机器、生命体和社会等性质不同的系统，找到了它们的相似性，为功能模拟方法的运用提供了逻辑基础。

联想是一种把工程技术领域里的某个现象与其他领域里的事物联系起来加以思考的方法。联想能够克服两个概念在意义上的差距把它们联系起来，联想的生理和心理机制是暂时的神经联系，也就是神经元模型之间的暂时联想。维纳就是利用类比和联想的方法，考究反馈在各种不同系统（从人的神经系统到技术领域）的表现，为控制论的形成奠定了基础。

想象是对头脑中已有的表象进行加工改造而创造新形象的思维过程。因此，它可以说是一种创造性的形象思维。想象不是直接感知过的事物的简单再现，而是对已有的表象进行加工改组形成新形象的过程。任何想象都必须以表象为基础，想象与表象既有区别又有联系，表象是现成的、旧有的，而想象是创造新形象的过程。想象的形成过程主要是对表象进行分析综合的加工改组过程，想象的分析和综合是凭借形象来实现的。

想象对新知识的探索和科学发现具有重要作用，爱因斯坦曾说："想象力比知识更重要，因为知识是有限的，而想象力概括着世界上的一切，推动着知识进步，并且是知识进化的源泉。严格地说，想象力是科学研究中的实在因素。"

著名的科学家钱学森指出："人认识客观世界首先是用形象思维，而不是用抽象思维。就是说，人类思维的发展是从具体到抽象。"他建议把形象思维作为思维科学的突破口。因为它一旦搞清楚之后，就可以把前科学的那一部分，别人很难学到的那些科学以前的知识，即精神财富，都挖掘出来，这将把我们的智力开发大大地向前推进。

1.2.3 灵感（顿悟）思维学

灵感思维是指人们在研究过程中对于曾经长期反复进行过探索而尚未解决的问题，因某种偶然因素的激发而豁然开朗，使其得到突然性顿悟的思维活动。灵感思维与直觉思维有某些相似之处，它们最主要的特点是产生突发性或偶然性。既突如其来，又稍纵即逝。在科学研究中，"灵机一动，计上心来"，也是这种灵感思维的表述。

灵感与机遇都同属一种偶然性，但二者性质又不相同，机遇发生在观察和试验中，属于客观现象，而灵感却产生于思考问题的过程中，属于主观现象。在科学史上，因偶然因素而产生灵感的事例是不胜枚举的。

钱学森指出："如果逻辑思维是线性的，形象思维是二维的，那么灵感思维好像是三维的""研究人类的潜意识活动是搞清灵感思维机理的起步方向"。物质世界是一个三维的立体系统，物质世界的最高产物——人脑也是一个三维的立体系统。人脑不仅在意识这个呈现层次上反映立体的客观世界，而且在潜意识这个层次上反映立体的客观世界。潜意识（unconscious）是一个外来语，也译为无意识或下意识。所谓潜意识就是未呈现的意识，是人脑所具备的潜在的反映形式。潜意识的反映既不是人脑中固有的，也不是没有客观来源的，而是大脑这种特别复杂的物质机能，它是以一定的客体为对象的。现代试验心理学通过对脑阈下的各种不同的潜意识信息的电反应（诱发电位）的测定表明，它是客观存在的。

灵感是人脑中显意识与潜意识交互作用而相互通融的结晶。然而，灵感思维的发生也有一个过程，在潜意识萌发酝酿灵感时，除潜意识推论外，还常有显意识功能的通力合作，当酝酿成熟时，突然与显意识沟通而涌现出来成为灵感思维。所谓潜意识推论是一种特殊的非逻辑性认识活动，它是多因素、多层次、多功能的系统整合过程。灵感思维实际上是一种潜意识思维方式，即是一种非逻辑思维，它同抽象思维、形象思维一样，都是人们理性认识所具备的一种高级认识方式。

灵感思维的基本特征是它的突发性、偶然性、独创性和模糊性，这些特征是它区别于其他思维形式的显著标志。

2　思维的基础和认知的发展

2.1　思维与智能

人类的智慧和才能是任何其他动物无法比拟的。人何以有这样高超的技能和本领呢？最根本的原因就是人类有比其他动物更发达的大脑。大脑是一切智慧行为的物质基础，没有高度发达的大脑，就不会有人类的智慧和才能，自然更谈不上发明与创造。所以，

人类的本质特征就在于具有能够高度发展的智能。

一般来说，智能是指人类所特有的智慧和才能的综合。智慧是指辨析判断、发明创造的能力。才能是指知识和能力。知识是指人们在改造世界的实践中所获得的认识和经验的总和。能力可以理解为能胜任某项任务的主观条件。智力是智能的近义词，是指人认识、理解客观事物并运用知识、经验等解决问题的能力，包括观察、记忆、思维、想象、联想、判断、推理、决策等能力。所以，智能是人类所特有的智慧和能力的综合。概括来说，人类的智能就是人类认识世界和改造世界（包括自己在内）的才智（即才能和智慧）和本领。

人类智能的特点主要是思想，而思想的核心又是思维。可以说，没有思维就没有人类的智能，正是因为有了思维，人类的智能才能远远超出动物而产生了质的飞跃，出现了思想、意识，才使人类成为万物之灵。

2.2　思维的神经基础

人之所以能够感知和理解客观事物，做出反应，形成复杂的智能活动，是因为人具有产生这些心理活动的物质基础，那就是人类具有特殊的智能器官，主要是指高度发达的大脑，以及感觉器官、动作器官和语言器官。而在这些智能器官中最重要的是作为思维器官的大脑，它是人类产生智能并发展智能的物质基础。

19 世纪末 20 世纪初自然科学开始研究人脑思维的生理机制。谢切诺夫（И. М. Сеченов，1829—1905）的神经生理学和巴甫洛夫（Н. П. Павров，1849—1936）的高级神经活动学说，揭示了人们的思维活动和大脑物质活动的生理过程的内在联系，证明大脑是人的思维器官，是人的智能活动的物质基础。

从 20 世纪中叶开始，一些心理学家、分子生物学家和人工智能专家，在神经生理学、高级神经活动学说的基础上，利用电子技术成果，从结构和功能方面进一步研究人脑的智能活动。研究结果表明，人的大脑由两半球组成，这两半球又由胼胝体联系起来。两半球的功能是有差异的，而两半球的功能由胼胝体加以协调。1981 年美国著名神经生理学家诺贝尔奖金获得者斯佩里（R. W. Sperry，1913）通过对裂脑人的精细试验证明，人脑的左半球主要同抽象思维、象征性关系和对象的细节的逻辑分析有关，它的主要功能是逻辑分析，体现了人的认识及有意识的行为，主要表现为顺序的、分析的、语言的、局部的、线性的等特点；右半球与知觉、直觉和空间有关，具有形

象思维的功能，具有音乐、绘画、综合、整体和几何空间的鉴别能力，主要表现为并行的、综合的、视觉空间的、非词语的、总体的、立体的等特点。

人类的高级行为首先应基于知觉，然后才能通过理性分析取得结果，这样的思维过程首先是由大脑左半球进行逻辑思维，然后通过右半球进行形象思维，再通过胼胝体联系并加以协调两半球的思维活动。在正常情况下，两半球之间存在着极为密切的联系，因而形象思维与抽象思维这两种思维方式不是截然分开的，而是互相交织、互相补充和互相转化的，从而达到对客观世界的更完美、更本质的认识。

灵感思维的神经基础是什么？近来，科学家们的最新研究成果表明，灵感的秘密在脑电波上。人在觉醒状态下进行思维活动时，大脑中有两种脑波，一种叫 α 波，一种叫 β 波。α 波是有规则地调和振动，表明精神集中，大脑中有许多神经回路投入协调一致的工作。与此相反，β 波是不规则不调和的振动，表示大脑的活动分散，精神不集中。科学家们认为，当灵感出现时，脑电波中 α 波就占优势。此时大脑中的潜意识大门打开，大脑思维可以抓住潜意识中所储存的主观信息，使其上升到意识中来，这就产生了智慧火花一闪间的悟性——灵感。

2.3　认知发展

2.3.1　皮亚杰认知发展理论

（1）皮亚杰认知发展阶段理论

皮亚杰将儿童认知发展划分为四个阶段：感知运动阶段（出生~2 岁）、前运算阶段（2~7 岁）、具体运算阶段（7~11、12 岁）、形式运算阶段（11、12~15、16 岁）。

在感知运动阶段，儿童的智力只限于感知运动，儿童主要是通过感知运动图式与外界发生相互作用。在前运算阶段，儿童的思维已经表现出了符号性的特点，他们已能通过表象、言语以及其他的符号形式来表征内心世界和外在世界。但是其思维仍然是直觉性的，而非逻辑性的，且具有明显的自我中心特征。在前运算阶段早期，儿童主要使用象征来表征世界，随着年龄的增长，越来越多地使用符号来表征外部世界。在具体运算阶段，儿童的思维具有了明显的符号性和逻辑性，基本上克服了思维中的自我中心性。但是其思维活动，在很大程度上仍然局限于具体的事物以及过去的经验，缺乏抽象性。所获得的最大收获，是具有了心理操作能力，儿童可以应用这种心理操作去认识、表征和反映内、外部世界，使其认知活动更具深刻性、灵活性和广泛性。在形式运算阶段，儿童

总体的思维特点是能够设定和检验假设，能监控和内省自己的思维活动，思维具有抽象性。个体的心理操作之间，构成了有层次的组织系统，出现了所谓的"对操作的操作"（operations on operations）能力，使其不但能够注意其结果，而且还能主动地监控、调整和反省自己的思维过程，其抽象思维能力获得很大的提高。皮亚杰认为，儿童在经过前述四个连续的发展阶段之后，其智力水平就基本趋于成熟。

（2）皮亚杰认知发展机制

皮亚杰从生物适应的角度对儿童认知发展的内部变化过程进行了系统的分析和论述，形成了很有特色的儿童认知发展机制理论。其核心是认为儿童认知的发展是通过动作所获得的对客体的适应而实现的，适应的本质在于主体能取得自身与环境间的平衡，而达到平衡的途径是同化和顺应，在同化和顺应的过程中，主体的认知操作能力获得系统化（组织化）的发展。

同化（assimilation）、顺应（accommodation）、平衡（equilibrium）、适应（adaptation）及组织（organization）是皮亚杰认知发展机制理论中的重要概念。

同化是指主体将其所遇到的外界信息直接纳入自己现有的认知结构中去的过程。在这个过程中，虽然主体对自身的认知结构并未进行任何调整和改善，但是这仍然是一个主动的过程。主体对外界信息所做的不仅仅是感觉登记，还需要对这些信息进行某些调整和转换，以使其与主体当前的认知结构相匹配，便于接纳。顺应是指主体通过调节自己的认知结构，以使其与外界信息相适应的过程。这个过程，对主体的认知结构的发展具有十分积极的意义。平衡为个体保持认知结构处于一种稳定状态的内在倾向性，并且，这种倾向性是潜藏于个体发展背后的一种动力因素。同时，平衡也是一个动态的过程，平衡包含着同化和顺应两个方面，平衡体现了主观存在与客观存在之间的最充分的相互作用。个体认知发展的过程就是不断地取得主、客体之间协调一致的过程。

认知发展的具体机制：当处于平衡状态的主体遇到某种新的信息时，由于新的信息与原有的认知结构之间存在着差距，便会出现不平衡状态。主体试图克服这种不平衡状态，所采用的方法有三种：①忽略。当前的外界信息与主体现有的认知结构差距过大，以至于主体根本不可能对此做出任何反应时，采用忽略而恢复到原平衡状态。主体的原有图式不发生变化。②同化。主体只需对外界信息略做调整或不做任何调整，就可将此纳入原有的认知结构中去。通过同化，主体原有的认知结构不会改变，或只获得某些量上的扩展，而没有质的变化，仍然

回到原有的平衡状态。③顺应。主体通过调节自己的认知结构，以一种正确的方式对外界信息进行反应的过程。这时，主体的认知结构发生了质的变化，进入到一种新的、更稳定的平衡状态，主体的认知能力跃向一个新的水平。

皮亚杰认为，儿童的认知能力就是通过这种不断地从平衡——不平衡——平衡的运动而获得发展的，并且，主体的认知结构通过不断地同化和顺应，从原来的较为分散的状态整合到更高级的、更有组织的状态，这个认知结构就是他在《结构主义》中所试图阐述的存在于物理、生物等不同领域内的"结构"，它是由具有整体性的若干转换规律组成的一个有自身调整性质的图式体系，其自身调整过程也就是同化、顺应、平衡的过程。所以，同化、顺应、平衡、适应、组织化的过程及相互间的作用构成了儿童认知发展的内在机制，此即皮亚杰的认知发展机制理论。

2.3.2　斯腾伯格的认知三元素理论

斯腾伯格的智力三元素理论包括：背景性理论（contextual subtheory）、经验性理论（experiential subtheory）、组合性理论（componential subtheory）。

（1）背景性理论

背景性理论的核心观点是认为个体的智力状况是受其生活的环境影响的，在一定程度上，是由环境所决定的。在这个观点的基础上，斯腾伯格把个体的智力过程具体化为适应、选择和形成。"适应"是指主体通过调节自己的行为以使其更好地与周围的环境相适应。当适应遇到困难时，主体就会挑选另外一种环境，在这个新环境中，可能会实现更好地适应，这个过程就是"选择"。当主体既不能通过改变自己的行为来适应旧的环境，也不能选择新的环境时，就会去改变原有的环境，形成一个适合自己的新环境，此即"形成"。

（2）经验性理论

经验性理论的核心内容是强调主体所具有的知识和经验对当前的智力活动具有影响作用。主体在完成一种认知任务时，都需要有主体过去经验的参与，而那些达到了自动化的智力行为基本上就代表了过去经验积累的极限程度。

（3）组合性理论

组合性理论的核心是斯腾伯格关于认知结构的三成分模式。这三个成分是：元成分、操作成分、知识获取成分。元成分的功能是对认知活动进行控制和调节；操作成分的功能是完成解决问题的具体步骤，如编码、提取信息和比较信息等；知识获取成分的功能是从长时记忆中提取与当前问题有关的信息或搜集新的信息。这三个成分相互激活，相互作用。

2.3.3　信息加工理论

信息加工理论更加强调了解人们在解决问题过程中的微观机制，所以，使用这种方法能使研究者获得更多的关于个体认识发展的比较具体的解释。信息加工方法本身不含发展的因素，但是它把大脑的思维过程看作是一个信息加工的过程，摒弃了"一元论"中所坚持的从物理结构来研究解释人脑的智能方法，避开了"一元论"研究方法遇到的许多难以解释的困难，而是从一个较高的抽象层次上来研究，取得了许多有意义的成果。更重要的，纽维尔（A. Newell）和西蒙（H. Simon）提出的符号处理系统，认为人脑是一个基于符号的信息处理过程，这和计算机的处理机制是一样的，从而为计算机的智能研究奠定了理论基础，并使计算机智能研究得到巨大发展。当然，由于其没有考虑信息的发展特征和人脑的许多特征不相符合，如经验的形成和在系统中的作用与表现，在信息加工理论中难以有效地描述和体现出来，以至于西蒙在1995年发表文章《Artificial Intelligence：an Empirical Science》，讨论了信息的发展和应用即经验问题，最终认为人工智能是一门经验科学。

2.3.4　思维的瞬间达尔文进化机制理论

威廉·卡尔文在其书《How Brains Think》中，为我们描绘了智力演化的图景。他认为，在人的脑中，存在着许多时空模式（当然这些时空模式是基于功能观点抽象归纳出来的），这些时空模式可以是躯体的各种运动序列，可以是感知单元，对于输入信息的反应，是各种相关时空模式的复制、竞争过程。竞争取胜的时空模式得以在思维过程中存在，并可作为新的信息输入，展开新一轮的竞争，这样实现思维的转移。综合其特征，即认为思维是一个瞬间的达尔文进化过程。

在瞬间的达尔文进化理论中，有几个比较重要的概念：分团、排序和达尔文进化。我们的工作记忆单元容量是一定的，魔数7±2是心理学家乔治·米勒George Miller于1956年给出的工作记忆容量。容量的单位是以有意义的单元而存在，并不是字符，所以有了记忆结构"团"的概念，如记忆中的区号"021"是上海的，"010"是北京的，记为一个"团"，而不是记为0、2、1、0、1、0三位数字。"团"是人脑的功能结构化所反映的一个侧面，人们热衷于以结构化的方式把事物串在一起，这个特性远远超出了其他动物所建立的序列性（反射序列性），如把音符组成旋律，把步子组成舞蹈，等等。有了"团"这一有意义的结构体的概念，就不难理解在工作记忆单元一定的情况下，人的设计过程中能够同时想到几个待选方案的原因，这里每个待选方案都是一个团，也是一种图式。当有信息输入时，什么有意义的"团"进入工作记忆单元，取决于"团"与当前信息的相关程度，依据相关程度的高低给各"团"排序，最终哪一个"团"排在第一位，即作为当前思维存在，这个过程是一个个"团"的达尔文进化的竞争过程，当然这个过程是瞬间完成的。哪一个"团"取胜，其与当前信息的联系将加强，类似于自然界中生物的适应性得到加强。此即思维的瞬间达尔文进化理论。

2.3.5　广义进化认知模式

赵南元在其《认知科学与广义进化论》一书中，为我们论述了广义进化认知模式。其主要的论点如下：

（1）脑的认知过程是一个典型的"自我表述系统"

人的每一次思考都会对以后的思维方式产生一定的影响。"自我表述"是指系统自身不但能够具有浅层知识，而且能够产生用浅层知识来表达和深化的深层知识，即系统是一个能够不断自我繁衍的系统，知识能够不断增加，能力不断增强。引进自我表述概念是为了研究一种具有高度复杂性的系统，这种系统的复杂不在于系统中元素数量的多少、关系的多重性，而在于系统的结构甚至工作原理在系统的工作过程中能够改变，不但保持一定的秩序，而且还具有某种不稳定的因素，时刻引入新的东西，即处于秩序与混沌边缘的复杂。社会结构的进化、文化的进化、人脑的认知过程、生物的进化、生物个体发育过程等，这些都是"自我表述系统"。

（2）广义进化论的软硬结构模型

在其书中，用"地形图"模型表现了在固定条件下参数的寻优过程，同时也说明了生物进化过程中的急变与缓变问题，该问题是由化石研究中化石所提供的进化过程不是渐变过程，而是稳定与跳跃的交替过程而引出来的；用"博弈论"模型表现了在固定条件下方法、战略行为方式乃至价值观的择优过程。从地形图模型的观点来看，博弈论是一种处理变化地形图的方法，而对于我们最关心的建立价值观体系的要求，博弈论则提供了一种具有严密数学背景的求取评价函数的重要方法。但是对寻优和择优之后的结果如何影响其后的条件变化，缺乏一个有效的深层模型。对于一个连续的自我表述系统，我们不仅应注意到系统瞬间过程，而且还要注意到系统的成长过程，

就不能不对系统进行更进一步的分析。

达尔文进化论的核心机制是变异和选择，广义进化论在此基础上加入软硬结构的相互作用机制。对于一个自我表述系统，可以分为两个部分：一部分叫作软结构，是可变的部分；另一部分叫作硬结构，是不变的部分。软结构与硬结构之间相互作用，硬结构对软结构提供支持作用，软结构对硬结构的作用是建构。硬结构执行系统的"日常"功能，保证系统的生存（存在），软结构在硬结构的支持下对硬结构进行建构，使整个系统不断进化（演化），可用滑模工艺来说明建造人工建筑物时的自举过程，计算机系统开发过程中已具有的软件和硬件作为硬结构，开发人员为软结构的开发系统模型，用汇编语言缩写一个"小C"的可执行编译程序，然后用此编译程序开发一个功能更强的编译系统，可以用人类社会中官僚与思想家的不同角色等例子来说明软硬结构模型。

通过对生物进化的软硬结构分析，可以对进化重演律做出更准确的描述。生物发育的各个阶段并不是进化过程中各个时期动物成体的形态，而是各时期中被硬化的发育工序的积累。几乎可以断定，发育过程中后期形成的性状，一定是后期发明的产物。在一种生物所拥有的大量遗传基因中，各基因的重要性是不同的，有些基因发生变化对生物的生存毫无影响，有的基因发生变化就会引起致命的效果，前者称为软基因，后者称为硬基因。还有一些基因发生变化时对生物的成活率产生影响，但是并非致命，可折合为不到一个的硬基因。这样可以建立基因的硬信息量的概念。对于已经硬化的发育工序起指令作用的基因通常是硬基因。在同种的生物个体中，硬基因的差别很小，而软基因可以有较大的个体差异。硬基因由于受到严格的选择压力，可以表现出长期稳定不变，而软基因则在发生变异时不被除掉，呈现出与时间成正比的变化。生物在由低级向高级的进化过程中，硬信息量只增不减，随硬信息量的增加，生物对于突然变异的承受能力必然下降。这个推论与生物学中的实际观察是相符的。

把此软硬结构模型用于人脑的认知过程，同样是认为思维能力提高的过程比思维过程本身更重要，因为我们把学习和创造这样的动态过程作为研究的重点，从而对认知过程给出了机械论的解释，以便于在机器上实现含有创造性的智能。

2.3.6　复杂自适应系统

在控制领域中，自适应也得到研究，形成了自适应控制系统，但是它们的目标仅仅是考虑如何在系统

和环境及其变化规律不确定时，通过自动调整系统的结构或参数来减少不确定性，达到改善系统的品质，即如何使系统保持一种稳定状态。但是对于认知发展，其自适应性研究的是新的性质和结构如模式是如何突现出来的，而不是有意保持某种已有的确定性性质，这就是复杂自适应系统所研究的内容。复杂自适应系统，包括诸如人脑、免疫系统、生态系统、细胞、蚁群及人类社会中的政党、组织等等。

Holland 从对学习、进化和适应性的考虑中提出了系统的 building block 概念，认为在一个环境中，通过学习而改变 building block 之间的连接结构就是适应性的机制。对人类心智和适应性的研究使 Holland 进一步发展他的遗传算法，遗传算法虽然大体上抓住了进化的本质，但是过于简单，没有包含产生适应性的智能体，Holland 注意到了单个个体有限行为模型对复杂自适应系统模拟的不足，因此为每个智能体引入内部模型，每个 Agent 作为 building block，根据自己的模型进行预测，通过经验学习（这种学习是 Hebb 式的），从而产生了著名的分类系统，使系统不仅具有开采式的学习，而且具有探险式的学习，这是一种对心智的描述。

一般来说，共同进化或者适应的结果往往是导致生物体基因的改变，但是对于一个生命较长、智能较高的个体，如人、一些高等动物或者一些社会性的组织，更加重要的改变不是他们基因的改变，而是他们在成长过程中所体现出来的学习行为与学习所得，这是"现场认知（学习）"所持有的观点，也是认知发展一直所研究的。"现场认知"强调的是，如果要考察个体的行为，研究如何使个体的行为日益合理，不断发展，应该从这个个体所属的群体来认识，包含着许多心理学成分在内，而不是仅仅将个体置于某个物理环境中，让它们相互作用（有限的作用）。

2.3.7　认知发展总论

认知发展的侧重点不仅在于对思维过程进行研究，而且在于对思维能力的发展进行研究。皮亚杰的认知发展阶段理论为我们描述了儿童思维能力的不断发展的宏观模式，当然这种研究是基于临床的小样本研究，但是通过对不同年龄阶段认知能力的比较，为我们提供了一个带有普遍性的理论。其认知发展内在机制：模式的同化、顺应、平衡过程为我们提出了一种思维的微观机制，可以看作是对思维的其中一个环节的展开和论述，通过这个过程的不断演化，使认知能力螺旋式增长，其研究不是直接针对人脑的物理层次，而是处于一个较高的抽象层次，用抽象的结构或图式作为理论的基础。

斯腾伯格的认知三元素理论，则对认知的相关元素进行了归纳，分为背景性理论、经验性理论和组合性理论三个元素，分别对应着系统的环境及内在（先天）决定元素、系统知识积累、系统工作过程三个方面。

信息加工理论尽管对认知的发展没有进行很多的研究，这也正是目前计算机之所以没有适应性和学习能力，因而没有创造性的主要原因，但是它对于计算机能不能思维、能不能具有智能这个根本性的问题提出了实现的可能性，在人工智能四十多年的发展过程中，信息加工理论是其中占统治地位的符合主义的基础，目前的机器学习研究以提高知识系统的适应性和学习能力为目标，也仍然需要以信息加工理论为基础，当然还要补充其不足，对认知发展方面进行更进一步的研究。

威廉·卡尔文的思维的瞬间达尔文进化理论则为我们提供了另外一种思维的微观过程，当然其研究和皮亚杰的认知微观机制研究一样，是建立在模式、结构或图式的基础上的，如果其模式能够得到合适的描述，则模式的进化过程就具有较强的操作性，模式的同化、顺应与平衡由较为简单的模式实用性作为评价准则的进化过程来代替，避免了认知结构与外来信息是否适应的难以机械判别问题，因此，对于应用思维的瞬间达尔文进化理论来建立人工智能系统，其研究的重点主要是能否找到合适的模式表达方法，这也正是本课题所研究的。

广义进化认知模式为我们生动地描述了在认知过程中认知结构是如何不断发展变化的，软硬结构模型中硬结构为软结构提供支持，软结构在硬结构的支持下对硬结构进行建构，软硬的转换，代表着系统的发展与进步、系统能力的提高，这正是"自我表述系统"应该具有的特性。

复杂自适应系统的研究，是对一类系统的描述，应用到认知发展上，则是不仅要注意到群体的突现特性，如遗传算法所体现出来的优化问题高鲁棒性、智能性和隐含并行性等，而且还要注意到在共同进化的过程中个体的能力增长机制如何，它们之间的关系在总论中已有所论述。

此外，人们还对认知发展的形式化描述进行了某种程度的研究，如李未的论文应用公理系统工具，对知识的增长、更新及假说的进化过程作了一定程度的刻画，通过引出新假设、事实反驳、假说重构等定义推导认知进程。从一种缺省逻辑（DL）称作必要性假设的理论出发做出合理假设，形成相应的 NL 理论来描述顿悟认知模拟问题，其理论基础是李未的开放逻辑中所提出的认知进程理论。同样，把模糊数学与数理逻辑相结合，对思维活动也进行了描述。

综上所述，这些研究的对象都是高度发达的人脑功能，并且把研究的重点放于非常令人感兴趣的认知发展上，当然也有从人脑的结构进行研究的，其文献更是无以数计，所关心的，是人脑智能的本质（这是三大难题之一）。

3　智能模拟

人工智能是 20 世纪中期产生并正在迅速发展的新兴边缘学科。它是探索和模拟人的智能和思维过程的规律，并进而设计出类似人的某些智能自动机的科学。人工智能的创始人温斯顿（P. H. Winston）认为，人工智能的中心任务是研究如何使计算机去做那些过去只有靠人的智力才能做的工作。本节主要从智能控制的角度，介绍智能模拟的科学基础、哲学基础和基本途径等问题。

3.1　智能模拟的科学基础

为了使机器具有某种人的智能，就必须研究生物机体的控制系统和人的思维活动规律与生理机制。从维纳创立的控制论，到工程控制论、经济控制论、生物控制论，再发展到智能控制论，这表明控制论这门科学随着科学技术发展及社会进步，其研究对象的领域不断地扩大，同时控制系统本身的控制决策的智能水平也在不断地提高。当今的科学技术比起维纳创立控制论的 20 世纪 40 年代，已经取得了长足的进步，这就为进行智能模拟创造了良好的条件。但是，应该看到，人脑的思维活动极其复杂，模拟人脑思维活动是一项系统工程，它需要众多学科通力合作，多途径攻关，才能使得人工智能的水平逐步向人的智能水平接近。

神经生理学揭示了大脑是在长期实践活动中形成的高度组织起来的中枢神经系统，它是思维的物质基础。控制论和系统论运用系统的方法，从功能上揭示了机器和生物有机体不同系统所具有的共同规律，从而为人们从功能上模拟人的思维活动奠定了理论基础。计算机科学的发展，尤其是智能计算机的研制为智能模拟提供了理论和技术手段。思维科学的基础研究为智能模拟揭示了思维的规律和方法。模糊数学的创立和发展为模拟人的模糊逻辑思维方式提供了工具。人工神经网络理论研究为从结构和功能上模拟人的智能提供了重要手段。

随着科学技术的迅猛发展，新的学科会不断产生，由于智能模拟的需要，许多新兴学科又会高度地综合，其结果必将把智能模拟推向更高的水平。

3.2　智能模拟的哲学基础

众所周知，世界的统一性在于它的物质性，世界上除了运动的物质，除了千差万别的物质形态之外，再没有别的东西了。大脑的出现，是生物长期进化的产物。人脑是在社会实践的基础上产生和发展起来的高度复杂的物质体系，是思维的器官，而思维是人类智能的核心，是人脑的机能和属性。因此，从理论上讲，可以用物质的运动来模拟人脑的思维活动。

世界上永恒运动着发展着的物质是由运动形式决定的，物质的多样性和运动的多样性是紧密联系着的。物质的各种运动形式不仅可以互相转化，而且还存在着一种包含关系，即高级运动形式包含着低级运动形式，复杂的运动形式包含着简单的运动形式。这种包含关系反映了多种运动形式从低级到高级的发展变化规律。人的思维活动是自然界发展到社会运动形式的产物，是一种高级运动形式，同样也包含着一系列的低级运动形式。因此，人们可以借助计算机及其必要的可以实现的各种运动形式，来模拟人的思维活动。

由于思维与物质在本质上是统一的，在规则上是一致的，在运动形式上是包含的，因此，可以用其他形式的物质运动来模拟人的思维活动，这就是智能之所以能够模拟的哲学基础。应该指出，人工智能的根本目的是用物化的智能延伸和扩展人脑和机体的某些功能，智能模拟的根本方法是功能模拟法，模拟和被模拟的两个系统在结构和在实际过程中允许不一样，而且也没有必要要求一样。所以，模拟是仿真，而不是原型，模拟是近似，而不是等同，在这个意义上讲，模拟智能就是仿人智能。

3.3　智能模拟的基本途径

自古以来，人们一直试图用各种机器来代替人的部分脑力劳动，以提高人类征服自然、改造自然的能力。从 20 世纪 50 年代起，世界上许多控制论专家、计算机科学家、心理学家、仿生学家等分别从不同角度探讨智能模拟问题，概括起来主要有三种途径。

3.3.1　基于逻辑推理的智能模拟——符号主义（symblism）

符号主义起源于 20 世纪 50 年代中期，由纽维尔（A. Newell）和西蒙（H. Simon）提出模拟人类求解问题的心理过程，形成了物理符号系统。最早提出人工智能的研究者们都是从分析人类的思维过程出发，通过表示概念的符号及各种逻辑运算符、函数、过程等处理关系，获得具化表达。因此，概念被看作是智能模拟的核心，而把代表概念的符号作为基本元素，符号之间须满足一定逻辑运算关系。问题求解的过程，这种推理过程又可以通过某种形式化的语言加以描述。

符号主义的基本出发点是把人类思维逻辑加以形式化，并用一阶谓词逻辑加以描述问题求解的思维过程，这种基于逻辑的智能模拟实质上是模拟人的逻辑思维，或者说是实现模拟人的左脑抽象逻辑思维功能。

传统的人工智能学者普遍认为，思维，即应用有用信息的意识活动，是人类智能的体现，并试图以现代的计算机技术去模拟实现。然而，传统的二值逻辑难以实现人们在思维过程中的模糊概念形式化，而模糊逻辑的创立为人们把模糊逻辑思维形式化提供了新的有效途径。

3.3.2 基于神经网络的智能模拟——联结主义（connectionism）

联结主义的先驱是心理学家麦卡洛克（W.S.McCulloch）和数学家匹茨（W.Pitts）。他们在 1943 年合作的论文"神经活动中内在意识的逻辑运算"中，提出了形式化神经元模型，并认为由简单神经元构成网络，原则上可以进行大量复杂的计算活动。因此，早期的联结主义观点在本质上与符号主义无太大的区别。

20 世纪 60 年代以后，由于许多科学家的不懈努力，其中包括 Rosellblatt、Widrow、Kohonen、Hopfield、Crossberg 以及 Andersson 等人的卓越贡献，使得人工神经网络技术有了重要的突破，为实现联结主义的智能模拟创造了条件。

联结主义者从生物，尤其是人的大脑神经系统的构造和功能出发，把人的智能归结为脑的高层神经网络活动的结果，认为智能活动是大量简单的神经细胞，通过复杂的相互联结成网络后并行运行的结果。

联结主义认为神经细胞不仅是大脑神经系统的基本单元，而且是行为反应的基本单元，故称为神经元。任何思维和认知功能都不是少数神经元决定的，而是通过大量突触互相动态联系着的众多神经元协同作用来完成。

基于神经网络的智能模拟方法，是以工程技术手段模拟人脑神经网络的结构与功能为特征，通过大量的非线性并行处理器来模拟众多的人脑神经细胞，用处理器错综灵活的连接关系来模拟人脑神经细胞之间的突触行为。这种连接机制的模拟方法，在一定程度上有可能起到对人脑形象思维的模拟，即承担了人脑右半球形象思维功能的模拟。

3.3.3 基于"感知—行动"的智能模拟——行为主义（behaviourism）

早在 1919 年美国心理学家华特生（J.B.Watston，1878—1958）就提出心理学应该是一门行为科学的观点，从而丰富和推动了心理学的研究和发展。1948 年，维纳在著名的《控制论》一书中指出：控制论是在自控理论、统计信息理论和生物学的基础上发展起来的。它着重研究机器自适应、自组织、自修复和学习机理，这些功能由系统的输入、输出反馈行为所决定。

在控制论发展的初始阶段，计算模型是模拟的，该领域的许多工作实际上是瞄着对动物和智能的了解，并希望探明动物如何通过学习来改变他们的行为，以及如何导致对整个环境的适应。早在 1952 年，Ashby 曾指出："为了理解机体所产生的行为，一个机体和它周围的环境必须一起构成模型"。著名心理学家皮亚杰曾指出："逻辑的根源必须从动作（包括言语行为）的一般协调中去探求""逻辑数理运算来源于行动本身，因为它是从行为的协调中抽象出来的结果，而不是从对象本身演绎出来的"。

美国麻省理工学院青年教授 Brooks 在 1990、1991 年相继发表论文，提出无须表达和推理的智能行为的观点，从而成为人工智能研究中行为主义的杰出代表人物。

（1）智能、思维与行为的关系

前面已经指出，模拟人的智能就是模拟人的思维形式，基于这样的观点实现智能模拟目前面临的主要困难表现在三个方面：第一，由于人脑的真实思维模型无法获得，因此在智能模拟系统中的抽象、表达、推理及学习等方法的正确性受到限制；第二，人脑的思维具有并行的特点，目前采用冯·诺伊曼式计算机无法实现模拟人脑并行思维的过程；第三，联结主义虽然具有并行性特点，但目前网络的优化拓扑结构及快速收敛性学习算法难以实现。

实际上，人的正确思维活动离不开实践活动，从广义上讲，人与环境的交互作用，体现了人的思维与感知—运动的行为之间的密切关系。根据存在决定意识及意识反作用（能动作用）的哲学观点，以及应用有用信息的意识活动，即是思维并体现智能的观点，人工智能还应该研究思维与行为的交互关系。

（2）Brooks 行为主义的观点

Brooks 对人工智能研究认为，首先要弄清楚生命系统在复杂的自然环境中所具有的生存和反应能力的本质，然后才有可能进一步探讨人类高水平的智能问题。这种观点的本质就是适应自然环境的感知—运动行为模式。

　　Brooks 在基于动作分解原理的动作理论指导下，完成了一个六足行走机器人试验系统，共包含 150 多个传感器和 23 个执行器。Brooks 动作理论的核心思想是动作分解，而不是传统的功能分解，这样就能用简单的有限状态机方法将感知器和执行器有机地集成，以形成行为产生器，即感知—运动模块。Brooks 的机器人试验系统在自然环境中所表现的防碰撞、漫游动作、行为的灵活性给人以深刻的印象。尽管这种人造生物的智能水平还处于仿昆虫的低级阶段，但是 Brooks 的基于行为的研究方法却为智能模拟提供了一个新的途径。

第2章　智能设计方法和技术综述

1　智能设计的发展概述

1.1　CAD 的发展

以依据算法的结构性能分析和计算机辅助绘图为主要特征的传统 CAD 技术在产品设计中的成功应用,引起设计领域内的一场深刻变革。包括设计活动在内的问题求解大致可分为两类工作:第一类是基于数学模型和数值处理的计算型工作;第二类是基于符号性知识模型和符号处理的推理型工作。传统 CAD 技术在数值计算和图形绘制上扩展了人的能力,可以比较圆满地完成第一类工作,但对第二类工作往往难以胜任。由于产品设计是人的创造力与环境条件交互作用的物化过程,是一种智能行为,通常需要设计人员分析推理、运筹决策和综合评价,才能取得合理的结果。为了对设计的全过程提供有效的计算机支持,传统 CAD 系统有必要扩展为智能 CAD 系统。

通常把提供了诸如推理、知识库管理查询机制等信息处理能力的系统定义为知识处理系统,例如专家系统就是一种知识处理系统。具有传统计算能力的 CAD 系统经这种知识处理技术加强后称为智能 CAD (ICAD) 系统。ICAD 系统把专家系统等人工智能技术与优化设计、有限元分析、计算机绘图等各种数值计算技术结合起来,取其所长,其目的是尽可能地使计算机参与方案决策、结构设计、性能分析和图形处理等设计全过程。因此,ICAD 系统除了具有工程数据库、图形库等 CAD 功能模块外,还应具有知识库、推理机等智能模块。

虽然 ICAD 可以提供对整个设计过程的计算机支持,但完成第一类和第二类工作的功能模块是彼此分隔、松散耦合的,它们之间的连接仍然要由人类专家完成。近年来,随着高技术的发展和社会需求的多样化,小批量多品种生产方式的比重不断加大,CIMS 应运而生并迅速发展。在 CIMS 这样的集成环境下,产品设计技术日趋复杂,已不可能也不允许将设计活动划分为计算型、推理型这样彼此分隔的独立结构。面向 CIMS 的设计活动既包括计算型、推理型工作,也包括其他类型的工作,如利用样本性知识进行自学习,而且在设计的每一阶段,各种不同类型的工作彼此交融,难以分离。这样,在 CIMS 技术的推动下,ICAD 系统应在原有基础上强化集成功能,由此被提升到一个新的阶段,即集成化智能 CAD (I2CAD) 阶段,它是面向 CIMS 的 ICAD 系统,可对设计全过程提供一体化的计算机支持。

1.2　智能设计的两个阶段

智能设计的产生可以追溯到专家系统技术最初应用的时期,其初始形态都采用了单一知识领域的符号推理技术——设计型专家系统,这对于设计自动化技术从信息处理自动化走向知识处理自动化有着重要意义,但设计型专家系统仅仅是为解决设计中某些困难问题的局部需要而产生的,只是智能设计的初级阶段。

近 10 年来,CIMS 的迅速发展向智能设计提出了新的挑战。在 CIMS 这样的环境下,产品设计作为企业生产的关键性环节,其重要性更加突出。为了从根本上强化企业对市场需求的快速反应能力和竞争能力,人们对设计自动化提出了更高的要求,在计算机提供知识处理自动化(这可由设计型专家系统完成)的基础上,实现决策自动化,即帮助人类设计专家在设计活动中进行决策。需要指出的是,这里所说的决策自动化绝不是排斥人类专家的自动化。恰恰相反,在大规模的集成环境下,人在系统中扮演的角色将更加重要。人类专家将永远是系统中最有创造性的知识源和关键性的决策者。因此,CIMS 这样的复杂巨系统必定是人机结合的集成化智能系统。与此相适应,面向 CIMS 的智能设计走向了智能设计的高级阶段——人机智能化设计系统。虽然它也需要采用专家系统技术,但只是将其作为自身的技术基础之一,与设计型专家系统之间存在着根本的区别。

设计型专家系统解决的核心问题是模式设计,方案设计可作为其典型代表。与设计型专家系统不同,人机智能化设计系统要解决的核心问题是创新设计,这是因为在 CIMS 这样的大规模知识集成环境中,设计活动涉及多领域和多学科的知识,其影响因素错综复杂。CIMS 环境对设计活动的柔性提出了更高的要求,很难抽象出有限的稳态模式。换言之,即使存在设计模式的话,设计模式也是千变万化,几乎难以穷尽。这样的设计活动必定更多地带有创新色彩,因此创新设计是人机智能化设计系统的核心所在。

设计型专家系统与人机智能化设计系统在内核上存在差异,由此可派生出两者在其他方面的不同点。

例如，设计型专家系统一般只解决某一领域的特定问题，比较孤立和封闭，难以与其他知识系统集成；而人机智能化设计系统面向整个设计过程，是一种开放的体系结构。

智能设计的发展与 CAD 的发展联系在一起，在 CAD 发展的不同阶段，设计活动中智能部分的承担者是不同的。传统 CAD 系统只能处理计算型工作，设计智能活动是由人类专家完成的。在 ICAD 阶段，智能活动由设计型专家系统完成，但由于采用单一领域符号推理技术的专家系统求解问题能力的局限，设计对象（产品）的规模和复杂性都受到限制，这样 ICAD 系统完成的产品设计主要还是常规设计，不过借助于计算机支持，设计的效率大大提高。而在面向 CIMS 的 ICAD（I2CAD）阶段，由于集成化和开放性的要求，智能活动由人机共同承担，这就是人机智能化设计系统，它不仅可以胜任常规设计，而且还可支持创新设计。因此，人机智能化设计系统是针对大规模复杂产品设计的软件系统，它是面向集成的决策自动化，是高级的设计自动化。

2 智能设计的概念和特征

智能设计系统，应该不仅仅是对人脑某些思维特征（如抽象思维、形象思维）的模拟，而且应该具有自学习、自适应的能力，即具有自我进化的机制（进化智能），来保证系统的生命力及解决问题的有效性。面对 21 世纪产品竞争日益加剧的挑战，世界各国普遍重视提高产品的设计水平，以增强产品竞争力，同时，我国市场经济的发展对产品设计与开发提出了强烈的创新要求。在目前激烈的市场竞争中，对产品设计除了要求新颖、独特和性价比高以外，还要求设计快捷、方便和高效率。

分析现有的产品设计理论和方法，提高设计效率有以下两种策略：一种策略是对产品设计进程的动态重组，通过设计的组织形式的改变来尽量缩短设计周期，如目前的 CIMS、并行工程和并行设计等，这些和管理科学结合的方法使工作更有效率，需注意的是，管理的操作主要是针对活动主体，如设计师等的；另外一种策略是借助于计算机，通过计算机的高速、海量运算能力来缩短设计周期，取代人的部分体力和脑力劳动，CAD、智能 CAD 技术的引入就是基于这种策略，这些是计算机技术和工人智能的结合，操作对象是设计工具的智能化。这两种策略是互相交互的。

目前 CAD 技术和智能 CAD 技术发展还远未达到人们对它所抱的期望。首先是现有的 CAD 技术主要应用于设计过程的后期，如详细设计阶段、图形处理等，还没有进入设计的早期——概念设计阶段，这是

由于在设计早期需要更多地用到创造性思维（包含了经验思维、抽象逻辑思维和形象思维）。其次是目前的人工智能在抽象度高的方面以信息加工理论为理论基础，所构造的专家系统缺少适应性和灵活性，知识获取和进化成为知识系统的瓶颈；抽象度低的结构主义——人工神经网络是经验映射和形象映射的隐含表示，难以解释高层的思维活动，所以达到的智能化水平和人们的厚望相差甚远。

传统 CAD 系统由于缺乏设计工程师所具有的推理和决策能力，已经不能满足设计过程自动化的要求。而智能 CAD（ICAD）系统既具有传统 CAD 系统的数值计算和图形处理能力，又有知识处理能力，能够对设计的全过程提供智能化的计算机支持，这就是对智能 CAD 理论和应用的研究。

2.1 智能设计的特点

1）以设计方法学为指导。智能设计的发展，从根本上取决于对设计本质的理解。设计方法学对设计本质、过程设计思维特征及其方法学的深入研究是智能设计模拟人工设计的基本依据。

2）以人工智能技术为实现手段。借助专家系统技术在知识处理上的强大功能，结合人工神经网络和机器学习技术，较好地支持设计过程自动化。

3）以传统 CAD 技术为数值计算和图形处理工具。提供对设计对象的优化设计、有限元分析和图形显示输出上的支持。

4）面向集成智能化。不但支持设计的全过程，而且考虑到与 CAM 的集成，提供统一的数据模型和数据交换接口。

5）提供强大的人机交互功能。使设计师对智能设计过程的干预，即与人工智能融合成为可能。

2.2 智能设计技术的研究重点

1）智能方案设计。方案设计是方案的产生和决策阶段，是最能体现设计智能化的阶段，是设计全过程智能化必须突破的难点。

2）知识获取和处理技术。基于分布和并行思想的结构体系和机器学习模式的研究，基于基因遗传和神经网络推理的研究，其重点均在非归纳及非单调推理技术的深化等方面。

3）面向 CAD 的设计理论。包括概念设计和虚拟现实、并行工程、健壮设计、集成化产品性能分类学及目录学、反向工程设计法及产品生命周期设计法等。

4）面向制造的设计。以计算机为工具，建立用虚拟方法形成的趋近于实际的设计和制造环境。具体研究 CAD 集成、虚拟现实、并行及分布式 CAD/CAM

系统及其应用、多学科协同、快速原型生成和生产的设计等人机智能化设计系统（I2CAD）。智能设计是智能工程与设计理论相结合的产物，它的发展必然与智能工程和设计理论的发展密切相关，相辅相成。设计理论和智能工程技术是智能设计的知识基础。智能设计的发展和实践，既证明和巩固了设计理论研究的成果，又不断提出新的问题，产生新的研究方向，反过来还会推动设计理论和智能工程研究的进一步发展。智能设计作为面向应用的技术其研究成果最后还要体现在系统建模和支撑软件开发及应用上。

2.3　智能化方法的分类和智能设计的层次

2.3.1　智能化方法的分类

智能设计归根结底是要在设计过程中模拟人的智能的决策方式，模拟人的智能实质上是模拟人的思维方式。智能设计的基础是人工智能技术。尽管人工智能已经创造了一些实用系统，但人们不得不承认这些远未达到人类的智能水平。其方法可分为两大类：

（1）第一类：自上而下的方式（符号处理的方法）

它是基于 Newell 和 Simon 的物理符号系统的假说。尽管不是所有人都赞同这一假说，但几乎大多数被称为"经典的人工智能"（即哲学家 John Haugeland 所谓的"出色的老式人工智能"或 GOFAI）均在其指导之下。这类方法中，突出的方法是将逻辑操作应用于说明性知识库。这种风格的人工智能运用说明语句来表达问题域的"知识"，这些语句基于或实质上等同于一阶逻辑中的语句。采用逻辑推理可推导这种知识的结果，这种方法有许多变形，包括那些强调对逻辑语言中定义域的形式公理化的角色的变形。当遇到"真正的问题"，这一方法需要掌握问题域的足够知识，通常就称作基于知识的方法。在大多数符号处理方法中，对需求行为的分析和为完成这一行为所做的机器合成要经过几个阶段。最高阶段是知识阶段，机器所需知识在这里说明。接下来是符号阶段，知识在这里以符号组织表示（例如列表可用列表处理语言 LISP 来描述），同时在这里说明这些组织的操作。接着，在更低级的阶段里实施符号处理。多数符号处理采用自上而下的设计方法，从知识阶段向下到符号和实施阶段。

（2）第二类：自下而上的方式（"子符号"方法）

它通常采用自下而上的方式，从最低阶段向上进行。在最低层阶段，符号的概念就不如信号这一概念确切了。在子符号方法中突出的方法是"Animat approach"。偏爱这种方式的人们指出，人的智能经过

了在地球上十亿年或更长时间的进化过程。他们认为，为了制造出真正的智能机器，必须沿着这些进化的步骤走。因此，必须集中研究复制信号处理的能力和简单动物，如昆虫的支配系统，沿着进化的阶梯向上进行。这一方案不仅能在短期内创造实用的人造物，又能为更高级智能的建立打好坚实的基础。

第二类方法也强调符号基础。Brooks 1990 年将物理符号系统和他的物理基础假说相对照。在物理基础假说中，一个智能体（agent）不采用集中式的模式，而运用其不同的行为模块与环境相作用来完成复杂的行为（然而，他也承认，要达到人类智能水平的人工智能也许需要将两种途径相结合）。

机器与环境的相互作用产生了所谓的"自然行为（emergent behavior）"。一些研究人员认为，一个 agent 的功能可视作该系统与动态环境密切相互作用的自然属性。agent 本身对其行为的说明并不能解释它运行时所表现的功能；相反，其功能很大程度上取决于环境的特性。不仅要动态地考虑环境，而且环境的具体特征也要运用于整个系统之中。

由子符号派制造的著名样品机器包括所谓的"神经网络（neural network）"，受到生物学方法的启发，这些系统主要因其学习的能力而十分有趣。根据模拟生物进化方面的进程，一些有趣的机器应运而生。

介于自上而下和自下而上之间的方法是一种动机"环境自动机（situated automata）"的方法。Kaelbing 和 Rosenschein 建议编写一种程序设计语言来说明 agent 在高水平上所要求的行为，并编写一编译程序，以从这种语言编写的程序中产生引发行为的线路。

2.3.2　智能设计的层次

综合国内外关于智能设计的研究现状和发展趋势，智能设计按设计能力可以分为三个层次：常规设计、联想设计和进化设计。

（1）常规设计

它是设计属性、设计进程、设计策略已经规划好，智能系统在推理机的作用下，调用符号模型（如规则、语义网络、框架等）进行设计。目前，国内外投入应用的智能设计系统大多属于此类，如日本 NEC 公司用于 VLSI 产品布置设计的 Wirex 系统、华中理工大学开发的标准 V 带传动设计专家系统（JD-DES）、压力容器智能 CAD 系统等。这类智能系统常常只能解决定义良好、结构良好的常规问题，故称常规设计。

（2）联想设计

目前研究可分为两类：一类是利用工程中已有的设计事例，进行比较，获取现有设计的指导信息，这需要收集大量良好的、可对比的设计事例，对大多数问题是困难的；另一类是利用人工神经网络的数值处理能力，从试验数据、计算数据中获得关于设计的隐含知识，以指导设计。这类设计借助于其他事例和设计数据，实现了对常规设计的一定突破，称为联想设计。

（3）进化设计

遗传算法（Genetic Algorithms，GA）是一种借鉴生物界自然选择和自然进化机制的、高度并行的、随机的、自适应的搜索算法。20 世纪 80 年代早期，遗传算法已在人工搜索、函数优化等方面得到广泛应用，并推广到计算机科学、机械工程等多个领域。进入 20 世纪 90 年代，遗传算法的研究在其基于种群进化的原理上，拓展出进化编程（Evolutionary Programming，EP）、进化策略（Evolutionary Strategies，ES）等方向，它们并称为进化计算（Evolutionary Computation，EC）。

进化计算使得智能设计拓展到进化设计，其特点是：

1）设计方案或设计策略编码为基因串，形成设计样本的基因种群。

2）设计方案评价函数决定种群中样本的优劣和进化方向。

3）进化过程就是样本的繁殖、交叉和变异等过程。

进化设计对环境知识依赖很少，而且优良样本的交叉、变异往往是设计创新的源泉，所以在 1996 年举办的"设计中的人工智能"（Artificial interlligence in design'96）国际会议上，M. A. Rosenman 提出了设计中的进化模型，进而将进化计算作为实现非常规设计的有力工具。

综上所述，智能设计的研究随着人工神经网络、进化计算等技术的引入，处于由常规设计、联想设计向创新设计突破的关键阶段，有很多工作值得深入的研究和探讨。

2.4　智能设计的基本方法

2.4.1　智能设计的分类

（1）原理方案智能设计

方案设计的结果将影响设计的全过程，对于降低成本、提高质量和缩短设计周期等有至关重要的作用。原理方案智能设计是寻求原理解的过程，是实现产品创新的关键。原理方案智能设计的过程：总功能分析→功能分解→功能元（分功能）求解→局部解法组合→评价决策→最佳原理方案。按照这种设计方法，原理方案智能设计的核心归结为面向分功能的原理求解。面向通用分功能的设计目录能全面地描述分功能的要求和原理解，且隐含了从物理效应向原理解的映射，是原理方案智能设计系统的知识库初始文档。基于设计目录的原理方案智能设计系统，能够较好地实现概念设计的智能化。

（2）协同求解

ICAD 应具有多种知识表示模式、多种推理决策机制和多个专家系统协同求解的功能，同时需把同理论相关的基于知识程序和方法的模型组成一个协同求解系统，在元级系统推理及调度程序的控制下协同工作，共同解决复杂的设计问题。

某一环节单一专家系统求解问题的能力，与其他环节的协调性和适应性常受到很大限制。为了拓宽专家系统解决问题的领域，或使一些互相关联的领域能用同一个系统来求解，就产生了所谓协同式专家系统的概念。在这种系统中，有多个专家系统协同合作，这就是协同式多专家系统。多专家系统协同求解的关键，是要工程设计领域内的专家之间相互联系与合作，并以此来进行问题求解。协同求解过程中信息传递的一致性原则与评价策略，是判断目前所从事的工作是否向着有利于总目标的方向进行。多专家系统协同求解，除在此过程中实现并行特征外，尚需开发具有实用意义的多专家系统协同问题求解的软件环境。

（3）知识获取、表达和专家系统技术

知识获取、表达和利用技术专家系统技术是 ICAD 的基础，其面向 CAD 应用的主要发展方向，可概括如下：

1）机器学习模式的研究，旨在解决知识获取、求精和结构化等问题。

2）推理技术的深化，要有正、反向和双向推理流程控制模式的单调推理，又要把重点集中在非归纳、非单调和基于神经网络的推理等方面。

3）综合的知识表达模式，即如何构造深层知识和浅层知识统一的多知识表结构。

4）基于分布和并行思想求解结构体系的研究。

（4）黑板结构模型

黑板结构模型侧重于对问题整体的描述以及知识或经验的继承。这种问题求解模型是把设计求解过程看作是先产生一些部分解，再由部分解组合出满意解的过程。其核心由知识源、全局数据库和控制结构三部分组成。全局数据库是问题求解状态信息的存放处，即黑板。将解决问题所需的知识划分成若干知识源，它们之间相互独立，需通过黑板进行通信、合作并求出问题的解。通过知识源改变黑板的内容，从而导出问题的解。在问题求解过程中所产生的部分解全部记录在黑板上。各知识源之间的通信和交互只通过黑板进行，黑板是公共可访问的。控制结构则按人的要求控制知识源与黑板之间的信息更换过程，选择执行相应的动作，完成设计问题的求解。黑板结构模型是一种通用的适于大空间解和复杂问题的求解模型。

（5）基于案例的推理

基于案例的推理（Case Based Reasoning，CBR）是一种新的推理和自学习方法，其核心精神是用过去成功的案例和经验来解决新问题。研究表明，设计人员通常依据以前的设计经验来完成当前的设计任务，并不是每次都从头开始。CBR 的一般步骤为提出问题，找出相似案例，修改案例使之完全满足要求，将最终满意的方案作为新案例存入案例库中。CBR 中最重要的支持是案例库，关键是案例的高效提取。

CBR 的特点是对求解结果进行直接复用，而不用再次从头推导，从而提高了问题求解的效率。另外，过去求解成功或失败的经历可用于动态地指导当前的求解过程，并使之有效地取得成功，或使推理系统避免重犯已知的错误。

2.4.2 智能设计系统与技术

（1）智能设计系统

在 CIMS 环境下，为了提高制造业对市场变化和小批量、多品种要求的迅速响应能力，设计正在向集成化、智能化、自动化方向发展。要实现这一目标，就必须大大加强设计专家与计算机工具这一人机结合的设计系统中机器的智能，使计算机能在更大范围内、更高水平上帮助或代替人类专家处理数据、信息与知识，做出各种设计决策，大幅度提高设计自动化的水平。智能设计就是要研究如何提高人机系统中计算机的智能水平，使计算机更多、更好地承担设计中各种复杂任务，成为设计工程师得力的助手和同事。

在设计技术发展的不同阶段，设计活动中智能部分的承担者是不同的。以人工设计和传统 CAD 为代表的传统设计技术阶段，设计智能活动是由人类专家完成的。在以 ICAD 为代表的现代设计技术阶段，智能活动由设计型专家系统完成，但由于采用单一领域符号推理技术的专家系统求解问题能力的局限，设计对象（产品）的规模和复杂性都受到限制，不过借助于计算机支持，设计的效率大大提高，而在以 I2CAD 为代表的先进设计技术阶段，由于集成化和开

放性的要求，智能活动由人机共同承担，这就是人机智能化设计系统。虽然人机智能化设计系统也需要采用专家系统技术，但它只是将其作为自己的技术基础之一，两者仍有以下根本的区别：

1）设计型专家系统只处理单一领域知识的符号推理问题；而人机智能化设计系统则要处理多领域知识，多种描述形式的知识，是集成化的大规模知识处理环境。

2）设计型专家系统一般只解决某一领域的特定问题，比较孤立和封闭，难以与其他知识系统集成；而人机智能化设计系统则面向整个设计过程，是一种开放的体系结构。

3）设计型专家系统一般局限于单一知识领域范畴，相当于模拟设计专家个体的推理活动，属于简单系统；而人机智能化设计系统涉及多领域、多学科知识范畴，是模拟和协助人类专家群体的推理决策活动，是人机复杂系统。

4）从知识模型看，设计型专家系统只是围绕具体产品设计模型或针对设计过程某一特定环节（如有限元分析）的模型进行符号推理；而人机智能化设计系统则要考虑整个设计过程的模型、设计专家思维、推理和决策的模型（认知模型）以及设计对象（产品）的模型。

由此可见，人机智能化设计系统是针对大规模复杂产品设计的软件系统，它是面向集成的决策自动化，是高级的设计自动化。

智能设计作为计算机化的设计智能，乃是 CAD 的一个重要组成部分，它在 CAD 发展过程中有不同的表现形式。传统 CAD 系统中并无真正的智能成分，这一阶段的 CAD 系统虽然依托人类专家的设计智能，但作为计算机化的设计智能并不存在，智能设计在其中的作用也就无从谈起。而在 ICAD 阶段，智能设计是以设计型专家系统的形式出现的，但它仅仅是为解决设计中某些困难问题的局部需要而产生的，只是智能设计的初级阶段。对于 I2CAD 阶段，智能设计的表现形式是人机智能化设计系统，它顺应了市场对制造业的柔性、多样化、低成本、高质量、迅速响应能力的要求。作为 CIMS 大规模集成环境下的一个子系统，人机智能化设计系统乃是智能设计的高级阶段。设计技术的类型及其说明见表 49.2-1。

（2）智能设计技术

设计的本质是创造和革新。基于对设计本质的这种认识，根据设计活动中创造性的大小，可将设计分为三类：常规设计（routine design）、革新设计（innovative design）和创新设计（creative design）。显然，革新设计是作为常规设计与创新设计的中介形式

表 49.2-1　设计技术的类型及其说明

设计技术类型	代表形式	智能部分的承担者	说　　明
传统设计技术	人工设计/传统 CAD	人类专家	—
现代设计技术	ICAD	设计型专家系统	智能设计的初期阶段
先进设计技术	I2CAD	人机智能化设计系统	智能设计的高级阶段

来界定的。所谓常规设计是指以成熟技术结构为基础，运用常规方法来进行的产品设计，它在工业生产中大量存在，并且是一种经常性的工作。为了满足市场需求，提高产品的竞争能力，就需要改进老产品，研制新品种，降低生产材料、能源的消耗，改进生产加工工艺等。在这种情况下，就需要在设计中采用新的技术手段、技术原理和非常规方法，即需要进行创造性设计。这里所说的创造性设计是创新设计和革新设计的统称。创新设计旨在提供具有社会价值的、新颖而独特成果的设计。它是设计探索中最富有挑战性的领域，通常没有现成的设计规划，有时甚至没有类似的已有设计作为借鉴，完全凭设计者去"无中生

有"。革新设计是指为增加原有产品的功能、适用范围，提高它的性能或改进其结构、尺寸或外形的变型设计，因此也可称为是改进设计。这项任务实际上也包含了部分创造性内容，但与"无中生有"相比，它属于"举一反三"。

设计行为是思维活动的反映，因而与人的思维密切相关。著名学者钱学森先生将人的思维划分为逻辑思维、形象思维和灵感思维三种形式，并且指出实际上人的每个思维活动过程都不会是单纯的一种思维在起作用。三种思维形式的基本特点可见表 49.2-2，从中可知它们在创造性方面有不同的表现：灵感思维最强，形象思维次之，逻辑思维最次。

表 49.2-2　三种思维形式的基本特点

思维形式	载 体 特 点	特　　征
逻辑思维	一些抽象的概念、理论和数字等	抽象性、逻辑性、规律性、严密性,思维过程是一维性的
形象思维	形象,如语言、图形、符号等	形象性、概括性、创造性、运动性,思维过程是二维性的
灵感思维	既可是抽象的概念等,又可是形象	突发性、偶然性、独创性、模糊性,思维过程是三维性的

常规设计主要是通过逻辑思维实现的。创新设计通常是指采用发散而不是聚合的思维过程的设计，这就使得形象思维乃至灵感思维在创新设计中显得更为关键和重要。

智能设计发展的不同阶段，解决的主要问题也就不同。设计型专家系统解决的主要问题是模式设计，方案设计可作为其典型代表，它基本属于常规设计范畴，但也包含一些革新设计的问题。与设计型专家系统不同，人机智能化设计系统要解决的主要问题是创造性设计，包括创新设计和革新设计。这是因为在CIMS 这样的大规模知识集成环境中，设计活动涉及了多领域、多学科的知识，其影响因素错综复杂。当前颇为引人注目的并行工程（concurrent engineering）和并行设计（concurrent design）就鲜明地反映出面向集成的设计这一特点。CIMS 环境对设计活动的柔性提出了更高的要求，很难抽象提炼出有限的稳态模式。换言之，即使存在设计模式，设计模式也是千变万化，几乎难以穷尽，这样的设计活动必定更多地带有创造性色彩。

根据前面关于设计思维的论述，设计型专家系统主要模拟的是人类专家的逻辑思维。人机智能化设计系统除了逻辑思维外，主要模拟人类专家的形象思维，甚至包括某些灵感思维。

3　智能设计体系和知识表达

3.1　智能设计体系

典型的设计过程是以设计师为主导完成的知识循环"迭代"过程，可表示为"初始设计→评价→再设计"，即设计师根据实际要求，先进行概念构思，制订出初步的设计方案；其次，利用各种技术（如有限元、优化设计等分析方法）对方案进行评价和计算，实现详细的具体设计；最后，对结果进行评价。当达到要求时，设计完成；当要求未达到时，修改设计方案，再进行第二轮的设计，这样循环往复，直到满足要求为止。

智能设计（Intelligent Design，ID）的目的是利用计算机全部或部分辅助代替设计师从事以上的整个设计过程，在计算机上模拟或再现设计师的创造性设计过程。人工智能系统与一般计算机应用系统不同，一般计算机系统处理的对象是数据，而人工智能系统处理的对象可以是数据，也可以是信息，更重要的是处理各种知识，使系统具有思维和推理能力。以往的研究集中在传统的数值计算和基于符号知识的推理的基础上进行，进一步的研究迫切需要从更广泛的智能行为规律及内在运行机制进行探讨。

3.1.1　智能设计的抽象层次模型

从问题描述的角度分析，任何复杂系统都有必要抽象出统一的表达模型，通过抽象可以把复杂的问题进行分层、分类，然后采用相应的处理方法。简言之，复杂系统由简单系统复合而成。以具有代表意义的复杂系统计算机网络为例，计算机网络由各个节点（节点处理机）构成，要实现节点与节点的通信而不造成系统的紊乱，在计算机网络中引入了协议这一术语，协议是为实现节点与节点间的同步与协调而做出的约定。著名的 ISO/OSI 参考模型（七层协议）为网络通信奠定了坚实的基础。用户可以在每层上进行通信。低层次上的通信，用户考虑问题复杂些；高层上的通信，用户使用起来更方便，更简单。对等层上是协议，相邻层上有接口，其下一层为上一层提供服务，通过这种层次关系，构成了一个复杂而运行可靠的通信网络。

参考 ISO/OSI 模型，总结归纳智能设计自身的特点，提出图 49.2-1 所示的智能设计抽象层次模型。图 49.2-1 的左边层次体现了智能设计过程中层与层之间的相互关联，上一层以下一层为基础，下一层为上一层提供支持与服务，同时可以看出，每一层有其自己的任务，正是这样的分层与分类，才构成复杂系统设计的统一整体。图 49.2-1 的右边体现了抽象层次模型在具体应用时所承担的任务，同样也呈现出图 49.2-1 左边一样的特性。建立智能设计的抽象层次模型，是智能设计系统集成求解的基础。

目标层为智能设计要达到的总目标，声明系统要达到的要求，往往与市场的需求和用户的要求相关联。

决策层把要实现的总目标分解成子目标，并采用相应的求解方法与策略，表现为任务的分解与进一步的决策。例如，智能设计中包含方案设计与布置设计，要针对不同的设计要求确定采用什么样的知识表达方法与求解策略。

结构层提供问题组织与表达的方法。结构层的合理确定，是保证系统统一和完整的先决条件。例如，目前广泛采用的面向对象的组织方式，可以为问题的描述提供有力的支持。结构层是实现集成的基础。

算法层是概念设计中最关键的一层，为决策层提供强有力的支持工具。算法层包含所有可用的算法与方法。知识工程中的专家系统技术与基于案例的推理技术以及计算智能的人工神经网络、遗传算法都可以为决策层提供支持，是求解问题的关键所在。

逻辑层为算法层的协调、协作提供保障，逻辑层通过关系与约束把算法层沟通起来，使系统融合为一体。

传输层保证信息的交换，数据的管理，是以上各层信息交流的平台。

物理层提供系统运行的软硬件环境，包括信息的存储以及与其他外部设备的连通。

3.1.2　设计知识的结构体系

工程设计属于复杂系统设计范畴，其特点是反复试验，不断摸索。从人类的思维形式角度来看，包含两种不同的方面，即抽象思维与形象思维。抽象思维是以抽象的概念和推论为形式的思维形式，概念是反映事物或现象的属性或本质的思维形式，掌握概念是进行抽象思维、从事科学创新活动的最基本的手段。形象思维是以形象化的"意象"为形式的思维形式，形象思维是理性认识，不是感性认识。"意象"是对同类事物形象的一般特征的反映，形象思维表现为人类思维的形象化与图视化，运用形象思维可以激发人们的想象力和联想、类比能力。

按照在思维过程是否严格遵守逻辑规则，可以将思维区分为逻辑思维和非逻辑思维两种方式。逻辑思维是严格遵循逻辑规则进行的一种思维方式，逻辑规则是人们在总结思维活动经验和规律的基础上概括出来的。逻辑思维以抽象的概念作为其思维元素，操作方式主要是分析和综合、归纳和演绎。非逻辑思维不严格遵循逻辑规则，表现为更具灵活性的自由思维，往往突破常规，具有鲜明的新奇性。非逻辑思维的基

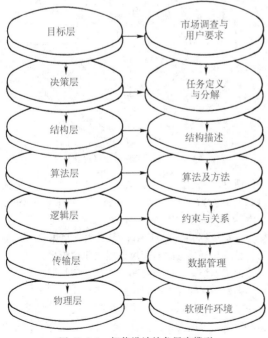

图 49.2-1　智能设计抽象层次模型

本形式是联想、想象、直觉和灵感。

从人类思维发展的角度来看，人类思维分为简单思维与复杂思维。简单思维与复杂思维最根本的区别在主体拥有知识的多少和主体对客体的认识程度。人类通过劳动和学习，在前人的基础上积累知识。随着知识的不断积累，知识的形式也呈现出多样性：理论知识和实践知识。理论知识和实践知识体现了人类知识的不同层次关系，理论知识是实践知识的抽象化与升华，是具有抽象性、系统性和普遍指导意义的知识，是来自于实践知识而又与实践知识有本质区别的。实践知识是人类通过生产劳动而获得的知识，虽然还不具有抽象性和系统性，但具有实用性，是在理论知识的指导下而产生的知识。理论知识和实践知识互相促进，相互转化，螺旋式地向前发展。对设计知识的认识和处理是再现人类思维规律的基础。从认识论的角度分析，人类知识可分为三类：

1) 过程性知识（procedural knowledge）。

2) 叙述性知识（declarative knowledge）。

3) 潜意识（tacit knowledge）。

过程性知识是对客观事物的精确描述，可以用准确的数学模型来表达。例如，传统的优化设计，首先对问题进行描述，确定设计变量、约束条件及目标函数，在此基础上选用适当的优化求解方法，通过计算机的数字迭代，求解出满足要求的设计变量值。涉及数学模型的建立，求解速度和收敛性的分析。采用过程性知识进行问题求解的前提是待求问题的性态要求结构优良，易于收敛。

叙述性知识是指对客观事物的描述能够用语言文字来表达，既可方便地将人类知识以明确规范化的语言表达出来，也便于计算机的实现。这种问题不能用严密的数学模型来刻画。叙述性知识大多表现为人类专家经验知识的归纳，以符号的形式存在。

潜意识是指客观事物不能或难于用明确规范化的语言表达出来，即使专家本身也很难说出他们的理由，具有很强的跳跃性和非结构性。而往往这种知识是创造性设计的关键。潜意识表现为人类专家经验知识量积累到一定程度以后的一个质的飞跃，用这些经验（比如以往设计成功的设计范例）通过联想"想当然"地做出快速的决策。

设计师在设计时，采用的知识并不是单一的。由于问题的复杂性，决定了知识的异构性。过程性知识、叙述性知识及潜意识为异构知识的抽象形式，更具体化的形式可以概括为：过程知识、符号知识、案例知识和样本知识。通过以上分析，给出异构知识的定义如下。

工程设计中不同层次、不同表现形式的异性质知识构成了异构知识（Isomeric Knowledge，IK），抽象

描述为

$$IK = (PK, SK_1, CK, SK_2)$$

式中 PK——Procedural Knowledge，即过程知识；

SK_1——Symbolic Knowledge，即符号知识；

CK——Case Knowledge，即案例知识；

SK_2——Sample Knowledge，即样本知识。

过程知识、符号知识、案例知识和样本知识构成了异构知识体系。在这个异构知识体系中，不同层次、不同形式的知识相辅相成，互为补充。

3.1.3 智能设计的集成求解策略

建立智能设计抽象层次模型，目的是实现智能设计系统集成求解。基于抽象层次模型的系统集成的关键是在人工智能领域探索有效的求解途径。人工智能目前主要分为两大流派：符号主义流派和联结主义流派。符号主义流派以专家系统（Expert System，ES）和基于案例的推理为代表——统称为知识工程（Knowledge Engineering，KE）。联结主义流派以人工神经网络（Artificial Neural Network，ANN）和遗传算法（Genetic Algorithms，GA）为代表——统称为计算智能（Computational Intelligence，CI）。图49.2-2表征了这种关系。

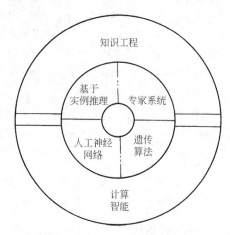

图 49.2-2　知识工程与计算智能分类

图 49.2-3 描述知识工程（KE）与计算智能（CI）相结合的异构知识求解模型，用 ES、CBR 及 ANN 求解异构知识。智能设计（ID）为问题求解的核心（核心圆）；第一环描述了人类的思维模式，即抽象思维、形象思维、逻辑思维和非逻辑思维；第二环描述了思维处理的异构知识，即过程知识、符号知识、案例知识和样本知识；第三环描述了相应的求解方法（途径）。表49.2-3所列为四种人工智能方法的比较结果。由此看来，四种人工智能的结合，具有强大的求解能力。

表 49.2-3 四种人工智能方法的比较

方法	优化能力	思维方式	学习能力	知识的可操作性	解释功能	知识形式	非线性能力
ES	较弱	抽象思维	较差	有	强	过程,符号	弱
CBR	有一些	类比思维	较强	有一些	有一些	案例	有
ANN	较强	联想思维	强	无	无	样本	强
GA	强	仿自然	有	无	无	多种知识	强

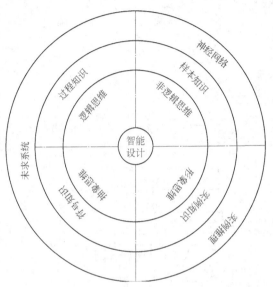

图 49.2-3 知识工程与计算智能相结合的异构知识求解模型

3.1.4 智能设计集成求解策略的工程应用

智能设计体系结构的研究是为了解决复杂工程设计问题。根据工程设计基本特征,需要解决以下问题:①异构知识的处理;②多方案设计;③再设计;④设计效率的提高。智能设计集成求解策略如图49.2-4所示。

对于基于符号知识的推理求解来说,初始设计通过专家知识的推理得到初步方案,再进一步分析推理结果,然后评价其结果是否满意。如果结果满意,输出结果;如果结果不满意,修改相关参数,重新确定新的方案,重复以上步骤直到结果满意为止。基于符号知识的推理求解符号性知识和过程性知识,属于逻辑思维。由于工程问题的复杂性,基于符号知识推理技术在多方案的产生和再设计问题上非常困难,基因算法为多方案的产生提供了有效的机制,而约束满足方法则基于符号知识推理提供了有效的再设计手段。

对于基于案例的推理求解来说,初始设计是提取相关案例,对相关案例进行类比设计,再通过案例的评价,确定是否采用该案例,或进一步修改案例以满足设计要求。基于案例的推理求解案例知识,属于类比思维。

对于人工神经网络求解来说,初始设计是在样本训练的基础上,通过输入值的传播产生候选解,对候选解进行评价,若不满意输出结果,可重新调整网络数值,或增加样本,或提炼样本,改进误差,直到输出结果满意为止。人工神经网络学习处理样本知识,属于直觉思维("潜意识")。

对于采用基因算法求解来说,初始设计是通过随机产生个体,再由个体的选择、重组、杂交、突变,然后施用进化压力,使个体往优良的方向发展,如果得到的个体最优则输出,否则进一步通过遗传操作修改个体,直到使个体满意为止。基因算法为基于符号知识推理快速提供初始多方案设计。

3.2 智能设计的知识表达

产品概念设计是一个复杂的、不完全确定的、创造性的过程,它是最终实现智能化设计的关键环节,而设计过程合理有效的知识表达是智能设计的基础。概念设计过程是由分析用户需求到生成概念产品的过程,它实际上是一连串相连的问题求解活动。"每一种问题求解方法都需要对某种解答的搜索,不过,在搜索解答过程开始之前,必须先用某种方法来表达问题。任何比较复杂的求解技术都离不开两方面的内容——表达与搜索"。而概念设计问题求解过程的知识表达的优劣,对求解结果及求解工作量的影响很大,它是问题求解的第一步工作。这里讨论的知识是指与在特定的专门领域中进行问题求解过程有直接关系的知识。

(1)概念设计问题归约

人工智能原理中的问题归约法(Problem Reduction)是一种问题描述与求解方法:把一个复杂的原始问题分解为若干个较为简单的子问题,每个子问题又可继续分解为若干个更为简单的子问题,重复此过程,直到不需要再分解或者不能再分解为止(这种不能再分解或变换,而且直接可解的子问题称之为本原问题)。然后,对每一个子问题(本原问题)分别进行求解。最后,把各个子问题的解复合起来就得到了原始问题的解。

产品的概念设计的原始问题可以通过一系列分解变换归约为一个本原问题的集合,然后经过对每一本原问题分别进行求解,最后把各个本原问题的解综合起来的过程,就可以得到概念设计原始问题的解,

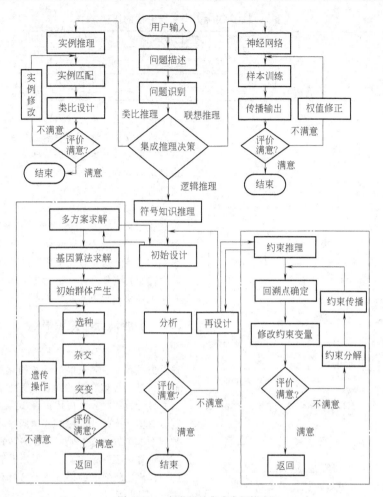

图 49.2-4　智能设计集成求解策略

如图 49.2-5 所示。在这里，一个抽象化的设计问题 ADP 可以被看作为原始问题（用方框表示），功能元 EFi 可以被看作为本原问题（用方框表示），而最后的最优原理方案 CP（用方框表示）则是原始问题 ADP 的解。

（2）概念设计问题的"与/或"树表达

1）"与/或"树的定义。"与/或"树（And/Or Tree）是用于表示问题及其求解过程的一种形式化方法。如把问题 P 分解成 3 个子问题 $P1$、$P2$、$P3$，如图 49.2-6a 所示，只有 3 个子问题都可解时，问题 P 才可解，称 $P1$、$P2$、$P3$ 之间存在"与"关系（用圆弧线连接），并称节点 P 为"与"节点。P、$P1$、$P2$、$P3$ 所构成的图称为"与"树，用符号表示为：$P \rightarrow \{P1 \wedge P2 \wedge P3\}$，→表示等价。

如把问题 P 变换成 3 个子问题 $P1$、$P2$、$P3$，如图 49.2-6b 所示，3 个子问题中只要有一个可解时，问题 P 就可解，称 $P1$、$P2$、$P3$ 之间存在"或"关系，并称节点 P 为"或"节点。P、$P1$、$P2$、$P3$ 所构成的图称为"或"树，用符号表示为：$P \rightarrow \{P1 \vee P2 \vee P3\}$。

把上述两种方法结合起来，就构成了"与/或"树，如图 49.2-7 所示。原始问题对应的节点称为初始节点；子问题对应的节点称为子节点；本原问题对应的节点称为终止节点。

2）问题的"与/或"树表达。按照上述规定的"与/或"树表达方法，以及图 49.2-5 所建立的问题归约模型，可以得到产品概念设计问题的"与/或"表达树，如图 49.2-8 所示。图 49.2-8 中一个抽象的产品概念设计问题（ADP）作为原始问题对应着"与/或"树的初始节点（用方框表示）；问题分解后所得到的功能元（EFi）作为本原问题对应着终止节点（用方框表示）；原理解答对应着原理解节点（PSi）；优化的概念产品方案（CP）作为最终解答对应着最后的节点（用方框表示）；其余的圆形节点作为子节点。当其各边用一条圆弧线连接时，称之为"与"节点，否则为"或"节点。

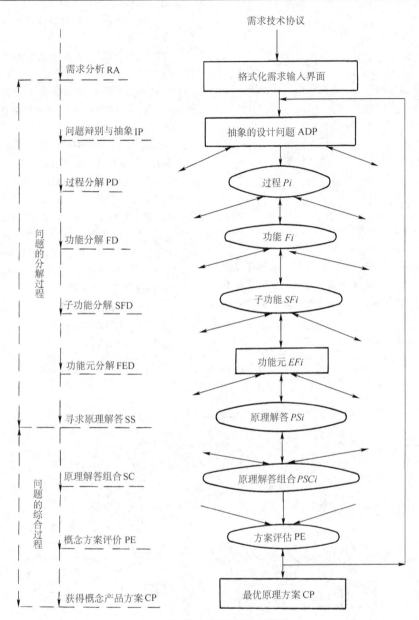

图 49.2-5　概念设计问题归约模型

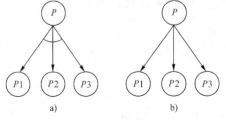

图 49.2-6　"与"树和"或"树

（3）原始问题解的判定

1）可解节点判定。在图 49.2-8 所示的概念设计问题"与/或"树中，满足下列条件之一的节点，称之为可解节点。

①它是一个原理解节点（PSi）。

②它是一个"与"节点，且其子节点全部是可解节点。

③它是一个"或"节点，且其子节点中至少有一个是可解节点。

上述三个条件都不满足的节点为不可解节点。

2）原始问题解的判定。在图 49.2-8 所示的产品概念设计"与/或"树中，原始问题（初始节点）有组合原理解集合的条件为：如果"与/或"树中的所有节点都是可解节点，则存在组合原理解集合：

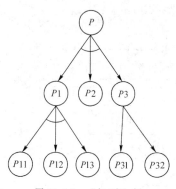

图 49.2-7 "与/或"树

$$PSC = \{PSCk \quad k \in T\}$$

式中 $T = \{1, 2, 3, \cdots\}$。

如果"与/或"树存在不可解节点，则不存在组合原理解集合。此时将需要重新进行局部的、甚至是全局的问题归约或借助于自动推理过程以外的、人的干预和帮助。

(4) 原始问题解的表达

1) 符号定义

① 连接词

∨ 称为"析取"。它表示被它连接的两个命题具有"或者"关系。

∧ 称为"合取"。它表示被它连接的两个命题具有"与"关系。

⇒ 称为"条件"。$P \Rightarrow Q$ 表示"如果 P，则 Q"，其中的 P 称为条件的前件，Q 称为条件的后件。

② 量词

($\forall x$) 称为"全称量词"。它表示"对于个体域中的所有 x（或任意一个个体 x）"。

($\exists x$) 称为"存在量词"。它表示"对于个体域中存在个体 x"。

2) 原始问题解的表达。在图 49.2-8 中，如果每个终止节点 EFj（本原问题）都存在若干原理解 $PSij$，则原始问题存在组合原理解集合。

① 任意组合原理解的谓词逻辑表达为

$$(\forall j \in S)[\exists PSij \in EFj] \Rightarrow$$
$$[(\exists PSi1 \in EF1) \wedge (\exists PSi2 \in EF2) \wedge (\exists PSi3 \in EF3) \wedge \cdots \wedge (\exists PSiq \in EFq)]$$
$$= (\exists k \in T)PSCk$$

式中 $S = \{1, 2, 3, \cdots, q\}$；

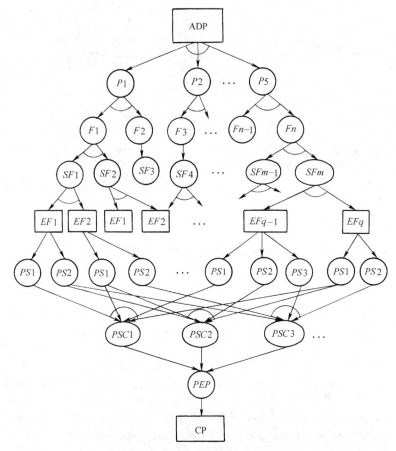

图 49.2-8 概念设计问题"与/或"树

$T = \{1, 2, 3, \cdots\}$;

$i1 \in T, i2 \in T, \cdots, iq \in T$。

② 全部组合原理解集合的谓词逻辑表达为

$$(\forall j \in S)[\forall PSij \in EFj] \Rightarrow \bigwedge_{j-1}^{q} [\bigvee_{i-1}^{nj} PSij \in EFj]$$
$$= PSC = \{PSCk \quad k \in T\}$$

式中　　$S = \{1, 2, 3, \cdots, q\}$;

$T = \{1, 2, 3, \cdots\}$;

$i1 \in T, i2 \in T, \cdots, iq \in T$。

3.3　智能设计的基因模型表达

3.3.1　知识模型

机械智能 CAD 系统的核心任务是关于设计的知识问题，即知识的表示、获取和应用问题。智能系统在知识学习和运用上的突破，首先必须是知识模型的突破，从而实现知识体系的突破，进而实现系统设计能力的突破，即由常规设计向联想设计、进化设计的突破。

智能设计中，提出的知识模型与智能设计能力层次的对应关系表 49.2-4。

所谓知识模型，是智能设计中基于领域知识的对应某一设计层次的设计模型，该设计模型是与各设计层次采用的技术方法相一致，并按相应技术方法的特点对领域知识进行组织、表示、获取和应用，其特点如下：

1) 对应的技术方法不同，则知识模型的组织表现形式、获取应用方法不同。例如，在关于发动机活塞环组的低功耗设计中，常规设计的符号模型表示规则为：

IF(功耗>设计阈值)THEN(减小第一道活塞环宽)。

表 49.2-4　设计知识模型与智能设计能力层次的对应关系

智能设计能力层次	知识模型	知识库	设计规则类型	性　能
常规设计	符号模型、CAD 模型	显形知识规则库、符号模拟等	关于单个参数的设计经验	适用范围有限(良好问题)
联想设计	神经网络模型	网络参数库	反映多个设计参数影响及影响大小排序	推理迅速，但训练过程依赖于网络初值和结构
进化设计	基因模型	基因块库	反映多个影响参数组合并行影响	设计创新，是反馈式自适应过程，但设计解获取时间较长

联想设计则用人工神经网络模型来建立功耗与各影响因素的映射关系。活塞环组功耗的网络模型如图 49.2-9 所示。

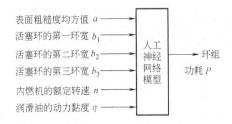

表面粗糙度均方值 a ——
活塞环的第一环宽 b_1 ——
活塞环的第二环宽 b_2 ——
活塞环的第三环宽 b_3 —— → 人工神经网络模型 → 环组功耗 P
内燃机的额定转速 n ——
润滑油的动力黏度 η ——

图 49.2-9　活塞环组功耗的网络模型

网络由样本数据训练完成后，关于诸参数对功耗的影响的知识隐含在网络的结构和权值中，成为相应知识的神经网络模型。

2) 不同的知识模型适合不同的设计问题。符号模型适合用于表现再设计规则，神经网络模型适合于拟合复杂的非线性函数关系，而基因模型则适宜在设计过程中自适应地得到方案的优选结果。例如采用基因模型，可以在一定机型、一定设计要求下得到优良设计方案中参数的组合关系：

$b_1 : b_2 : b_3$ 的优选值约为 $1.0 : 1.2 : 1.1$

其中，b_1、b_2、b_3 分别为第一、二、三道活塞环宽。可见，基因模型不仅可以并行调整设计参数，提高效率，而且可以实现设计方案组合的优化创新。

3.3.2　基因模型

基因模型是指采用遗传算法的编码规则表示设计方案和设计知识，由此将设计过程转换为基因样本种群的进化过程。遗传算法和设计领域的对应简表见表 49.2-5。

表 49.2-5　遗传算法和设计领域的对应简表

进化计算	设计领域
一个基因串	一个设计方案
基因串的群体	设计方案的群体
适应函数	设计方案评价标准
进化的基因串	设计优良的方案
基因块	设计优良解的参数组合特征

对工程设计来说，进化计算、基因模型的研究可以归结为三个方向。

（1）设计参数的优化设计与调整

工程设计中，尤其大型复杂机械系统的设计往往涉及参数类型多样（连续变量、离散变量、整型变量等）、设计空间不连续、梯度信息匮乏、设计约束多样而且相互冲突等问题，使传统的优化、搜索技术已经不能满足要求，而进化计算恰恰可以用于求得优化解或可行解。对传统优化方法的补充是进化设计的主要内容，麻省理工学院的 A. Thornton 博士将设计问题视为设计约束下的参数优化问题，将设计约束转变成为设计目的的"罚函数"，试图在设计与优化之间达到统一。

而在实际的设计过程中，更关心的是设计方案的确定、设计满足解的寻求，没有必要也不可能求出设计最优解，如美国通用电器公司和 Rensselaer 综合学院的学者将遗传算法应用于喷气发电机的涡轮设计之中，涉及至少 100 个设计变量，每个变量取不同范围的值，搜索空间的点数不少于 10^{387} 个，评价 1 个点（对应一个设计方案）需要运行的发电机模拟程序在一般工作站需要 30s。该计划将花费 5 年或更长的时间，预计耗资 20 亿美元。即使这样，仍需要专家系统技术的支持，把专家系统生成的初始设计方案作为遗传算法的起点来提高效率。

（2）设计知识的获取与应用

首先在经验的提取方面，由于良好的设计样本具有高繁殖率，所以可以进行优良样本信息的提取。参考文献 [10] 用遗传算法提取相似事例对应的基因编码，作为设计规则应用于当前设计中，指导进化过程。其次，在设计知识的应用方面，基于遗传算法的搜索以产生创新解为特色，以搜索的空间和时间为代价。领域知识的运用可以指导解的搜索范围，提高效率。A. Thornton 博士提出一种"屏蔽算子"（Masked crossover），包含了约束空间的知识，只有通过这一算子的基因样本才能存活，研究表明，其效率远远大于传统的单点或两点交叉算子。

（3）设计方案的创新

悉尼大学以 M. A. Rosenman 和 J. Gero 为代表的非常规设计研究小组，将进化设计应用到建筑设计问题中，实现轮廓布置方案的组合创新。他们认为复杂的布置问题由简单的建筑元件采用简单的派生规则进化形成，并采用最简单外形的建筑元件（正方形）作为研究对象，元件的派生规则只有简单的四种，即右派生、下派生、左派生和上派生，用二进制分别表示为（00，01，10，11），布置设计方案表现为派生规则的顺序组合，如基因串（011010110100）表示的布置方案如图 49.2-10 所示。

多个基因串表示的方案群体，由建筑专家决定样本的优劣，好的样本进行复制、交叉、变异后，形成设计种群的下一代（样本基因交叉、变异的过程是新的方案生成的过程），如此不断进化直到产生出满意解（内含优选解和创新解）。这项研究提出了设计方案表述的新思路。遗憾的是，由于建筑布置几何直观性的特点，决定其进化适应函数、进化算子较难符合机械设计的特点。

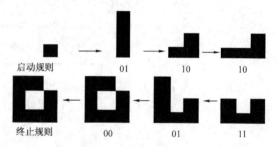

图 49.2-10　基因串（011010110100）表示的布置方案

第3章 进化设计技术与方法

进化设计技术与方法是以进化算法（Evolution Algorthms，EA）为基础的。进化算法是与进化计算相关的算法的统称。进化算法主要包括遗传算法（Genetic Algorithms，GA）、遗传规划（Genetic Programming，GP）、进化策略（Evolutionary Strategy，ES）、进化规划（Evolutionary Programming，EP）和模拟退火算法（Simulated Annealing Algorithms，SAA）等，而以遗传算法最具有代表性。本章将在简述进化设计技术基础后，重点介绍几种进化设计方法。

1 进化设计技术基础

1.1 遗传算法的概貌

（1）什么是遗传算法

为了简单而通俗地说明问题，首先在图 49.3-1 中定义一个变量 x 的函数 $f(x)$，且 $f(x)$ 在区间 $[x_1，x_2]$ 内存在最大值 f_{max} 或最小值 f_{min}。GA 的功能之一就是快速求解类似这类问题的最大值 f_{max} 或最小值 f_{min}。一般来讲，GA 以模拟生物进化过程为基本原理，是适用于所有最优化搜索问题的方法。GA 在计算机中设定假想生物集团，其中适应所处环境的生物个体，其生存概率也相应高。利用生物集团中个体的适者生存、劣者淘汰的仿真过程，实现基因和生物集团的进化。由生物集团的进化思想，用计算机仿真解决工程课题，需要编制 GA 的程序。但是，GA 的编程存在以下特点：

1）程序无详细的模式。

2）各种规则和参数设定的不确定性。

这些特点，从一个侧面来讲是 GA 的缺点，从另一个侧面来讲也决定了 GA 对解决各类问题具有柔软的适应性，可广泛地适用于各类最优化问题。追溯

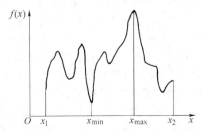

图 49.3-1 函数 $f(x)$ 的最大值或
最小值搜索问题

GA 的发展历史，二十多年前在美国开始对其研究，至今已在工程应用各领域产生了巨大的影响。今后其研究必将具有广阔的前景。

（2）遗传算法的最优搜索

GA 适用于无符号整数变量空间的最优化搜索问题。设图 49.3-1 中的变量 x 为整数（$x \in [0，255]$）的前提下，用简单的循环算法，可顺序求出 $f(0)，f(1)，\cdots，f(255)$ 的值，即进行 256 次计算可得到 f_{max} 的值。

可是，一般此类搜索问题的变量 y 的定义域是很大的。例如，变量 $y \in [y_1，y_2]$，则可将 y 的实数域 $[y_1，y_2]$ 线性映射到无符号整数区域 $[0，2^n]$，其中如果 n 为 1000 的话，变量 y 的编码共 $2^{1000} \approx 10^{300}$ 个。假如计算机每秒计算 1000 个搜索点，一天只能计算 $1000 \times 60 \times 60 \times 24 \approx 10^8$ 个，所以全部计算需要 $(10^{300} \div 10^8)$ 天 $\approx 10^{292}$ 天 $\approx 10^{289}$ 年。10^8 年是 1 亿年。可以想象对此类问题，从原理上是可解的，但实际上却是不可能得到解的，通常把它叫作 NP 问题。从工程最优化搜索的角度来讲，并不一定要求出其真正的最优解，只要能求出其最优解附近的较优解，在实用上已可满足。GA 在离散组合空间具有高效率搜索的特点，GA 的方法可以高效率地搜索设定的搜索空间，得到满足实用的较优解，不失为一种最优搜索的方法。

（3）遗传算法的基本思路

GA 在搜索空间中的搜索并不是以单个搜索点顺序进行的，而是使用若干个搜索点（生物个体）并行进行搜索的。一个搜索点，作为一个带有遗传情报的假想生物个体，即简单作为一个生物个体来对待。若干个生物个体即构成了生物集团。首先，相对于各生物个体，计算出其生物个体对所处环境的适应度。以图 49.3-1 所示为例，可以把 x 作为个体，把 $f(x)$ 作为 x 所处环境的适应度来处理。然后，淘汰适应度低的个体，增殖适应度高的个体。如此进行世代交替仿真，实现进化（最优化）计算。算法中相对于实际的增殖，GA 以基因型的交叉以及突然变异操作来进行。最后求出非常高的个体，即 $\max(f(x))$ 的 x_{max} 值。

以上就是 GA 的基本思路。其具体的操作以图 49.3-2 来形象地说明。先将 GA 的内部处理过程作为一个未知的黑盒看待。给其一定数位 0-1 字符串的输入，相应将会得到其评价。问题是输入怎样的 0-1 字符串，才能得到好的评价。假如随意地输入若干个

0-1字符串，比较出其中比较高评价点所具有的字符串前提下，在考虑哪些部分会给大的评价点的同时，进行字符串的局部复制或变更，制作出新的字符串群。如此反复进行，使字符串群所具有的平均评价点升值。其过程大略如下：

1）首先随机地产生字符串。

2）参照高评价点的字符串群，通过部分复制和部分修正产生新的字符串群。在全体评价点低的情况下，对字符串进行大幅度的修正。

3）在全体评价点高时，对字符串进行小幅度的修正，更详尽地决定字符串的细部。

GA 的操作就是实现对于个体的基因型进行这样简单基本操作的反复过程。

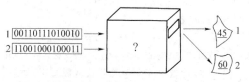

图 49.3-2 遗传算法的基本思路

1.2 单纯型遗传算法

单纯型遗传算法反映了 GA 的基本思路和操作方法，对于理解 GA 是极其重要的。本节将概要地阐述单纯型遗传算法（SGA）的计算流程。

（1）假想生物及其环境的设定

在进行假想生物集团的仿真之前，必须进行若干设定。

1）设定个体的染色体和基因。首先，设定个体（individual）的染色体（chromosome），即决策矢变量的编码字符串，也就是设定假想生物在进行生殖时，上世代个体把怎样的数据内容，以怎样的形式遗传给下世代的子孙个体。染色体如图 49.3-3 所示，一般由若干个基因（gene）构成。矢变量中的各分量则对应于各个基因，所处的位置为各基因位（gene locus）。基因位可理解为表现染色体中各基因所在位置的一种坐标。

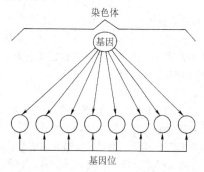

图 49.3-3 染色体、基因和基因位

各个体（染色体）的内部表现形式叫作基因型（gene type），即矢变量的编码结构。表现基因型的形式可以是任意的，但是一般使用 0 和 1 的排列方式。在这种方式下，每一基因位的基因用几位字符串来表示，要根据实际决策矢变量中各矢变分量的具体情况而定。例如，某矢变分量为一电路开关的闭合，其可能状态只有两种，用一位字符即可表示其基因。再例如，图 49.3-1 中变量 x 为整数（$x \in [0, 255]$），则用 8 位字符串作为其基因。再者，图 49.3-1 的最优化问题的矢变量只有一个分量，其基因型也就是其基因本身，用 8 位字符串表示。有关基因型的字符串长度，一般为固定长度形式，但随着世代交替的进行，其基因型趋于复杂化，以满足进化的需要，也可以选择可变基因型长度的 GA 算法。

2）表现型的设定。将基因型经过某种变换处理后的结构型式，叫作表现型（phenotype），即决策矢变量的解码结构。在许多最优化问题中，表现型 = 基因型。有些情况下，随着世代交替，基因型变得复杂化和多样化，使得进化过程变得复杂和困难。为此，需要对基因型进行某种变换处理，用表现型来表示。表现型的设定方法没有固定的模式，必须根据问题的实际设定变换处理的方法。在图 49.3-1 中，用 8 位字符串表示整数决策变量 $x \in [0, 255]$ 的表现型，即是表现型 = 基因型。

3）设定适应度的计算方法。基因型、表现型设定后，应该设定表示各个体对环境的适应能力——适应度（fitness）的计算方法。适应度就是把搜索空间中的各搜索点作为各个体对待，相当于用个体所持的遗传信息来表现其所在空间位置的相应目标评价。图 49.3-1 中的最大值搜索问题，可用各个体的基因型所表示的变量 x 位置的 $f(x)$ 值，作为适应度来处理。

适应度的计算方法也没有固定的格式，必须根据实际问题适当地设定。一般来讲，求解问题比较复杂，其适当度的计算方法也将会较复杂。再者，某个体的适应度，并非一定是同其他个体无关而进行简单计算得来的。有时也需要考虑同其他个体的关系而设定适当的计算方法。例如 GA 在人工生命（Artificial Life，AL）的应用中就必须考虑。总之，为了在假想生物进化中反映自然淘汰（natural selection）的原理，适应度从各个体生存的可能性角度，给出了评价个体、表现个体的一个定量尺度。

（2）单纯型遗传算法的计算流程

在以上假想生物和环境的设定完成后，SGA 将服从图 49.3-4 所示的计算流程，使假想生物集团（population）进化。以下按图 49.3-4 所示的框图顺序给以简单说明。

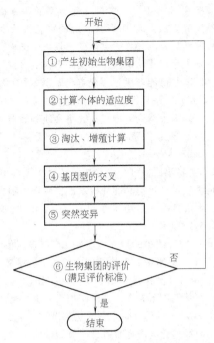

图 49.3-4 SGA 的处理流程

1) 产生初始生物集团。GA 在搜索空间中设定若干个个体（即搜索点），由这些个体组成生物集团。搜索开始时，问题的解完全是未知的，因此设定怎样的个体较好也完全是未知的。通常，初始生物集团用随机数随机产生。产生的个体总数为 N，个体用 I_i（$i=1$，2，…，N）表示。个体 I_i 的基因型用 G_i 表示。

对图 49.3-1 所示的最大值搜索问题，用式（49.3-1）随机地设定初始生物集团

$$G_i = \text{rnd}(255) \qquad (49.3\text{-}1)$$

式中，rnd（n）（n 为自然数）是产生从 0 到 n 随机数的函数。

2) 计算个体的适应度。计算生物集团中个体 I_i 与环境的适应度 $F(I_i)$。

3) 淘汰、增殖计算。SGA 的生物集团淘汰（selection）和增殖（multiplication）处理，由简单的生殖（reproduction）处理构成。从现世代 N 个个体 I_i～I_N 中，允许重复随机地选择 N 个个体，决定出下世代的 N 个个体。某个体 I_i 作为下世代个体，其被选中的概率为 $P(I_i)$，用下式计算

$$P(I_i) = \frac{F(I_i)}{\dfrac{1}{N}\sum_{i=1}^{N} F(I_i)}$$

上式中，右边的分子是个体 I_i 的适应度，分母是现世代生物集团的平均适应度。此即为各个体在下世代生存的可能性与自身的适应度成比例。因此，适应度越高的个体，作为下世代个体被选中的概率也就越大。决定下世代个体的处理，可形象地用图 49.3-5 所示的轮盘赌（roulette）来说明。

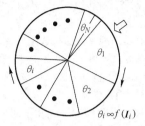

图 49.3-5 与适应度成比例的选择概率

在图 49.3-5 中，设定对应于各个体 I_i（$i=1$，2，…，N）所占有的扇形角度 θ_i（$i=1$，2，…，N）与 $f(I_i)$（$i=1$，2，…，N）成比例。SGA 中的淘汰和增殖操作，就是将轮盘赌随机地转动 N 次，每次箭头与轮盘位置相重合（见图 49.3-5），即与适应度成比例，概率地决定选中的个体。如此操作就等价于允许重复决定 N 个下世代个体的做法。

在这种选择方式中，适应度高的个体作为下世代个体被选中的可能性就大，即使相对于适应度低的个体，也存在着被选中为下世代个体的可能性。只选择适应度高的个体，固然其生物集团的收敛速度会快，但也易陷入局部最优解的误区。

如图 49.3-6 所示那样，假如现世代的个体有 I_1～I_5，下世代只选择了 I_1～I_3 适应度高的 3 个个体，可以直观地看出，因为下世代生物集团全部汇集在极大值 P_1 的周围，个体不能到达最大值 P_2 的可能性很大。相对于这样的问题，让生殖的下世代个体在适应度最低的 5 的附近也具有存在的可能的话，个体到达 P_2 的可能性也会大。也正因为如此，为了防止在淘汰和增殖操作中有可能出现生物集团失去多样性的问题，还将进行基因型的交叉和突然变异操作。

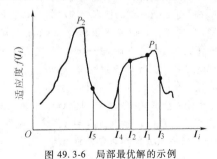

图 49.3-6 局部最优解的示例

4) 基因型的交叉。从被产生的 N 个个体中随机地只选择 M 组两个个体的配对，对各配对进行交叉（crossover）操作。进行交叉的概率叫作交叉率。

交叉是把两个个体的基因型以随机的方式，在其对应的基因位进行部分交换的操作。SGA 常用 1 点交叉（one-point crossover）来进行。图 49.3-7 是 1 点交叉的示例，基因型 G_a、G_b 作为一组被选中的配对个体 I_a、I_b，其基因型用 G_a = {11100111}、G_b = {11001010} 表示。

这时，将基因型在被随机选定的交叉位置切断。如果基因型为长度 n 的字符串，则可供选择的交叉位置有 $n+1$ 个。在图 49.3-7 所示示例中，交叉位置是在左第 4 和第 5 字符之间。由交叉所生成的下一代个体 I_{ab1}、I_{ab2} 的基因型 G_{ab1}、G_{ab2} 用下式表示

$$G_{ab1} = \{11000111\}$$
$$G_{ab2} = \{11101010\}$$

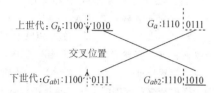

图 49.3-7　基因型的 1 点交叉示例

然后，个体 I_a、I_b 由 I_{ab1}、I_{ab2} 所取代。这就是基因型的交叉。基因型的交叉是世纪生物生殖过程的模拟。

由交叉所生成的个体 I_{ab1}、I_{ab2}，是继承了上一代个体 I_a、I_b 遗传信息的个体。如此处理，使生物集团中的基因型具有了多样性，变得丰富多彩，实现了基因型的进化。在初期阶段的生物集团中，本来具有多样性的基因型个体群，由交叉又会产生各种各样的新个体，整个生物集团的个体群并没有发生倾向性变化。另一方面，随着进化的进行，生物集团中的基因型逐渐出现某种倾向，即无论哪个个体，其基因型已无大的差别，此时由交叉产生的个体基因型与上一代个体具有相当大的相似性。也就是说，GA 的初期阶段是在搜索空间内进行全局性的调查；在掌握了其倾向性后，再进行更详细的搜索，求出其全局最大值。

5）突然变异。把突然变异（mutation）发生的概率叫作突然变异率（mutation rats）。突然变异有各种各样的方式，SGA 的突然变异是以突然变异率的概率方式，在每个基因位上进行变更操作，即以突然变异率确定发生突然变异的基因位后的操作，所进行的方法是若其基因位是 0 则变为 1，是 1 则变为 0。图 49.3-8 则是 SGA 的突然变异的示例。

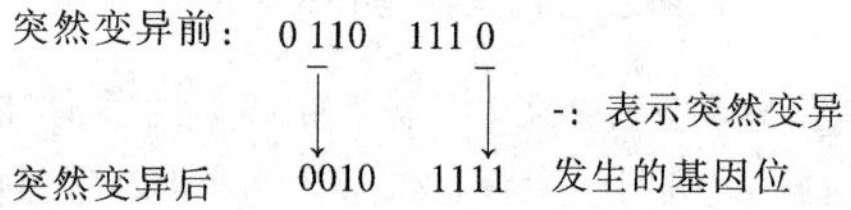

突然变异前：　0 110　111 0

　　　　　　　　↓　　　　↓　　　　-：表示突然变异

突然变异后　　　0010　1111　　发生的基因位

图 49.3-8　突然变异的示例

在图 49.3-8 中，即由突然变异率随机地确定发生突然变异，因此让其基因位上的字符发生相对变更。由突然变异的操作，会产生生出仅由交叉而不可能产生的基因个体。从保持生物集团个体的多样性观点来解释，就是可能产生远离现有集团个体群的新个体（新搜索点），使搜索由局部最优解中脱出。应该注意的是，如果突然变异率过大，将会使基因型失去由交叉所持有的上代遗传特征。一般，突然变异率在 0.1% ~ 0.5% 为好。

6）生物集团的评价。评价已生成的下世代生物集团是否满足进化仿真的评价基准，叫作生物集团的评价。评价基准一般由实际问题而定。GA 的典型结束评价基准如下：

① 生物集团中的最大适应度比某一设定值大。

② 生物集团中的平均适应度比某一设定值大。

③ 相对于世代进化次数，生物集团的适应度增加率仍在某值以下，在一定时间内没有大的变化。

④ 相对于世代进化次数，达到设定的次数。

①和②是标准的评价基准。③表示个体进化一直处于低适应度环境下，生物集团处于搜索空间的局部最优点附近，搜索以失败而告终。④与③同样，表示其搜索也许已以失败而告终。

在满足评价基准的情况下，即可结束进化仿真。搜索成功时，仍把现生物集团中的个体表现型作为所求工程问题的解。在不满足评价基准的情况下，进化仿真反复进行。

（3）单纯型遗传算法的特征

SGA 具有以下三个基本操作：

1）淘汰、增殖。以个体的适应度高低成比例地决定各个体在下世代生存的可能性。

2）交叉。以随机性质的交叉率选择两个个体，并对其个体的基因部分进行交换。

3）突然变异。以突然变异率随机地变更某基因位的值。

以上操作虽然很简单，但实用上对各类搜索空间的搜索却是有效的。SGA 中的各计算参数，如生物集团中的个体总数、交叉率、突然变异率等，至今仍无固定的设定模式，只能根据试算，或由经验给以设定。在此方面，有必要对 GA 算法作进一步的考察和研究。

GA 同传统的数学规划方法相比较，具有以下的特点和问题：

1）由若干个搜索点同时进行搜索，通过个体间的相互协调，具有可能避开其局部解的功能。

2）因为不需要使用评价值的微分，所以适用于不连续评价函数的求解问题。

3）其具体的操作方法（淘汰、增殖、交叉和突然变异等）无一般的模式，需要根据实际求解问题，凭借经验和试算进行编程。

4）大多数参数需人为确定。

1.3　模式定理（schemata theorem）

现阶段关于 GA 的理论解析还很不完善。由 J. H. Holland 提出的模式定理是 GA 的基本定理。这个定理为求出基因型中的基因排列，在进化仿真中具有多大的生存概率，提供了计算方法。本节将简要地叙述模式定理。

简单地说，schemata（单数形式为 schema）是夹杂着字符 * 的字符列集合。例如，schemata S 字符可表示为 4 个文字列

$$S = * 0011 * 01$$
$$= \{00011001,\ 10011001,$$
$$00011101,\ 10011101\} \quad (49.3\text{-}2)$$

这里，字符 * 有两种可能性，可表示为 0 或 1。这时，schemata S 的阶数（order）$O(S)$ 以及构成长度（defining length）$\sigma(S)$ 的定义如下：

$$O(S) = （全长 L） - （* 的个数） \quad (49.3\text{-}3)$$
$$\sigma(S) = （S 中从最右到最左的 * 字符间的距离） \quad (49.3\text{-}4)$$

即式（49.3-2）中 schemata S 的 $O(S)=6, \sigma(S)=6$。

在无交叉和无突然变异、生物集团个体总数 N 一定的情况下，schemata S 在世代交替中的平均增加率 R 由式（49.3-5）表示。

$$R = \frac{f(S)}{\frac{1}{N}\left\{\sum_{i=1}^{N} f(G_i)\right\}} \quad (49.3\text{-}5)$$

式中　$f(S)$——相对于 S 所表示的所有 schemata 的平均适应度；

G_i——个体 I_i 的基因型。

式（49.3-2）的 S 用下式计算：

$$f(S) = \frac{1}{4}\{f(00011001) + f(10011001) + f(00011101) + f(10011101)\} \quad (49.3\text{-}6)$$

式（49.3-5）中的右边的分母表示集团全部个体的平均适应度。设交叉率为 p_c（$0 \leq p_c \leq 1$），那么因交叉 schemata 被切断的概率 R_c，由式（49.3-7）定义。

$$R_c = p_c \frac{\sigma(S)}{L-1} \quad (49.3\text{-}7)$$

在时刻 t，设定具有属于 schemata S 基因型的个体数期望值为 $P(S, t)$。突然变异率为 P_m 时，schemata 不发生突然变异的概率是 $(1-P_m)O(S)$。因为交叉和突然变异是相互独立的，所以式（49.3-8）成立。

$$P(S,\ t+1) \geq P(S,\ t) \frac{f(S)}{\bar{f}} \left| 1 - p_c \frac{\sigma(S)}{L-1} \right| \times$$
$$(1 - P_m)O(S)$$
$$\approx P(S,\ t) \frac{f(S)}{\bar{f}} \left| 1 - p_c \frac{\sigma(S)}{L-1} - O(S) \right|$$
$$(49.3\text{-}8)$$

式中，$\bar{f}$ 为平均适应度，$\bar{f} = \frac{1}{N}\left\{\sum_{i=1}^{N} f(G_i)\right\}$，$N$ 为个体总数。

这里，因突然变异率 P_m 比 1 充分小，把 $(1-P_m)O(S)$ 用泰勒展开省略了二阶以上的项。不等号表示省略了因交叉和突然变异产生的由其他 schemata 混入的高阶成分。

式（49.3-8）叫作模式定理，或者叫作遗传算法的基本定理。其定性表述如下：schemata S 的构成长度 $\sigma(S)$ 越短，阶数 $O(S)$ 越低，平均适应度 f 就越高，在下世代生存的可能性就越大。

以上的模式定理说明，在基因型中存在适应度高、构成长度短的 schemata 的情况下，其 schemata 被交叉切断的可能性低，随着世代交替其数量将增加。这样的 schemata 被叫作积木（building block）。在进化仿真中，这样的积木有其若干种类的组合，会产生具有高适应度的优秀个体，这就是所谓的积木假说。

模式定理虽然给出了调查某种 schemata 生存可能性的手段，但是并不能解析在进化过程中新生成的 schemata 的动态。关于在进化仿真中变化着的基因型的数学解析和分析方法的研究，将是今后的重要课题。

1.4　遗传算法的有关操作规则和方法

GA 算法的流程与上节所述的 SGA 大同小异。在处理实际问题时，常常需要根据问题的特征，考虑对其淘汰、增殖、交叉和突然变异等规则以及适应度的设定和定标等予以修正。以下介绍一些规则供参考。

（1）淘汰、增殖规则的扩充

在 SGA 中，选择下世代个体时，由与各个体的适应度成比例的概率决定其个体被选中的可能性。假如完全服从这一基本方式，那么在生物集团个体数少的情况下，可能会产生现世代中具有最大适应度的个体，作为下世代的个体偶然未被选中的情况；生物集团个体的分布偏向适应度低的个体的情况。相反，由于只选择具有高适应度的个体，生物集团将陷入局部解的境地。为了回避这样的问题，研究者提出了各种各样的扩充规则。

1）概率淘汰的方法。在进化仿真中，按照与各个体适应度成比例选择世代个体的情况下，具有高适应度的个体占主导地位时，低适应度的个体作为下世代个体被选中的可能性就非常小。因此，从局部解脱出也就变得困难。由此，我们可以不是单纯地采用相对于适应度的大小成比例关系选择方法，而是把适应度按大小顺序排序，决定其作为下世代个体被选中的可能性的方法。即使这样，有时也会出现适应度的大小难以直接反映进化仿真的情况。

2）优秀个体保存战略。优秀个体保存战略即把现世代个体中适应度最大的个体强制性地在下世代中给以保存的方法，如图 49.3-9 所示。在这种方式下，生物集团中最大适应度的值，随着世代交替的进行是单调增加的。但是，当生物集团取得局部解时，最大适应度的值不仅不会增加，而且随着世代交替的进行，现时刻最大适应度个体的影响将会扩大，更难以从局部解中脱出。

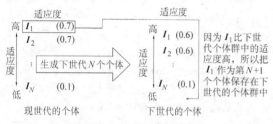

图 49.3-9　优秀个体保存战略

3）比例淘汰＋交叉增殖的方法。把生物集团中的个体群按适应度的大小顺序排列后，将一定比例的下位个体无条件地淘汰掉，再将上位适应度高的个体配对进行交叉，产生新的基因型，实现增殖。此方式（见图 49.3-10）在进化仿真顺利时，可高速地收敛于最优解。

但是，与优秀个体保存战略相同，当生物集团陷入局部解时难以从局部解中脱出。

总之，淘汰和增殖规则的原则是，尽可能地使高适应度个体（或者基因型的一部分）的 schemata 具有更高的生存可能性。但是，相对于具体问题，程序的最优淘汰、增殖规则又必须根据实际经验来确定。

（2）交叉操作的扩充

SGA 中使用的交叉是最基本的 1 点交叉方式。以下介绍几种典型的交叉操作。

1）2 点交叉（two-point crossover）。图 49.3-11 所示的 2 点交叉方式不是把基因排列的基因型作为 1 列字符串，而是把最后的字符和首位字符连接成环状排列来处理。在环上随机地设定 2 点交叉位置，把环分割成两个弧，相互置换其相同的一部分，就构成了子孙基因的排列。

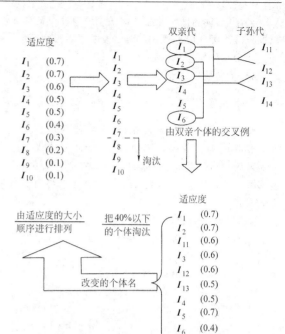

图 49.3-10　比例淘汰＋交叉增殖的方法

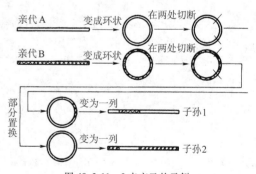

图 49.3-11　2 点交叉的示例

2）多点交叉（multi-point crossover）。多点交叉是 2 点交叉的扩充。多点交叉也与 2 点交叉相同，把基因的排列以环状来处理。然后，在若干个位置把环进行分割。这时，交叉位置的数目是奇数时，因为亲代 A 和亲代 B 的基因单元（弧段）相互等数置换有剩余，因此交叉位置的数目必须为偶数，即把多点交叉用 2 点交叉（n-point crossover）来表示时，n 应为偶数。2 为奇数的 n 点交叉，在定义时需要丢弃 n 个交叉位置中的一个，或者需要把原来基因型的最后（尾部）再假设有第 $n+1$ 个交叉位置来处理。

3）分裂交叉（segmented crossover）。分裂交叉是交叉位置总数可变的多点交叉。其设定分裂置换概率为 R_s。例如，所谓分裂置换概率 $R_s = 0.2$ 表示对于

长度为 L 的字符串基因，其期望分裂长度为 LR_s。

4）均匀交叉（uniform crossover）。均匀交叉是在由亲代 A 和亲代 B 的基因型 G_a、G_b 产生子孙基因型 G_{ab} 时，G_{ab} 的各基因占有亲代 A 的基因概率为 p，占有亲代 B 的基因概率为 $1-p$ 的交叉。$p = 0.5$ 产生的子孙基因型用式（49.3-9）表示。

$$G_a = \{11111111\} \quad G_b = \{100000000\}$$
$$(49.3\text{-}9)$$

$$G_{ab} = \{10011100\} \qquad (49.3\text{-}10)$$

由式（49.3-9）和式（49.3-10）可以看出，子孙基因型 G_{ab} 继承亲代 A 中 L 个基因中的 $p \times L$ 个，亲代 B 的 $(1-p) \times L$ 个基因。在对于问题难以判断用怎样的交叉合适的情况下，采用均匀交叉可以得到较好的搜索结果。

5）混合交叉（blended crossover）。混合交叉是在个体的基因型表示连续值的情况下，把两亲代的中间值作为子孙的基因型的交叉值的一种交叉。例如，在式（49.3-11）所示的亲代 A 的基因型 G_a 的值为 255、亲代 B 的基因型 G_b 的值为 1 的时候，把表示其平均值 128 的基因型式［式（49.3-12）］作为亲代 A 和亲代 B 之间的子孙基因型 G_{ab}。

$$G_a = \{11111111\} \quad G_b = \{00000001\}$$
$$(49.3\text{-}11)$$

$$G_{ab} = \{10000000\} \qquad (49.3\text{-}12)$$

除以上的几种交叉方式外，研究者提出了各种各样的交叉方式，在此不一一介绍。总之，使用的交叉方式是否合适，与要解决的问题、基因型的定义、适应度设定等密切相关。根据有关资料，1 点交叉及其他的交叉相比较其性能较差。关于各种交叉操作的有效性，以及交叉的数学定义和交叉对于搜索过程的影响等，还需要在计算理论和解析方面进行深入的研究。

（3）突然变异规则的扩充

突然变异的作用是使由交叉产生的基因型具有多样性，即由突然变异产生仅由交叉不能产生的基因型，使搜索空间域大些。其次，在生物集团陷入局部解的情况下，具有脱出局部解的可能性。突然变异规则扩充的典型方式是，让突然变异率相对于进化过程的变化而变化。通常，生物集团的进化在顺利进行的状况中，突然变异率一定，抑制在低概率水平。生物集团适应度的增加率减少，能够判断生物集团陷入局部解的情况时，突然变异率比一般情况时要大，使其增加发生同现有集团基因型相异的搜索点，提高脱出局部解的可能性。

（4）引入适应度的定标

引入适应度的定标，主要是为了改善进化仿真初期和收敛时的淘汰功能。在生物进化仿真的初期，生物集团还不明确其方向性，各个体处于随机分布的状态。因此，偶然出现具有比其他个体适应度大的个体时，其方向虽然可能并不是真正的收敛方向，但生物集团的分布可能会出现偏向此个体方向的倾向，使生物集团被偶然性支配处于非常不稳定的状态，结果使生物集团不能到达最优点的可能性增大。为此，我们期望在进化仿真的初期阶段，相对于适应度的大小的淘汰不要太敏感。另外，进化仿真进入收敛的最后阶段，因为各个体的基因型已具有相当高的相似性特性，同进化仿真的初期阶段相反，期望选择优秀个体进行更深入的局部搜索，提高搜索精度，即相对于适应度的大小进行严密的淘汰。为了实现这样的操作，需要随着进化仿真进行现行状况，改变对其适应度值的解释方式。这种改变对其适应度值的解释方式的操作，就是对适应度的定标。

所谓适应度的定标，见式（49.3-13），由既定的设定方法，计算出某个体 I_i 的适应度的值 $f(I_i)$，代入函数 $G()$ 中，把求出的值 $f'(I_i)$ 作为个体 I_i 的淘汰及增殖计算的依据。

$$f'(I_i) = G(f(I_i)) \qquad (49.3\text{-}13)$$

作为函数 $G()$，有使用式（49.3-14）所示的线性函数的情况，也有使用式（49.3-15）所示的非线性函数的情况。

$$f'(I_i) = af(I_i) + b \qquad (49.3\text{-}14)$$
$$f(I_i) = [f(I_i)]^k \qquad (49.3\text{-}15)$$

式中　a、b、k——常数。

这里把式（49.3-14）的线性定标用图 49.3-12 表示。

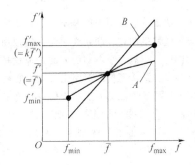

图 49.3-12　适应度线性定标

图 49.3-12 所示的线性定标中，f' 的平均值 $\bar{f'}$ 与 f 的平均值 $\bar{f}$ 相等，即 $\bar{f'} = \bar{f}$。这样定标后，个体 I_i 的适应度的平均值 $\bar{f'}$ 服从式（49.3-16）的基本淘汰规则时，其子孙在下世代生存的可能性是 1。

$$p(I_i) = \frac{f'(I_i)}{\bar{f'}} \qquad (49.3\text{-}16)$$

式中 $p(I_i)$ ——个体 I_i 作为下世代个体被选中的概率;

$$\bar{f'} = \sum_{j=1}^{N} f'(I_j)/N, \quad N \text{ 为个体总数}。$$

图 49.3-12 中的 f'_{max} 决定了生物集团中具有最大适应度的个体在下世代中生存的个体数。若 $f'_{max} = k\bar{f'}, k = 2$,即在下世代中生存的概率个体数为 2 个;$k = 3$,即在下世代中生存的概率个体数为 3 个。通常 k 的值在 [1, 2] 取值。$k = 1$ 相当于不进行定标。

相对进化仿真进行的状况,改变式(49.3-14)中系数 a、b 的值,让直线的斜率发生变化,调解定标的效果。总之,进化仿真开始后的初期阶段,由图 49.3-12 中的直线 A 设定,适应度的值给予各个体的生存概率的影响将会降低。另一方面,生物集团到达收敛时,以图中大斜率的直线 B 进行,适应度的值给予各个体的生存概率的影响将会增大。

至今,根据 GA 的适用问题的不同,有各种各样的扩充算法。这些算法是属于古典 GA,还是属于其他极不明确。现在,GA 的定义以及 GA 中操作方式的严密的定义尚不存在。在理论解析尚不充分的前提下,各种各样方法的尝试无疑是必要的。例如,由于与达尔文的进化论不同的进化论学说的出现,像不同观点进化论的讨论那样,有把 GA 以自由想象的方式进行扩充;也有开发非 GA 或者反 GA 的遗传算法的尝试。这些研究将促进以 GA 为代表的遗传方法不只停留在经验的水平上,而是在理论上逐渐趋于成熟。

1.5 多个体参与交叉的遗传算法

遗传算法是建立在模拟的基础上的,模拟把它们与自然界可能发生的过程联系在一起,模拟在具有解释功能的同时,也有一个不利的方面,那就是让问题变得模糊难懂,沿着模拟的道路走下去会阻碍那些不符合模拟所认可的方法的发展。遗传算法在应用时有其最根本的一个前提,即解的功能(适应值)与结构(编码)的相关性必须体现在:好的解之所以好是因为其具有好的基因(模式),而好的基因相互组合产生更好解的可能性很大。认清这样一个前提,我们回过头去考察以前遗传算法的运算过程,会发现交叉操作中只选两个个体参与是没有道理的,是受了模拟自然生物有性繁殖进化的限制。于是,这里突破了模拟的限制,提出了多个体参与交叉的遗传算法,并将给出多个体参与交叉的遗传算法的模式定理,分析其对解群多样性的影响,初步解释其具有较高计算效率的原因,最后给出了一个算例验证了其具有较高的计算效率。

(1) 多个体参与交叉的遗传算法的简单描述

这里我们只描述与基本遗传算法相对应的多个体参与交叉的遗传算法。但请注意,几乎所有的遗传算法都可以转化为对应的多个体参与交叉的遗传算法形式。应用此遗传算法求解问题的准备工作与基本遗传算法大致相同,不过是控制参数中还应加上参与交叉的父代个体数目 a 和交叉后产生的子代个体数目 b 两个参数。这两个参数对遗传算法的性能有重要影响。

图 49.3-13 所示是与基本遗传算法相对应的多个体参与交叉的遗传算法框图。它与图 49.3-4 的不同之处是用椭圆围起的那一部分,即交叉操作部分。从中我们也可看出,当提出了有多父代个体参与交叉的遗传算法概念之后,基本遗传算法便可理解为多个体参与交叉的遗传算法中参与交叉的个体数目 $a = 2$ 的特例。交叉方式可以多种多样,这里我们只提供一种方式。随机产生 $a-1$ 个数值在 1 与串长 L 之间的整数,这样参与交叉的 a 个父代个体都被分为 a 段,相应子代个体的 a 段来自父代个体,但不一定分别来自 a 个父代个体,可能来自大于或等于 2 个父代个体、小于或等于 a 个父代个体。这样可能产生新的个体数为 $a^a - a$ 个,可取子代个体数目 $1 \le b \le a^a - a$。例如,选择了 3 个个体参与交叉,随机选取两个交叉断点,则可产生 $3^3 - 3 = 24$ 个新个体,子代个体数目可取在 1~24 之间。由此可见,采用新的遗传算法可明显增

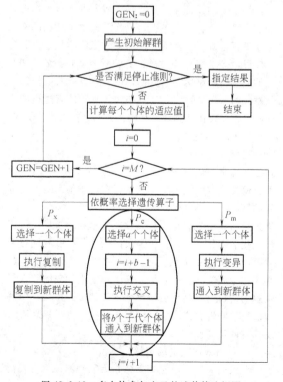

图 49.3-13　多个体参与交叉的遗传算法框图

加解的多样性，从而提高计算效率。

（2）多个体参与交叉的遗传算法的模式定理

模式定理：具有短的定义长度、低阶并且适应值在群体平均适应值以上的模式在遗传算法迭代过程中将按指数增长率被采样。

模式定理是遗传算法的基本定理，它解释了遗传算法的有效性。若能证明多个体参与交叉的遗传算法的模式定理，将会给这类遗传算法一个坚实的根基。

定理 1 模式定理对多个体参与交叉的遗传算法仍然成立，而且通过调整参与交叉的个体数目对模式的短小性可有不同要求，有利于快速求得（近）最优解。

证 假设在给定的时间步 t，一个特定的模式 H 有 m 个代表串包含在群体 $A(t)$ 中，记为 $m = m(H, t)$，用 $f(H)$ 表示在时间步 t 含模式 H 串的平均适应值，则交配池中含模式 H 串的数目为 $m(H, t) \cdot n \cdot f(H) / \sum_{j=1}^{n} f_j$。定义 $\delta(H)$ 为模式 H 的长度，即从第一个确定位到最后一个确定位的数目，l 表示染色体串长，则易知在一点交叉中，模式 H 被破坏的可能性为 $P_d = \delta(H)/(l-1)$，那么生存概率为 $P_s = 1 - P_d$，a 表示参与交叉的父代个体数目，而多父代参与交叉的生存概率为 $P_s^{(n)} = (P_s^{(2)})^a$，因此在采用两个体一点交叉的遗传算法的下一代中模式 H 的数目为

$$m(H, t+1) = m(H, t)n \cdot f(H) \times$$
$$\left(1 - \frac{\delta(H)}{l-1}\right) \bigg/ \sum_{j=1}^{n} f_j$$

而在多个体参与交叉的遗传算法的下一代中模式 H 的数目为

$$m(H, t+1) = m(H, t)n \cdot f(H) \times$$
$$\left(1 - \frac{\delta(H)}{l-1}\right)^a \bigg/ \sum_{j=1}^{n} f_j$$

由此可得定理 1。

（3）解群多样性的表示

我们可以从两个方面来理解解群的多样性，一种是解群的空间分布，显然从这个意义上来看，解群的空间分布越大，解群的多样性越强。因此，我们用方差来描述解群的空间分布情况。

定义 1 若第 t 代解群中的个体 x_t^i 由 L 个基因构成，即 $x_t^i = (x_t^{i(1)}, x_t^{i(2)}, \cdots, x_t^{i(L)})$，$i \in \{1, 2, \cdots, N\}$，定义第 t 代解群的平均个体

$$\bar{x} = (\bar{x}_t^{(1)}, \bar{x}_t^{(2)}, \cdots, \bar{x}_t^{(L)})$$

其中 $\bar{x}_t^{(l)} = \sum_{i=1}^{N} x_t^{i(l)}/N$，由此定义第 t 代的解群方差为

$$D_t = (D_t^{(1)}, D_t^{(2)}, \cdots, D_t^{(L)})$$

其中 $D_t^{(l)} = \sum_{i=1}^{N} (x_t^{i(l)} - \bar{x}_t^{(l)})^2/N$，$l \in \{1, 2, \cdots, L\}$。

从定义 1 可以看出，方差 D_t 是 L 维的行矢量，每一个分量表示出了解群在这维坐标上的空间分布。显然，$D_t^{(l)}$ 越大，则解群在第 l 维坐标上的空间分布就越大。

方差仅反映出了解群的空间偏离程度，还不能完全刻画出解群的多样性。例如，解群 $\{1, 2, 3, 4, 5\}$ 由五个个体组成，显然 $D = 2$；而解群 $\{1, 1, 1, 1, 5\}$，方差 $D = 2.56$。显然后者比前者的方差大，但前者比后者有更大的进化能力，为此我们引入描述解群多样性的第二个量——熵。

定义 2 若第 t 代解群有 Q 个子集：$S_{t1}, S_{t2}, \cdots, S_{tQ}$ 各个子集所包含的个体数目记为 $|S_{t1}|$，$|S_{t2}|, \cdots, |S_{tQ}|$，且对任意 $p, q \in \{1, 2, \cdots, Q\}$，$S_{tp} \bigcap S_{tq} = \phi$，$\bigcup_{q=1}^{Q} S_{tq} = A_t$，$A_t$ 为第 t 代解群的集合，则定义第 t 代解群的熵如下

$$E_t = -\sum_{j=1}^{Q} p_j \lg(p_j)$$

其中 $p_j = \dfrac{|S_{tj}|}{N}$，$N$ 为解群中个体数目。

定义 2 告诉我们两点，第一点是当解群中所有个体都相同时，即 $Q = 1$，这时熵取最小值 $E = 0$。第二点是当 $Q = N$ 时，熵取最大值 $E = \lg(N)$。解群中的个体类型越多，分配得越平均，熵就越大。对于十进制编码，熵的最大值为 $E_{max}^D = \lg(N)$；对于二进制编码熵的最大值为 $E_{max}^B = \lg(\min(N, 2^L))$。

如果解群的方差和熵都很大，解群的情况如图 49.3-14a 所示，一般初始解群就是这个样子。当解群的方差很大，熵很小时，如图 49.3-14b 所示，解群集中在几个点上。解群的方差很小，熵很大时，解群集中在一个很小的区域中，如图 49.3-14c 所示。解群的方差和熵都很小时，解群收敛，如图 49.3-14d 所示，经过多代进化后，解群处于这种状态。

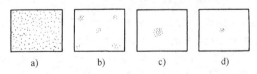

a)	b)	c)	d)

图 49.3-14 解群多样性与方差和熵的关系

（4）多个体参与交叉的遗传算法对解群多样性的影响

多个体参与交叉的遗传算法的交叉操作可以描述为随机地从解群 $x_t'^1, x_t'^2, \cdots, x_t'^N$ 中选出 a 个个体，

依交换概率 P_c 进行基因重组运算，产生解群 $x_t^{"1}$, $x_t^{"2}$, $\cdots$, $x_t^{"N}$。Xiaofeng Qi 证明了当解群数目无穷时，交叉操作保证每个坐标的边缘概率密度函数不变，即

$$g_{x_t^{"l}}(x^{(l)}) = g_{x_t'^{(l)}}(x^{(l)}) \qquad (49.3\text{-}17)$$

其中 $l \in \{1, 2, \cdots, L\}$。

定理 2　无论交叉操作是两个个体参与交叉，还是多个个体参与交叉，都不会改变解群的方差，即 $D_t = D_0$。D_0 是初始解群方差。

证　由式 (49.3-17)，定理 2 显然成立。

定理 3　若解群中每个个体有 L 个基因位，且初始解群中有 Q 个子集：S_{t1}, S_{t2}, $\cdots$, S_{tQ}，对任意 p，$q \in \{1, 2, \cdots, Q\}$，有 $S_{tp} \bigcap S_{tq} = \phi$，$\bigcup_{q=1}^{Q} S_{tq} = A_t$，$A_t$ 为第 t 代解群的集合，若取两个个体参与交叉，则对任意 m, $n \in \{1, 2, \cdots, Q\}$，$x_t^i \in S_m$，$x_t^j \in S_n$，被分为两段满足

$$x_t^i \neq x_t^j \qquad (49.3\text{-}18)$$

则经过交叉操作后会产生两个不同类型的个体。

证　由式 (49.3-18)，定理 3 显然成立。

定理 4　若解群中每个个体有 L 个基因位，且初始解群中有 Q 个子集：S_{t1}, S_{t1}, $\cdots$, S_{tQ}，对任意 p，$q \in \{1, 2, \cdots, Q\}$，有 $S_{tp} \bigcap S_{tq} = \phi$，$\bigcup_{q=1}^{Q} S_{tq} = A_t$，$A_t$ 为第 t 代解群的集合，若取 a 个个体参与交叉，则对任意 C_1, C_2, $\cdots$, $C_a \in \{1, 2, \cdots, Q\}$，$x_t^1 \in S_{C_1}$，$x_t^2 \in S_{C_2}$，$\cdots$，$x_t^a \in S_{C_a}$，被分为 a 段满足

$$x_t^1 \neq x_t^2 \neq \cdots \neq x_t^a$$

$$\begin{cases} x_t^{1(1)} \neq x_t^{2(1)} \neq \cdots \neq x_t^{a(1)} \\ x_t^{1(2)} \neq x_t^{2(2)} \neq \cdots \neq x_t^{a(2)} \\ \quad\quad\quad \vdots \\ x_t^{1(a)} \neq x_t^{2(a)} \neq \cdots \neq x_t^{a(a)} \end{cases} \quad (49.3\text{-}19)$$

则经过交叉操作后会产生 $a^a - a$ 个不同类型的个体。

证　由于增加了式 (49.3-19) 的约束，则交叉后可产生 a^a 个个体，减去原有的 a 个个体，得 $a^a - a$ 个不同类型个体，定理得证。

由定理 3、定理 4 我们可以看出，采用多个体参与交叉的遗传算法可明显增加解的多样性，而且这种增加是指数增长的。例如取 3 个个体参与交叉，则可产生 $3^3 - 3 = 24$ 个新个体；取 4 个个体参与交叉，则可产生 $4^4 - 4 = 252$ 个新个体。由定理 2 我们知道，交叉操作不改变解群的方差，交叉操作增加解的多样性事实上是增加了解群的熵。而采用多个体参与交叉的遗传算法能呈指数快速性增加解群的熵。

定理 5　若解群中每个个体有 L 个基因位，且初始解群中有 Q 个子集：S_{t1}, S_{t2}, $\cdots$, S_{tQ}，对任意 p，$q \in \{1, 2, \cdots, Q\}$，有 $S_{tp} \bigcap S_{tq} = \phi$，$\bigcup_{q=1}^{Q} S_{tq} = A_t$，$A_t$ 为第 t 代解群的集合，若取两个个体参与交叉，则对任意 m, $n \in \{1, 2, \cdots, Q\}$ 和 $l \in \{1, 2, \cdots, Q\}$，$x_t^i \in S_m$，$x_t^i \in S_n$，满足

$$x_t^i \neq x_t^j \qquad (49.3\text{-}20)$$
$$x_t^{i(l)} \neq x_t^{j(l)} \qquad (49.3\text{-}21)$$

则经过交叉操作，$t \to \infty$ 时，解群中有 Q' 个不同类型的个体。

$$Q' = 2(L-1)C_Q^2 + Q \qquad (49.3\text{-}22)$$

若子集 S_k 中个体的 L 位基因是由 l_1, l_2, $\cdots$, $l_L \in \{1, 2, \cdots, Q\}$ 子集中的相应基因元素构成的，则子集 S_k 所对应的 $p_k = \dfrac{|S_k|}{N}$ 由下式可得

$$p_k = p_{l_1} p_{l_2}, \cdots, p_{l_L} \qquad (49.3\text{-}23)$$

当 $t \to \infty$ 时，解群的熵 E 满足

$$\lim_{t \to \infty} E = - \sum_{k=1}^{Q'} p_k \lg(p_k) \qquad (49.3\text{-}24)$$

证　Q 个子集中任两个子集中各取一个个体，交换的位置有 $L-1$ 个，由定理 5 的条件式 (49.3-20)、式 (49.3-21) 可知，一定产生两个新个体 x', x''，且 x', $x'' \notin S_q$，$q \in \{1, 2, \cdots, Q\}$，所以交叉可产生 $2(L-1)C_Q^2$ 个新型个体，再加上原有的 Q 个类型，得出式 (49.3-22)。由定理 2 得知，交叉操作不改变每维坐标的基因元素，显然式 (49.3-23) 成立。由熵的定义容易得出式 (49.3-24)。得证。

定理 6　当 $t \to \infty$ 时，多个体参与交叉的遗传算法的熵与两个体参与交叉的熵相同。

证　任意数目个体参与交叉后产生的不同类型个体都可以通过两个体多次交叉后产生。易得定理 6。

从定理 5、定理 6 我们还可以看出，交叉操作不能保证解群的熵在 $t \to \infty$ 时达到最大，熵的变化与初始解群的分布有关，当初始解群的所有个体都相同时，交换操作不改变解群的熵。

用二进制编码时，式 (49.3-19)、式 (49.3-21) 不易满足，在基因数目 L 相同的情况下，二进制编码产生的新个体类型数目比十进制少，但并不意味着交叉操作对二进制编码解群熵的提高能力小。因为对于十进制数，往往采用多位二进制表示，所以对同一问题，二进制编码的基因位总是高于十进制的基因位。

(5) 一个算例

考虑下面测试函数的极小值。

$$f(x) = \sum_{i=1}^{30} x_i^2, \qquad -5.12 \leq x_i \leq 5.12$$

虽然此函数是简单的平方求和函数，只有一个极小值，但由于变量个数较多，解空间庞大，因此应用基本

遗传算法求解的效率还是不高的。我们将用此函数比较基本遗传算法与多个体参与交叉的遗传算法的性能。为公平起见，一些基本特征及控制参数设置如下：

　　二进制编码

　　轮盘赌选择

　　初始解群相同

　　解群规模 $N = 50$

　　交叉概率 $P_c = 0.8$

　　变异概率 $P_m = 0.001$

　　$a = 2$，5，10，相应 $b = 2$，5，10

　　之所以如此设置第 7 条，是因为随机选取多个个体参与交叉增加了计算量，相应增加子代个体数目会平衡这种计算量的增加，使得任一遗传算法计算一代的时间大致相同。图 49.3-15 所示为进化过程中最优适应度的变化，图 49.3-16 所示为进化过程中平均适应度的变化。从中我们可以看到，多个体参与交叉的遗传算法的确比基本遗传算法性能有较大提高。

　　（6）讨论

　　本节提出了多个体参与交叉的遗传算法，它的思路来源于对遗传算法本质的分析，尽管没有任何模拟的基础，我们通过一个算例验证了其具有较高的计算概率。在下文中我们将应用数学工具对多个体参与交叉的遗传算法进行初步分析。

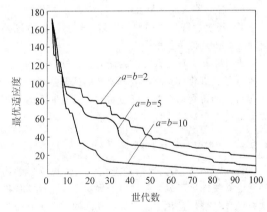

图 49.3-15　进化过程中最优适应度的变化

多个体参与交叉的遗传算法的思路来源于对遗传算法本质的分析，没有任何模拟的基础，通过一个算

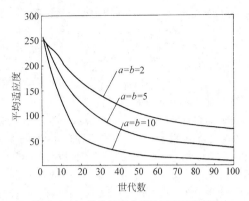

图 49.3-16　进化过程中平均适应度的变化

例验证其是有效的。本节给出了多个体参与交叉的遗传算法的模式定理，并分析了其对解群多样性的影响，初步解释了高效性的原因。然而这里只是初步工作，还有许多问题有待解决。比如，①对全局收敛性的影响怎样？②参与交叉的父代个体数目取多少为好？③这里选取参与交叉的父代个体数目都是整数个，有没有可能选取实数个，例如选 1.5 个个体参与交叉，事实上许多应用就可看作少于两个个体参与交叉，最终寻得（近）最优解。④既然多父代个体参与交叉的遗传算法可快速增加解的多样性，那么解群数量是否可以减小？

1.6　多目标进化算法简介

　　如果决策是为了达到一个目标而进行各种策略的优化，那么，这类问题便被称为"单目标优化问题"。如果所要决策的问题，不是为了实现一个目标，而是为实现若干个目标的策略的优化、选择，那么，这类决策问题便被称为"多目标优化问题"。

1.6.1　传统多目标算法及其存在问题

　　（1）多目标优化问题的相关概念

　　多目标优化（Multiobjective Optimization Problem，MOP）问题就是寻找满足由约束条件和目标函数组成的矢量函数的一组设计变量 x_1，x_2，$\cdots$，x_n，使得决策者能接受所有的目标值。目标函数形成了对所设计的系统性能指标的描述。它的数学模型可以表达为

$$\begin{aligned} \min \quad & F(\boldsymbol{x}) = (f_1(\boldsymbol{x}),\ f_2(\boldsymbol{x}),\ \cdots,\ f_m(\boldsymbol{x}))^{\mathrm{T}} \quad (\boldsymbol{x} = (x_1,\ x_2,\ \cdots,\ x_n)^{\mathrm{T}}) \\ \text{s.t} \quad & g_i(\boldsymbol{x}) \leqslant 0 \qquad\qquad (i = 1,\ 2,\ \cdots,\ p) \\ & h_j(\boldsymbol{x}) = 0 \qquad\qquad (j = 1,\ 2,\ \cdots,\ q) \\ & \boldsymbol{x} \subset D \end{aligned} \tag{49.3-25}$$

　　通常称式（49.3-25）为一般多目标优化问题模型，其中 n 个变量 x_1，x_2，$\cdots$，x_n 叫决策变量，由决策变量构成的矢量 $\boldsymbol{x} = (x_1,\ \cdots,\ x_n)^{\mathrm{T}}$ 称为决策矢

量；m（$\geqslant 2$）个数值目标函数 $f_i(\boldsymbol{x}) = f_i(x_1,\ \cdots,\ x_n)$（$i = 1$，2，$\cdots$，$m$）叫目标函数，由目标函数构成的矢量 $F(\boldsymbol{x}) = (f_1(\boldsymbol{x}),\ \cdots,\ f_m(\boldsymbol{x}))^{\mathrm{T}}$ 叫矢量目标函

数；$g_i(x) = g_i(x_1, \cdots, x_n)$ 叫约束函数，称

$$D = \left\{ x \in R^n \middle| \begin{array}{l} g_i(x) \leqslant 0, \ i = 1, \cdots, p \\ h_j(x) = 0, \ j = 1, \cdots, q \end{array} \right\}$$

(49.3-26)

为可行域。

Pareto 最优解（pareto optimal solution）：对于问题式（49.3-25），设 $x^* \in D$，如果不存在 $x \in D$ 使得 $v = F(x) = (f_1(x), f_2(x), \cdots, f_m(x))$ 支配 $u = F(x^*) = (f_1(x^*), f_2(x^*), \cdots, f_m(x^*))$，即

$$\forall i \in \{1, 2, \cdots, m\}, \ulcorner \exists x \in D : F(x) \pi F(x)$$

则称 x^* 为 Pareto 最优解。这个概念是经济学家 Pareto V. 于 1896 年引入的。

Pareto 解也称为非劣解（non-inferior solutions）、容许解（admissible solutions）、非支配解（non-dominated solution）或有效解（efficient solutions）。有效解的定义表明，若 x^* 是有效解，则在可行域中找不出一个点 x 使 x 的所有目标函数值都比 x^* 的小，即至少存在一个 x 的目标函数值之一比 x^* 的相应目标函数值大。有效解的概念是多目标优化理论研究中的一个最基本的概念，求解多目标优化问题的目的就是求有效解。

Pareto 最优解集（pareto optimal set）：对于给定的多目标问题 $F(x)$，所有有效解的集合称为有效解集，记为 P^*（又称 Pareto 最优解集），定义为

$$P^* := \{x^* \in D | \ulcorner \exists x \in D : F(x) \pi F(x^*)\}$$

Pareto 前端（pareto front）：对于给定的多目标优化问题 $F(x)$ 和 Pareto 最优解集 P^*，Pareto 前端（PF^*）定义为

$$PF^* := \{u = F(x) = (f_1(x), f_2(x), \cdots, $$
$$f_m(x)) | x \in P^*\}$$

即非劣解矢量在目标空间中构成 Pareto 前端，决策者往往要根据 Pareto 前端显示的各目标值来进行最终的决策。

由于多目标优化问题的目标函数（指标）不是单一的，造成最优概念的复杂化，除有效解的概念外，还有绝对最优解和弱有效解的概念。图 49.3-17 所示为 MOP 问题的相关概念图例（以两目标为例）。

（2）传统多目标优化方法

传统求解多目标优化问题的方法都是在搜索之前根据分析将多个目标组合成一个单目标，然后求解。而这些组合参数的改变可能会导致不同的 Pareto 解。传统的具有代表性的多目标优化方法主要有：加权和方法（weighted sum method）、层次优化方法（hierar-

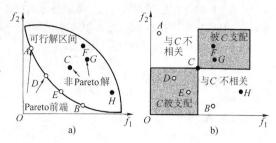

图 49.3-17 多目标优化相关概念图示
a）目标空间中 Pareto 最优解示例
b）目标空间中解之间的相互关系

chical optimization method）、字典排序法（lexicographic ordering method）、权衡方法（trade-off method）、全局准则方法（global criteria method）、距离函数方法（method of distance function）、目标规划法（goal programming）、目标达到法（goal attainment）、最小-最大法（min-max optimum）、局部搜索法（local search）、模拟退火法（simulated annealing）等。以上这些方法存在以下的缺点：

1）一些方法，如加权和方法等对 Pareto 前端的形状敏感，要求搜索空间为凸。

2）可能需要某些领域知识，如权重的设定等，而这些知识可能并不容易得到。

3）容易陷入局部最优。

4）每次运行只能得到一个解，须多次运行才能得到 Pareto 近似最优解集。

近几年来，进化计算成为研究多目标问题的有力手段，通过进化计算可以处理复杂的搜索空间，且每次运行都能得到多个解，通过研究者的不断改进，可以有效地避免局部最优和保证解的多样性。

1.6.2 Pareto 多目标进化算法

近 30 年来，人们对借助进化和遗传规律来解决问题的系统产生了越来越浓厚的兴趣。进化计算是模拟自然界的群体进化而逐步发展起来的。由于其所具有的本质并行性以及自组织、自适应和自学习等智能特征，进化计算已成功应用到那些难以用传统的方法来进行求解的复杂问题中。进化计算包括了一类基于生物界的自然选择和自然遗传机制的计算方法，如遗传算法（genetic algorithm）、进化策略（evolutionary strategies）、进化规划（evolutionary programming）以及 20 世纪 90 年代初期才发展起来的遗传程序设计（genetic programming）等。这里主要用到多目标遗传算法。

20 世纪 60 年代中期，美国 Michigan 大学的 Holland 教授在 Fraser A. S. 和 Bremermann H. J. 等工作的

基础上，提出了适于变异、交配的位串编码技术，后来将此算法用于自然和人工系统的自适应行为研究，1975 年出版名著《Adaptation in Natural and Artificial Systems》，并且将该算法推广应用到优化及机器学习等问题中，这个算法就是遗传算法。

遗传算法是一种群体操作，该操作以群体中的所有个体作为对象。该算法包含的基本算子是：选择、交叉、变异。简单遗传算法有五个基本要素：染色体表示（参数编码）；初始群体的生成；适应度函数的设计；遗传操作设计；终止准则。

遗传算法操作过程构成了简单遗传算法的基本结构。简单遗传算法的特点是：采用轮盘赌选择方法；随机配对；采用简单交叉并生成两个子个体；群体内允许有相同个体存在。

1896 年 Pareto 提出 Pareto 最优解的概念，从而将多目标优化最优解从传统意义上的一个点扩展到一个集合，也对多目标优化方法提出了新的要求。但传统的方法是从单目标优化方法上改进而成，初始点只有一个（或一群），收敛到一个点上，并不具有矢量优化的特点。

由于进化算法能够在一次运行中寻求多个 Pareto 最优解，特别适用于求解多目标优化问题。20 世纪 80 年代中期 Schaffer 和 Fourman 对进化多目标优化算法进行了开创性的研究，随后一些学者对其应用进行了研究，近几年一些学者对多目标进化算法收敛到 Pareto 前端、小生镜和精华策略等方面进行了研究。另外一些学者则致力于开发新的进化方法。

（1）多目标搜索中的主要问题及其改进

适应度分配和选择：在单目标优化中目标函数和适应度函数往往是等同的，而多目标问题中，适应度的分配和选择过程中要包含多个目标函数信息。在多目标进化算法中，按照对多目标在适应度函数中的表现方式，可以分为三类：各个目标单独考虑、经典的求和方法和直接应用 Pareto 占优的概念。

1）通过变换目标进行选择。通过不断地在各目标间变换进行选择过程，而不是把各目标合并成一个适应度函数。用不同的目标函数来决定是否将个体复制和加入交配池。如 Schaffer 提出按比例地根据各目标填充交配池；Fourman 的选择机制中将个体按照特定的目标排序进行选择；后来 Kursawe 将每一目标赋以一定的概率来决定在下一步的选择过程中该目标是否作为排序准则，其中的概率可以是自定义或随时间随机选择的。这种选择方法容易陷入极值点而得不到全局 Pareto 最优解，同时对非凸 Pareto 解前端很敏感。

2）通过参数变换进行求和选择。采用传统的方法将各目标进行权衡，将多目标转移为带一定参数的单目标函数。参数在历次优化运行中是不变的，但在一次运行中可能是变化的。典型的方法是采用权重理论。因为每一个体按照特定的权重组合进行评价，使优化在多个方向上同时进行。这种方法同样对非凸 Pareto 前端敏感，从而限制了其应用。

3）基于 Pareto 占优的选择。最早提出基于 Pareto 占优的个体适应度计算的是 Goldberg，他提出一种反复分级的过程：首先所有的非劣个体定为第一级并暂时从群体中移出，然后对余下的个体选取非劣点定为第二级，如此反复。个体的级别决定适应度值，此处的适应度值与全部个体有关，而其他方法中个体的适应度是单独计算而与其他个体无关的。许多学者都采用了这种方法。

尽管此方法理论上可以得到所有 Pareto 最优解，搜索空间的维数会对其效率产生影响。基于 Pareto 占优的选择方法是目前应用较为普遍的方法。

（2）精华策略

为了防止好的个体在取样或操作过程中的丢失，De Jong 提出将 P_t 中的最优个体保存到下一代群体 P_{t+1} 中。后来延伸到将 b 个最好的个体保留到下一代，这种策略就称为精华策略。在他的试验过程中发现：对于单峰函数精华策略可改善遗传算法的运作，而对于多峰函数却容易导致未成熟收敛。

不同于单目标优化问题，多目标进化算法中的精华模型更加复杂。在多目标问题中存在一个精华集而不是一个个体，精华集的规模相对于群体规模可能是非常大的。主要有两种基本的精华模型：

1）一种是直接应用 De Jong 的思想，将 P_t 中的非劣个体自动地保存到下一代群体 P_{t+1} 中。有时会对个体作一些限制，从非劣个体中选择 k 个到下一代。进化策略中的 $(\lambda + \mu)$ 选择策略就属于这种精华策略。Rudolph 研究了基于 $(1+1)$ 选择策略的多目标进化算法。

2）另外一种精华模型是维持一个外部个体集合 $\bar{P}$，其中的个体对应的决策矢量是当前所有解中的非劣矢量。每一代运行后，都会有一些个体加入或替换集合中的个体，这些个体可能是随机选择或根据其他准则，如个体在集合中存在的时间等进行选择的。

（3）群体多样性

简单进化算法在进化中不断搜索具有好的适应度值的点，以较大的概率选择并繁殖它们。其结果是随着进化的进行，这些点的数目不断增多，最后整个群体收敛到其中一个点的附近，并将该点输出作为最优解。而在多目标优化中，如果要得到 Pareto 最优解集，就不能让群体收敛到一个小的区域，而应使群体保持整个设计空间中的均匀分布状态，这样才能保证得到的是一个解集而不仅仅是一个点。因而维持群体的多样性对确保多目标进化算法有效性是至关重要的。简单进化算法只收敛到一个点，并且常常由于选择压力（selection pressure）、选择噪声（selection noise）和操作中的破坏（operation disruption）而丢失较优的个体。为了解决这些问题主要有如下几种方法：

1）适应度共享（fitness sharing）。Goldberg 和 Richardson 提出的适应度共享是目前最常用的一种小生镜（niches）技术，用以形成和维持一稳定的子群体。在特定的小生镜中的个体要共享可用的资源，在某一个体附近的个体越多，他的适应度值就要相应降低。其相临度用距离 $d(x_i, x_j)$ 来定义，用小生镜半径（niche radius）σ_{share} 表示。个体 $x_i \in P$ 的共享适应度等于原有适应度除以小生镜计数（niche count）

$$F(x_i) = \frac{F'(x_i)}{\sum_{j \in P} s(d(x_i, x_j))} \qquad (49.3\text{-}27)$$

个体的小生镜计数是该个体与群体内其他个体之间的共享函数（sharing function）值 s 的总和，通常把共享函数定义如下

$$s(d(x_i, x_j)) = \begin{cases} 1 - \left(\dfrac{d(x_i, x_j)}{\sigma_{\text{share}}} \right)^a, & \text{若 } d(x_i, x_j) < \sigma_{\text{share}} \\ 0, & \text{其他} \end{cases}$$

$$(49.3\text{-}28)$$

距离函数 $d(x_i, x_j)$ 可以定义为决策空间中的距离（$d(x_i, x_j) = \| x_i - x_j \|$）或目标空间中的距离（$d(x_i, x_j) = \| F(x_i) - F(x_j) \|$），其中 $\| \cdot \|$ 代表一定的距离评价。现有的大部分多目标进化算法都采用适应度共享（Hajela, 1994；Srinivas, 1994）。

2）限制交叉（restricted mating）。只有当两个个体在一定的距离范围内时（由参数 σ_{mate} 定义）才允许交叉操作。与适应度共享相似，距离可以在决策空间或目标空间中定义。这种方法可以有效避免不适个体的形成，这种方法在多目标问题中并未广泛采用。

3）隔离机制（isolation by distance）。每一个体被赋予一个位置，根据距离对其进行隔离。主要有两种方法：一种是定义群体的空间结构，使空间小生镜在同一群体中进化；另外一种是定义几个不同的群体，群体间只偶尔进行个体交换。如 Poloni 用多个小群体进行分布式进化。

4）重新初始化（reinitialization）。为了防止未成熟收敛，将整个群体或群体的一部分进行重新初始化，Golaberg 研究了使用小群体规模的遗传算法系统，每当遗传算法收敛，该系统就重新初始化，Goldberg 称其为序列选择（serial selection）。Fonseca 定义了一种均匀多目标进化过程，其中在每一代的产生过程中都随机引入新的个体。群体的重新初始化在个体中引入多样性，提高了系统的性能。

5）预选择机制（preselection）。Cavicchio 提出了预选择机制，规定只有在子代的适应度值超过其父代的情况下，子代才能替换父代而进入下一代。由于这种方式趋向于替换与其自身相似的个体，因而能够较好地维持群体的分布特性。

6）拥挤机制（crowding）。1975 年，De Jong 提出了一种拥挤机制，其中新个体（子代）替换父代中相似的个体。在每一次进化中，从当前群体中选取 $1/CF$（CF 为拥挤因子）个个体组成拥挤成员，比较新个体与拥挤成员之间的相似性，决定是否用新个体取代拥挤成员中的相似个体。随着进化过程的进行，群体中的个体逐渐被分类。这种方法可以在一定程度上维持群体的分布特性。

通过聚类降低非劣解集中的个数，某些问题中，Pareto 解集可能会非常大。而从决策者的角度讲，获得过多的非劣解并无太大的意义，而且精华集中解的数目过多也影响了遗传的操作。一方面，由于 $\bar{P}$ 要参与选择过程，过滤器中的解过多会降低选择压力，从而减弱了搜索的速度；另一方面，小生镜技术依赖于过滤器中的群体定义的网格分布均匀性，聚类过程中，将集合中的 p 个元素按照其相似性划分为 q 个群体，其中 $q<p$。有两种可以采用的聚类方法：直接聚类（direct clustering）和层次聚类（hierarchical clustering）。直接聚类就是直接将 p 个个体分为 q 个集合。这里采用层次聚类法，按照平均关联理论（average linkage method）进行聚类过程。最初的 Pareto 解集中的所有个体形成一基本的群体，随后的每一步中将两个集合合并成一个集合，直至达到所要求的集合数 $\bar{N}$。合并集合的选取是按照相邻最近准则进行的，两个集合的距离定义为集合中两个个体间距离的平均值。分组过程完成后，从每一集合中选出代表个体，去除其他的个体。过程如下：

① 初始化群集 C，每一个个体 $i \in \bar{P}$ 组成一单独的集合：$C = U_{i \in \bar{P}} \{ \{ i \} \}$。

② 如果 $|C| \leq \bar{N}$，执行步骤④，否则执行下一步；计算所有集合两两间的距离，两个集合 $c_1, c_2 \in C$ 间的距离定义为集合中两个个体间距离的平均值

$$d_c = \frac{1}{|c_1||c_2|} \sum_{i_1 \in c_1, i_2 \in c_2} d(i_1, i_2)$$

式中　d——两个个体 i_1 和 i_2 之间的距离。

③ 找出距离 d_c 最小的两个集合 c_1 和 c_2，合并

组成一个集合：$C = C \setminus \{c_1, c_2\} \cup \{c_1 \cup c_2\}$，回到步骤②。

从每一个集合中选取一个代表个体，这里用重心法进行选取，也就是说，选取到本集合内其他个体平均距离最短的个体，并除去其他个体，剩下的所有个体组成后续循环的非劣解集。通过聚类，即使 Pareto 解集中解的个数降至所要求的范围内，同时也保持了原有解集的特性，保持了解的多样性，有利于避免局部最优。

④ 去除个体完成。

1.6.3　几种主要的多目标进化算法

下面选取几种主要的多目标进化算法进行比较，对其主要特点和差异进行总结。

（1）Schaffer 的矢量评价遗传算法（Vector Evaluated Genetic Algorithms，VEGA）

Schaffer 开发了名为 VEGA 程序的多目标优化程序，其中包括了多判据函数。VEGA 系统的主要思想是将群体划分为相等规模的子群体，每个子群体对于 m 个目标中的某个单个目标是"合理的"。对每个目标，选择过程是独立执行的，但交叉是跨越子群体边界的。进化计算过程中的适应度评价和选择过程在每一代的进化中都要执行 m 次。图 49.3-18a 所示为 VEGA 选择机制的图示，其中对于某个目标较优的个体被选择复制，加入到交配池中，然后个体间进行交叉和变异。VEGA 归根结底仍是一种基于单目标的优先选择过程，难以收敛到非劣解集。

（2）Hajela 和 Lin 的基于权重的遗传算法（Hajela and Lin's Weighting-Based Genetic Algorithm，HLGA）

Hajela 和 Lin 提出了一种基于权重的遗传算法。它是以权重理论为基础，并行地搜索多个解，其权重并不是固定不变的，而是在个体矢量中编码，这样在考虑不同权重组合的情况下对个体进行评价。图 49.3-18b 所示为 HLGA 的搜索过程。权重组合的改进是通过目标空间的适应度共享来实现的，所以进化计算同时优化解矢量和权重。同时，Hajela 和 Lin 还强调为了同时加快收敛速度和实现遗传搜索的稳定性，需要加入一定的交叉限制。

如前所述，权重方法只适用于解空间为凸的情况，这个问题也同样存在于 HLGA 中，但由于其简单性，仍被较多地应用。

（3）Fonseca 和 Fleming 的多目标遗传算法（Fonseca and Fleming's Multi-Objective Genetic Algorithm，FFGA）

Fonseca 和 Fleming 提出了一种基于 Pareto 群体分级的选择方法，建立了个体的级别与当前群体中被该个体占优的染色体数目的关系。如果个体 x_i 在第 t 代，被当前群体中的 $p_i^{(t)}$ 个个体占优，则其级别由式（49.3-29）确定。

$$\mathrm{rank}(x_i, t) = 1 + p_i^{(t)} \qquad (49.3\text{-}29)$$

图 49.3-18c 所示为假定的群体和相应的个体的级别，所有的非劣点的级别都定为 1。改进算法中将其他劣点的级别根据其所处位置的群体密度来考虑加适当的惩罚因子。这种对子块配置适应度的方法容易导致局部选择压力过大而过早不成熟收敛。为了避免这个问题，Fonseca 使用了一种基于共享机制的小生境技术来使群体均匀地分布在 Pareto 解集上。

FFGA 由于算法简单，易于实现，获得了广泛的应用。但它的效率依赖于共享因子 σ_{share} 的选择，且对共享因子非常敏感。

（4）Horn，Nafpliotis 和 Goldbeg 的采用小生境技术的 Pareto 遗传算法（Niched Pareto Genetic Algorithm，NPGA）

Horn 等提出了一种基于 Pareto 占优的锦标赛选择方法，将锦标赛选择与 Pareto 占优的概念结合起来。与传统的仅仅在两个个体中比较不同的是，该方法中用到群体中一些其他个体来帮助判别占优性。该方法中的群体规模比其他的方法要大一些，使得在选择过程中出现的误差能够被小生境克服。

图 49.3-18d 所示为 NPGA 的选择机制。图中白点代表的个体为竞赛的优胜者，因为它不被比较集占优，而另一个体被比较集占优。NPGA 的运行结果受共享因子和选择规模的影响。

Quagliarella 在此基础上提出了一种新方法，引入了选择过程中的占优准则，然后使用随机操作算子进行选择操作，但这样可能会导致选择出的个体仅在局部占优而不是在全局占优。由于这种方法不是对整个群体进行选择，而只是在局部进行，所以该方法的速度很快，但在使用中仍受到选择共享系数和选择规模的限制，需进一步研究。

（5）Srinivas 和 Deb 的非劣排序遗传算法（Non-dominated Sorting Genetic Algorithms，NSGA）

Srinivas 和 Deb 的非劣排序遗传算法（NSGA）是基于个体的几层分级的。在选择执行前，群体根据是否支配其他个体被排序，所有非劣点被分成一类（带有一虚拟适应度值，它与群体规模成比例，用以为这些个体提供相等的复制潜力）。为维持群体的多样性，这些被分级的个体共享它们的虚拟适应度值。然后，忽略这组分级的个体，考虑另一层非劣个体，继续上述过程直至群体中的所有个体被分级。

图 49.3-18e 所示为 NSGA 的选择机制，其中低的

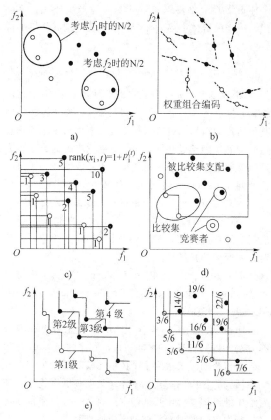

图 49.3-18　目标空间中六种不同的选择机制

a）VEGA　b）HLGA　c）FFGA

d）NPGA　e）NSGA　f）SPEA

适应度值对应于高的复制概率，与 FFGA 和 NPGA 不同的是，NSGA 的适应度共享在决策空间中进行。在 Srinivas 和 Deb 的研究中，适应度的设定与余下个体的随机选择有关。

（6）Zitzler 和 Thiele 的增强 Pareto 进化算法（Strength Pareto Evolutionary Algorithm，SPEA）

Zitzler 和 Thiele （1999）提出了增强 Pareto 进化算法 SPEA，它建立一外部群体 $\overline{P}_t$ 存储进化过程中所发现的非劣解，使用了 Pareto 占优的概念来计算个体适应度值。SPEA 中群体成员的适应度仅由外部集合中的个体来确定，而与群体中的个体是否占优于其他个体无关，所有外部集合中的个体参与选择。为了保持群体的多样性，SPEA 中采用了一种新的基于 Pareto 的小生境技术。

图 49.3-18f 为其适应度计算过程。7 个非劣解矢量（黑点表示）把目标空间划分为几个矩形。这些矩形被看作小生境，目标就是使个体在这些网格中按一定的规则分布。与适应度共享不同的是，小生境不是以距离的形式，而是以 Pareto 占优的形式来定义的。

1.6.4　扩展 Pareto 进化算法（Extended Pareto Evolutionary Algorithm，EPEA）

本节提出扩展 Pareto 进化算法 EPEA，EPEA 将对前面所述各种技术进行综合应用，并引进新技术，以提高多目标进化算法的效率和有效性，得到 Pareto 最优解集。

（1）EPEA 算法过程

EPEA 的算法过程如图 49.3-19 所示。在每一次循环过程中，外部的解集过滤器中的解集 $\overline{P}$ 都要更新，如果超过解集过滤器的规模 $\overline{N}$，要对其中的点进行非劣检查，去除其中的劣点，然后对 $\overline{P}$ 和 P 中的个体进行评价，计算适应度值，并从 $\overline{P}+P$ 中进行选择过程，选择的个体进入交配池，进行交叉和变异操作。下面分别介绍 Pareto 解集过滤器、小生镜和优秀解培育过程的操作。

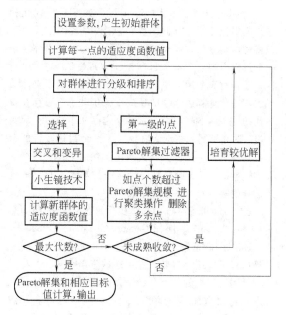

图 49.3-19　扩展 Pareto 进化算法框架

（2）用 Pareto 解集过滤器保存优秀个体

在遗传操作中，可能在早期出现的某些染色体的适应度值要好于后来得到的最好染色体值。为了跟踪进化过程中的最好个体，开辟一独立的位置用于保存这些曾经最好的个体，称其为解集过滤器。在某些问题中，Pareto 解集可能会非常大。而从决策者的角度讲，获得过多的非劣解并无太大的意义，而且解集过滤器的大小也影响了 EPEA 的操作。一方面，由于 $\overline{P}$ 要参与选择过程，过滤器中的解过多会降低选择压力，从而减慢了搜索的速度；另一方面，小生镜技术依赖于过滤器中的群体定义的网格分布均匀性。如果

P 中的个体分布不均匀,适应度的计算会使搜索空间偏离到某一区域,导致群体的不平衡,因而如何在保持群体多样性的前提下精减过滤器中的解集是一个值得研究的问题。

基于以上问题,设计的解集过滤器需具有两个功能:①对运行中产生的非劣解的存储和更新;②运行过程中辅助对现有解和产生的新解的选择过程,从而增加选择压力,促使进化过程寻得更优的解。因而解集过滤器不仅仅是一个简单的存储器,它需有一定存储数目的限制,这个数值反映了决策者所需的最终解的个数。如果经过遗传操作产生的新解不被其父代支配,则将其与解集过滤器中的每一个解进行比较,如果新个体占优于过滤器中的个体,则将其加入解集过滤器,否则放弃。如果解集过滤器中的解超过了规定的规模,则新解取代过程器中最拥挤处的点,以利于群体的多样性。

为了表达解空间不同位置的拥挤程度,引入 d-维网格的概念。d 是目标函数的数量,对每次得到的新解,在 d-维网格中找到它的位置所在,并记录各个网格中的解和解的数量。当过滤器已满时,用新解替换最拥挤的网格中的解。如果新解既不支配过滤器中的解,也不被过滤器中的解支配,此时选择其中所处网格密度较小的解。图 49.3-20 所示为建立的 Pareto 解集过滤器的运作过程。

(3) 小生镜技术和优秀解的培育过程

在用遗传算法求解优化问题时,我们既希望提高解的收敛速度,又不希望看到局部收敛,此处的 EPGA 中引入小生镜技术和优秀解的培育过程可以权衡两者的矛盾。

这里采用基于预选择机制的小生镜技术,主要过程为:父代中的两个个体进行交叉和变异操作后,产生新的子代,比较子代个体和父代个体的适应度值,当子代的适应度值超过父代时,用子代替换父代,否则父代进入下一代,这样,新的子代总是优于父代或至少与父代相似。采用基于预选择机制的小生镜技术的主要作用是防止基因漂移,使群体中的个体沿 Pareto 解集保持均匀分布,同时也防止了群体中的个体向不利的方向进化。

在对产生的新解进行评价后,加入一个优秀解的培育过程,以加速过程的收敛。如果一个 Pareto 解在遗传操作过程中连续出现超过一定的次数(可以视为一种不成熟收敛的信号),则进行一次局部搜索过程,以提高解的多样性,改善的解进入下一代的遗传操作。局部搜索法从当前点出发,在当前点的一个邻域内搜索。如果邻域内的某个点比当前点的目标函数值更优,则用此点代替当前点继续搜索,直至搜索结束条件满足为止。培育过程为群体带入了新的信息,类似于变异操作的功能,与变异操作不同的是,优秀解的培育过程总是对 Pareto 解的改善过程。

1.6.5　算例

以下以几个算例来证明算法的有效性。

(1) 算例 1

求以下函数的最大值:

目标函数: $\max\ f(x_1,x_2)=21.5+x_1\sin(4\pi x_1)+x_2\sin(20\pi x_2)$

约束条件: $-3.0\leqslant x_1\leqslant 12.1$

$\qquad\qquad 4.1\leqslant x_2\leqslant 5.8$

函数 f 如图 49.3-21 所示。

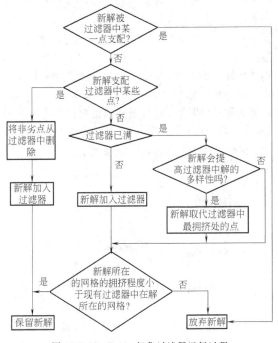

图 49.3-20　Pareto 解集过滤器运行过程

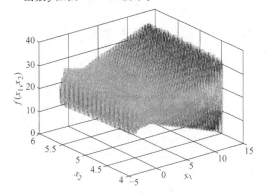

图 49.3-21　函数 $f(x_1,x_2)=21.5+x_1\sin(4\pi x_1)+x_2\sin(20\pi x_2)$ 的图

方法过程中选取如下的运行参数：

群体规模：pop size = 20

交叉概率 $p_c = 0.4$，变异概率 $p_m = 0.005$

最大运行代数：MaxGenTerm = 200

得到的运行如图 49.3-22 所示，得到的最好染色体值为 38.850257（$x_1 = 11.6254$，$x_2 = 5.7250$）。用传统的遗传算法运行 1000 代得到的最好染色体值为 35.477938。

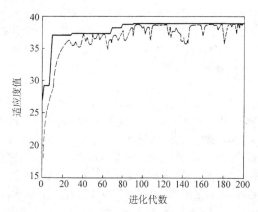

图 49.3-22 各代群体最优解及各代解的均值轨迹

（2）算例 2

以 Schaffer 的经典算例进行检验和比较。

目标函数：$\min f_1(x) = x^2$

$$f_2(x) = (x-2)^2$$

图 49.3-23 所示为两个目标函数的图形，图 49.3-24 中实线所示为多目标函数解空间的 Pareto 前端。

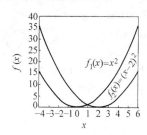

图 49.3-23 函数 $f_1(x)$ 和 $f_2(x)$ 的图形

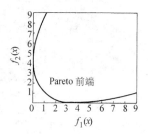

图 49.3-24 函数 $f_1(x)$ 和 $f_2(x)$
的 Pareto 前端

进化参数：

群体规模：pop size = 30

交叉概率 $p_c = 0.04$，变异概率 $p_m = 0.005$

最大运行代数：MaxGenTerm = 200

解集过滤器数目：100

仿真过程的设计空间为 [-3, 3]，图 49.3-25 所示为进化过程产生的初始解，经过 200 代的进化过程产生图 49.3-26 所示的解集。

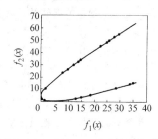

图 49.3-25 用 EPEA 产生的初始群体

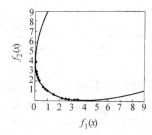

图 49.3-26 运行 200 代得到的群体

为了验证所加入的解集过滤器与优秀解培育过程的有效性，将其与 NPGA 算法进行比较，比较过程中采用相同的进化参数。分别对两种算法运行多次，比较运行过程中两者解的出现频率，其中对 NPGA 记录的是其最终解集，对 EPEA 记录的是最终解集过滤器中的解，比较结果如图 49.3-27、图 49.3-28 所示。可见进化的结果都能够在规定的进化代数内收敛到 Pareto 解集，EPEA 中落于真实 Pareto 解集区间的解的数量少于 NPGA，其解的分布也较 NPGA 分散，而

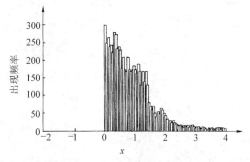

图 49.3-27 NPGA 运行过程中各解
的出现频率分布

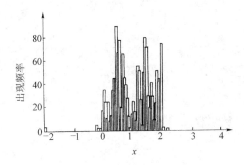

图 49.3-28　EPEA 运行过程中各解
的出现频率分布

NPGA 的解向一侧偏离。

以上建立了扩展的 Pareto 进化算法过程，算例证明了算法的有效性。对于敏捷供应链重组决策中的多目标问题，也就是要求解满足决策者意愿的 Pareto 解，由于 Pareto 进化算法可以一次运行得到多个 Pareto 解，使决策者可以在多个目标间进行权衡，指导供应链的决策过程。

2　基于进化的健壮性设计方法

在复杂的系统初步设计过程中，影响质量的因素很多，如果对所有的参数进行全面试验，会耗费大量的时间及费用，这对于复杂的系统/过程来说是不实际的。

在选择试验设计方法时，需考虑到的一些要求为：在所研究的整个区域内能提供数据点的合理的分布；容许研究模型的适合性，包括对拟合不足的适合性；容许逐步建立较高阶的设计；提供内部的误差估计量；不需要大量的试验；不需要自变量太多的水平；确保模型参数计算的简单性。

这里，结合响应面法建立快速分析模块的特点，用序列试验设计方法结合改进的中心复合设计（CCD）作为设计特征样本点的方法。先用低阶的模型进行筛选试验，其结果用低阶的响应面模型来拟合，然后用方差分析（ANOVA）或回归分析来检验主要因素的显著性，将不显著的因素定位于中间水平，便于进一步调整，这样能减小问题的规模，确定感兴趣区域的范围（如图 49.3-29 所示的序列试验设计流程图）。

2.1　健壮性开发方法的基本思路

健壮设计的目的是为了在不消除产生变异的原因的情况下极小化这些变异造成的影响。早期的健壮设计主要考虑制造过程产生的变异的影响，近年来由于设计方法的发展，健壮性的概念已经进入设计阶段，即从设计阶段就考虑变异的影响，使设计出的产品或过程具有健壮性。

健壮性设计的基本原理是不仅要达到性能目标，而且要极小化性能变异，以此来提高产品或过程的质量。Taguchi 方法广泛应用于设计后期，实施参数设计和容差设计。这里介绍基于健壮性的产品及过程的开发方法将 Taguchi 方法应用到产品设计的前期阶段，将健壮性作为一个标准来帮助设计过程中的正确决策，同时尽可能减少问题的规模及设计后期的调整工作量。

在健壮性产品及过程开发方法中，需要考虑三种因素：信号因素，即系统性能的目标；可控因素，即可以由设计者自由调整的参数；噪声因素，即不能被设计者控制的参数，如环境条件等。

变异的来源有两种，一种是来自设计变量的变异，称为可控因素的变异；另一种是来自不可控因素，称为噪声因素的变异。

健壮设计问题按变异来源分为两类：

第 I 类：极小化由噪声因素（不可控因素）产生的变异。

第 II 类：极小化由可控因素（设计变量）产生的变异。

图 49.3-30 中描述了两种类型的健壮性设计问题。

图 49.3-30a 所示为第 I 类健壮设计问题，图 49.3-30b 所示为第 II 类健壮性问题。其中可控因素 x 是能被设计者任意调整的参数；噪声因素 z 是不能由使用者调整的参数；信号因素 M 是系统输入，文中的推导过程假设系统输入是固定的。

在第 I 类问题中，系统的输出的变异由不可控因素 z 引起。第 II 类问题与第 I 类问题的不同之处在于，系统的输入中不包含噪声因素的作用，其性能的变异仅仅由可控因素 x 在区域 $\pm \Delta x$ 中的变异引起。

图 49.3-30 的右边部分表示了两种健壮性设计的不同概念，右上图为第 I 类健壮设计；右下图为第 II 类健壮设计。经典的 Taguchi 的参数设计属于第 I 类的问题模式，对这种类型问题的处理，是由设计者调节可控因素 x 来减小由噪声因素 z 造成的变异。图中的两条曲线分别表示当 x 处于两种水平 $x=a$ 和 $x=b$ 时性能变异作为噪声因素的函数的曲线。如果是一般的优化问题，要使性能尽可能接近目标 M，那么在 x 处于两种水平时都是可行的，原因是它们的均值都是 M。但是如果引入健壮性概念后，当 $x=a$ 时，系统性能在噪声因素 z 产生变异的情况下改变较大，而 $x=b$ 时，变化较小。因此，$x=b$ 时系统从健壮性上优于 $x=a$，原因是 $x=b$ 时减弱了噪声因素对系统的影响。

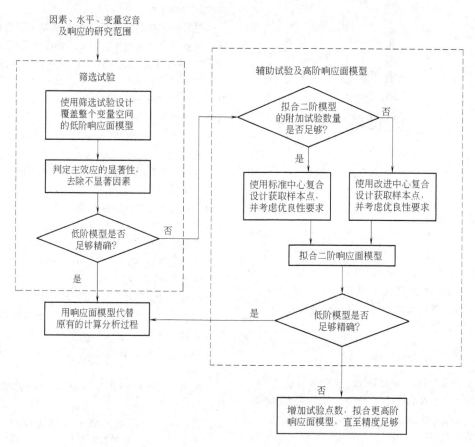

图 49.3-29 序列试验设计流程图

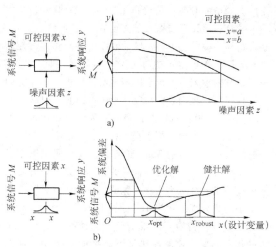

图 49.3-30 两种类型的健壮设计

a) 第 I 类健壮设计 b) 第 II 类健壮设计

右下图中,为了便于说明,假设系统性能只是一个变量 x 的函数。如果仅考虑系统的性能优化,则应选取使系统性能取极值的最优点,图中 x_{opt} 表示优化后的最优点。但如果出于健壮性的考虑,需要寻找在

可控因素产生变异时能使系统性能较稳定的点。显然,x_{opt} 并不满足这个要求,满足要求的是 x_{robust},当可控因素 x 在 $\pm\Delta x$ 范围内波动时,在 x_{robust} 附近系统性能的变异很小,满足系统健壮性的要求。

虽然两种类型的健壮性从概念上来看有一定的区别,但从图 49.3-31 中可知,健壮设计的根本目标总是使系统响应的钟形分布(不一定是正态分布)的顶点(即均值)尽量接近质量目标,即优化性能均值,同时使钟形曲线的形状尽可能窄,即极小化方差。还要考虑可控因素或噪声因素的变异对工程约束条件的影响,这样得到的是一个带约束条件的多目标优化问题。这正是基于健壮性的产品或过程开发方法的出发点。

在前面几节讨论的各种技术的基础上,我们介绍了基于健壮性的产品及过程的开发方法。该方法包括下列技术:序列试验设计、响应面法、Pareto 多目标遗传算法。该方法的基本思路为:利用序列试验设计技术筛选出对系统响应影响较大的若干因素,设计出具有代表性的特征样本点,用响应面法建立系统的输入和输出之间的近似映射函数,得到包含系统健壮性

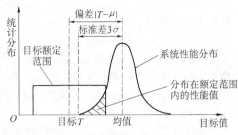

图 49.3-31　健壮设计中的性能统计分布

的目标函数和约束条件的多目标优化问题，最后利用 Pareto 进化算法求解多目标优化问题，得到使系统具有健壮性的全局最优解。

2.2　基于进化的健壮性设计方法的总体框架

基于健壮性的产品/过程开发方法的总体框架如图 49.3-32 所示。该算法包括四个主要步骤：

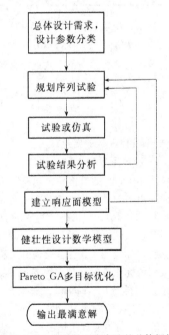

图 49.3-32　健壮性开发方法的总体框架

第 1 步：规划模型参数；

第 2 步：序列试验设计并建立响应面模型；

第 3 步：根据健壮设计问题的类型建立目标函数和约束条件；

第 4 步：用 Pareto GA 求解多目标优化问题，得到使系统具有健壮性的全局最优解。

以下将对这四个主要步骤的操作及数据流程作较详细的介绍。

第 1 步是对一个复杂的产品或过程进行分析，定义初始开发空间，规划健壮设计问题。将设计变量分组，可以由设计者直接调整的定义为可控因素，不能由设计者控制的归入噪声因素，同时限定这些因素的取值空间的范围。衡量系统性能的指标即系统响应也要在这一步中进行定义，并明确这一响应的目标是望大特性、望小特性还是望目特性，如果是望目特性，需指定目标值 T。为了减小问题的规模，需确定每一个响应的大致范围即感兴趣的区域。

由于复杂系统的设计过程中涉及多种试验过程或仿真软件的计算，在第 1 步中需确定这些试验或仿真的数据流及其输入参数与输出结果，并由此组成计算分析模块，该模块的作用是为下一步中设计响应面提供样本输出点。当响应面模型建立好后，就可由近似分析模块来取代该模块的位置，作为快速分析模块来实现原复杂耗时的计算工作。

第 2 步是一个序列进行的试验设计及结果分析过程。这个过程由规划序列试验、试验或仿真、试验结果分析、建立响应面模型几个模块组成。

先建立一低阶的筛选模型，设计少量的样本点，通过试验或计算机仿真，得到这些点处的系统输出作为响应值，对系统的因素（包括可控因素和不可控因素）进行分析，确定模型中的显著因素和不显著因素。用这些样本点和响应值拟合一个或一组一阶的响应面模型作为快速分析模块来取代原问题中的分析过程。如果用低阶模型的精度不够要求，需适当地增加样本点数来拟合二阶响应面模型，还可适当地增加阶数直到模型得到满意的精度。确定了模型的参数后，用回归分析或方差分析（ANOVA）来判别模型的显著性。

如果得到的模型是高阶模型，其中的交叉项还可以用来检验因素间的交互作用。交互作用的研究是很重要的，例如一个可控因素和另一个不可控因素之间的交互作用很强，在产品的使用中或过程的实际操作中不可控因素是不能由人为来调节的，就应该在设计中利用交互作用来调节可控因素，使不可控因素产生的影响最小。

整个序列试验设计和响应面拟合的过程是逐步提高拟合响应面精度的过程。在这一阶段，随着试验设计和响应面模型阶数的增加，在筛选试验中能尽可能地排除次要因素的干扰，逐步找出对系统响应的影响最显著的少量因素进行分析，问题的规模反而会越来越小。

第 3 步是由第 2 步的结果推导出健壮设计的数学模型。在该步中，主要是根据不同类型的健壮设计问题或它们的组合，建立健壮设计问题的目标函数及约束条件。

从响应面模型可以推导出表征质量特征的系统响

应的均值和方差。针对前面提出的两种模型，这里介绍了不同的方法。对第 I 类健壮设计问题的模型，不可控因素（噪声因素）的变异是最重要的变异来源，此时使用一阶 Taylor 级数展开可得到响应的方差的近似表达。假设噪声因素独立，有

$$\mu_{\hat{y}} = f(x, \mu_z) \tag{49.3-30}$$

$$\sigma_y^2 = \sum_{i=1}^{k} \left(\frac{\partial f}{\partial z_i} \right)^2 \sigma_{z_i}^2 \tag{49.3-31}$$

其中，μ 表示均值，k 表示响应面模型中噪声因素的个数，σ_{z_i} 为每个噪声因素的标准偏差。

对第 II 类健壮设计问题的模型，可控因素的变异是最重要的响应变异来源，可得响应的均值和方差表达式

$$\mu_{\hat{y}} = f(x) \tag{49.3-32}$$

$$\sigma_y^2 = \sum_{i=1}^{l} \left(\frac{\partial f}{\partial x_i} \right)^2 \sigma_{x_i}^2 \tag{49.3-33}$$

其中 l 表示响应面模型中可控因素的个数，σ_{x_i} 为每个可控因素的标准偏差。当系统中同时存在可控因素和噪声因素的变异时，响应的方差由式（49.3-31）和式（49.3-33）组合而成。当然，用一阶 Taylor 线性展开会带来一定的误差，可改用二阶 Taylor 展开来提高精度，但这样会造成很大的计算量，在系统响应的变异不太大的情况下，用一阶 Taylor 展开已足够。

建立起响应的均值和方差表达式后，就可以建立健壮设计的目标函数了。健壮设计的目标有两个，转换为数学表达为

$$\min \left| T - \mu_{\hat{y}} \right| \tag{49.3-34}$$

$$\min \sum_{i=1}^{k} \left(\frac{\partial f}{\partial z_i} \right)^2 \sigma_{z_i}^2 + \sum_{i=1}^{l} \left(\frac{\partial f}{\partial x_i} \right)^2 \sigma_{x_i}^2 \tag{49.3-35}$$

式（49.3-34）中 T 为响应的目标值，这种表示方法的目标函数适合于望目特性值。如果是望大特性值或望小特性值，需将式（49.3-34）做相应的修改。对于望大特性值的目标，式（49.3-34）变为

$$\max \mu_{\hat{y}} \tag{49.3-34a}$$

对于望小特性值的目标，式（49.3-34）变为

$$\min \mu_{\hat{y}} \tag{49.3-34b}$$

式（49.3-34）和式（49.3-35）即为形成的多目标优化问题的目标函数。由于可控因素和不可控因素的变异会对原问题的约束条件产生变异，需将约束条件进行转化。这里，以最坏情况分析法来研究，即假设系统的各参数同时处于最坏情况的组合。使用最坏情况的处理比使用概率设计方法更为保守一些，适用于要求较高的系统中。当设计变量的变异是以统计方式分布时，将原系统的约束条件

$$g_j(x, z) \leq 0 \tag{49.3-36}$$

转化为

$$E[g_j(x, z)] + n\sigma_{gj} \leq 0 \tag{49.3-37}$$

其中，n 是由设计者根据所需要满足的可行性概率决定的常数。如果约束的变异呈正态分布，表 49.3-1 列出了不同 n 值对应的可行性概率，假设约束函数是正态分布。

约束条件的变异 σ_{gj} 可由式（49.3-38）求出

$$\sigma_{gj}^2 = \sum_{i=1}^{k} \left(\frac{\partial g}{\partial z_i} \right)^2 \sigma_{z_i}^2 + \sum_{i=1}^{l} \left(\frac{\partial g}{\partial x_i} \right)^2 \sigma_{x_i}^2 \tag{49.3-38}$$

表 49.3-1　n 与约束可行性概率的关系

n 值	约束可行性概率（%）
1	84.13
2	97.725
3	99.865
4	99.9968

如该变异不是统计量，式（49.3-37）转化为

$$E[g_j(x, z)] + \Delta g_j \leq 0 \tag{49.3-39}$$

其中 Δg_j 表示系统的变异，由下式近似得到

$$\Delta g_j = \sum_{j=1}^{k} \left| \frac{\partial g}{\partial x_j} \Delta x_j \right| + \sum_{j=1}^{l} \left| \frac{\partial g}{\partial z_j} \Delta z_j \right| \tag{49.3-40}$$

式中　Δx_j——可控因素的变异；

Δz_j——噪声因素的变异。

第 4 步是用 Pareto 进化算法来求解。

由前面提出的健壮性设计的分析中可以看到，以往的健壮设计均采用 S/N 比进行单目标优化，但一个目标值不足以表达统计量的特征，应同时用多个目标来实现。在实际应用中，往往会遇到工程约束的作用，这样最后的优化目标将是带约束条件的多目标优化设计问题，用传统的 Taguchi 方法是无法解决的。这里采用了能有效处理带约束多目标优化问题的 Pareto 遗传算法，利用矢量优化的概念，能得到全局最优点组合而成的 Pareto 最优解集，解集中的点包含了目标函数之间的各种权衡。算法包括 5 个基本算子：选择、变异、交叉、小生镜技术、Pareto 集合过滤器。该算法中设计了小生镜技术和 Pareto 集合过滤器，并建立了用于多目标优化的适应度函数，使用模糊罚函数法将带约束的多目标优化问题转换为无约束优化问题。为了求解具有混合变量的多目标优化问题，用离散变量圆整算子来处理混合变量，同时解决了如何在 Pareto 最优解集中加入决策者对各目标的重视程度来选择最满意点的问题。求解的结果是得到使系统具有健壮性的全局最优解。

2.3　基于进化的健壮性设计方法的说明

健壮性设计（robust design）是质量工程中一个重要的概念和方法。从这个概念出发，发展出一种基于健壮性的产品及过程的开发方法，以产品质量或过程的健壮性为研究目标，采用序列试验设计技术筛选出对产品或过程影响较大的因素作为深入研究的对象，用响应面法建立复杂产品或过程的输入参数及输出响应的快速分析模块，建立起以产品或系统的质量或健壮性为目标函数的数学模型，最后用多目标遗传算法优化得到产品或过程全局最优的健壮设计参数。该方法能得到产品或系统中可控因素或不可控因素产生变异时使系统响应健壮的最佳参数组合，适用于以质量为主要目标的产品或过程设计和产品的概念设计及初步设计阶段。

采用试验设计技术（DOE）和响应面方法（RSM）有如下优点：

1）试验设计技术可以通过试验或计算机仿真来研究不同设计参数的显著性。在设计复杂系统的初期，设计变量的数目往往相当大，此时有效地缩小研究的范围，将重点放在几个最关键的变量上是非常重要的。在试验设计的过程中可以实现这一目的。

2）用响应面方法可以建立起复杂系统的性能空间（响应）和决策空间（设计变量）的直接的映射关系，可以在一定程度上替代原复杂、耗时的分析模块，响应面模型可作为快速分析模块使用，这样更容易了解系统的输出和输入之间的关系。

3）响应面法的优点在于简单、直观，并可用回归分析或方差分析研究检验模型的显著性及模型中系数的显著性，是一种较好的方法。从理论上来说，神经网络近似方法是一种很有前途的方法，只是因为神经网络的输出和输入之间是矩阵的关系，中间包含很多权值矩阵和阈值矢量，不容易写成简单的表达式，对下一步的推导健壮性产品及过程设计问题的目标函数不利，故没有采用。实际上，由神经网络的特性可知，神经网络除了可以建立系统输入和输出之间的映射关系，而且可以建立输入矢量和某一性能参数对设计变量的（偏）导数的映射关系。利用这一特性可以建立质量特性值的隐式表达的目标函数，具有较高的精度。同时，由于神经网络是一种高度非线性的映射关系，它更适用于非线性程度较高的模型。这一方法将作为新的发展方向提出，为后期的工作打下基础。

基于健壮性的产品及过程设计方法作为一个系统方法提出，是一种较通用的方法，适合于各种不同的学科及专业。本方法将设计过程中复杂耗时的模块用简单有效的近似模型替代，并能够找到使系统性能最

健壮的全局最优点，其目的是在提高设计质量和计算效率的同时减少设计时间和设计费用。与传统的设计复杂工程系统的方法相比，有以下几个优点：

1）健壮性设计方法将质量因素贯穿于产品设计的全过程中，使产品性能受外部环境及加工过程中扰动影响小，在各种条件下都保持较稳定的性能（质量）。

2）基于健壮性的产品及过程开发方法使系统的响应能稳定在一个范围内而不受或少受设计变量的变异的影响，这样即使设计变量有较小的变化，系统的性能也基本不变。由此引申出健壮性设计方法的一个很大的优点，即特别适合于产品的设计过程。在成品的初期设计阶段，有大量的因素要考虑，它们对系统的影响程度是未知数，需要有效的方法来研究哪些因素对系统响应的影响较大，哪些因素对系统几乎没有影响，将影响大的因素作为关键因素来进一步研究，确定这些因素的合适范围，使得在详细设计阶段，即使对这些参数进行了较大的调整，也能保证成品性能的变化很小，节省了重新设计的时间和人力，使设计具有柔性。

3）使用基于健壮性的产品及过程开发方法设计出的产品，即使在制造或使用过程中受到内部或外部的干扰，使一些参数发生了改变，产品的整体性能仍能保持良好。在制造过程中，即使由于制造工艺或生产条件不合格导致产品的参数达不到精度要求，产品的性能仍能满足要求，这样就能用部分波动大、廉价的零部件、元器件来组装整机，只要参数搭配得合理，仍能使整机的性能十分稳定可靠，且产品成本低廉，最终使产品在市场上具有很强的竞争力。

4）联合使用仿真和优化方法，可以广泛地研究整个设计空间，逐步将研究范围缩小到最感兴趣的区域，重点集中到对系统影响最显著的少数变量，最后得到满足健壮性的全局最优解。需要注意的是，得到的健壮解可能并不是最优的，但健壮解能使设计变量发生变异时系统响应的变异不大，同时仍能满足所有的约束条件，使产品或过程不仅实现了优化，同时能达到最优的质量特性，这是相比于传统优化方法的先进之处。

5）与前面提出的利用灵敏度来实现健壮性的方法和 Taguchi 方法相比，本方法有较大的优越性。传统的基于灵敏度的健壮性设计方法是在每次迭代求得最优点后再进行灵敏度分析，此时的导数信息只能用向外插值的方法预测变量在很小的范围内变化造成影响，只适用于设计后期即详细设计阶段，此时大部分参数已经确定的主要研究对象是局部和小的设计区域。Taguchi 方法也只能设计出对参数的较小变异不敏感的系统。S/N 方法、三次设计方法都适合于在设计后期设计产品的参数及容差。健壮性开发方法，由

于引入了噪声因素作为设计变量，使设计空间进一步扩展。以上方法适合于设计初期的概念设计及初步设计阶段，用来在较大的设计空间中寻找使系统具有健壮性的设计变量。

3　结构智能优化设计——进化设计

结构优化设计理论已有近 40 年的发展历史，目前在一些重要的结构（如飞机结构）上已经得到一些应用。但是，造成结构优化设计的实际应用远远落后于理论研究这种现象还有一个很重要的原因，就是现有的优化方法都是以传统的数学模型作为优化模型的。例如，准则法（包括力学准则法和理性准则法）、数学规划法（例如线性规划、非线性规划）以及两者的结合（即所谓的混合法）等静态优化方法都是基于代数方程模型的；最优控制理论中的庞特里亚金极大值原理、动态规划等动态优化方法是基于微分方程或差分方程模型的。由于这些传统数学模型的描述能力和求解方法有相当大的局限性，使现有的最优化理论和方法在实际应用中受到了很大的限制，存在许多有待解决的难题。

（1）局部最优解问题

复杂的优化问题可能存在多个解，其中，有若干个局部最优解（局部极大值或极小值）和一个全局最优解（全局极大值或极小值）。传统的解析寻优法只能寻找局部极值而非全局的极限。

（2）维数灾难问题

虽然建立了各种可用的优化数学模型，但是，由于系统的复杂性，模型的维数高（设计变量数目和约束条件数目多），并且存在非线性等复杂因素，导致优化计算的工作量急剧上升，出现所谓的"组合爆炸"和"维数灾难"，造成求最优解的困难。

（3）不确定性问题

在结构的设计中存在大量的不确定性因素（包括随机性、模糊性和未确知性），传统的数学模型只能考虑确定性因素。

（4）人的因素

结构设计属于软科学范畴，我们知道，软科学所研究和处理的一切问题必须有人的参与，必须充分利用人类专家的经验来解决问题。传统的数学模型是不能考虑人这个因素的。

作为人工智能科学和认知科学领域的最新发展，计算智能（Computational Intelligence，CI）当前正日益受到重视。一般认为计算智能包含神经网络（Neural Network，NN）、模糊系统（Fuzzy System，FS）和进化计算（Evolutionary Computation，EC）三个主要方面。由于这些新的理论和技术可以有效地解决人工智能研究中所遇到的局部最优解和组合爆炸等困难，因此，计算智能一出现就立刻受到世界各国科技界、企业界和政府决策机构的高度重视，计算智能被认为是对 21 世纪的人类社会有重大影响的一项关键技术。

3.1　结构智能设计的概念

揭示思维的本质，制造具有智能的机器，是人类一直向往的目标。人工智能就是探索和模拟人的智能和思维过程的规律，并进而设计出类似人类某些智能的自动机的科学。近年来，随着人工智能应用领域的不断开拓，传统的基于符号处理机制的人工智能方法在知识表示、处理模式信息及解决组合爆炸等方面所碰到的问题已变得越来越突出，人工智能学科正面临一个关键的发展阶段。

基于上述原因，寻求一种适合于大规模并行并且具有某些智能特征（如自组织、自适应、自学习等）的算法已成为人工智能学科新的重要发展方向，计算智能正是在这样的背景下产生的。计算智能的范围非常广泛，主要包括模糊系统、神经网络、进化计算、混沌计算和元胞自动机等，而以前三种学科为典型代表。这些学科有一个共同的特点：都是模拟某一自然现象或过程而发展起来的，并且具有适于高度并行以及自组织、自适应、自学习等智能特征，通过仿生（imitating life）或拟物（simulating physics）以使问题得到解决。

大自然是我们解决各种问题时获得灵感的源泉。几百年来，将生物界所提供的答案应用于实际问题求解已被证明是一个成功的方法，并且已形成一个专门的科学分支——仿生学（Bionics），因而，仿生成为计算智能一个特别引人注目的方向。例如，模糊系统与人工神经网络具有一个共同的目标：模仿人的大脑运行机制，从某种意义上讲，人工神经网络试图模仿人脑的"硬件"，而模糊系统旨在模仿人脑的"软件"。进化计算则是模拟生物进化和遗传现象的一种智能计算方法。

1994 年在美国奥兰多召开的 IEEE 全球计算智能大会（IEEE World Congress on Computational Intelligence，WCCI）是首次集人工神经网络、模糊系统、进化计算这三个最引人注目的仿生技术于一堂的计算机科学会议，会议明确提出了计算智能的概念，从此，计算智能作为一个独立的学科正式宣布诞生。

目前，计算智能正在向各个学科渗透。计算智能的出现和发展将为结构优化设计的研究注入新的生机和活力，两者的结合必将产生结构优化设计的一个新的分支，我们称其为"结构智能设计"，这就是说，计算智能+结构优化设计=结构智能设计。

3.2　结构进化智能优化设计

仿生的核心是进化（evolution）。我们知道，自然界所提供的答案是经过漫长的自适应过程——进化过程而获得的结果。除了进化过程的最终结果，我们也可以利用这一过程本身去解决一些较为复杂的问题。这样，我们不必非常明确地描述问题的全部特征，只需要根据自然法则来产生新的更好解。进化计算（或演化计算）正是基于这种思想而发展起来的一种通用的问题求解方法。它采用简单的编码技术来表示各种复杂的结构，并通过对一组编码表示进行简单的遗传操作和优胜劣汰的自然选择来指导学习和确定搜索方向。由于它采用种群（即一组表示）的方式组织搜索，这使得它可以同时搜索解空间内的多个区域。因此，用种群组织搜索的方式使得进化算法特别适合大规模并行计算。在赋予进化计算自组织、自适应、自学习等智能特征的同时，优胜劣汰的自然选择和简单的遗传操作，使进化计算具有不受其搜索空间限制性条件（如可微、连续、单峰等）的约束及不需要其他辅助性信息（如导数）的特点。这些崭新的特点使得进化计算不仅能获得较高的效率，而且具有简单、易于操作和通用的特性，而这些特性正是进化计算越来越受到人们重视的主要原因之一。

研究"结构进化智能优化设计"，就是把结构优化的数学模型转化为人工进化模型，通过进化算法来寻找最优解，从而达到优化的目的。因此，结构进化智能优化设计包括以下五个方面的研究内容：

1）基于遗传算法的结构进化智能优化设计。
2）基于遗传规划的结构进化智能优化设计。
3）基于进化策略的结构进化智能优化设计。
4）基于进化规划的结构进化智能优化设计。
5）基于模拟退火算法的结构进化智能优化设计。

3.3　基于进化的桁架结构相位设计

GA 算法由基因作为离散变量，对于组合最优化问题是有效的方法。在这里，列举结构设计组合问题的典型算例——确定桁架结构相位的问题，以说明 GA 的应用。

（1）5 节点桁架结构

以图 49.3-33a 的 5 节点平面桁架结构为例，对桁架结构的相位问题和 GA 的编码进行说明。相对于此基于结构的各杆件，定义其二进制编码：杆件存在时用 1，不存在时用 0。因为此结构可能存在的杆件数为 9，所以所有可能组合用 9 位二进制字符串编码。图 49.3-33b 表示了其对应编码的一例。

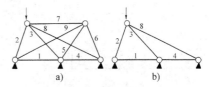

图 49.3-33　5 节点平面桁架结构和其编码
a）基本结构，染色体编码：［111111111］
b）选择结构，染色体编码：［111100010］

相对于以上定义的桁架结构相位的问题的染色体进行适应度评价，即求解桁架结构相位在应力、位移约束条件下的最小重量问题。桁架结构的重量为 f，约束条件为 $g_i \leqslant 0$，则其目标函数用式（49.3-41）定义。

$$F_j = \frac{1}{\phi_j} \text{或} \quad F_j = a\phi_j + b \qquad (49.3\text{-}41)$$

式中　j——代表个体。

$$\phi_j = f_j + r\sum_{i=1}^{N} \max(g_{ij}, 0)$$

$$a = \frac{\phi_{\text{avg}}(c - 1)}{\phi_{\text{avg}} - \phi_{\min}}$$

$$b = \frac{\phi_{\text{avg}}(c\phi_{\text{avg}} - \phi_{\min})}{(\phi_{\text{avg}} - \phi_{\min})}$$

其中，ϕ_{avg}、$\phi_{\min}$ 表示所有个体 ϕ_j 的平均值和最小值；c 是系数；a、b 为变换函数，其目的是为了缓和初期生物集团中各个体适应值的急剧变化。

适应值需要通过结构解析获得。用 FEM（有限元法）对个体构成的结构进行解析。如果出现特异刚性矩阵的情况，其适应值为 0；如果产生具有某些杆件轴向力为 0 的结构，则对其结构的个体编码进行修正。其计算流程如图 49.3-34 所示。

（2）9 节点桁架结构

使用以上的编码法和计算方法，再来讨论图 49.3-35 所示的 9 节点桁架结构的相位求解问题。载荷节点（节点 8）有以下的位移约束条件

$$u_8 \leqslant u_0 = 0.015\text{mm} \qquad (49.3\text{-}42)$$

杆件的弹性模量为 $2.06 \times 10^7 \text{Pa}$（21000kgf/$\text{mm}^2$）；所有杆件的截面积相同。由此，计算 f、ϕ、F。GA 计算的约束条件为满足以下三个约束条件之一即可。

1）集团高位个体的 20% 为同一染色体时。
2）进行 5 世代进化仿真，并未出现好解时。
3）进化仿真超过 100 世代时。

图 49.3-36 所示是以个体数 $N = 70$，淘汰比例 $P_r = 50\%$，交叉率 $P_c = 50\%$，突然变异率 $P_m = 1\%$ 计算所得的结果。最优解为 No.1，可选次优解为 No.1~

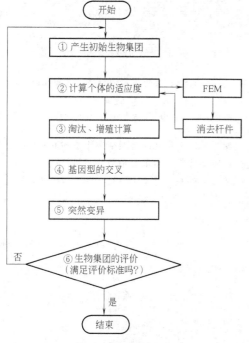

图 49.3-34　计算流程

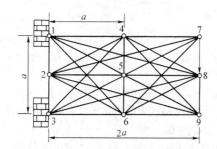

图 49.3-35　9 节点桁架和其基本结构

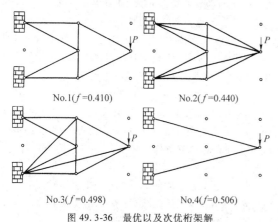

No.1(f=0.410)　　　No.2(f=0.440)

No.3(f=0.498)　　　No.4(f=0.506)

图 49.3-36　最优以及次优桁架解

No.4。这里所讲的次优，是其评价值为最优解的 80%以上的意思。如此，GA 解法的一大优点是，即使得不到最优解，也可得到许多次优解。

3.4　基于进化的结构非线性强制振动解法

（1）问题的提出

在各种机械约束条件下，用数学规划法求解非线性问题的解已被广泛应用。但是，问题的目标函数存在多峰性时，其搜索得到的常常不是最大值（或最小值），即存在陷入局部最优解的缺点。再者，相对于非线性振动系统，在同一激振外力和激振频率下，常常存在着复数解（非线性方程的初始条件依存性问题）。因此，在数学解法以及复数解之间的关系不明确的情况下，要同时求出这复数解，给最优计算模型的构筑带来较大的困难。另外，即使作为工程问题的近似解来考虑，因为数学规划法的搜索过程不仅过分依赖于搜索初始值，而且需要目标函数和约束函数的可微性条件，使得问题变得复杂或难以解决。相对于这类问题，因为遗传算法是以复数个初始值开始，仅用集团体搜索点的目标值评价进行搜索，所以有可能求得其近似最优解。这里以 1 自由度 Duffing 型非线性方程共振域复数解的求解为例，介绍 GA 适用于此类问题的解法。同时，探讨解的设定、问题的模型化、适应函数的定义和算法等问题，并用数值计算的结果检验解法的有效性。

（2）Duffing 非线性方程

作为解析模型，考虑在大振幅强制振动下的两端固定的梁。梁两端被固定，由梁的挠度在梁内产生张力；大振幅时，会出现 3 阶硬化型非线性刚度。这样的非线性强制振动系统难以得到其严密的数学解，只能使用数值积分的方法求出其数值解。把式（49.3-43）

$$m\ddot{x}+c\dot{x}+k(x+bx^3)=P\cos\omega t \qquad (49.3\text{-}43)$$

中各系数设定为：$m=2.56$，$c=0.32$，$k=1.0$，$b=0.05$，$P=2.5$。

设定其主共振域解为

$$x=A\cos(\omega t-y) \qquad (49.3\text{-}44)$$

把式（49.3-44）代入式（49.3-43），略去 $\cos\omega t$ 项的影响，可得到图 49.3-37 的近似频响曲线。相对于共振域 $\eta=\omega/\omega_n$（ω_n 为线性固有振动圆频率），存在 3 个解。其中 b 是不稳定解，用通常的时间积分难以求得，只可能得到 a 和 c 两个稳定解。在此，共振域的频率比 $\eta=1.6$，在特定的初始条件

$$(x_{a0}, \dot{x}_{a0})=(10.0, 0.0)$$

$$(x_{b0}, \dot{x}_{b0})=(11.0, 0.0)$$

下，分别用 RKG 法积分，可得到图 49.3-38 的时间响应曲线 a 和 c。可以看出，其 a 和 c 稳定解由于初始条件的不同，其在图 49.3-37 频响曲线上的振幅和相位也不同。这样的具有 3 阶正刚性的 Duffing 系统的共振，其频响曲线向右弯曲。定性地归纳其特性如下：

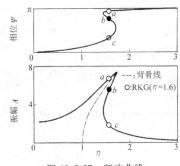

图 49.3-37　频响曲线

1）相对于激振频率存在复数解的频率范围。

2）大振幅振动 a 和小振幅振动 c 的周期与激振周期相同。

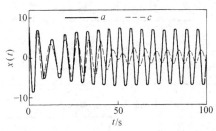

图 49.3-38　不同初始条件下的时间响应（$\eta=1.6$）

3）3 个解中，位于 a 和 c 的中间的解 b 是不稳定解。稳定解 a 在上侧，c 在下侧。

（3）最优化问题的模型

这样的非线性问题的解析不存在一般性的方法。这里，利用最优化方法进行近似解析。根据以上的分析和图 49.3-37 所示 Duffing 系统的主共振特性，使用已知的信息，探讨同时求解复数解（稳定解）的最优化模型。设定式（49.3-45）

$$x_i = u_i\cos\omega t + v_i\sin\omega t + p_i\cos 3\omega t +$$
$$q_i\sin 3\omega t \quad (i=1,2;t>t_0) \quad (49.3\text{-}45)$$

为问题的解，其稳定主共振谐波解的振幅 A_i 和相位 Ψ_i 用下式表示：

$$A_i = \sqrt{u_i^2 + v_i^2} \quad (49.3\text{-}46)$$

$$\Psi_i = \arctan(v_i/u_i) \quad (49.3\text{-}47)$$

两个解中按振幅大小顺序，把其振幅和相位定义为 A_a 和 Ψ_a、A_c 和 Ψ_c。两个解必须在满足式（49.3-43）的微分方程前提下，构筑最优化模型。

设计变量：

$$X = \{u_1,v_1,p_1,q_1,u_2,v_2,p_2,q_2\}^T \quad (49.3\text{-}48)$$

目标函数：

$$J = m_1 J_1 + m_2 J_2 \quad (49.3\text{-}49)$$

式中

$$J_i = \sqrt{\dfrac{\sum\left[mx_{ij}+cx_{ij}+k\left(x_{ij}+bx_{ij}^3\right)-F_j\right]^2}{(m-k)}}$$

$$x_{ij} = u_i\cos\omega t + v_i\sin\omega t + p_i\cos 3\omega t + q_i\sin 3\omega t$$

$$F_j = P\cos\omega t_j, t_j = j\Delta t$$

$$i=1,2; k=t_0/\Delta t, t_0 = 2N\pi/\omega_n$$

t_0 为目标函数开始计算的时刻。

约束条件：服从于前面所述的复数解的振幅和相位特征，列出以下条件：

1）关于振幅的不等式关系

$$g_{11} = \sqrt{4(\eta^2-1/3)}\,/\beta - A_a < 0 \quad (49.3\text{-}50)$$

$$g_{12} = A_c - A_a < 0 \quad (49.3\text{-}51)$$

2）关于相位的不等式关系

$$g_{21} = \Psi_a - (\pi/2) - \Psi_c < 0 \quad (49.3\text{-}52)$$

$$g_{22} = \Psi_a - (\pi/2) < 0 \quad (49.3\text{-}53)$$

（4）GA 算法的适应度和流程

在这里，把 GA 用于前面所述的具有复杂解空间的复数解求解问题。以上的最优化问题具有以下特点：把复数解作为最优化问题的设计变量；把不确切的信息作为不等式约束条件。

1）适应度函数。同时求解复数个 Duffing 型非线性强制解的问题，在上一节中给出了其模型。为了把此最优化问题变换成适用于 GA 的离散化最优组合问题，最终需要变换成关于适应度函数的最优化问题，这里变换成无约束最优化问题，把外点惩罚函数作为适应度函数。

$$f(X) = J + g\left[\max(g_{j1})+\max(g_{j2})\right] \quad (49.3\text{-}54)$$

2）计算流程。使用适应度函数和图 49.3-39 所示的流程探索最优解。以下将使用的流程作一简单的说明。

① 二值化（birth of strings）。把连续最优化问题的设计变量用二进制数表示成离散变量。

② 增殖（reproduction）。淘汰使用了轮盘赌选择+优良保存战略。一般来说，轮盘赌淘汰选择从计算效率和内存容量等方面考虑，因个体集团不可能设定太大，所以某个体基因在集团中是被选择或被淘汰完全取决于淘汰压的概率波动。总之，作为最优化计算的流程，即使好不容易地出现了高评价的染色体，其遗传信息仍存在从集团中消失的可能性。因此，在增殖处理中，用同适应度成比例的概率对各个体的子孙进行淘汰处理后，把现在集团中适应度最高的个体作为下世代个体无条件地予以保存，此即优良保存战略。

③ 交叉（crossover）。用 1 点交叉法进行处理。

④ 突然变异（mutation）。对应于所运用的战略和强非线性问题，为了维持遗传的多样性，突然变异的概率要适当地设定得大些。

⑤ 探索空间的缩小（zooming）。GA 法是在离散化设计空间探索。因此，它具有即使探索到解的附

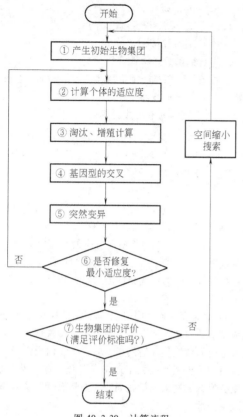

图 49.3-39　计算流程

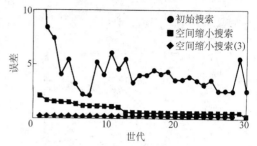

图 49.3-41　GA 的搜索过程中的误差

本例题把 GA 应用于同时求解 Duffing 型非线性振动共振谐波的复数解问题，讨论了问题的模型、GA 的适应度函数和具体的算法。通过计算实例，说明了求解非线性振动解的 GA 解法。

表 49.3-2　计算参数

个体数(N)	100
染色体长度	8
交叉率(P_c)	40%
突然变异率(P_m)	0.10%

表 49.3-3　计算结果

X	η		
	1.5	1.6	1.7
u_1	-2.3668	-1.7324	-1.3875
v_1	0.7206	0.3294	0.1941
p_1	-0.0128	-0.0019	-0.0137
q_1	0.0108	0.0039	0.0137
u_2	3.0118	2.9961	1.4275
v_2	5.1702	5.9646	7.0513
p_2	-0.1735	-0.2000	-0.1549
q_2	0.0422	-0.0353	-0.2137

近，也很难得到比较精确的最优解的缺点。这里，使用在经过若干世代探索求得的最小解仍没有变化的情况下，以最小解为中心缩小探索空间再进行探索的方法，以提高探索精度。

⑥ 计算结果。GA 的计算参数见表 49.3-2。所求得的解用表 49.3-3 表示，其主谐振解用图 49.3-40 表示。相对于世代进化过程，GA 探索的适应度函数最小值变化用图 49.3-41 表示。考察图 49.3-40 可以看出，用 GA 所求的解同近似频响曲线的解比较，具有相当好的精度。

3.5　基于进化的圆抛物面天线健壮结构设计

这里，利用健壮性产品或过程开发方法对一 10m 圆抛物面天线进行健壮性设计，使天线的性能具有健壮性的设计变量及性能参数值。同时进行多目标优化设计，并将它们的设计结果进行比较。

3.5.1　圆抛物面天线结构设计的要求和特点

在航空航天、卫星通信、雷达技术及射电天文中广泛使用着圆抛物面天线。一般采用的是典型的前馈式反射面天线，其结构为：铺设在背架上的反射面接收来自空间的电磁波，反射会聚到馈源；若是发射，则与之相反。为了对准和跟踪目标，伺服机械带动小齿轮驱动俯仰大齿轮，使天线绕俯仰轴转动以改变仰角 α，座架在圆形轨道上转动以改变方位。天线结构一般指可俯仰转动的部分，它常常被简化为桁架结

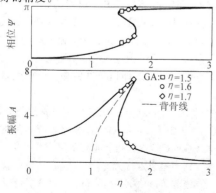

图 49.3-40　GA 的计算结果

构。一般天线结构的载荷主要是自重、风力、温度、冰雪和冲击振动。对大型高精度天线，由于有天线罩和较好的工作环境，其载荷主要是自重。天线在近些年的研究中获得了广泛的重视，是因为天线是一种高精度的结构（图49.3-42所示的10m圆抛物面天线）。其设计要求如下：

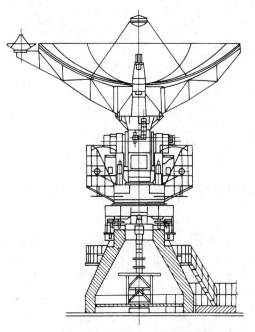

图 49.3-42　10m 圆抛物面天线整体结构图

（1）天线反射面的精度

天线结构与一般结构不同，有其特殊的要求。天线反射面的变形误差会影响到电性能。严格地说，反射面误差对电性能的影响应当按照电磁场理论，把反射面作为电磁场的边界条件来处理。但实际设计中采用近似的几何光学原理和以统计规律为基础的鲁兹（Ruze）公式来估算这种影响仍有一定的参考价值；由于表面误差引起了电磁波的光程差，使口面上不是等相位面，而造成天线增益的下降等影响。这种影响可用鲁兹公式来估算

$$\eta_s = \frac{G}{G_0} = e^{-(4\pi\delta/\lambda)^2} \qquad (49.3\text{-}55)$$

式中　η_s——增益下降系数（天线表面效率）；

　　　G_0——无表面误差时的增益；

　　　G——有表面误差时的增益；

　　　δ——表面各点半光程差的均方差值（RMS）；

　　　λ——波长。

由式（49.3-55）可见，随着表面误差的增大，天线增益急剧下降，当 $\delta = \lambda/30$ 时，$\eta_s = 83.9\%$；而当 $\delta = \lambda/16$ 时，$\eta_s = 54.1\%$，后者意味着误差为

$\delta = \lambda/16$ 时，天线口面只能相当于无误差天线的一半面积，因此，这是最低极限。工作在米波、厘米波及毫米波的天线，根据工程要求，其精度指标往往取为 $\lambda/16 \sim \lambda/60$。由此可见，与一般结构相比，天线结构的精度要求是非常高的。

（2）天线结构的自重变形要求

对于工作波长较短、表面精度要求较高的天线，其变形必须有严格的要求，这就决定了对天线结构的要求不同于一般的结构。它首先要求满足精度、刚度要求，强度条件则往往不成问题。例如，德国的某直径为 28.5m 的天线，在风力 55.6m/s、3cm 冰厚及自重等载荷作用下，最大应力约为 0.03MPa，远小于许用应力。

科学技术的发展需要工作于厘米波、毫米波段的增益很高的天线，也就是说，要求天线尺寸尽可能大，精度又很高，这就出现了天线结构精度与自重变形的尖锐矛盾。大型高精度反射面天线由于要求刚度好，所以自重较大，自重载荷成了大型精密天线的主要载荷。

（3）最佳吻合抛物面与保型要求

影响天线电性能的并非表面点位移的绝对数值，而是反射表面自身的相对变形。1967 年，冯·霍纳（Von. Hoerner）提出了保型设计的思想。他设想：如能设计出一种天线结构，变形后反射表面相对最佳吻合抛物面的误差为零，这就是保型设计。也就是说，天线变形后，反射表面仍然是同族的反射曲面——抛物面。当天线从一仰角转到另一仰角时，反射面由一抛物面变成另一抛物面，这就是"保型变形"。要使天线在任何仰角上反射面都是抛物面，只要使天线在仰天与指平两位置变形后仍为理想抛物面即可，这是因为在任意仰角位置上的天线，在自重作用下的变形，可以表示为天线在仰天和指平两位置自重变形的线性组合。

严格的保型设计并非易事。由于理论上严格保型设计比较困难，工程上由于制造、安装及其他困难，严格保型也难以达到，所以目前的天线保型设计大多数是近似保型设计，即对天线结构进行优化设计，使天线反射面变形后，相对其最佳吻合面半光程差的均方根减小到工程设计提出的指标范围内。

（4）天线结构优化设计的特点

对天线结构优化设计的要求主要是：表面精度高，结构质量小，转动惯量小，在各种环境载荷下不破坏，谐振频率高，容易加工安装，造价低廉。不同的天线类型对以上要求侧重不同，优化设计提法也不同。天线结构优化设计不同于一般结构优化设计的特点是：

1）刚度大，精度要求高，这是天线优化设计的主要矛盾。

2）自重载荷是结构的主要载荷，优化中设计变

量变化引起的自重载荷变化的导数不容忽略。

3）结构为高次静不定的大型结构。

4）与一般结构个别点位移约束相应的是反射面所有点的半光程差均方根值精度约束或目标函数。

5）工程设计要求决定了优化设计的目标多、约束多。各目标与约束之间没有明确的区别，即目标函数和约束条件可以相互转化，要根据具体工程要求和优化中结构设计方案的实际状态确定目标函数和约束条件的选取。

3.5.2 天线反射面精度计算

天线反射面的精度严重地影响着天线的电性能。式（49.3-55）表明，与天线增益有直接关系的是表面各点半光程差的均方根值。本节将推出圆抛物面天线结构变形后表面点相对原设计抛物面以及最佳吻合抛物面半光程差的计算公式，并给出最佳吻合抛物面吻合参数的求法。

（1）光程差

根据抛物面的性质，位于焦点 F 的馈源向抛物面发出的电磁波，经反射后成为平行于轴线 FO 的射线，且各条射线到达垂直于轴线的平面的路程相等，即 $FA+AA'=FB+BB'$（见图 49.3-43）。

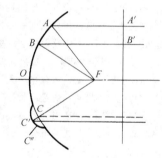

图 49.3-43 抛物面的光程差

（2）表面点位移引起的对原设计面的半光程差

设 $OXYZ$ 为原设计抛物面的坐标系，原点 O 为抛物面顶点，OZ 为抛物面焦轴，f 为焦距，x、y、z 为表面点的坐标，它们满足如下设计抛物面方程

$$x^2+y^2=4fz \qquad (49.3-56)$$

下面推导表面点各向位移 u、v、w 引起的半光程差（见图 49.3-44）。

1）轴向位移引起的半光程差。如图 49.3-44 所示，如果表面点 A 由于轴向位移 w 移至 B 点，则从焦点 F 到口面的光程长度从 $FA+AD=2f$ 变为 $FB+BD$，注意到 w 是小变形量，如取 $FC=FB$，必有 $BC\perp AF$，于是两光程之差为

$$N=(FA+AD)-(FB+BD)=AB+AC$$
$$=w(1+AC/AB)=w(1+AD/AF)$$

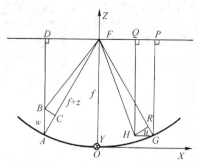

图 49.3-44 各向位移的半光程差

而

$$AF=\sqrt{(f-z)^2+x^2+y^2}$$
$$=\sqrt{(f-z)^2+4f^2}=f+z$$

于是

$$\Delta'=w\left(1+\frac{f-z}{f+z}\right)=w\frac{2f}{f+z}$$

以光程增加为正，则位移 w 引起的半光程差为

$$\Delta_1=-\frac{fw}{f+z} \qquad (49.3-57a)$$

2）位移 u、v 引起的半光程差。如图 49.3-44 所示，如果表面点 G 由于 z 向位移 u 移至 H 点，则从焦点 F 到口面的光程长度从 $FG+GP$ 变为 $FH+HQ$，注意到 u 是小变形量，如取 $FR=FH$，必有 $HR\perp FG$，于是，两光程之差为

$$\Delta''=(FG+GP)-(FH+HQ)=GR$$
$$=u\cdot GR/HG=u\cdot FP/FG=ux/(f+z) \quad (49.3-57b)$$

同理，可得位移 v 的光程差为

$$uy/(f+z)$$

于是由位移 u、v 引起的半光程差为

$$\Delta_2=\frac{xu+yv}{2(f+z)} \qquad (49.3-58)$$

3）全部半光程差。表面点各向位移 u、v、w 引起的全部半光程差为

$$\Delta=\Delta_1+\Delta_2=\frac{xu+yv-2fw}{2(f+z)} \qquad (49.3-59)$$

3.5.3 最佳吻合抛物面各点对原设计面相应点的半光程差

（1）最佳吻合抛物面及其吻合参数

对于圆抛物面天线，设原设计面为 A，变形后的反射曲面为 B。对于 B，总可以找到一个最佳吻合抛物面 BFP（见图 49.3-45）。在原设计面的坐标系 $OXYZ$ 中，设 BFP 对 A 的顶点位移为 u_A、v_A、w_A，按右手螺旋定向的轴线转角为 φ_x、φ_y，焦距 f 的增量为 h，BFP 具有其相应的坐标系 $O_1X_1Y_1Z_1$。

（2）最佳吻合抛物面各点对原设计面相应点的

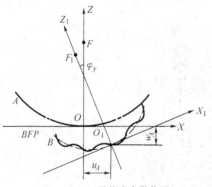

图 49.3-45　最佳吻合抛物面

位移

考虑到反射面变形位移及其吻合参数均为微量，可以忽略其二阶微量，由图 49.3-46 可求得最佳吻合抛物面上各点对原设计面相应点的位移为

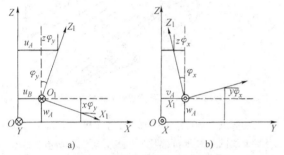

图 49.3-46　最佳吻合抛物面各点的位移

$$\begin{cases} u' = u_A + z\varphi_y \\ v' = v_A - z\varphi_z \\ w' = w_A - x\varphi_y + y\varphi_z - hz/f \end{cases} \quad (49.3\text{-}60)$$

其中，$-hz/f$ 项是由焦距增量引起的。这是因为，由 $x^2 + y^2 = 4fz$ 可得 $z = (x^2 + y^2)/(4f)$，由焦距增量 h 引起的 z 向位移可表示为如下微分形式（见图 49.3-47）

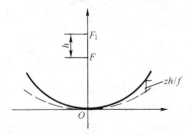

图 49.3-47　焦距增量引起的位移

$$dz = \frac{dz}{df}h = \frac{x^2 + y^2}{4}\left(\frac{-1}{f^2}\right)h = \frac{-4fzh}{4f^2} = -\frac{zh}{f}$$

（3）最佳吻合抛物面对原设计面相应点的半光程差

将式（49.3-60）代入式（49.3-59），即可得最

佳吻合抛物面对原设计面相应点的半光程差为

$$\begin{aligned} \Delta &= (xu' + yv' - 2fw')/2(f+z) \\ &= \frac{1}{2(f+z)}\big[xu_A + yv_A \\ &\quad -2fw_A - 2hz - y(z+2f)\varphi_x \\ &\quad + x(z+2f)\varphi_y \big] \end{aligned} \quad (49.3\text{-}61)$$

（4）表面点位移对最佳吻合抛物面的半光程差

从表面点位移对原设计的半光程中，减去最佳吻合抛物面相应点对原设计面的半光程差，就是表面点 i 对最佳吻合抛物面的半光程差，即以式（49.3-59）减式（49.3-61），可得

$$\begin{aligned} \delta_i &= \frac{1}{2(f+z_i)}\big[x_i(u_i - u_A) + y_i(v_i - v_A) \\ &\quad -2f(w_i - w_A) - 2hz_i + y_i(z_i + 2f)\varphi_x \\ &\quad -x_i(z_i + 2f)\varphi_y \big] \end{aligned} \quad (49.3\text{-}62)$$

（5）表面点位移对最佳吻合抛物面的加权半光程差均方根

引入各表面点的加权因子

$$\rho_i = (n_0 q_i a_i) \Big/ \sum_{j=1}^{n_0}(q_i a_j) \quad (49.3\text{-}63)$$

其中，a_i 为表面点 i 影响的反射面积；q_i 为照度因子；n_0 为表面节点总数，有

$$q_i = 1 - Cr_i^2/R_0^2 \quad (49.3\text{-}64)$$

其中，r_i 为表面点 i 到焦距的距离；R_0 为口面半径；C 为由焦径比 f/R_0 决定的常数。

于是，可得表面所有节点位移引起的对最佳吻合抛物面的加权半光程差均方根值，为

$$\delta = \left(\sum_{i=1}^{n_0}\frac{\rho_i \delta_i^2}{n_0}\right)^{\frac{1}{2}} \quad (49.3\text{-}65)$$

这就是直接影响天线电性能的反射面精度指标。为了研究方便，这里以加权因子相同处理。

3.5.4　10m 圆抛物面天线健壮设计模型

（1）10m 圆抛物面天线的结构型式、特点

10m 圆抛物面天线，其直径 $D = 10000$mm，焦距 $f = 3000$mm。采用卡塞格伦抛物面，方程为

$$y = \frac{x^2 + z^2}{4f} \quad (49.3\text{-}66)$$

随着天线探测目标飞行速度的加快，要求雷达天线能在极短的时间内精确地测出目标的方位、仰角和斜度。研究的天线反射体结构型式为典型的辐射状桁架结构的主力骨架。在结构设计中需要考虑的是：

1）中心结构的型式。

2）辐射梁数与环数。

3）梁高。

4）梁的腹杆布置。

5）对角斜杆。

6）反射面板。

大型天线的面板一般都是分块的。从安装方便这一点来考虑，希望分块面板的尺寸大而块数少。但是从保证面板制造精度、减少热变形来考虑分块面板的尺寸应该小些。反射体主力骨架制造不易准确，因此反射面板安装不能以主力骨架为基准，而是用调节螺杆将反射面板连接到主力骨架上，反射面板与骨架间的距离可以调节。通过螺杆的调整使反射面板精确地定位。对高精度的反射面板，为增加刚度而又使重量轻，常采用铝型材与铝板铆接在一起组成加强肋结构。在设计时，径向加强肋可以多些，环向加强肋尽量少些，因为环向加强肋加工困难。本天线的面板采用 2mm 铝板。

（2）根据设计要求建立的力学模型及数学模型

设计功能参数为：

① 要求 $G \leqslant 4t$。

② 变形后天线表面各节点位移的均方根值 $\leqslant 0.7$mm。

③ 8 级风 60°仰角时正常跟踪，12 级风朝天时不受损坏。

④ 要求机械谐振频率在 12Hz 以上。

根据设计要求，建立了天线体的有限元模型。整个天线体的有限元模型如图 49.3-48 所示。模型的详细情况：

1）模型共有 648 个节点，分为 3 种单元：杆单元，梁单元，板壳单元。杆单元数量为 168 个，梁单元数量为 763 个，板壳单元数量为 206 个。天线的面板由 12 块厚度为 2mm 的铝板组成，互相之间没有连接，只连接在骨架定位。另外为了增加刚度，在天线背面有若干铝制加强肋，分为径向加强肋和环向加强肋，每隔 7.5°有一条径向的加强肋。边框的加强肋采用槽铝，中间采用 Z 形铝，这样便于铆接。在辐射梁和支承梁之间有相应数量的连杆固定，连杆及对角斜杆采用杆单元。杆单元有三组截面形式，梁单元有16 组截面形式。

2）设计变量。建立圆抛物面天线的数学模型时，以图 49.3-49 中主梁标号（1）~（10）的起主要承载作用的 10 根梁的截面特性作为设计变量，因这 10 根梁可能对整个天线体的性能有较大的影响，而且在天线体中共有 12 组这样的辐射梁，如果能尽量减少这些梁的重量而又使整个天线体的精度仍足够，同时仍能满足其他各种性能的要求，如基频、强度、刚度的要求，那么对天线的设计和制造来说，其成本将会有

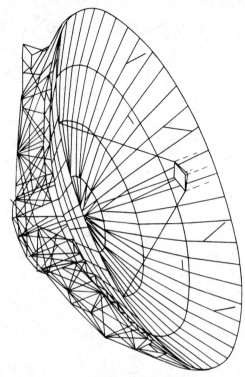

图 49.3-48　10m 圆抛物面天线反射体模型

很大的降低；同时，进一步考虑到健壮性的要求，使得当天线的主要承载部件发生变异时，其所有性能仍能在一定范围内保持不变，那将会带来三个方面的好处：

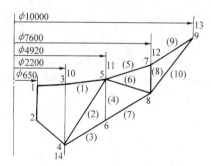

图 49.3-49　主梁的腹杆布置

① 一是在初始设计阶段给关键设计变量一个较大的调整范围而同时保持天线性能，在详细设计阶段，允许对某些变量做较大的改变来适应设计的需要，具有可调整性（modifiable），同时又无须重新对整个结构做出调整和验算，使设计具有柔性（flexibility）。

② 另一个好处是在制造过程中允许更大范围的制造误差而仍不算次品，这样提高了成品率，即提高了生产率（productivity）。

③ 还有一个好处是在使用过程中即使由于内部条件（如部件老化等）及外部条件（如环境温度等）的影响使承载部件发生改变，但仍使得整体的性能不变或仅有很小的变化，使成品的质量得以保证，具有健壮性（robustness）。

3）建立多目标优化模型（MOP）。以天线的重量 G 和天线反射表面的精度 δ 作为设计目标，以天线体的基频 f_0 和强度、刚度作为约束条件，建立如下的多目标优化模型：

$$\min f(1) = G$$
$$\min f(2) = \delta \qquad (49.3\text{-}67)$$
$$\text{s. t.} \quad g(1) = 12/f_0 - 1 \leq 0$$
$$g(2) = \sigma_{max}/\sigma_0 - 1 \leq 0$$
$$g(3) = f(1)/0.7 - 1 \leq 0$$

4）加入健壮性设计。在建立的多目标优化模型的基础上，将加入健壮性的考虑，即将质量加入到设计过程中，形成一个新的健壮性设计的数学模型。对天线体的健壮性设计仅考虑可控因素的变异造成系统性能变异的情况，即第二类健壮性设计。

3.5.5　10m 圆抛物面天线体结构的健壮性设计过程

第 1 步，确定设计变量的个数，取值范围。

从上面的分析来看，这里初步以图 49.3-49 中主梁标号（1）～（10）的起主要承载作用的 10 根梁的截面特性作为设计变量。10 根梁的截面特性为：

梁（1）、（2）、（5）、（9）、（10）取为 $\phi50$mm，厚度为 2～4mm，3mm 厚度时取为 0 水平，2mm 和 4mm 时分别取为 -1 和 1 水平；

梁（4）、（6）、（8）取为 $\phi40$mm，厚度为 1～3mm，2mm 厚度时取为 0 水平，1mm 和 3mm 时分别取为 -1 和 1 水平；

梁（3）、（7）取为 $\phi65$mm，厚度为 3～5mm，4mm 厚度时取为 0 水平，3mm 和 5mm 时分别取为 -1 和 1 水平；

冷拔无缝钢管的标准尺寸见表 49.3-4。

表 49.3-4　冷拔无缝钢管的标准尺寸

（mm）

钢管外径	可选壁厚
$\phi40$	1.0　1.2　1.4　1.5　1.6　1.8　2.0　2.2　2.5　2.8　3.0
$\phi50$	2.0　2.2　2.5　2.8　3.0　3.2　3.5　4.0
$\phi65$	3.0　3.2　3.5　4.0　4.5　5.0

这样，10 根梁按三水平取值的范围见表 49.3-5。

第 2 步，研究单个因素对系统性能的影响程度。

本步的目的为研究在其他因素值固定的情况下，某一因素的水平变化时，对系统性能的影响，从而确定单个因素对系统的贡献。方法为选某一因素，其水平在 -1、0、1 三种状态而其他因素固定在 0 水平时系统响应的变化。系统响应有 4 个，即天线体的重量 G，天线反射表面的精度 δ，天线体的基频 f_0，以及在承载时天线体中的最大应力状况 σ_{max}。

表 49.3-5　10 根梁的三水平取值范围

（mm）

梁号	水平		
	-1	0	1
1	$\phi50\times2$	$\phi50\times3$	$\phi50\times4$
2	$\phi50\times2$	$\phi50\times3$	$\phi50\times4$
3	$\phi65\times3$	$\phi65\times4$	$\phi65\times5$
4	$\phi40\times1$	$\phi40\times2$	$\phi40\times3$
5	$\phi50\times2$	$\phi50\times3$	$\phi50\times4$
6	$\phi40\times1$	$\phi40\times2$	$\phi40\times3$
7	$\phi65\times3$	$\phi65\times4$	$\phi65\times5$
8	$\phi40\times1$	$\phi40\times2$	$\phi40\times3$
9	$\phi50\times2$	$\phi50\times3$	$\phi50\times4$
10	$\phi50\times2$	$\phi50\times3$	$\phi50\times4$

经过计算后得到 10 组数据，用图形的方式显示出来。图中横坐标为某一因素的三个水平，纵坐标为正规化后的系统响应，分别为

$$G' = G/G_{max} \qquad (49.3\text{-}68)$$
$$\delta' = \delta/\delta_{max} \qquad (49.3\text{-}69)$$
$$f_0' = f_0/f_{0max} \qquad (49.3\text{-}70)$$
$$\sigma_{max}' = \sigma_{max}/\sigma_{max0} \qquad (49.3\text{-}71)$$

以上四式中 G_{max} 为允许最大重量 4t；δ_{max} 为允许最大天线反射表面的误差 0.7mm；f_{0max} 为 10 个设计变量都取 1 水平时的基频 40.347Hz；σ_{max0} 为钢材的屈服点值 235MPa。因得到的最大应力值均在 50MPa 左右，离屈服点值太远，偏于安全，在图中不表示出来。

图 49.3-50～图 49.3-63 是为了研究每一个响应在系统各因素的水平发生变化时对响应的影响程度，以便比较每个因素对系统响应的贡献。

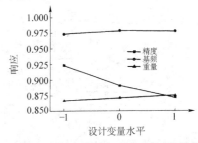

图 49.3-50　设计变量（1）变化引起响应的变化

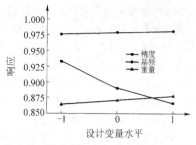

图 49.3-51 设计变量（2）变化引起响应的变化

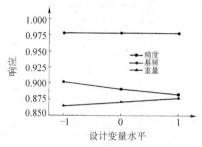

图 49.3-52 设计变量（3）变化引起响应的变化

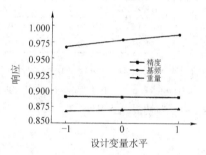

图 49.3-53 设计变量（4）变化引起响应的变化

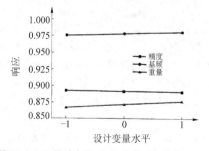

图 49.3-54 设计变量（5）变化引起响应的变化

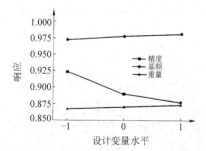

图 49.3-55 设计变量（6）变化引起响应的变化

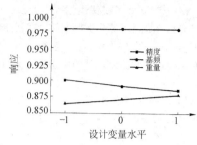

图 49.3-56 设计变量（7）变化引起响应的变化

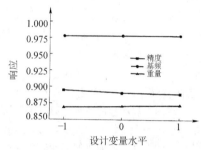

图 49.3-57 设计变量（8）变化引起响应的变化

从图中可以看出：

1）上面计算的各种情况下，最大应力都出现在钢制主力结构上，铝制部件由于不起主要的承载作用，应力很小；并且计算得到的最大应力远远小于屈服点。由此可知，在本天线的设计中，强度约束不是起作用约束。

2）因素（1）~因素（8）的基本规律都是当因素的水平增加时，天线体的重量增加，基频也增加，同时天线反射表面点位移对最佳吻合抛物面的加权半光程差均方根值减小，即天线的精度增加。其中的例外是基频对因素（1）的响应出现了弯曲（见图49.3-50），由于数据接近，图中并不一定看得清楚，还有反射面精度对因素（4）的响应也出现了弯曲（见图49.3-53）。

3）因素（9）、因素（10）造成反射面精度的响应出现弯曲（见图 49.3-58、见图 49.3-59）。

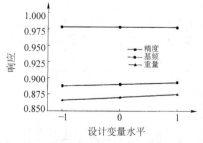

图 49.3-58 设计变量（9）变化引起响应的变化

4）对精度影响最大的因素是（2）、（6）、（1），其余因素的影响不大。影响程度从大到小为（2）→

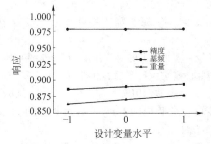

图 49.3-59　设计变量（10）变化引起响应的变化

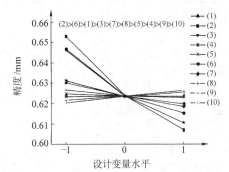

图 49.3-60　各因素的水平引起反射面精度的变化

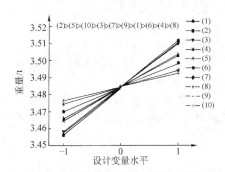

图 49.3-61　各因素的水平引起天线体重量的变化

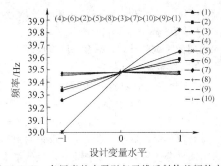

图 49.3-62　各因素的水平引起天线反射体基频的变化

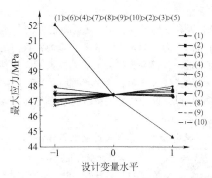

图 49.3-63　各因素的水平引起天线体最大应力的变化

加时，反射面精度反而降低。分析原因，是因为梁（9）和（10）的钢管厚度增加后，引起局部刚性过大，反射面整体变形不均匀，使表面点对最佳吻合抛物面的加权半光程差的均方根值反而增大。由此得到的结论是组成辐射梁的各梁截面变化应比较均匀，使整体受力、变形的过渡平缓。

5）天线体重量随着因素水平的增大而增加。各因素对重量影响程度从大到小的次序为：（2）→（5）→（10）→（3）→（7）→（9）→（1）→（6）→（4）→（8）。

6）天线体的基频随着各因素水平的增加而增大，唯一的例外是因素（1），出现了弯曲，呈非线性规律。各因素的影响程度从大到小为：（4）→（6）→（2）→（5）→（8）→（3）→（7）→（10）→（9）→（1）。

7）对天线体的最大应力影响程度从大到小的次序为（1）→（6）→（4）→（7）→（8）→（9）→（10）→（2）→（3）→（5）（见图 49.3-63），基本规律是各因素的水平增加时，天线体中的最大应力减小，但其中因素（9）、（10）的水平增加时，天线体中的最大应力反而增大；而因素（3）、（5）的水平增加造成了最大应力响应的弯曲。

8）从图中可以看出，天线的反射面精度和重量是一对相互冲突的目标，如果要减轻重量，一般会导致反射面精度的下降；反之，反射面精度的提高（即反射表面点对最佳吻合抛物面的加权半光程差的均方根值减小）一般会导致天线重量的增大，所以要寻求各参数的最佳搭配，使两个目标都最大限度地接近最小值。

9）因素（9）、（10）的水平增加会导致反射面精度和重量以及最大应力同时增大，基频的变化很小，由此可以将因素（9）、（10）固定在-1 水平，以后作为常数使用。

10）因素（4）的水平增加会导致基频和重量增大，而反射面精度几乎不变。基频对因素（4）的响应虽然受影响较大，但基频的绝对变化并不大，远高于要求的最小基频，所以将因素（4）固定在-1 水平，

（6）→（1）→（3）→（7）→（8）→（5）→（4）→（9）→（10）。因素（4）的变化对精度几乎没有影响。一般的规律是随着各因素水平的增加，反射面精度也增加，但因素（9）和（10）正好相反，当其水平数增

作为常数使用。

11）因素（5）、（8）对重量和精度的影响都很小，将这两个因素固定在 0 水平，作为常数使用。

为了进一步研究天线辐射梁的参数对天线性能的影响，又取了代表梁高的参数，即 6、8 两点的纵坐标 y_A 和 y_B 作为设计变量，所取的水平与其代表的实际值见表 49.3-6。

表 49.3-6　梁高设计变量取值范围

坐标及对应梁高	设计变量所取的水平数与其代表的实际值/mm				
	-2	-1	0	1	2
y_A	1110	910	710	510	310
对应梁（4）高	535	735	935	1135	1335
y_B	1990	1790	1590	1390	1190
对应梁（8）高	350	550	750	950	1150

图 49.3-64 中绘出了 y_A 和 y_B 单独变化同时其余因素取 0 水平时的响应变化趋势。

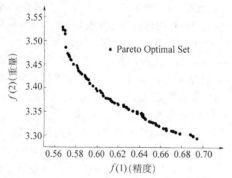

图 49.3-64　天线多目标优化的 Pareto 最优解集

从图中可看出，梁高 y_A 和 y_B 增加时，随之而来的是天线体重量的增加，是必然的规律，同时天线反射面表面精度呈二次曲线状态，y_A 和 y_B 处于 0 水平时精度最高；y_A 的增加导致基频的降低，而 y_B 的增加导致基频的增加。由结构中的最大应力状况看出（数据未列出），y_A 的增加导致最大应力增加，而 y_B 的增加导致最大应力减小。图中的变化趋势表明，y_A 对系统响应的影响较大，y_B 的影响较小。

结论：通过上面的分析，发现有的因素对系统的影响很小，或改变该因素会使系统的目标同时变好或变坏，对这些因素的处理是寻求其水平范围内的最佳点固定下来作为常数处理，而其余因素作为主要影响因素进入下一步的研究。固定下来的因素为：（4）、（5）、（8）、（9）、（10）。

还要注意的是，本步骤研究的是单个因素对系统的影响，即假设各因素独立，因素间无交互作用。事实上，下一步的研究中将看到系统的各因素间可能存在的交互作用。

第 3 步，规划序列试验设计，并拟合响应面方程。

将上一步预选出的主要因素整理成新的变量。因本例题研究的是可控因素的健壮性设计，用 x_1、x_2、x_3、x_4、x_5、x_6、x_7 表示因素（1）、（2）、（3）、（6）、（7）及 y_A 和 y_B。各因素取 3 水平，各水平代表的实际值见表 49.3-7。

表 49.3-7　主要因素的水平及其实际值

（mm）

因素	水　平		
	-1	0	1
x_1——（1）	$\phi50\times2$	$\phi50\times3$	$\phi50\times4$
x_2——（2）	$\phi50\times2$	$\phi50\times3$	$\phi50\times4$
x_3——（3）	$\phi65\times3$	$\phi65\times4$	$\phi65\times5$
x_4——（6）	$\phi40\times1$	$\phi40\times2$	$\phi40\times3$
x_5——（7）	$\phi65\times3$	$\phi65\times4$	$\phi65\times5$
x_6——y_A	1110	710	310
x_7——y_B	1990	1590	1190

主要因素中 $x_1 \sim x_5$ 为离散变量，其正规化后的取值范围为

x_1 和 x_2：[-1, -0.8, -0.5, -0.2, 0, 0.2, 0.5, 1]

x_3 和 x_5：[-1, -0.8, -0.5, 0, 0.5, 1]

x_4：[-1, -0.8, -0.6, -0.5, -0.4, -0.2, 0, 0.2, 0.5, 0.8, 1]

x_6、x_7 为连续变量，其正规化后的取值在 [-1, 1] 之间，与原变量之间的对应关系为

$$x_6 = \frac{71-y_A}{40} \qquad (49.3-72)$$

$$x_7 = \frac{159-y_B}{40} \qquad (49.3-73)$$

三个响应分别为 y_1（MSE 均方误差）、y_2（重量）、y_3（基频）。

先规划低阶试验设计，拟合一阶响应面方程。有 7 个因素的一阶响应面方程为

$$\hat{y} = b_0 + b_1x_1 + b_2x_2 + b_3x_3 + b_4x_4 + b_5x_5 + b_6x_6 + b_7x_7 \qquad (49.3-74)$$

方程中有 8 个待定系数，需要至少 8 次试验值来拟合。拟合数据恰好等于 8 组的试验设计叫饱和试验设计，前面已分析过，饱和试验设计产生的结果并不理想，因此需要至少多于待定系数个数的试验次数。这里选用 2^{k-p} 分式析因设计，即 2^{7-2} 分式析因设计，共 32 次试验。其响应都是可计算的，所以采用计算机仿真，由有限元程序计算即可得到。试验安排及计算所得三个响应的值见表 49.3-8。

表 49.3-8 2^{7-2} 分式析因设计及计算结果表

试验号	因素及所取的水平							响应		
	x_1	x_2	x_3	x_4	x_5	x_6	x_7	y_1/mm	y_2/t	y_3/Hz
1	-1	1	-1	1	1	-1	-1	0.6863	3.407	39.1114
2	1	-1	-1	1	-1	-1	1	0.7014	3.435	40.8134
3	1	-1	-1	-1	-1	-1	-1	0.7419	3.3041	39.0069
4	1	1	1	1	1	-1	-1	0.6327	3.5037	39.5324
5	-1	-1	-1	1	1	-1	1	0.7382	3.3947	39.3659
6	1	1	1	-1	-1	-1	-1	0.7059	3.4198	39.2807
7	-1	1	-1	-1	1	-1	1	0.8161	3.4205	39.0153
8	1	1	1	-1	-1	1	1	0.632	3.4686	38.8504
9	-1	1	1	-1	-1	1	-1	0.6931	3.4009	38.1615
10	-1	-1	1	1	1	-1	-1	0.6720	3.4107	38.8601
11	1	1	-1	1	1	1	-1	0.6532	3.493	38.9171
12	1	-1	1	-1	-1	1	-1	0.7488	3.378	38.3324
13	-1	1	1	-1	1	-1	1	0.8101	3.4346	39.0295
14	-1	-1	1	1	1	1	1	0.7304	3.4603	38.7196
15	-1	1	-1	1	-1	-1	1	0.7233	3.4051	39.5968
16	1	1	-1	-1	1	1	1	0.6324	3.4757	38.8461
17	1	-1	1	-1	-1	1	1	0.7153	3.4671	38.5469
18	-1	-1	1	1	1	-1	1	0.7283	3.4088	39.3738
19	-1	-1	1	-1	-1	-1	-1	0.7436	3.3268	38.5582
20	-1	-1	-1	1	1	-1	-1	0.6685	3.388	39.2668
21	-1	1	-1	1	1	-1	-1	0.6931	3.383	38.4685
22	-1	-1	-1	1	1	-1	-1	0.7204	3.2966	38.8398
23	1	-1	1	-1	1	-1	-1	0.6953	3.4183	39.0247
24	1	-1	1	1	1	1	-1	0.7374	3.4845	38.6102
25	-1	1	-1	-1	1	1	-1	0.6920	3.4265	38.1614
26	1	1	1	1	1	1	1	0.6044	3.5533	39.4035
27	-1	1	1	-1	1	1	1	0.6633	3.486	38.3901
28	-1	-1	-1	-1	1	-1	1	0.7526	3.3757	38.0713
29	-1	1	1	1	-1	1	1	0.6460	3.4618	39.0021
30	1	-1	-1	-1	-1	1	1	0.7256	3.3653	38.5344
31	-1	-1	-1	-1	1	1	1	0.7554	3.3827	38.0675
32	-1	-1	-1	-1	-1	1	-1	0.7847	3.2976	37.8316

由表中的数据拟合一阶响应面方程,并进行显著性检验,可以得到如下的结果:

用线性响应面模型拟合系统的响应 y_1 (MSE 均方误差)、y_2 (重量)、y_3 (基频)、y_4 (结构中最大应力),模型的 ANOVA (方差分析) 结果见表 49.3-9~表 49.3-12。

表 49.3-9 响应 y_1 (MSE 均方误差) 线性模型的方差分析

模型	项目	平方和	df	均方	F	Sig.
1	回归	0.04691	7	$6.701×10^{-3}$	4.756	0.002
	残差	0.03381	24	$1.409×10^{-3}$		
	求和	0.08072	31			

表 49.3-10 响应 y_2 (重量) 线性模型的方差分析

模型	项目	平方和	df	均方	F	Sig.
1	回归	0.109	7	0.01564	78.728	0.000
	残差	$4.768×10^{-3}$	24	$1.987×10^{-4}$		
	求和	0.114	31			

表 49.3-11　响应 y_3（基频）线性模型的方差分析

模型	项目	平方和	df	均方	F	Sig.
1	回归	9.456	7	1.351	31.945	0.000
	残差	1.015	24	0.04229		
	求和	10.471	31			

表 49.3-12　响应 y_4（结构中最大应力）线性模型的方差分析

模型	项目	平方和	df	均方	F	Sig.
1	回归	410.330	7	58.619	16.764	0.000
	残差	83.919	24	3.497		
	求和	494.250	31			

从上面的 4 个 ANOVA 结果来看，四个线性响应面模型的显著性都较高，都可以作为转换模型使用。为了进一步提高精度，采用可旋转的中心复合设计，在线性模型的基础上追加样本点，共用了 117 个样本点，拟合二阶响应面模型，得到的结论见表 49.3-13~表 49.3-16。

表 49.3-13　响应 y_1（MSE 均方误差）二阶模型的方差分析

Source	DF	平方和	均方
回归	36	58.34331	1.62065
残差	80	0.02334	2.917187×10^{-4}
未修正和	116	58.36665	
修正和	115	0.38416	

注：R 平方 = 1-残差 SS/修正 SS = 0.93925。

表 49.3-14　响应 y_2（重量）二阶模型的方差分析

Source	DF	平方和	均方
回归	36	1354.63617	37.62878
残差	80	0.03278	4.097733×10^{-4}
未修正和	116	1354.66895	
修正和	115	0.38542	

注：R 平方 = 1-残差 SS/修正 SS = 0.91494。

表 49.3-15　响应 y_3（基频）二阶模型的方差分析

Source	DF	平方和	均方
回归	36	175474.46962	4874.29082
残差	80	3.00331	0.03754
未修正和	116	175477.47293	
修正和	115	29.33688	

注：R 平方 = 1-残差 SS/修正 SS = 0.89763。

表 49.3-16　响应 y_4（结构中最大应力）二阶模型的方差分析

Source	DF	平方和	均方
回归	36	285559.35297	7932.20425
残差	80	281.25751	3.51572
未修正和	116	285840.61049	
修正和	115	2180.23920	

注：R 平方 = 1-残差 SS/修正 SS = 0.87100。

由上面几个表格中的结果，我们发现四个二阶响应面模型也拟合得很好。为了从这些模型中取出最好的模型，这里比较了对每个响应拟合的线性模型、带交叉项的模型、带纯二次项的模型和二阶模型的均方误差值，见表 49.3-17。

表 49.3-17　几种模型的均方误差值比较表

系统响应	线性模型	交叉项模型	纯二次项模型	二阶模型
精度（MSE）	0.0431	0.0327	0.0348	0.0170
重量	0.0223	0.0198	0.0227	0.0201
基频	0.2015	0.1937	0.2026	0.1928
最大应力	2.4272	2.0867	2.2658	1.8635

由此，采用的各系统响应的响应面模型确定为

$$\hat{y}_1 = 0.6259 - 0.0127x_1 - 0.0236x_2 - 0.0070x_3 - 0.0240x_4 - 0.0046x_5 - 0.0159x_6 + 0.0080x_7 -$$
$$0.0007x_1x_2 + 0.0006x_1x_3 - 0.0010x_1x_4 + 0.0021x_1x_5 + 0.0011x_1x_6 - 0.0021x_1x_7 +$$
$$0.0004x_2x_3 - 0.0007x_2x_4 - 0.0007x_2x_5 - 0.0152x_2x_6 - 0.0050x_2x_7 +$$
$$0.0006x_3x_4 + 0.0016x_3x_5 + 0.0028x_3x_6 - 0.0010x_3x_7 - 0.0018x_4x_5 +$$
$$0.0156x_4x_6 - 0.0092x_4x_7 + 0.0032x_5x_6 + 0.0016x_5x_7 - 0.0200x_6x_7 +$$
$$0.0007x_1^2 + 0.0002x_2^2 + 0.0068x_3^2 + 0.0139x_4^2 - 0.0017x_5^2 + 0.0632x_6^2 + 0.0058x_7^2 \qquad (49.3-75)$$
$$\hat{y}_2 = 3.4179 + 0.0162x_1 + 0.0239x_2 + 0.0266x_3 + 0.0150x_4 + 0.0273x_5 + 0.0125x_6 + 0.0159x_7 +$$
$$0.0009x_1x_2 - 0.0009x_1x_3 + 0.0034x_1x_4 - 0.0009x_1x_5 - 0.0022x_1x_6 + 0.0039x_1x_7 +$$
$$0.0005x_2x_3 - 0.0007x_2x_4 + 0.0018x_2x_5 - 0.0016x_2x_6 + 0.0026x_2x_7 -$$

$$0.0023x_3x_4-0.0035x_3x_5-0.0013x_3x_6-0.0011x_3x_7+$$
$$0.0016x_4x_5-0.0000x_4x_6+0.0014x_4x_7+$$
$$0.0033x_5x_6-0.0033x_5x_7-0.0100x_6x_7 \tag{49.3-76}$$

$$\hat{y}_3 = 38.9410+0.2150x_1+0.1059x_2-0.0031x_3+0.2183x_4-0.0202x_5-0.3315x_6+0.1615x_7-$$
$$0.0120x_1x_2-0.0030x_1x_3+0.0152x_1x_4-0.0214x_1x_5-0.0205x_1x_6+0.0126x_1x_7+$$
$$0.0005x_2x_3-0.0129x_2x_4+0.0231x_2x_5+0.0158x_2x_6+0.0045x_2x_7-$$
$$0.0229x_3x_4-0.0048x_3x_5+0.0148x_3x_6-0.0019x_3x_7-$$
$$0.0102x_4x_5+0.0100x_4x_6+0.0933x_4x_7+$$
$$0.0034x_5x_6-0.0017x_5x_7-0.0242x_6x_7-$$
$$0.1069x_1{}^2-0.0994x_2{}^2-0.0785x_3{}^2+0.0496x_4{}^2+0.0820x_5{}^2+0.0163x_6{}^2+0.0901x_7{}^2 \tag{49.3-77}$$

$$\hat{y}_4 = 46.2637-1.9406x_1+0.2931x_2+0.1617x_3-0.4237x_4+0.2806x_5+0.7416x_6-3.1942x_7+$$
$$0.1405x_1x_2-0.1653x_1x_3-0.1554x_1x_4+0.1675x_1x_5-0.1070x_1x_6-1.3685x_1x_7+$$
$$0.2066x_2x_3-0.1132x_2x_4-0.2734x_2x_5+0.0984x_2x_6+0.1403x_2x_7+$$
$$0.1145x_3x_4-0.1580x_3x_5-0.2280x_3x_6-0.1464x_3x_7+$$
$$0.4033x_4x_5+0.1324x_4x_6+0.0809x_4x_7+$$
$$0.1218x_5x_6-0.0019x_5x_7+0.4558x_6x_7+$$
$$1.0775x_1{}^2-0.0804x_2{}^2+0.2803x_3{}^2+0.4674x_4{}^2+0.1690x_5{}^2-1.0117x_6{}^2+2.6364x_7{}^2 \tag{49.3-78}$$

各响应面模型的曲线如图 49.3-65~图 49.3-68 所示。

第 4 步，建立健壮性设计数学模型，求出 μ 及 σ^2 的表达式。

由于系统中仅存在可控因素的变异，所以仅研究可控因素的变异对系统造成的影响，导出健壮性设计的表达式。原问题中有两个目标函数，天线反射表面的精度 δ 和天线的重量 G。转化为健壮性设计问题时，产生四个目标函数，即

$$f(1) = \hat{y}_1 \tag{49.3-79}$$
$$f(2) = \hat{y}_2 \tag{49.3-80}$$
$$f(3) = \sum_{i=1}^{7}\left(\frac{\partial \hat{y}_1}{\partial \hat{x}_i}\right)^2 \sigma_{x_i}^2 \tag{49.3-81}$$
$$f(4) = \sum_{i=1}^{7}\left(\frac{\partial \hat{y}_2}{\partial \hat{x}_i}\right)^2 \sigma_{x_i}^2 \tag{49.3-82}$$

对原问题的约束条件也要做相应的变换，得到

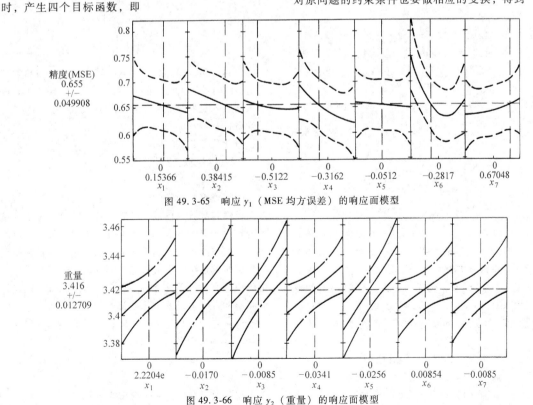

图 49.3-65　响应 y_1（MSE 均方误差）的响应面模型

图 49.3-66　响应 y_2（重量）的响应面模型

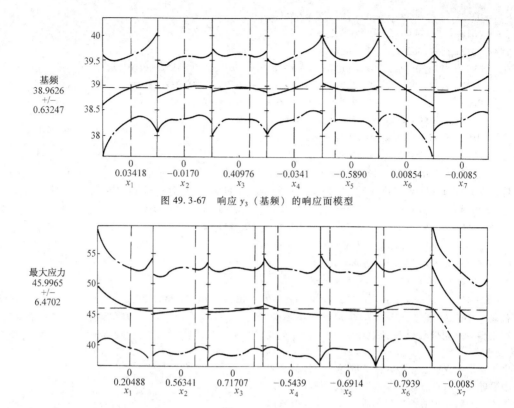

图 49.3-67 响应 y_3（基频）的响应面模型

图 49.3-68 响应 y_4（在结构中最大应力）的响应面模型

$$g(1) = 12/f_0 - 1 + \Delta g_1 \leq 0 \quad (49.3\text{-}83)$$

$$g(2) = \sigma_{max}/\sigma_0 - 1 + \Delta g_2 \leq 0 \quad (49.3\text{-}84)$$

$$g(3) = \hat{y}_1/0.7 - 1 + \Delta g_3 \leq 0 \quad (49.3\text{-}85)$$

其中，Δg_1、Δg_2 和 Δg_3 表示系统的变异，分别由式 (49.3-86)、式 (49.3-87) 和式 (49.3-88) 近似得到

$$\Delta g_1 = \sum_{i=1}^{7} \left| \frac{\partial g_1}{\partial x_i} \Delta x_i \right| \quad (49.3\text{-}86)$$

$$\Delta g_2 = \sum_{i=1}^{7} \left| \frac{\partial g_2}{\partial x_i} \Delta x_i \right| \quad (49.3\text{-}87)$$

$$\Delta g_3 = \sum_{i=1}^{7} \left| \frac{\partial g_3}{\partial x_i} \Delta x_i \right| \quad (49.3\text{-}88)$$

其中，Δx_i（$i=1, 2, \cdots, 7$）表示可控因素的变异范围，假设各可控因素在其设计空间中是均匀分布的，则取各正规化后的可控因素的变异范围为 0.1，即 10% 的不确定范围。这样，允许各可控因素的取值空间为 $(x_i - \Delta x_i) \sim (x_i + \Delta x_i)$（$i=1, 2, \cdots, 7$）。

第 5 步，用 Pareto 遗传算法求解健壮性设计问题。

根据上一步建立的健壮性设计模型，用 Pareto 遗传算法来求解该问题。数学模型为

$$\min\{f(1), f(2), f(3), f(4)\} \quad (49.3\text{-}89)$$

s. t. $g(1) \leq 0$

$g(2) \leq 0$

$g(3) \leq 0$

设计变量 x_1, x_2, $\cdots$, x_7, 其中 $x_1 \sim x_5$ 为离散变量，x_6 和 x_7 为连续变量。用我们编制的 MOGA 软件包求解这一健壮性设计问题，计算参数为

群体规模：60

进化代数：200

Pareto 解集过滤器规模：80

交叉概率：0.5

变异概率：0.008

求解得到 Pareto 最优解集和对应的最优设计变量集合。由于 Pareto 最优解集中包含了四个目标函数的组合，用二维或三维曲面无法表示。考虑各目标的重要程度时选取决策者最满意点的方法，取四个目标函数的权值相同，即取 $w_1 = w_2 = w_3 = w_4 = 1/4$，得到最满意解的设计变量及目标函数值分别为

$x_1 = 1$, $x_2 = 1$, $x_3 = -0.5$, $x_4 = 0.5$, $x_5 = -1$, $x_6 = 0.2621$, $x_7 = 0.4659$,

$f(1) = 0.5821$, $f(2) = 3.4374$, $f(3) = 1.48 \times 10^{-5}$, $f(4) = 3.58 \times 10^{-5}$

得到的设计变量的实际值为

(1):$\phi50\times3$,　(2):$\phi50\times3$,　(3):$\phi65\times3.5$,

(4):$\phi40\times1$,　(5):$\phi50\times3$,　(6):$\phi40\times2.5$,

(7):$\phi65\times3$,　(8):$\phi40\times2$,　(9):$\phi50\times2$,

(10):$\phi50\times2$,

$y_A = 60.516cm$　$y_B = 140.364cm$

比较原设计:

(1):$\phi50\times3$,　(2):$\phi50\times3$,　(3):$\phi65\times4$,

(4):$\phi40\times2$,　(5):$\phi50\times3$,　(6):$\phi40\times2$,

(7):$\phi65\times4$,　(8):$\phi40\times2$,　(9):$\phi50\times3$,

(10):$\phi50\times3$,

$y_{A0} = 71cm$　$y_{B0} = 159cm$

其中 $x_1 \sim x_7$ 的取值为正规化后的取值,从结论中可以看出,经过健壮性设计,表征质量指标的目标函数 $f(3)$ 和 $f(4)$ 的值都很小,说明该健壮性设计能在系统达到原设计目标的情况下尽可能减小可控因素的变异对系统性能的影响。

用求得的最满意设计变量的值转化为标准值后,用有限元程序进行验算。验算得到的结果为

$f(1) = 0.5912$, $f(2) = 3.4575$。其误差对 $f(1)$ 为 1.54%,对 $f(2)$ 为 0.58%。从误差来看,这里采用的转换模型的精度是相当高的。

与该天线原设计比较,原设计的结论为:$f_0(1) = 0.6237$, $f_0(2) = 3.4847$。比较的结果为:经过健壮性设计后,天线的精度提高 6.56%,重量略有减轻。说明健壮性设计既能使系统的性能更优,又能

提高产品的质量,同时,该设计得到的天线参数能使天线承受较大的内部和外部变异的影响而保持性能基本不变,使天线具有健壮性。

第 6 步,建立天线的多目标优化问题。

天线的多目标优化模型为

$$\min\{f(1),f(2)\} \tag{49.3-90}$$
$$\text{s.t. } g'(1) = 12/f_0 - 1 \leqslant 0$$
$$g'(2) = \sigma_{max}/\sigma_0 - 1 \leqslant 0$$
$$g'(3) = f(1)/0.7 - 1 \leqslant 0$$

用 MOGA 软件包进行计算后得到该多目标优化问题的 Pareto 最优解集,如图 49.3-64 所示。为了从中选出最满意解,考虑到决策者对两个目标的权衡,这里选取了两个目标的加权系数变化时两个目标的取值及对应的设计变量的取值,见表 49.3-18。

决策者可根据表中的权系数的组合来选择最满意的解。与原设计 $f_0(1) = 0.6237$, $f_0(2) = 3.4847$ 相比较,取 $w_1 = 0.6$, $w_2 = 0.4$ 的设计结论 $f(1) = 0.5698$, $f(2) = 3.4857$ 与之相比,在重量基本不变的情况下,精度提高 9.46%,其效益是很明显的。将此结论与健壮性设计的结果比较,发现目标函数变异的两个目标函数值分别为 $f(3) = 1.373 \times 10^{-3}$, $f(4) = 3.397 \times 10^{-3}$,大大高于健壮性设计的结果。这说明用健壮性设计方法能得到对系统参数的变异不敏感的设计结果,使得系统在其可控因素或不可控因素有较大变异的情况下仍能保持稳定的性能。

表 49.3-18　考虑目标加权时设计变量及目标函数值

w_1	w_2	x_1	x_2	x_3	x_4	x_5	x_6	x_7	$f(1)$	$f(2)$
1	0	1	1	0.5	1	1	0.1535	0.5809	0.5671	3.529
0.9	0.1	1	1	0.5	1	1	0.1535	0.5809	0.5671	3.529
0.8	0.2	1	1	0.5	1	1	0.1535	0.5809	0.5671	3.529
0.7	0.3	1	1	0.5	1	1	0.1535	0.5809	0.5671	3.529
0.6	0.4	1	1	0.5	1	-1	0.2598	1	0.5698	3.4857
0.5	0.5	1	1	0	0.8	-1	0.1640	0.1907	0.5774	3.4493
0.4	0.6	1	1	-1	0.2	-1	0.0589	-0.9991	0.6082	3.3786
0.3	0.7	-1	-0.8	-1	0.2	-1	-0.4844	-0.9333	0.6785	3.3036
0.2	0.8	-1	-1	-1	-0.8	-1	-0.1649	-1	0.6946	3.2947
0.1	0.9	-1	-1	-1	-0.8	-1	-0.1649	-1	0.6946	3.2947
0	1	-1	-1	-1	-0.8	-1	-0.1649	-1	0.6946	3.2947

3.5.6　小结

本节用基于健壮性的产品及过程开发方法对 10m 圆抛物面天线进行健壮性设计及多目标优化设计,用对天线性能影响最大的主梁的 10 根梁的截面特性及两个主要梁高参数作为设计变量,研究了各参数对系统的四个响应的影响,并从中筛选出 7 个关键参数作为主要因素进一步研究。采用序列试验设计方法,先

拟合低阶响应面模型,又用可旋转的中心复合设计得到拟合二阶模型的样本点,通过比较,确定了系统四个相应的二阶响应面模型。由此得到了系统的关键输入变量和输出响应之间的转换模型。根据该模型,确定了求解多目标优化设计问题及健壮性设计问题的数学模型,并用发展出的 Pareto 多目标遗传算法进行了求解。通过比较,发现两种设计方法虽然从问题的形式上有某些相似之处,但实际上处理的是两种完全不

同的问题。多目标优化设计目的是在系统设计的目标受到约束条件的限制下得到最优解,这种方法仅仅强调系统的尽可能满足目标,却不重视系统性能在最优的情况下是否稳定,可能会导致得到的最优性能处于很不稳定的状态,系统的内部条件和外部条件稍有变化,系统性能就下降很多,甚至有可能失效。

而健壮性设计问题则是以系统的质量为目标,其方法是使系统在满足目标原有的目标函数的前提下,尽可能使由于可控因素或不可控因素的变异造成系统的变异极小化,这样得到的解能保证系统在受到内在因素或外界因素干扰的情况下仍能保持良好的性能。健壮性设计得到的解可能比多目标优化得到的解从优化的角度要差一些,但它强调系统的质量,这一点正是产品设计的关键。得到健壮性设计的解以后,在后期的详细设计阶段对产品的参数在小范围调整时,不需要或较少需要对系统的性能重新校验,节约了设计的时间和人力资源;同时,由于健壮性设计能得到对系统的内部因素和外界条件变化不敏感的健壮解,使得对产品加工过程中的要求和使用条件的要求都不是

很高,而且产品的部件可以采用较低的配置而仍能获得较高的质量,大大减小了产品设计和制造的成本,能够带来很好的经济效益和社会效益。

4 供应链库存策略的进化重组

本节主要从层次化的观点来考虑供应链中的库存,分别从定性和定量的角度来分析存在于供应链中的与整体制造策略有关的供应链整体解耦库存设置和供应链运作过程中各节点的运作库存策略。

4.1 供应链运行策略的持续改进

经过层次模块化的 Petri 网建模,可以对供应链的总体运行效果做出评价,并可以指导敏捷供应链的结构重组过程。当供应链的网络结构初步形成以后,各个企业之间就形成一种相对稳定的战略伙伴关系,通过相互信任的商业伙伴间的合作来协调供应链,降低库存水平,实现整个供应链计划与执行过程的集成,如图 49.3-69 所示。过程的关键是强调贸易伙伴间建立共享的商业计划、销售预测和订单预测,通过前后节点的协调,实现敏捷供应链的合理运作。

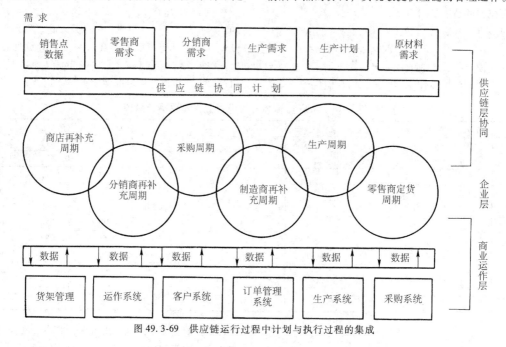

图 49.3-69 供应链运行过程中计划与执行过程的集成

在供应链的运行过程中,会发现许多需要改进的地方,类似于戴明的 PACD 循环〔P(plan)——计划;D(do)——执行;C(check)——检查;A(action)——行动〕,供应链的运行过程也必须在运行过程中不断改进,图 49.3-70 所示为建立的供应链持续改进过程——ERMI 过程〔E(evaluation)——评价;R(reengineering)——重组;M(monitor)——监控;

I(improve)——改善〕。

ERMI 过程可简述如下:

E——评价:根据供应链运行的总体要求和组织方针,建立供应链目标和过程;对现有供应链流程进行评价,识别运行中的浪费和问题,主要是要寻找产生浪费和问题的因果关系,进而探究其根本原因。

R——重组:理解了问题的因果关系和发现问题

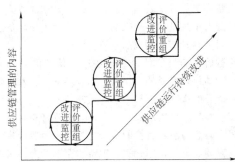

图 49.3-70　敏捷供应链运行中的 ERMI
（evaluation-reengineering-monitor-improve）过程

的根本原因后，对供应链的各项运行策略进行改进，包括各项功能、任务的分配以及过程的改进。

M——监控：对于供应链新的配置进行控制，建立监控机制对供应链的运作进行持续的评估，不断发现其改进的空间。

I——改善：采取措施，以持续改进供应链过程，这是 ERMI 的最终目的。

ERMI 中的 4 个过程不是运行一次就结束，而是周而复始地进行，一个循环完了，解决一些问题，未解决的问题进入下一个循环，这样阶梯式上升。可以对供应链中的需求控制策略、库存控制策略、供货控制策略、物流控制策略等进行不断改进，下面将只对供应链运行过程中的库存策略进行探讨。

4.2　供应链中的库存设置

库存是指企业所有资源的储备。库存控制策略是指用来控制库存水平、决定补充时间及订货批量大小的整套制度和控制手段。

若从供应链的整体运行效果来考虑，除了供应链各个节点企业内部的原材料、零部件和产成品库存外，相对于不同的产品供应链和不同运行策略，在供应链节点之间有时还应该设置一定的库存以协调整条链的运行，这里称之为战略解耦库存。

精益生产和敏捷制造是近几年来兴起的先进制造思想。将这两种思想合理地融入供应链管理中也会有效地提高供应链的效率，但究竟采取何种策略应由供应链的结构、产品或服务的性质和市场环境来决定。

我们粗略地把供应链的结构按照不同的市场需求分为按订单设计（engineer to order，ETO）、按订单制造（make to order，MTO）、按订单组装（assemble to order，ATO）、按库存生产（make to stock，MTS）等几种形式。

几种供应链结构的主要区别在于链中按订单生产和按预测进行生产的分界点（我们称之为解耦点）的不同。为了使供应链在解耦点处很好地连接，减少由于预测需求和实际需求的差异所带来的供应链效率的降低，通常要设置一库存——解耦库存来减小由于需求的不确定性所带来的波动。图 49.3-71 所示为各种制造策略所对应的解耦库存的位置（图中"制造/装配商"代表了供应链中一个或多个商业伙伴成员）。可见解耦库存的下游是由顾客需求拉动的，而上游的供应链则是由预测驱动的。"推"式供应链与"拉"式供应链的主要区别见表 49.3-19。

表 49.3-19　"推"式供应链与"拉"式供应链的主要区别

比较项	"推"式供应链	"拉"式供应链
预测依据	市场需求驱动的预测	销售点（point of sale，POS）数据收集
生产方式	按库存生产	按订单生产
订货点	根据库存量（安全库存水平）确定订货点	根据客户需求自动、实时再补充
生产周期	较长的生产周期	较短的生产周期
市场情况	需求较为稳定，客户对产品多样性要求低	需求不稳定，客户对产品的多样性要求高

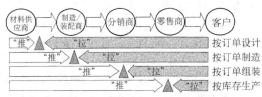

图 49.3-71　供应链中的解耦库存的位置

以色列物理学家 E. M. Goldratt 在他所著的《目标》一书中以小说的形式首次提出了约束理论（theory of constraints，TOC），并描述小说中的企业如何运用 TOC 使工厂转亏为盈。TOC 认为，任何一个系统都至少存在一个约束（有时也称为"瓶颈"），要提高一个系统的产出，必须打破系统的约束。

TOC 的计划与控制是通过 DBR 系统实现的，即"鼓（drum）""缓冲器（buffer）"和"绳子（rope）"系统。"鼓"是指系统的约束；"缓冲器"是为了最大限度地利用瓶颈资源而设置的；非约束资源的产出应由约束资源的产出来控制，即"绳子"。整个系统按照"鼓的节拍"来运行。

供应链可以看成是一个环环相扣的链条，这个系统的强度取决于最弱的一环，我们要保证此约束资源能力的最大发挥，因为瓶颈资源损失 1h 相当于整个系统损失 1h，并且是无法补救的。

为了保证约束资源的最大利用率，我们在约束位置设置一缓冲库存，确保约束资源不因材料短缺而闲置，进而保证整个系统的最大生产率。图 49.3-72 所示装配商中设置的库存即为约束缓冲。图 49.3-72 中还存在另外一种缓冲库存——运送缓冲，运送缓冲库存设置于系统的末端以确保准时运送。

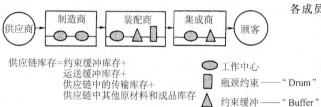

供应链库存=约束缓冲库存+
运送缓冲库存+
供应链中的传输库存+
供应链中其他原材料和成品库存

工作中心
瓶颈约束——"Drum"
约束缓冲——"Buffer"

图 49.3-72　供应链中的缓冲库存

为了确保供应链整体利益的最大化，供应链伙伴应合作识别系统的约束，将约束缓冲库存设置在该约束的前面，将运送缓冲库存设于整条供应链的末端。约束缓冲库存和运送缓冲库存水平可控制在一定范围之内，而其他既不存在约束缓冲又不存在运送缓冲的供应链伙伴则尽量将自身的库存排出。系统约束的生产率应尽量与市场的实际需求相接近，供应链其他伙伴则应尽量与系统约束的生产率同步。这种供应链伙伴间的协调和信任将使供应链产生最大效益。

以上从战略的层次定性地探讨了供应链中的库存设置问题，在更低层次上的运作过程中，供应链中还会存在各种原材料、成品和在制品库存等，这些库存应在满足客户服务水平的基础上尽可能地减少，合理的库存控制策略将有助于供应链的协调运行和提高客户服务水平。以下将要从定量的角度探讨存在于供应链中的库存控制策略。

4.3　供应链运行过程中的库存控制策略

供应链中的企业持有存货的原因主要有：满足预测的需求、降低订货成本、减少缺货成本、使生产作业更为平稳和有弹性。但持有存货也有以下缺点：增加持有成本、难于对顾客需求的改变做出快速反应、占用企业大量资金等。在利弊共存的情况下，供应链中的存货控制的目的即是以最小存货成本和满足客户需求为目标，使供应链中各节点不至于发生存货过多或是不足的情况。

在供应链竞争的年代，如何采取有效的库存控制策略以满足消费者持续变动并具有不确定性的需求，是供应链库存控制的首要任务。如何使供应链伙伴之

间在利益共享、风险共担的协约下，以合作的方式来共同降低由于过量库存带来的成本浪费和由于缺货造成的负面影响是有待研究的主要问题。

这里研究的目的就是探讨供应链伙伴的合作策略，研究如何在有效的合作机制和策略下，有效地降低供应链总的库存持有成本、降低缺货率，取得供应链库存成本与顾客需求满意的平衡。本节将建立以成本和客户满意为主要目标的多目标模型，用遗传算法进行供应链成员最佳库存控制策略的搜寻，为供应链各成员的库存控制决策提供指导。

（1）供应链中的库存类型及其作用

1）库存的类型。根据物品需求的重复程度，可将库存分为单周期库存和多周期库存。单周期库存又称为一次性订货，即需求是一次性的，如报纸、月饼等；而多周期库存是在需求反复发生时，库存需要不断补充。这里主要研究多周期库存。

多周期需求库存又可分为独立需求库存与相关需求库存。独立需求的数量与出现的概率是随机的、不确定的和模糊的；相关需求的需求数量和需求时间与其他变量存在一定的相互关系，可以通过一定的数学关系推算得出。

2）库存控制策略分类。库存控制的主要工作可分为三项：各种库存项目要有多少存货数量？在计划水平期间内应该订购或是生产多少数量的存货？要在什么时候订购或生产？因此库存管理的关键是订购/生产的数量大小和订购/生产时间间隔问题。根据数量大小与时间间隔，库存控制系统可分为五类，如图 49.3-73 所示：

① 固定盘查周期-固定订货数量——(t, Q) 策略。如图 49.3-73a 所示，以订货周期和经济订货批量为标准的订货方式。每隔一定时期检查一次库存，并发出一次订货，订货量为固定值 Q。

② 固定盘查周期-变订货数量——(t, S) 策略。如图 49.3-73b 所示，以订货周期和最高库存量为标准。每隔一定时期检查一次库存，并发出一次订货，把现有库存补充到最大库存水平 S，若库存盘查时库存量为 I，则订货量为 $(S-I)$。

③ 连续盘查-固定订货数量——(R, Q) 策略。如图 49.3-73c 所示，以订货点（reorder point）和经济订货批量（economic lot size）为控制标准，即对库存进行连续盘查，当库存水平降至订货点水平 R 时，进行订货，订货量为固定值 Q。适用于需求量大、缺货费用较高、需求波动性大的情形。

④ 连续盘查-变订货数量——(R, S) 策略。如图 49.3-73d 所示，对库存进行连续盘查，当发现库

存降低至订货点水平 R 时，进行订货，订货后使最大库存水平保持不变，即为 S。若发出订单时库存量为 I，则其订货量即为 $(S-I)$。与 (R, Q) 策略不同的是，订货量按实际库存而定，订货量可变。

⑤ (t, R, S) 策略。如图 49.3-73e 所示，(t, S) 和 (R, S) 策略的综合，即设立一定的检查周期，若检查时发现库存量降至 R 时，即进行订货，订货量为设定的最大库存量 S 与现存量 I 之差 $(S-I)$。

（2）支持供应链管理的库存控制策略

支持供应链管理的库存控制策略主要有供应商管理用户库存（Vendor Managed Inventory，VMI）、联合库存管理系统（马士华，2000）、多级库存模型（ulti-echelon inventory model）。把供应链作为一个整体考虑时需采用集中控制，采用集中库存控制策略的一个重要方面是要获取供应链中其他企业的库存信息。

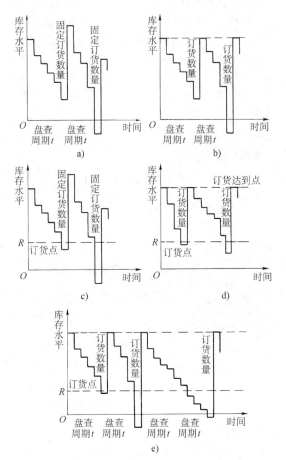

图 49.3-73　五种基本的库存控制策略
a) (t, Q) 策略　b) (t, S) 策略　c) (R, Q) 策略
d) (R, S) 策略　e) (t, R, S) 策略

供应商管理用户库存（Vendor Managed Inventory，VMI）（Holmström，1998；Achabal，2000）：VMI 是一种在用户和供应商之间的合作性策略，以对双方来说都是最低的成本优化产品的可获性，在一个相互同意的目标框架下由供应商管理库存，以产生一种连续改进的环境。VMI 是供应链中的两个节点之间的交易模式，它总是能够改善供应链中的渠道成本和提高买方的利润，而对于卖方来说，短期内有时会有采购成本和利润的降低，通过长期的运行才会得到改善（Dong，2002）。

联合库存管理是提高供应链同步化程度的一种有效的方法，与供应商管理用户库存策略不同的是：联合库存管理强调双方同时参与，共同制定库存计划，保持供应链相邻节点之间的库存管理者对需求的预测保持一致，从而改善需求变异放大现象。任何相邻节点的需求的确定都是供需双方协调的结果，部分消除了由于供应链环节之间的不确定性和需求扭曲现象导致的供应链库存波动（马士华，2000）。

Myers 定性地研究了在制造/销售两级供应链中，使用自动库存补充对提高顾客服务水平和降低成本的影响（Myers，2000）；Dejonckheere 研究了根据指数平滑得到的订单传递模式和库存控制反馈系统所产生的长鞭效应并进行仿真，指出"长鞭效应"这种供应链中的上游企业的订单波动总是大于实际的顾客需求的波动现象，可以通过合理的设计供应链和对供应链的重组，建立合理的物流控制过程来缓解（Dejonckheere，2002）。

Larsena 研究了生产/分销系统的物流（Larsena，1999）；Ng 研究了由两个仓库和两个零售商组成的供应链，假定零售商面临的是独立的泊松分布需求、每个节点都使用 (R, Q) 订货策略、外部供应能力无限的情况下的订购网络模型；Disney 建立需求随时间变化、卖方管理库存情况下的生产或分销计划模型——基于自动渠道、库存和订单的生产控制系统（Automatic Pipeline, Inventory and Order Based Production Control System，APIOBPCS）（Disney，2002）；Ganeshan 研究了与多个供应商和多个零售商相连的中心仓库的生产/分销网络的接近最优的 (R, Q) 库存控制策略模型（Ganeshan，1999）；Bhattacharjee 研究在供应链零售阶段，单个产品在生命周期的特定阶段的多阶段库存和价格模型（Bhattacharjee，2000）；Gavirneni 研究了系统信息共享情况下的生产/分销系统的合作模型（Gavirneni，2001）；Boyaci 考虑由一个分销商和一个或更多零售商组成的供应链的协作问题。假定顾客需求随价格波动而相应变化情况下，定价和生产批量决策（Boyaci，2002）；Anderson 一个中心仓库和几个不同的零售商组成的供应链的库存控制问题（Anderson，2000）。

供应商管理用户库存和联合库存管理策略都是对供应链的局部优化控制，而要进行供应链的全局性优化与控制，则必须采用多级库存控制与优化方法，以实现供应链资源的全局性优化。多级库存控制的方法有两种：集中式控制（centralized control）和分散式控制（decentralized control）。分散式库存控制是各个成员收集有效的部分相关信息独立制定库存控制决策，这种方式管理上相对简单，但容易产生次优的结果；集中式库存控制是集成供应链中的所有信息（如库存信息、需求信息等）来制定供应链的最佳化库存控制决策。集中式库存控制中，各库存点的控制参数是同时产生的，考虑了各节点之间的相互关系，通过协调的方法获取供应链库存的全局优化，因而对信息的交流和管理上的协调要求很高。

Petrovic 研究了不确定环境下供应链的模糊建模和仿真。以成本优化为目标，对供应链的运作进行动态仿真，来指导供应链中的库存决策（Petrovic，1998）。徐贤浩等提出了一种供应链网络状结构模型中多级库存控制模型（徐贤浩，1998），引入供应率和需求率两个参数，提出了供应链上各节点企业在保证生产、供应连续进行的条件下的最佳订货批量和最

佳订货周期的确定方法，使得供应链总的库存费用最低。在模型的建立过程中，做了相应的假设，如假设上级供应商提供的零配件（或货物）必须保证下一级供应商生产的连续进行，即不允许缺货；假设市场对核心产品的需求量在一段时间内是连续的、稳定的；假设供应商供应的货物（或零配件）的数量在一段时间内是连续的、稳定的，等等。

以下将研究适合于敏捷供应链的库存协调模型，其中考虑供应链的成本以及对顾客的服务水平等评价指标。

4.4   敏捷供应链多级库存策略重组模型

为了适应快速变化的市场环境对供应链敏捷性的要求，供应链各节点的库存策略需要根据市场需求和决策者对供应链的绩效需求而变更。建立图49.3-74所示的敏捷供应链库存策略设计和重组过程：首先定义供应链的网络结构和物料流、信息流等供应链过程，设定供应链运作的多个目标，如成本、顾客需求满意度等，建立供应链的优化模型并进行优化过程，得到基于供应链整体绩效考虑的各节点的理想库存策略，然后可根据决策者的意图对所设计的策略进行评价，如果满足要求则实施，否则进行下一轮的优化过程。

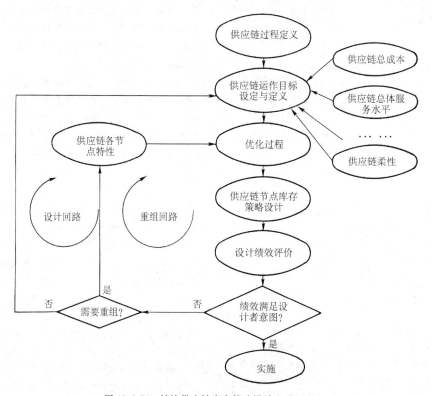

图 49.3-74   敏捷供应链库存策略设计和重组过程

（1）供应链总体运行策略模型

供应链中的运行策略包括了许多方面，如供应链成员间的利益分配、各节点的生产规划、产品促销、产品组合策略等。这里主要研究在产品种类相对稳定情况下的供应链各成员间的产品供应流。以供应链的总体成本和柔性作为评价指标。

1）供应链总成本模型。供应链的总成本包括四部分：一是从供应商到工厂的原材料采购成本和运输成本；二是工厂生产的固定成本和变动成本；三是分销中心搬运和库存产品的变动成本与从工厂到分销中心的运输成本；四是从分销中心到顾客区的运输成本。供应链总成本模型：

$$Z = \sum_{rvj} \left[(a_{rvj} + \lambda_{rv}) A_{rvj} \right] + \sum_j (f_{2j} q_{2j}) + \sum_{ij} (U_{2ij} X_{ij}) +$$
$$\sum_k (f_{3k} q_{3k}) + \sum_{ikm} (U_{3ik} D_{im} y_{km}) + \sum_{ijk} (c_{ijk} C_{ijk}) +$$
$$\sum_{ikm} (d_{ikm} D_{im} y_{km}) \qquad (49.3\text{-}91)$$

2）供应链柔性表达。供应链柔性在这里主要考虑为生产能力柔性和分销能力柔性，其中工厂的生产柔性用生产能力和生产能力利用之差描述，分销柔性用现实的分销量和顾客需求之差描述。供应链柔性模型：

$$W = \left[\sum_j (q_{2j} \Phi_j) - \sum_{ij} (\delta_{2ij} X_{ij}) \right] \omega_2 / \sum_j (q_{2j} \Phi_j) +$$
$$\left[\sum_k (q_{3k} \beta_k) - \sum_{im} (\delta_{3ik} D_{im} y_{km}) \right] \omega_3 / \sum_k (q_{3k} \beta_k)$$
$$(49.3\text{-}92)$$

供应链系统收到的约束条件如下：

$$\sum_j A_{rvj} \leqslant \Psi_{rv} \qquad \forall r,v \qquad (49.3\text{-}93)$$

$$\sum_i (\tau_{ri} X_{ij}) \leqslant \sum_v A_{rvj} \qquad \forall r,j \qquad (49.3\text{-}94)$$

$$\sum_i (\delta_{2ij} X_{ij}) \leqslant \Phi_j q_{2j} \qquad \forall j \qquad (49.3\text{-}95)$$

$$\xi_{ij} q_{2j} \leqslant X_{ij} \leqslant \zeta_{ij} q_{2j} \qquad \forall i,j \qquad (49.3\text{-}96)$$

$$\alpha_k q_{3k} \leqslant \sum_{im} (\delta_{3ik} D_{im} y_{km}) \leqslant \beta_k q_{3k} \qquad \forall k$$
$$(49.3\text{-}97)$$

$$\sum_k y_{km} = 1 \qquad \forall m \qquad (49.3\text{-}98)$$

$$X_{ij} = \sum_k C_{ijk} \qquad \forall i,j \qquad (49.3\text{-}99)$$

$$\sum_{jk} C_{ijk} = \sum_m D_{im} \qquad \forall i \qquad (49.3\text{-}100)$$

$$\sum_j C_{ijk} = \sum_m (y_{km} D_{im}) \qquad \forall i,k$$
$$(49.3\text{-}101)$$

$$X_{ij}, C_{ijk}, A_{rvj} \geqslant 0 \qquad \forall i,v,j,k \qquad (49.3\text{-}102)$$
$$q_{2j}, q_{3k}, y_{km} = 0 \text{ 或 } 1 \qquad \forall j,k,m$$
$$(49.3\text{-}103)$$

其中：

式（49.3-93）是原材料供应限制。

式（49.3-94）是原材料运输限制。

式（49.3-95）是生产约束。

式（49.3-96）是工厂的生产数量控制。

式（49.3-97）保证分销中心的分销数量在最大分销规模与最小分销规模之间。

式（49.3-98）保证每个顾客区都分布有一个分销中心。

式（49.3-99）保证从工厂运输的产品数量与工厂的生产数量相等。

式（49.3-100）保证所有的需求都得到满足。

式（49.3-101）保证每个顾客区的需求得到满足。

在实际中，常常把供应链柔性作为约束条件来处理，即决策者在 $[0,1]$ 范围选择适当的柔性期望值 ε，然后令

$$W \geqslant \varepsilon \qquad (49.3\text{-}104)$$

这样，供应链战略优化问题可以表述为，在约束条件式（49.3-93）~式（49.3-104）条件下求取目标函数（1）的最小值，即在一定的产品需求组合下，求解一定时期内工厂向各个分销中心运送的产品总量 C_{ijk}、供应商向工厂运送的产品总量 A_{rvj}、工厂生产各产品的产量 X_{ij} 以及分销中心的设置 q_{3k} 和各分销中心对相应顾客区的服务 y_{km} 等。一般来说，随着供应链柔性要求的增高，成本呈一定的上升趋势，决策者便需要在此两者之间做出权衡。

（2）供应链库存策略的优化

通过供应链的总体运行策略的求解可确定一定时期内供应链成员的生产数量以及各成员间的总体物流情况，下面以一个由多个仓库组成的供应链系统中的多级库存控制策略为例，研究供应链的库存策略选择和优化。

考虑由一个主机企业（生产商）、一个分销商和 N 个零售商仓库组成的分布式库存系统，假设各个仓库间可以进行信息的交流并可以相互补充货物，如图49.3-75所示。面对不同的顾客需求，主机企业选择相应的库存点进行供货，根据各个仓库的库存情况，当零售商的总库存量降至总订货点以下时，在订货点以下的零售商按规定的订货数量提出订货，否则，进行相互补充。各个零售商的合作机制为：当某零售商面临缺货时，若其他零售商有多余的存货，则该零售商供应多余的存货给缺货的零售商，在此机制下，可以减少缺货零售商的缺货成本和拥有多余存货的零售商的存货成本，同时也减少了整个供应链为了应付零售商的紧急订单所付出的成本。参照刘利民建立的模

型（刘利民，2002），对某种商品，对各个零售商仓库作如下假定（见表49.3-20）：

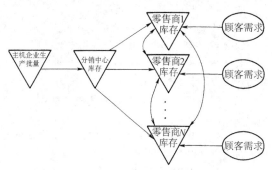

图49.3-75 研究的供应链库存系统的物流结构

表49.3-20 供应链多目标模型符号说明

变量	定 义
I	产品类型编号，$i=1,2,\cdots,I$
V	供应商（供应链第1层）编号，$v=1,2,\cdots,V$
J	制造商（供应链第2层）编号，$j=1,2,\cdots,J$
K	分销中心（供应链第3层）编号，$k=1,2,\cdots,K$
M	零售商（供应链第4层）编号，$m=1,2,\cdots,M$
R	原材料类型编号，$r=1,2,\cdots,R$
a_{rvj}	原材料 r 从供应商 v 到制造商 j 的单件运输费用
c_{ijk}	产品 i 从制造商 j 到分销中心 k 的单件运输费用
d_{ikm}	产品 i 从分销中心 k 到零售商 m 的单件运输费用
λ_{rv}	原材料 r 对供应商 v 的成本
U_{2ij}	产品 i 在制造商 j 处的单件制造成本
U_{3ik}	产品 i 在分销中心 k 处的单件通过成本（库存和搬运成本）
F_{2j}	某一时段工厂 j 的固定成本
F_{3k}	某一时段分销中心 k 的固定成本
Ψ_{rv}	供应商 v 生产原材料 r 的能力
δ_{2ij}	生产一件产品 i 在工厂 j 所需生产的标准件数
δ_{3ik}	每一件产品 i 在分销中心 k 所需的标准件数
Φ_j	每个工厂的标准产品生产能力
τ_{ri}	单位产品 i 对每种原材料 r 的利用率
ξ_{ij}	工厂 j 产品 i 的最小生产规模
ζ_{ij}	工厂 j 产品 i 的最大生产规模
α_k	分销中心 k 的最小分销量
β_k	分销中心 k 的最大分销量
X_{ij}	某一时段工厂 j 生产的产品 I 的数量（件）
C_{ijk}	某一时段分销中心 k 从工厂 j 订购的产品 i 的数量（件）
A_{rvj}	某一时段制造商 j 从原材料供应商 v 订购的原材料 r 的数量（件）
D_{rm}	顾客区 m 对产品 i 的平均需求
Z	总成本
W	供应链柔性
η	顾客需求满足水平绩效，$[0,1]$
γ	运送柔性绩效水平，$[0,1]$
ε	柔性期望值，$[0,1]$
ω_2,ω_3	能力利用的权重，$[0,1]$
q_{2j}	工厂设置，取值为1或0
q_{3j}	分销中心设置，取值1或0
y_{km}	分销中心 k 对顾客区 m 的服务，取值1或0

主机企业进行统一库存策略规划，各个库存节点都采用连续盘查-固定订货量库存控制策略——(R,Q) 订货策略，订货允许所占的最大总金额 CC；

在 t 时段，每个零售商仓库的需求分别为 D_{kt}，服从 $N(\mu_k,\sigma_k^2)$ 的正态分布，$k=1,\cdots,N$；

每个仓库的最大库容分别为 VV_k，$k=1,\cdots,N$，库存允许的最大库容 CV_k；

分销商到各仓库的提前期分别为 L_k，$k=1,2,\cdots,N$；

在 t 时段，制造商的供货能力为 GQ_t；

顾客需求满足率为 P_r；

假定主机企业到分销中心的提前期为 L_m；在 t 时段分销商的总需求为 Q_t。

优化目标：在资源和能力有限的情况下，确定各仓库的库存控制策略（安全库存、订货点、订货量），取得顾客满意度与库存总成本的平衡。

从顾客关系角度讲，过低的顾客需求满足率会导致顾客忠诚度（customer loyalty）的降低，这在市场竞争激烈的今天是尤为可怕的，因而以可接受的概率来保证顾客需求满足是非常重要的。首先，这里引入顾客需求满足率的表达，将供应链中各零售商库存的顾客需求满足率定义为现有库存能够满足订单的概率：

$$P_r=P[D_{kt}\leq I_{kt}]\qquad(49.3\text{-}105)$$

考虑的供应链库存成本主要包括以下几项费用：

订货成本（ordering cost）：与订购和进货有关的成本，主要指发出订单、验收货物和将货物移至仓存储的相关的成本。订货成本一般与采购数量的关系不大，而与订货次数有关，因而这里假定订货成本的金额是固定的。

购货成本（purchasing cost）：物料的采购成本与采购的数量有关，当采购数量达到一定范围时，物料的单价可能随采购量的增加而有所折扣，但也有涨价的可能。这里假定物料的单件购货成本是一定的。

储存成本（carrying cost）：物料的储存成本包括资金积压损失、保险费、物料维护费等。

缺货成本（shortage cost）：存货数量不能满足需求时所产生的损失。缺货成本通常可分为"可计算的有形缺货成本"和"不可计算的无形缺货成本"。前者包括停工待料的损失成本、延期交货的惩罚成本与销售损失的机会成本；后者包括信誉损失与顾客丧失产生的成本。

据此建立的供应链库存控制成本模型见表49.3-21。

表 49.3-21 供应链库存策略优化模型符号说明

符号	定　义
I_{kt}	零售商仓库 k 在 t 时段的初始库存，$k=1,2,\cdots,N$
I_t	分销商仓库在 t 时段的初始库存
$p_k(j)$	零售商仓库 k 在 t 时段需求为 j 的概率分布
Q_{kt}	零售商仓库 k 在 t 时段向分销商的订货量
Q_t	分销商仓库在 t 时段向主机企业的订货量
R_k	零售商仓库 k 在 t 时段的订货点
R	分销商仓库在 t 时段的订货点
ss_k	零售商仓库 k 在 t 时段的安全库存
ss	分销商仓库在 t 时段的安全库存
$c0_{kt}$	零售商仓库 k 在 t 时段每次购货的订货成本
$c0_t$	分销商仓库在 t 时段每次购货的订货成本
$c1_{kt}$	零售商仓库 k 在 t 时段单位商品的采购成本
$c1_t$	分销商仓库在 t 时段单位商品的采购成本
$c2_{kt}$	零售商仓库 k 在 t 时段单位商品的储存成本
$c2_t$	分销商仓库在 t 时段单位商品的储存成本
$c3_{kt}$	零售商仓库 k 在 t 时段单位商品的缺货损失成本
$c3_t$	分销商仓库在 t 时段单位商品的缺货损失成本
$c4_{kt}$	零售商仓库 k 在 t 时段的单位运输费
ds_{kj}	零售商仓库 k 到仓库 j 的距离
CW_k	零售商仓库 k 的订货总费用
CWT_k	零售商仓库 k 的调拨总费用
Q_{kjt}	零售商仓库 k 在 t 时段向仓库 j 的调货量（调入为正，调出为负）
μ_k	零售仓库 k 在某时段的需求均值
σ_k^2	零售仓库 k 在某时段的需求方差
$\bar{\mu}_k$	零售仓库 k 在单位时间的需求均值
k_r	零售商库存安全系数
P_r	顾客需求满足率
$P_{\mu\geqslant k}(k)$	标准正态分布中变量大于等于 k 的概率
$\Phi(k)$	标准正态分布中变量为 k 时的累积分布函数

$$TC = TC_m + \delta\Big(\sum_{k=1}^{N}R_k - \sum_{k=1}^{N}I_{kt}\Big) \times TC_1 +$$
$$\delta\Big(\sum_{k=1}^{N}I_{kt} - \sum_{k=1}^{N}R_k\Big) \times \Big(1 - \prod_{k=1}^{N}\delta(I_{kt}-R_k)\Big) \times TC_2$$
$$(49.3\text{-}106)$$

则建立供应链库存策略的多目标模型

$$\min TC$$
$$\max P_r \qquad (49.3\text{-}107)$$
$$\text{s. t. } I_{k(t+1)}V_0 \leqslant VV_k \quad k=1,2,\cdots,N$$
$$(49.3\text{-}108)$$

$$\sum_{k=1}^{N}Q_{kt} \leqslant GQ_t \qquad (49.3\text{-}109)$$

$$c1_{kt}\sum_{k=1}^{N}Q_{kt} \leqslant CC \qquad (49.3\text{-}110)$$

$$V_0\sum_{k=1}^{n}I_{k(t+1)} \leqslant CV \qquad (49.3\text{-}111)$$

其中：

$$TC_m = Q_t \times c0_t + [Q_t \times c1_t \times Q_t - \delta(Q_{kt}) \times c1_{kt} \times Q_{kt}] + c2_t \times (I_t + Q_t - D_t) \qquad (49.3\text{-}112)$$

$$D_t = \sum_{k=1}^{N}D_{kt} \qquad (49.3\text{-}113)$$

$$TC_1 = E\sum_{k=1}^{N}(CW_k) \qquad (49.3\text{-}114)$$

$$TC_2 = E\sum_{k=1}^{N}(CWT_k) \qquad (49.3\text{-}115)$$

$$I_{k(t+1)} = I_{kt} + Q_{kt} - D_{kt} \quad k=1,2,\cdots,N$$
$$(49.3\text{-}116)$$

$$CW_k = \delta(Q_{kt}) \times c0_{kt} + \delta(Q_{kt}) \times c1_{kt} \times Q_{kt} +$$
$$c2_{kt} \times (I_{kt} + Q_{kt} - D_{kt}) +$$
$$c3_{kt} \times (D_{kt} - I_{kt} - Q_{kt})$$
$$= \delta(Q_{kt}) \times c0_{kt} + \delta(Q_{kt}) \times c1_{kt} \times Q_{kt} +$$
$$c2_{kt} \times \sum_{D_{kt}\leqslant I_{kt}+Q_{kt}}[(I_{kt}+Q_{kt}-D_{kt}) \times p_k(D_{kt})] +$$
$$c3_{kt} \times \sum_{D_{kt}>I_{kt}+Q_{kt}}[(D_{kt}-I_{kt}-Q_{kt}) \times p_k(D_{kt})]$$
$$k=1,2,\cdots,N \qquad (49.3\text{-}117)$$

$$CWT_k = \delta_2(Q_{kt}) \times c0_{kt} + c2_{kt} \times (I_{kt}+Q_{kt}-D_{kt}) +$$
$$c3_{kt} \times (D_{kt}-I_{kt}-Q_{kt}) +$$
$$\sum_{j\neq k}[\delta_2(Q_{kt}) \times c4_{kt} \times Q_{kjt} \times ds_{kj}]$$
$$= \delta_2(Q_{kt}) \times c0_{kt} + c2_{kt} \times$$
$$\sum_{D_{kt}\leqslant I_{kt}+Q_{kt}}[(I_{kt}+Q_{kt}-D_{kt}) \times p_k(D_{kt})] +$$
$$c3_{kt} \times \sum_{D_{kt}>I_{kt}+Q_{kt}}[(D_{kt}-I_{kt}-Q_{kt}) \times p_k(D_{kt})] +$$
$$\sum[\delta_2(Q_{kjt}) \times c4_{kt} \times Q_{kjt} \times ds_{kj}] \quad k=1,2,\cdots,N$$
$$(49.3\text{-}118)$$

式（49.3-118）中，$Q_{kt} = \sum_{j\neq k}Q_{kjt}$，$k,j=1,2,\cdots,N$ $\qquad (49.3\text{-}119)$

另外，
$$\delta(Q) = \begin{cases} 1 & Q>0 \\ 0 & Q\leqslant 0 \end{cases} \qquad (49.3\text{-}120)$$

$$\delta_2(Q) = \begin{cases} 1 & Q\neq 0 \\ 0 & Q=0 \end{cases} \qquad (49.3\text{-}121)$$

零售商的安全库存量可表达为

$$ss_k = k_r\sigma_k \qquad (49.3\text{-}122)$$

另外，订货点应包括订购提前期需求量加上期望服务水平下的安全库存量，两者关系可表达为

$$R_k = ss_k + L_k \times \bar{\mu}_k \qquad (49.3\text{-}123)$$
$$1 - P_r = P_{\mu\geqslant k}(k_r) = 1 - \Phi(k_r) \qquad (49.3\text{-}124)$$

（3）遗传算法求解过程

考虑由一个分销中心、三个零售商组成的供应链系统，按照上面的模型，设各个零售商仓库的参数为：提前期内的需求分布分别为 N（150，150）、N（170，170）和 N（220，220）；初始库存量分别为50件、70件和90件；最大库存容量都为 600m^2，每件商品占用的库存为 1m^2；交易费都为 120 元/次；购货费为 40 元/件；存储费为 0.5 元/件；提前期为 3

天；缺货损失为 200 元/件。分销商的各项参数为：初始库存量为 200 件；最大库存容量为 3000m²；交易费为 400 元；存储费为 0.2 元/件；提前期为 3 天。考虑时段为 30 天。

供应链库存优化问题属于 NP-hard 问题，用传统的数学方法求解，过程复杂而且效率不高，用启发式算法求解效率高但解的质量难于保证。这里采用兼具求解效率与效果的多目标遗传算法。

用 EPEA 进行订货量的求解，主要参数确定通过以下方面来考虑：

编码与解码：遗传算法操作的对象为能表示问题解的字串，在进行演算算法之前要对问题进行编码，将问题的决策变量转化为固定长度的字串，字串中的符号相当于生物学上的基因，记录着生物个体的遗传特性，将这些符号排列成字串就形成了染色体。对本问题采用实数编码，每一仓库的订货量 Q_k 代表一个基因，根据约束条件可以进一步确定问题的可行域。

初始化群体：群体规模影响遗传优化的最终结果以及遗传算法的执行效率。当群体规模 n 太小时，遗传算法的优化性能一般不会太好，采用较大的群体规模则可以减少遗传算法陷入局部最优解的概率，但大的群体规模意味着计算复杂度高，这里取 $n=20$。

适应度函数确定：适应度函数是用以评估原始问题的目标函数，通过适应度函数计算染色体的适应度值，并以此来提供判断染色体优劣的依据。适应度值较佳者，被选取以产生下一代的几率较高，而适应度较差的，则容易遭到淘汰，以此进行优生演化。对供应链库存控制问题，适应度是对所选策略有效性的测量，这里直接用成本函数表达。

复制：模拟自然界"适者生存，不适者淘汰"的法则，从染色体群中，利用适应度值的评估结果，将适应度程度较好者挑选并复制至交叉盘中，以准备演化产生新的染色体子代。

交叉：交叉率 P_c 控制着交叉操作被使用的频度。较大的交叉率可增强遗传算法开辟新的搜索区域的能力，但原本适应度值好的染色体却可能因此遭到破坏，演化成适应度值较劣的染色体，而失去优生演化的效果；若交叉率太低，遗传算法搜索可能陷入迟钝状态，这里取 $P_c=0.5$。

变异：变异在遗传算法中属于辅助性的搜索操作，它的主要目的是维持群体的多样性。一般来说，低频度的变异可将染色体中导入其他的基因结构，以进行其他可行解区域的搜寻，但过高的突然变异率将使遗传算法趋于纯粹的随机搜索的求解方法，这里取 $P_m=0.05$。

在此条件约束下，采用前面建立的 EPEA 软件过程进行搜索，在顾客需求满意率为 96% 时的收敛曲线如图 49.3-76 所示。

经过进化得到的相应顾客需求满足率情况下的最优方案见表 49.3-22。

供应链的库存成本与顾客需求满足率的关系曲线如图 49.3-77 所示。

此时决策者可以在顾客需求满足率和总成本之间做出权衡，选择相应的库存补充策略。在供应链的运行过程中，随着外部需求的不断改变和企业特征如提前期的改变等，可以借此模型来对供应链中的库存策略进行改进和重组，以在一定的顾客满足率情况下使库存总成本最小。

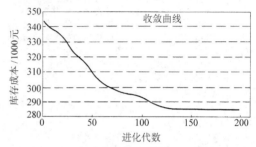

图 49.3-76 进化过程的收敛曲线

表 49.3-22 一定顾客满足率下的最优方案

仓库	订货点	安全库存量	订货量
零售仓库 1	165	15	332
零售仓库 2	187	17	349
零售仓库 3	240	20	376
分销商仓库	570	30	1025
顾客需求满足率:90%		总成本:264430 元	
零售仓库 1	171	21	342
零售仓库 2	193	23	362
零售仓库 3	246	26	395
分销商仓库	580	40	1248
顾客需求满足率:96%		总成本:284740 元	
零售仓库 1	175	25	354
零售仓库 2	197	27	387
零售仓库 3	251	31	435
分销商仓库	589	49	1452
顾客需求满足率:98%		总成本:308940 元	

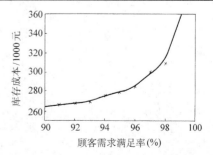

图 49.3-77 库存成本与顾客需求满足率关系曲线

第4章 自组织设计技术与方法

元胞自动机模型能十分方便地复制出复杂的现象或动态演化过程中的吸引子、自组织和混沌现象。一般来说，复杂系统由许多基本单元组成，当这些子系统或基元相互作用时，主要是邻近基元之间的相互作用，一个基元的状态演化受周围少数几个基元状态的影响。在相应的空间尺度上，基元间的相互作用往往是比较简单的确定性过程。用元胞自动机来模拟一个复杂系统时，时间被分成一系列离散的瞬间，空间被分成一种规则的格子，每个格子在简单情况下可取 0 或 1 状态，复杂一些的情况可以取多值。在每一个时间间隔，网格中的格点按照一定的规则同步地更新它的状态，这个规则由所模拟的实际系统的真实物理机制来确定。格点状态的更新由其自身和四周邻近格点在前一时刻的状态共同决定。不同的格子形状、不同的状态集和不同的操作规则将构成不同的元胞自动机。在一维模型中，是把直线分成相等的许多等分，分别代表元胞或基元；二维模型是把平面分成许多正方形或六边形网格；三维模型是把空间划分出许多立体网格。

以元胞自动机为基础的模型提供了完全不同的另外一种方法。在这个方法中，时间空间变量以至描述系统状态的变量都是分立的，它们所展示的自组织过程的复杂行为完全可以和微分方程或迭代映射所提供的相媲美。另一方面，由于元胞自动机所固有的特点，可用于描述更为复杂的现象。

1 自组织技术基础

1.1 "生命的游戏"

1943 年，数学家匹茨（Pitts）和神经心理学家麦卡洛克（McCulloch）设想了一个由常规的神经元组成的系统，每个神经元相当于一个逻辑元胞，可以选择不同的逻辑值，而这些逻辑元胞可以在下一个时间一起将它们的逻辑值传递到别的逻辑元胞，那么，它们综合作用的结果就将是下一个时间系统的结果，这种可以自动演化的机器就是所谓的图灵机（Turing）或有限状态机。元胞自动机最早是由冯·诺伊曼（Von Neumann）和乌拉姆（Ulam）于 20 世纪 60 年代提出的。冯·诺伊曼提出构造一个不确定的生命模型系统的设想，这个系统可以智能地自我演化。后来，冯·诺伊曼将这个模型发展为一个网格状

的自动机网络，每个网格为一个元胞自动机，元胞状态有生和死，相当于人体组织的存活和消亡。但是，早期的元胞自动机思想，许多问题处于未知状态。当时的名字叫元胞空间（cellular spaces），用于模拟生物学中的自复制。后来被用于研究许多其他现象，随之又出现了各种各样的名称，例如元胞结构（cellular structures）、镶嵌自动机（tessellation automata）以及元胞自动机（cellular automata）等。

1970 年，剑桥大学数学家 Conway 发明了一种叫作"生命的游戏"的游戏，这个游戏完全体现了动态元胞自动机的特征。游戏是这样的：如图 49.4-1 所示，游戏是在一张类似棋盘的平面网格上进行的，这些网格上可以放上棋子或不放，由游戏规则决定。棋子的意思代表一个生命存活，而没有棋子的地方代表无生命存活。开始时，在网格上随机地摆上一些棋子，然后，按照一定的规则来确定每个有棋子位置上棋子的存在，以及没有棋子位置上是否加入新的棋子。规则是：每个棋子有可能有 8 个邻居，而有 4 个是直接相邻的，如果目前的棋子有 2 个或 3 个邻居，那么它将在下一次考虑被保留；如果它有 4 个或 4 个以上邻居时，它将被认为是因为人口过多将会死亡而被取走；如果只有 1 个或没有邻居，那么将会因为过于寂寞而死，所以也将被取走。同时，如果当前位置上没有棋子，而此位置周围正好有 3 个邻居时，那么这个位置将被放上一个新的棋子。整个游戏就按这个规则进行下去，一代，一代……

图 49.4-1a 所示为在游戏过程中任取的三个连续状态。特别需要说明的是，处于边界的元胞，在判断时认为网格的外围存在一圈网格，但网格默认为是空白的（至于边界的处理方法将在后续节中讨论）。

从这个游戏中我们可以发现，元胞自动机系统中存在两个操作对象：元胞的状态和系统演化规则。其中元胞状态一般可以取二值变量，如 0 和 1，其实在复杂的元胞自动机系统中，元胞状态还可以取一段连续的数据，如取 1~10 之间（包括 1 和 10）的任意值。其次，系统演化规则是一个映射关系的有限集，而这些映射关系都是一些十分简单的演化状态迁移规则：如果 1 个元胞处于活着的状态，则在 8 个相邻元胞中有 2 个或 3 个活着时，在下一时刻继续活着，否则就死亡。另一方面，如果 1 个元胞处于死亡状态，但在邻域中有 3 个元胞处于活着的状态，则下一时刻

这个元胞的状态变成活着，否则仍保持死亡状态。

　　这个规则模拟生命在过分拥挤或孤单时不能生存和生命在一定条件下可以诞生的情况。可以用计算机来模拟这些规则，有趣的是，用这些简单规则定义的元胞自动机能够模拟生命活动中的生存、灭绝、竞争等复杂现象。在这个游戏中，实际上体现了一个二维的元胞自动机的运作过程。其状态迁移规则如图49.4-1b 所示。

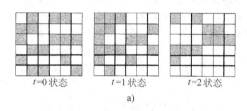

$t=0$ 状态　　　$t=1$ 状态　　　$t=2$ 状态

a)

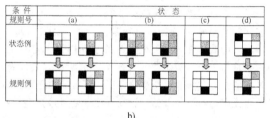

b)

图 49.4-1　元胞自动机的棋盘游戏模型

a) 元胞自动机的棋盘游戏状态迁移例　b) 状态迁移规则例

1.2　元胞自动机的基础

　　元胞自动机是一种模型，可以让大量的简单元胞在某些简单的本地规则作用下产生各种复杂的系统状态。通常，元胞自动机是一套格子的 n 维组合（n 为自然数），每个格子驻留了一个有限状态自动机，每个自动机以其相邻的，具有有限状态的元胞格的状态作为输入。然后输出一个处于同一有限状态集合的状态，它可以作如下表示

$$\{s_1,s_2,\cdots,s_n\}^{\Sigma}\Rightarrow\{s_1,s_2,\cdots,s_n\} \quad (49.4\text{-}1)$$

式中，Σ 表示有限状态 s_1，s_2，…，s_n 组成的子集；$\Rightarrow$ 为映射操作；n 为有限状态的个数，即元胞自动机的状态是与其相邻的自动机状态交互作用的结果。元胞自动机的相邻元胞取舍情况一般如图49.4-2 所示。

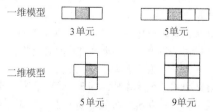

图 49.4-2　元胞和邻居元胞

　　以上模型均将中央元胞作为邻居，实际上，也可以不包括中央元胞。元胞自动机模型是建立在一个简单状态集和一套本地交互规则基础上的，是可以自我发展，自我完善的，可以不断扩展并可以按一定规则描述复杂系统状态和预测系统未来的自动机器。将上面"生命的游戏"例子的元胞自动机系统数学模型化后，我们就可以用这样一个公式来表示元胞自动机模型的系统状态和规则应用情况。任意时刻某元胞的取值 a 由下式确定

$$a_{i,j}^{t}=f(\,a_{i,j}^{t-1}\,,a_{i-1,j-1}^{t-1}\,,a_{i-1,j}^{t-1}\,,a_{i,j-1}^{t-1}\,,a_{i+1,j+1}^{t-1}\,,$$
$$a_{i+1,j}^{t-1}\,,a_{i,j+1}^{t-1}\,,a_{i+1,j-1}^{t-1}\,,a_{i-1,j+1}^{t-1})$$

$$(49.4\text{-}2)$$

　　事实上，这个模型是一个二维元胞自动机模型，在元胞自动机思想的应用中还可以建立一维、三维和多维元胞自动机模型。它们都是按照这样一个简单的方法建立起来的可以模拟和仿真大型复杂的静态、动态和混合形式的系统。从算术的关系角度来看，元胞自动机模型实际上是从有限状态机（Finite State Machine）演绎而来的，但是元胞自动机模型在更高层次上处理一维、二维或多维复杂系统的状态演化。它主要处理元胞阵列上元胞状态的读、写和更新的过程。

　　（1）一维简单元胞自动机

　　设在一维直线上均匀地分布着 N 个元胞，任一时刻每个元胞可取 k 个整数值中的一个，某个元胞 i 在下一时刻的取值由现在时刻在半径为 r（r 为整数）内的邻居的值共同确定。用公式表示为

$$a_i^{(t+1)}=\phi(\,a_{i-r}^{(t)}\,,a_{i-r+1}^{(t)}\,,\cdots,a_i^{(t)}\,,\cdots,a_{i+r-1}^{(t)}\,,a_{i+r}^{(t)})$$

$$(49.4\text{-}3)$$

其中，$a_i^{(t)}$ 表示元胞 i 在 t 时刻取值，$a_i^{(t+1)}$ 是元胞 i 在 $t+1$ 时刻的取值；ϕ 为某种函数关系。在最简单的情况下，$k=2$，a_i 可取 0，1 两个值，$r=1$，式（49.4-3）简化为

$$a_i^{(t+1)}=\phi(\,a_{i-1}^{(t)}\,,a_i^{(t)}\,,a_{i+1}^{(t)}) \quad (49.4\text{-}4)$$

　　式（49.4-4）即为一维二值三邻居简单元胞自动机的演化公式。

　　由此我们看到，一维简单元胞自动机具有两个最显著的特点：

　　1）元胞之间的相互作用是最邻近的局域作用。

　　2）元胞只取 0，1 两个值，任何时刻只能取其中的一个。

　　对于一维二值三邻居元胞自动机来说，式（49.4-4）共有 256 组，每组给出元胞三邻居八种可能组态 111，110，101，100，011，010，001，000 在下一时刻所决定的元胞 i 的取值，沃尔夫勒姆（S. Wolfram）用规则号来说明不同的演化规则，如对

于 90 规则（90 的二进制表示为 01011010），其八种组态的取值方法如下

111　110　101　100　011　010　001　000
　0　　1　　0　　1　　1　　0　　1　　0

一维空间中（有限或无限），所有的元胞都按给定的规则同步更新，给定直线上所有元胞一个初始的取值分布，在某种规则演化下，元胞取值将按一定规律进行变化，图 49.4-3 给出 $N=63$，初始分布只有 $i=32$ 的元胞取 1，其他取 0 值，图 49.4-3a 经 90 规则演化 31 步，图 49.4-3b 经 150 规则演化 31 步后，将所有的分布图按时间先后从上到下排列所得到的演化图。图 49.4-4 的初始分布中，每个元胞取值 0 或 1 是随机的。其中取值 1 用黑点表示，取值 0 用空白表示。

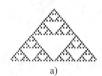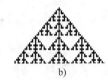

图 49.4-3　"1"值初始位形的元胞自动机演化
a）90（01011010）　b）150（10010110）

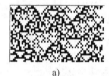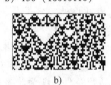

图 49.4-4　随机初始位形的元胞自动机演化
a）90（01011010）　b）150（10010110）

除一维元胞自动机外，还可以研究分布在半无限直线上的元胞自动机。这时将它的一个端点记为 $i=0$，而用所有非负整数表示元胞位置，在局部映射中，自变量只出现 a_i，a_{i+1}，…，a_{i+r}，我们称这样的元胞自动机为单向（one-way）元胞自动机。

如果局部映射的形式为

$$a_i^{t+1}=f(a_{i-r}^t+\cdots+a_i^t+\cdots+a_{i+r}^t)$$

即在邻域中每个元胞的状态都起同样的作用，则称为完全（totalistic）元胞自动化。在用元胞自动机模拟某些物理现象时，往往会对局部映射提出某些附加限制，常用的有：

① 如将符号 0 看作静止状态，则要求
$$f(0,0,\cdots,0)=0$$

② 除了 f 与 i 无关这个反映空间齐性的条件之外，还要求 f 是对称的，即
$$f(a_{i-r},\cdots,a_i,\cdots,a_{i+r})=f(a_{i+r},\cdots,a_i,\cdots,a_{i-r})$$
它是空间各向同性的反映。

称满足这两个条件的元胞自动机为合法（legal）元胞自动机。

（2）元胞自动机演化位形与形式语言描述

1）元胞自动机演化位形的复杂性。图 49.4-5a、b、c 是一维二值三邻居元胞自动机 128、36、90 规则在某个范围内的随机初始位形上经 13 步演化得到的演化图，图 49.4-5d 是由一维二值五邻居 52 规则演化得到。可见，一维元胞自动机演化产生的位形图可分成四类：①随时间演化消失；②到达一个固定的有限尺寸；③以一定的速率不断生长；④无规则地收缩和生长。前三类分别对应于连续动力学系统的极限点、极限环和混沌吸引子。第四类表现复杂，人们猜想能进行通用计算。

2）元胞自动机位形集合与形式语言。一维 N 元胞元胞自动机在时刻 t、位置 i 取值 $a_i^{(t)}$ 为 $S=\{0,1,\cdots,k\}$ 中的一个，这些值组成的所有可能的序列构成元胞自动机位形的有限集合 ΣS^N，局域规则（1.2）完成 $2r+1$ 个 S 中的值到一个 S 中值的映射，并从整体上导致元胞自动机集之内的一个映射

$$\boldsymbol{\Phi}:\boldsymbol{\Sigma}\to\boldsymbol{\Sigma} \tag{49.4-5}$$

一般地有

$$\boldsymbol{\Omega}^{(t+1)}=\boldsymbol{\Phi}\boldsymbol{\Omega}^{(t)}\subseteq\boldsymbol{\Omega}^{(t)} \tag{49.4-6}$$

其中

$$\boldsymbol{\Omega}^{(t)}=\boldsymbol{\Phi}^{(t)}\boldsymbol{\Sigma}$$

在此，元胞自动机演化位形集合可看作一种形式语言。S 是字母集，一个元胞自动机位形等同于语言中的一个单字，演化规则中即为产生规则。

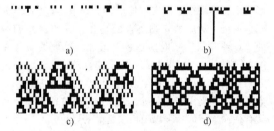

图 49.4-5　元胞自动机演化时空结构的四种类型
a）128（10000000）　b）36（00100100）
c）90（01011010）　d）52（00110100）

3）90 规则与 150 规则的形式语言。考虑一维简单元胞自动机 90 规则，从初始位形集 $\boldsymbol{\Omega}(0)=\Sigma$ 经一步演化得到 $\boldsymbol{\Omega}(1)$。90 的二进制展开为 01011010，演化规则如下：

$$111\to0,110\to1,101\to0,100\to1,\\011\to1,010\to0,001\to1,000\to0 \tag{49.4-7}$$

对于某个初始位形 $\boldsymbol{A}^{(0)}\in\boldsymbol{\Omega}^{(0)}$，经一步演化所得位形 $\boldsymbol{A}^{(1)}=\boldsymbol{\Phi}\boldsymbol{A}^{(0)}\in\boldsymbol{\Omega}^{(1)}$，位形 $\boldsymbol{A}^{(1)}$ 中某 i 的值 $a_i^{(1)}$ 由位形 $\boldsymbol{A}^{(0)}$ 中的三点 $\{a_{i-1}^{(0)},a_i^{(0)},a_{i+1}^{(0)}\}$ 确定。这种确定关系及 $\boldsymbol{A}^{(1)}$ 中各点的取值可由 Bruijn 图表示

（见图 49.4-6）。

图 49.4-6 中各节点代表 $A^{(0)}$ 中的 $\{a_i^{(0)}, a_{i+1}^{(0)}\}$，用弧线连接起来的两节点代表三邻居 $\{a_{i-1}^{(0)}, a_i^{(0)}, a_{i+1}^{(0)}\}$。弧线上的表达式即为式（49.4-7），每条弧线与一个符号值相连，图中每条可能的路径都对应一个特殊的初始位形 $A^{(0)}$，$A^{(1)}$ 则由 $A^{(0)}$ 相应的路径各弧线上的符号序列组成。图中所有的路径构成了 $\Omega^{(0)}-\Omega^{(1)}$。图 49.4-6 即是产生形式语言 $\Omega^{(1)}$ 的有限自动机的状态转移图。图中节点代表有限自动机的状态。每条弧代表有限自动机所接受的语言中的产生规则。若以 u_0，u_1，u_2，u_3 分别对应节点 00，01，10，11，则该语言产生式为

$$u_0 \rightarrow 0u_1, \quad u_0 \rightarrow 1u_1, \quad u_1 \rightarrow 0u_2, \quad u_1 \rightarrow 1u_3$$
$$u_2 \rightarrow 0u_1, \quad u_2 \rightarrow 1u_0, \quad u_3 \rightarrow 0u_0, \quad u_3 \rightarrow 1u_2$$
$$(49.4-8)$$

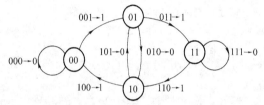

图 49.4-6　元胞自动机 90 规则的 Bruijn 图

由此得出结论：90 规则对应的语言是正则语言。

对所有的第 1、2 类一维元胞自动机，所对应的形式语言都是正则语言，但大部分第 3、4 类一维元胞自动机，对应的正则语言的复杂性（用状态图中的节点数表示）随时间迅速地增加，可能导致非正则语言极限集。对某些第 4 类元胞自动机来说，要确定某特殊的位形是否产生过则是 NP 完全性问题，90 规则是第 3 类元胞自动机，但其形式语言的复杂性却具有最简单的值，可以做比较精确的讨论。

图 49.4-6 中每个节点都有两条入线 0 和 1，两条出线 0 和 1，因此 4 个节点是等价的，其最小状态图如图 49.4-7 所示。

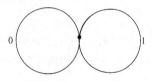

图 49.4-7　最小状态图

q_0	α_L	α_L	rq_1
q_1	1	1	rq_4
q_1	0	0	rq_2
q_1	α_R	α_R	rq_7

q_2	1	1	Lq_4
q_2	0	0	Lq_3
q_3	0	1	rq_5
q_3	1	1	rq_1
q_4	0	0	rq_5
q_4	1	0	rq_1

q_5	1	1	rq_6
q_5	0	0	rq_6
q_5	0	0	Lq_7
q_5	α_R	α_R	Lq_7

q_5	0	0	Lq_4
q_5	1	1	Lq_7
q_5	α_R	α_R	Lq_F

q_7	1	1	Lq_7
q_7	0	0	Lq_7
q_7	α_L	α_L	hq_F

由图 49.4-7 可知，90 规则产生位形的正则表达式为

$$\Omega^{(1)} = ((0^*)(1^*))^* \qquad (49.4-9)$$

图 49.4-7 和式（49.4-9）表明，对于任意时刻 t，90 规则产生位形的正则表达式为

$$\Omega^{(t)} = (0^*1^*)^* \qquad (49.4-10)$$

150 规则对应的状态转移图如图 49.4-8 所示，其形式语言与 90 规则具有完全相同的形式。

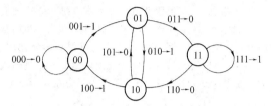

图 49.4-8　元胞自动机 150 规则的 Bruijn 图

（3）90 规则元胞自动机与 Turing 机

Turing 机被证明能描述任何算法。下面我们来构造 90 规则元胞自动机的图灵机。设一维元胞自动机在有限元胞上演化。元胞个数为 N，边界条件为恒"J"值（也可讨论其他边界条件）。设三元组基本图灵机为 $A = \{0, 1, \alpha_L, \alpha_R\}$，$Q = \{q_0, q_1, \cdots, q_7, q_F\}$，$V = \{L, r, h\}$，其中 A 表示字母集，4 个字母中 α_L 作为"1"值左边界条件，α_R 作为"1"值右边界条件，Q 为状态集合，9 个内部状态中，q_0 是起始状态，q_F 是终止状态。V 为动作集，L 表示读写头左移一格，r 表示右移一格，h 表示读写头不动。图灵机带上格子个数可取 $N+2$，各格子的计算顺序从左到右，当把 N 个格子处理完毕后读写头重新回到左端的起始处，这一过程可写作

$$\begin{matrix} \downarrow q_0 & & \downarrow q_F \\ \alpha_L S \alpha_R & \overset{*}{\Rightarrow} & \alpha_L S' \alpha_R \end{matrix} \qquad (49.4-11)$$

式中，S、S' 分别代表原位形与新位形；$\overset{*}{\Rightarrow}$ 代表所有的计算过程。处理完 N 个格子所需要的步数为 $4N+3$，若要继续进行下一次计算只需将 q_F 置为 q_0。图灵指令形式取为

$$q_i \quad a_j \quad a' \quad v \quad q' \qquad (49.4-12)$$

其中 $a' \in A$，$q' \in Q$，$v \in V$。

模拟恒"1"值左、右边界的 90 规则元胞自动机演化的图灵机，可取以下 19 条指令

上面的 T 程序对任何初始位形计算一次的结果等同于 90 规则对该初始位形演化一步。这种计算可用图灵机状态转移图表示，如图 49.4-9 所示。

对于通用图灵机 UT（Universal Turing），不但可以输入某些待计算的初始位形 S，也可以输入某个具体的 T 程序，若把 S 对应数 x，T 程序对应 Godle 数 t（如 90 规则的编号数 90），则 UT 的输入是数组 $\langle t, x \rangle$，UT 对这个数组的计算等同于图灵机对输入 S 的计算。

以上我们看到，通用图灵机事实上能模拟出所有的元胞自动机演化，反过来某个元胞自动机也可模拟某个特定的图灵机，以并行的方式在一个时间步中完成图灵机在若干时步所做的运算，因而降低了运算的时间复杂性，但并不是每个元胞自动机都可模拟通用图灵机，在一维二状态三邻居基本元胞自动机里没有哪个规则能与 1UT 对应。A. R. Smith 曾构造了一个 18 状态三邻居一维元胞自动机，可等价于已知的最简单通用图灵机（即 Minskey 的 7 状态 4 符号机）。二维元胞自动机的"生命"（2 状态 9 邻居）游戏亦被证明是计算通用的。人们推测第 4 类元胞自动机都能进行通用计算。给定合适的编码，这些元胞自动机原则上可模拟任何其他系统，从而展示任意复杂的行为。

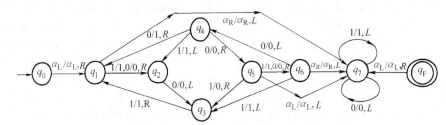

图 49.4-9 模拟元胞自动机 90 的 Turing 机状态转移图

1.3 元胞自动机的自组织建模方法

元胞自动机是不可判定的，换言之，不能用有限的程序步骤对元胞自动机演化图形的终态给出一般性的答案。但是元胞自动机具有强大的计算功能，它的并行运算方式为自组织建模展示了美好的前景。

（1）对象的元胞自动机抽象化模型分析

元胞自动机方法是一种用来分析一个静态或动态系统的方法，它主要通过对一个系统的抽象化、模型化来定义一个系统的状态。而在此过程中，它不像一般的数学物理方法那样死板的描述或仿真一个系统。用数学物理方法分析一个较为复杂的系统时，可能是十分困难的，甚至是不可能的。而元胞自动机方法采用了一些新的思想来简化分析过程，同时可以达到较好的仿真效果，同时可能成为稳定和可靠的方法。用元胞自动机方法分析一个系统包括以下几个方面内容：

1）确定要研究的对象系统的性质。

① 此系统是否一个自组织系统（self-organization）。对于一个系统，是否自组织系统是决定在分析系统过程中如何划分模块和简化数学模型的重要参照依据之一，因此在用元胞自动化方法分析系统时，若此系统是自组织系统，即在系统内部只有本地交互因素，而无外界相关因素（不变的、固定的连接因素）。那么，此系统将表现出一种相对稳定性（robust）。这样将有利于整个系统的综合分析，而实际上，系统因存在混沌吸引子（attractors）而呈现一种混沌状态。

② 此系统是一个静态系统还是一个动态系统。确定系统是动态还是静态是涉及系统模型的重要因素。因为静态系统和动态系统的建模是完全不同的，静态系统的内部结构是稳定的，而动态系统是不稳定的，但可能其系统特性是收敛的。

③ 此系统是一维、二维系统还是三维或多维系统。系统的状态与系统的维数关系密切，同时维数不同元胞自动机方法的应用也不同，而且还可能包括线性维和非线性维。

2）确定系统规则。系统规则的确定是整个系统元胞自动机分析的核心。元胞自动机在处理系统时，总是将系统细分为可以建模的元胞，这些元胞间关系的分析是较为简单的。一个元胞自动机模型，在外界条件的变化确定后，通过规则确定整个系统的各个元胞状态，以至整个系统各个元胞的状态，因此规则的确定及完善关系到将来系统状态的演化结果。

3）系统结构的规则。系统在确定了状态迁移之后，就可以确定系统的逻辑结构，将这些结构进行综合和优化之后，就可以将模块化的结构投入使用。

（2）对象的元胞自动机模型

A. I. Adamashii 在《辨识模糊元胞自动机》中认为：元胞自动机模型是可以被多维的具有可选整型变量值的格子，其中每个元胞可以选取一个特定的集合中的某个状态，并且这些状态均可以根据一个本地的转换功能函数做出改变，而此功能函数是由附近的其他元胞的状态作为输入的因素。这个定义也就是说一个元胞自动机模型是由一系列的元胞所组成的格子状系统，其中每一个元胞的值均属于某一个集合，而且每一个元胞的值由其附近的元胞（也可以包括本身）的前一个状态决定目前状态，依次类推，整个系统就按照此功能函数作线性或非线性状态变化。

例如在日常生活中，有些棋类就是给出一种初始状态和一系列规则，然后，由不同的对弈者选择不同的规则根据当前棋局状态做出下一个棋局状态的预测，再做决定。当然对弈的结果只有两种可能：一方胜出或和局。在上面的例子中，我们提到两个内容：

1）分析初始状态。在以上的例子中，我们给出的初始状态只是不同的棋子布局，这种布局将会影响以后布局的源泉。假使我们在开始时给出另一种布局状态，那么，整个结局将是完全不同的。这即说明，初始状态是影响一个系统状态的因素，但是我们又发现即使初始状态不变，每一棋子按这些规则运行下去后，整个棋局仍是极其微妙的。

2）分析规则。规则是我们事先给出的，用来约束系统状态的条件集合。在分析一个较为复杂的系统时，我们一般先选取一个有代表性的、较小的、不是太复杂的系统来分析，通过试验等方法来确定一系列有用的关系网（规则）。一般我们可以认为这种分析是正确的。然后将这种规则应用于那些较复杂的系统，这样分析复杂系统时就较为容易。沃尔夫勒姆（S. Wolfram）在大量的计算机试验的基础上，提出将所有元胞自动机的动力学行为归纳为四类：

① 趋于一个空间平稳的构形，即指每一个元胞处于相同状态。

② 趋于一系列简单的稳定结构或周期结构。

③ 表现出混沌的非周期行为。

④ 出现复杂的局部结构，或者说是局部性的混沌，其中有些会不规则地传播。

这种分类不是严格的数学定义。前三类行为相当于低维动力系统中常见的不动点、周期与混沌，第 4 类行为可以与生命系统等复杂系统中的自组织现象相比拟。而我们认为第 4 类行为其实是高维系统中的低维混沌，仍可以归入混沌类行为，它是复杂构形的典型体现。按照沃尔夫勒姆的观点，众多（也许所有）的元胞自动机的动力学行为可归纳成数量如此之少的几类，这已是非常有意义的发现。它反映这种分类可能具有某种普适性，很可能有许多物理系统或生命系统可以按这样的分类方法来研究，尽管在细节上可以不同，但每一类中的行为在定性上是相同的。

（3）对象的元胞自动机模型构造

系统分析是对一个系统进行仿真分析的第一环节，只有处理好系统分析才能有一个较好的建模。在进行系统综合分析时，首先按系统的状态受影响的复杂程度将系统分为简单系统和复杂系统。简单系统主要指系统内部较为稳定，同时所有输入只有内部本地交互响应，而无外部输入响应的系统。复杂系统一般指包括外部复合条件的响应系统，而这类系统又可以划分为多个简单系统，这些简单系统又可以按另一种元胞自动机规划的系统，这里仅论述一下简单系统。

1）对系统进行格状分割。这个过程的关键是将整个系统看作无数个小元胞构成，而且每个小元胞应具有可选状态。当我们取定初始状态进行分析时，一定要注意每个小元胞与别的元胞发生的相互作用，即应选定本地元胞与相互作用相邻元胞数，同时此元胞数一定要远远小于整个元胞自动机系统的元胞总数。

2）初始状态的确定。初始状态指已经确定的、经过划分的各元胞的演化初始值，其状态可以是布尔值或者一段连续变量值，关键是应注意其初始状态要具有代表性、一般性和全面性。当然，对于已经简化了的元胞，对其进行全面分析并不十分困难，所以应尽量考虑到初始状态本身以及其受影响后，响应的种种状态变化，否则还需要对系统进行细分，或对其状态进行分段整合。

3）规则构造。在经过以上两个步骤以后，就可以确定整个系统的规则。在确定元胞自动机规则时，要考虑以下内容：

① 系统元胞维数。维数是确定规则的基本要素。只有确定系统细分后的维数，才能考虑从什么样的基本规则入手，才能考虑某一个元胞是受线性影响，还是受非线性或复合影响。

② 元胞响应半径。一般在用元胞自动机分析时都要确定元胞响应半径，也就是元胞对那些相邻元胞状态的刺激进行响应，它们的范围怎样，例如一维系统半径就是影响其元胞状态的前几个和后几个元胞所在的范围，而二维可以确定圆形或方形半径范围。

③ 响应及属性。在一个本地响应范围内，有可能本地元胞是多重状态响应以及多重属性叠加下做出的响应，这时需要将每一种响应和属性关系进行综合。注意在进行分析时必须要全面而准确。

④ 规则的时间和空间处理。元胞自动机处理系统并做出系统状态演化时，需要考虑到时间和空间段的处理。因元胞响应与时空相关，所以最终系统演化的状态也是与时间和空间相关的。

⑤ 规则的构造源。规则如何得出是整个规则构造的核心。规则确定的正确与否，直接关系到系统状

态演化结果。规则确定是一个总结和完善的过程，有很多手段可以用来确定规则，如进化、神经网络学习和组织、试验观察法等。

1.4　元胞自动机的应用领域

早先冯·诺伊曼（J. von Neumann）将元胞自动机系统看作是一个由许多元胞格所组成的可以自我演化和配置的整体，其中每个元胞格拥有 5 个相邻的元胞，并且每个元胞的状态可以取两种。这是元胞自动机系统最早应用的雏形。随后元胞自动机思想的理论和应用逐渐扩展到许多领域，例如图案识别、生物建模以及各种物理系统、计算机并行处理等。

近年，通过对元胞自动机系统的体系研究，已经较为清晰地将元胞自动机系统划分为几种类型。例如，最早由沃尔夫勒姆（Wolfram）在他的经典论文里提出：应用本地元胞相邻的一维元胞自动机系统的静态机制；接着 Martinetal 应用代数多项式将一维元胞自动机系统的特点进行了表达；后来由 Dasetal 提出了基于代数矩阵的工具的元胞自动机系统，使其行为特性更为通用。最近 20 年来，基于元胞自动机思想的各种应用得到了发展，其可归类如下：

1）物理系统的仿真。如对一些生长过程的模型化进行仿真、裂变反应系统的仿真、流体力学的仿真和类孤立系统的行为仿真等。

2）生物的模型化。包括可自我复制模型、生物体系及其处理、脱氧核糖核酸（DNA）序列等。

3）图像处理。

4）语音识别。

5）分类计算及素数生成的计算。

6）仿真机。

7）计算机体系结构。

8）自测安装（BIST, Build-In-Self-Test）结构用于伪随机性、伪彻底性、确定性图案生成和信号处理。

9）简单可测试性有限状态机（FSM）的综合。

10）编码校错。

11）伪相连存储器。

12）通用及完善的哈希函数生成。

13）波段失效诊断。

14）P 模式乘法器。

15）块状和流线型密码系统。

16）断裂学和混沌学。

元胞自动机思想是一种崭新的思想，它不同于传统的处理系统的思想或方法。它从根本上开辟了一条解决各种各样不同系统、不同事物空间的状态、性质的确定、优化和预测问题，同时它的应用将所有传统上不能处理或处理起来十分困难的问题，通过一种新

的方法进行稳定而又可靠的化简，从而使这些问题得以妥善的解决。

元胞自动机的应用使得很多应用传统的算法解决起来相当困难或根本无法解决的问题（如生命科学仿真难题、超大规模集成电路的测试与综合问题、大型并行计算机的运算问题以及复杂动力学系统的预测和仿真问题等）有了一个崭新的突破口。在这些问题上应用元胞自动机思想不但可以减小系统分析的复杂程度，而且提高了解决问题的效率。元胞自动机同时具有极好的泛用性和稳定性。元胞自动机是一种新的计算机算法，它主要采纳了最新的系统分析思想即系统元胞化思想作为应用基础，同时，它又将系统演化的客观规律（即在系统模型被分割成很多极小的元胞以后，每个元胞的性质和表现总是受其相邻元胞性质和表现的影响，或者说由它们所确定）融入了算法的核心。所以元胞自动机的思想在各种工程、技术领域的应用有着其他传统算法思想所无法比拟的特点和优势。

但是，元胞自动机还存在一个十分重要的问题仍未得到妥善的解决，那就是元胞自动机应用起来看似简单，而在实际应用过程中要想得到完善的元胞自动机规则却很困难。所以在元胞自动机应用过程中，确定规则是关键。传统上有以下两种确定元胞自动机规则的办法：

1）根据已知的系统演化的过程，记录各个不同时空点上系统的状态；然后从这个状态集中将各个元胞状态的变化过程，用一些线性、非线性方程或微分方程来表达。这样，在系统演化过程中，通过时空表达方程（即状态迁移方程），可以直接计算出本地元胞的状态，最终可以得到整个系统的演化状态。

2）已知系统初始状态和最后状态，列出所有可能的规则集。对初始状态使用规则集中某一规则进行作用，这样总会存在一个或多个规则组成的规则集合可以使系统演化到最终状态，那么，这个规则集合就是所要找的规则。

以上两种方法实际上都不是较好的解决方法，其理由为：

① 对于第一种方法，如果系统比较简单，那么，系统规则是可以通过记录、更新和查询由状态集综合得到的系统演化状态曲线或概率点阵得到。但是，一旦系统比较复杂时，比如系统元胞状态比较多时，应用现有的计算机工具就无法满足大量的计算需求，而且目前还没有比较完善的智能化工具来综合状态集。

② 对于第二种方法，如果系统演化时每个元胞只取较少的相邻元胞作为对其有影响的元胞，那么这种方法也是可行的。但是，同样如果想得到比较完善的规则以使将来对随机系统的预测或判断更为准确而取较多的相邻元胞，比如二维元胞自动机模型中取 8

个，每个元胞状态只取两个，那么规则数就将有 2^{256} 种，那么这种方法根本就无法实现。

2 结构拓扑的自组织进化

机械结构初始拓扑形态的创新，一直是结构自动设计的一大难题。原因是机械结构的拓扑形态在很大意义上，基本决定了结构的功能、载荷、约束、材料的配置等的适用范围，即用现有的结构、材料、力学的解析法（有限元法等）和结构优化方法，由于表达结构形态设计的自由度庞大，只能在相对结构初始形态变化较小的范围内，实现结构的拓扑形态的再设计和强度、应力分布等的校核。为此，近年来基于元胞自动机的结构拓扑形态自组织化设计的研究，在机械结构拓扑形态设计方法方面开创了一个新的方向。其基本思想是利用元胞自动机多规则组合驱动的自组织演化机制，实现大自由度结构复杂拓扑形态内部机理的表达。具体地讲是将结构分割为结构元胞单元（以下简称为结构单元），在元胞自动机的局部规则（以下简称为规则）驱动下，实现相邻结构单元状态的自组织，通过元胞自动机的演化机制表达整个系统的状态。

用元胞自动机实现结构拓扑形态的自组织问题，关键在于确定元胞自动机的规则。为了寻找其规则，现在大多数学者采用了图 49.4-10 所示的基于局部间接规则（以下简称为间接规则）的进化元胞自动机（Evolutionary Cellular Automata，ECA）方式驱动结构的自组织演化过程。所谓间接规则，是在元胞自动机的结构拓扑形态自组织过程中，由离散单元的力学解析（FEM 等）得到的相邻单元应力和相关系数等信息构成迁移函数作为自组织演化规则的表达。迁移函数中的相关系数作为设计变量由进化过程确定。但是，由于局部规则的局部性特征以及结构的形状、材料特性等复杂因素的影响，间接规则存在着缺乏一般性、计算量大、实际操作难度大等问题。

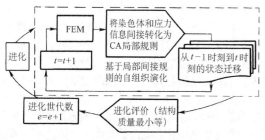

图 49.4-10 基于间接规则的 ECA 框图

为此，本节讨论一种不依赖于力学解析信息的局部直接规则（以下简称为直接规则），求解结构的优化拓扑初始形态的方法，即将直接规则集合作为设计

变量，通过进化过程确定直接规则群，并由此决定状态演化迁移函数（以下简称为迁移函数）的形式。为了减小设计变量数，在迁移函数中，将 $t-1$、$t-2$ 时刻中心单元的相邻单元状态作为输入，确定 t 时刻中心单元的状态。依此不仅解决了元胞自动机反复演化过程中 FEM 解析的计算量问题，而且有效地实现了元胞自动机规则的一般性表达，又大大减小了直接规则的自由度。在结构质量最小化评价目标下，实现规则集合进化的同时，完成结构拓扑形态的自组织。文中以简单的平面薄板结构拓扑优化为例，显示了提出的直接规则在结构拓扑优化问题中的作用和有效性。

2.1 结构拓扑优化中的 ECA 规则

（1）ECA 的间接规则

在基于 ECA 间接规则的结构拓扑形态设计中，其迁移函数的确定大多是根据人们的经验或其他方法计算的结果来建立。对图 49.4-11a、b 所示的平面薄板质量最小化设计时，无论采用如图 49.4-11c、d、e 的元胞自动机平面模型之一，例如可先设定如式（49.4-13）所示的迁移函数

$$S_{ij}^t = F[\cdot] = \sum_{k=1}^n \sigma_k^{t-1} \alpha_k^e \quad (49.4\text{-}13)$$

式中　n——如图 49.4-11c、d、e 所示的元胞自动机平面模型当前单元的相邻单元总数；

　　　　k——如图 49.4-11c、d、e 所示的元胞自动机平面模型当前单元的相邻单元序号；

　　　　e——如图 49.4-10 所示的进化世代数；

　　　　S_{ij}^t——t 时刻当前单元（i，j）的状态；

　　　　σ_k^{t-1}——$t-1$ 时刻与 S_{ij}^t 相邻单元（k）的应力；

　　　　α_k^e——第 e 代进化的迁移函数加权系数。

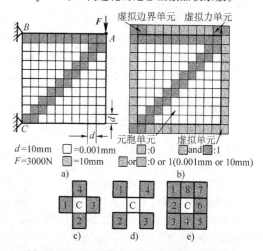

图 49.4-11 解析模型和元胞自动机的平面模型

a）结构模型　b）虚拟单元　c）元胞自动机模型 1
d）元胞自动机模型 2　e）元胞自动机模型 3

使用 ECA 的间接规则进行结构拓扑优化过程如图 49.4-10 所示，用第 e 代进化得到的迁移函数加权系数（设计变量），以及元胞自动机自组织演化过程中 $t-1$ 时刻结构拓扑形态的应力分布解析结果，根据式（49.4-13）建立的元胞自动机的间接规则，完成 t 时刻结构拓扑形态的状态迁移。状态迁移如此反复进行，直至 $t = T_{max}$（元胞自动机的最大状态迁移次数），结构拓扑形态自组织完成。再通过进化评价决定是否进入下一世代迁移函数加权系数的进化。可见基于力学解析结果的间接规则，在结构的形状、材料特性等复杂因素的影响下，对于一般性结构拓扑形态设计问题难于适用。这种确定 ECA 的间接规则的方法存在以下的主要问题：

1）基于应力信息的迁移函数数学表达形式，缺乏一般性的指导意义，事先设定的迁移函数数学表达形式与实际结构拓扑形态的力学机理无必然联系。

2）迁移函数中的应力信息需要 FEM 解析得到，大大增加了进化解析的时间。

3）把迁移函数中的相关系数（加权系数等）设定为实数设计变量，在进化过程中其计算精度对局部规则的影响极大。

为此，以下将以图 49.4-11a 所示的平面薄板设计为例，讨论一种不依赖于力学解析信息的元胞自动机直接规则的表达和基于 ECA 的结构拓扑优化设计方法。其基本思想如图 49.4-12 所示，将直接规则集合作为设计变量，在结构质量最小化和直接规则收敛性评价目标下，实现局部规则集合进化的同时，以简单的元胞自动机自组织演化机制，实现大自由度结构拓扑形态的设计。

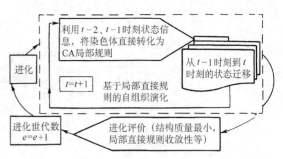

图 49.4-12　基于直接规则的 ECA 框图

（2）直接规则的构造

假如以图 49.4-11c、d、e 所示的元胞自动机平面模型为例，每个单元的状态定义为二值化，可以将结构拓扑形态问题转化为求解一个在元胞自动机的自组织演化过程中与结构的力学解析无关，仅与结构质量分布相关的有限直接规则集合的问题。但是，局部规则的定义和构造决定了其集合的大小，也决定了设计变量数的多少。按照如图 49.4-11c、d、e 所示的元胞自动机常用平面模型的类型，图 49.4-11c 和 d 中心单元的相邻单元数较少，难以表达复杂的结构拓扑形态。假如以图 49.4-11e 所示相邻单元为 8 个元胞自动机平面模型进行结构拓扑形态设计，则其直接规则的所有组合为 $2^8 = 256$。也就是说，其设计变量数为 256 个。这样，相对于 ECA 的间接规则，将大大增加其进化过程的计算压力。为了减小进化过程的计算负担，必须通过合理地构造直接规则的表达，以降低局部规则集合的自由度，减少设计变量数。为此，这里提出采用式（49.4-14）所示的状态迁移函数

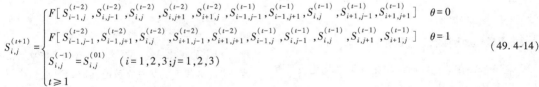

$$S_{i,j}^{(t+1)} = \begin{cases} F\left[S_{i-1,j}^{(t-2)}, S_{i,j-1}^{(t-2)}, S_{i,j}^{(t-2)}, S_{i,j+1}^{(t-2)}, S_{i+1,j}^{(t-2)}, S_{i-1,j-1}^{(t-1)}, S_{i-1,j+1}^{(t-1)}, S_{i,j}^{(t-1)}, S_{i+1,j-1}^{(t-1)}, S_{i+1,j+1}^{(t-1)}\right] & \theta = 0 \\ F\left[S_{i-1,j-1}^{(t-2)}, S_{i-1,j+1}^{(t-2)}, S_{i,j}^{(t-2)}, S_{i+1,j-1}^{(t-2)}, S_{i+1,j+1}^{(t-2)}, S_{i-1,j}^{(t-1)}, S_{i,j-1}^{(t-1)}, S_{i,j}^{(t-1)}, S_{i,j+1}^{(t-1)}, S_{i+1,j}^{(t-1)}\right] & \theta = 1 \\ S_{i,j}^{(-1)} = S_{i,j}^{(01)} \quad (i=1,2,3; j=1,2,3) \\ t \geqslant 1 \end{cases}$$

（49.4-14）

式中 $\theta = 0$ 和 $\theta = 1$ 两种状态转移函数的选取条件如图 49.4-13a 所示。从图中可以看出，迁移函数通过增加 $t-2$ 时刻元胞自动机演化过程的状态信息，将 8 个相邻单元模型分解为两个 4 个相邻单元模型处理，使元胞自动机局部规则的组合数从 256 降为 $2^5 + 2^5 = 64$。$t-2$、$t-1$ 时刻状态所对应的图 49.4-11c、d 所示的元胞自动机平面模型的顺序，由二值化设计变量 θ 确定。

（3）直接规则的 ECA 染色体表达

直接规则的 ECA 染色体表达，就是将以上构造的元胞自动机直接规则，在进化过程中予以染色体表达。在结构拓扑形态设计过程中，ECA 提供了搜索元胞自动机局部规则的方法，即相对于一个确定条件的结构拓扑形态设计问题，其大自由度和复杂性的难题，通过进化机制寻求能够表达问题内部力学机理的元胞自动机直接规则集合来完成，而直接规则在进化过程中以染色体予以表达。这里，状态迁移函数的规则和遗传算法染色体的关系如图 49.4-13c 所示。图中，64 个二进制数的基因与 64 个直接规则相对应，同时除前述的 θ 外（位于基因位 No.66），在基因位 No.65 再设定 1 个二进制数的基因 ϕ。这样染色体由 66 个基因位来表达，其中基因 ϕ 的作用如图 49.4-13b 所示。

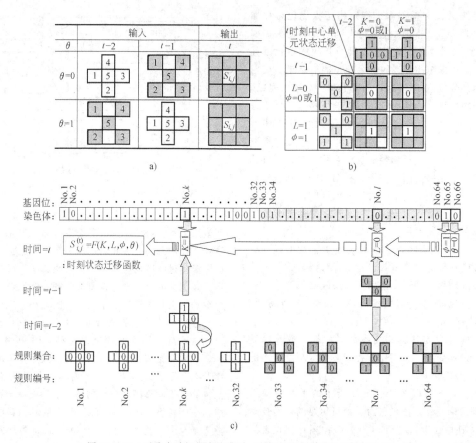

图 49.4-13 元胞自动机的直接规则、迁移函数和遗传染色体的设定

a) 迁移函数的选取　b) 基因φ的作用局部规则例 (θ=0)　c) 遗传算法染色体和元胞自动机直接规则

图 49.4-13c 说明了在元胞自动机演化过程中，基因位 No.1 ~ No.32 中 k 值，基因位 No.33 ~ No.64 中 l 值，再综合图 49.4-13b 基因φ，最终决定了 t 时刻中心单元的状态。

2.2　ECA 规则的进化表达

基于 ECA 直接规则的结构拓扑形态优化设计模型，用以下公式表达：

设计变量：

$$X = (R_1, R_2, \cdots, R_{64}, \phi, \theta)^{\mathrm{T}} \quad (49.4\text{-}15)$$

目标函数：

$$f(X) = \alpha_1 W(X) + \alpha_2 Time \rightarrow \min \quad (49.4\text{-}16)$$

约束条件：$g(X) = |\sigma_i| - \sigma_a \leqslant 0 \quad (49.4\text{-}17)$

$$h(X) = \begin{cases} Time - T_{\max} = 0 & (t = T_{\max}) \\ Time - t = 0 & (t < T_{\max}, S_{ij}^{t-1} = S_{ij}^t) \end{cases}$$

$$(49.4\text{-}18)$$

式中　R_i——与直接局部规则相对应的二进制变量；

　　　W——结构的质量；

　　　σ_i——平面薄板内应力；

　　　σ_a——许用应力；

　　　$Time$——元胞自动机状态迁移次数；

　　　$T_{\max}$——设定的元胞自动机的最大状态迁移次数；

　　　α_1、α_2——多目标函数的权重系数。

以上的优化模型，要求元胞自动机的状态迁移次数 $Time$ 要在 $T_{\max}$ 以内收敛的同时，通过结构材料质量和 $Time$ 的最小化目标，使系统在进化过程中保证直接规则的收敛性。通过式（49.4-15）~ 式（49.4-18）把基于 ECA 直接规则的结构拓扑形态优化设计问题转化为一般的多目标优化问题。

2.3　结构拓扑形态优化的算例

以图 49.4-11a 所示的问题作为算例，使用以上所提出的迁移函数和方法，讨论基于 ECA 的结构拓扑优化问题。系统的外部力学条件为如图 49.4-14a 所示的四种情况，按照图 49.4-14b 所示分别将其外部力学条件转化为相应的虚拟单元，从初始元胞自动机（$e=0$）状态开始直接规则的进化，利用元胞自动机自组织演化实现结构拓扑形态的设计。图 49.4-14c 所示为各种模型从初始状态进化到收敛状态中间结果的一例。其中进化世代数用 e 表示，例如图 49.4-14c 模型 4 为进化世代数 $e=300$ 时状态；图 49.4-14d 模型 4 为进化的最终状态，其进化世代数 $e=429$，元胞自动机状态迁移次数 $Time=210$。

需要说明的是，以上 ECA 的进化计算以遗传算法为基础。在进化过程的 e 世代，由染色体所构成的直接规则集合驱动，结构拓扑形态从 $t=0$ 的状态（即图 49.4-14b 的相同状态）开始迁移演化到 $t=T_{\max}$，完成其结构拓扑形态。此时，通过 FEM 计算，在满足式（49.4-17）的应力约束和式（49.4-18）的状态迁移次数约束条件下，对染色体实现式（49.4-

16）的多目标评价。从基本设计要求出发，最终得到具有收敛性特征的元胞自动机直接规则集合和结构重量最小的结构拓扑形态。

由图 49.4-14a 模型 1、2 的比较可以看出，在不同方向载荷作用下，图 49.4-14d 模型 1、2 的最终结构拓扑形态具有极其明显的最优特征；由图 49.4-14a 模型 3、4 的结构拓扑形态可见，从力学条件比较，两者的虚拟单元初始状态是相同的，但其水平方向上的受力方向是相反的，最后得到的图 49.4-14d 模型 3、4 的结果反映了其力学模型的特征。以上，用实例较直观地证明了提出的迁移函数和直接规则，在基于 ECA 的结构拓扑优化设计问题中的有效性。

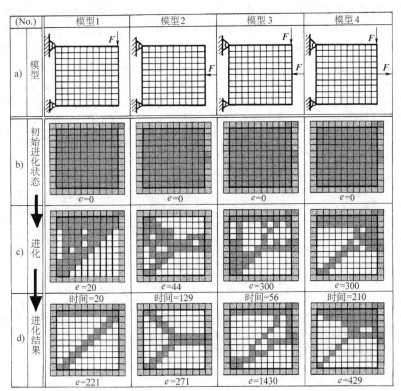

图 49.4-14　ECA 计算结果

第 5 章   自学习设计技术与方法

神经网络系统可能是我们所面临的高度复杂的非线性动力学系统，也是迄今所知功能最强、效率最高的最完善的信息处理系统，因此，很自然地成为复杂系统的建模技术。

1   自学习技术基础

1.1   神经网络的主要特点

人工神经网络是由人工神经元（简称神经元）互联组成的网络，它是从微观结构和功能上对人脑的抽象、简化，是模拟人类智能的一条重要途径，反映了人脑功能的若干基本特征，如并行信息处理、学习、联想、模式分类、记忆等。神经网络系统与现代数字计算机相比有如下不同的特点：

1）以大规模模拟并行处理为主，而现代数字计算机只是串行离散符号处理。

2）具有很强的鲁棒性和容错性，关于联想、概括、类比和推广，任何局部的损伤不会影响整体结果。

3）具有很强的自学习能力。系统可在学习过程中不断完善自己，具有创新特点，这不同于 AI 中的专家系统，后者只是专家经验的知识库，并不能创新和发展。

4）它是一个大规模自适应非线性动力系统，具有集体运算的能力，这与本质上是线性系统的现代数字计算机迥然不同。

这里，我们研究神经网络的目的是为了实现具有接近人脑信息处理能力的系统。因此，神经网络的样本应该是人类信息处理系统的中枢（脑）。实现这样的系统，一是为了应用，另一方面是为了搞清人脑信息处理的机理，人类对模糊信息具有非常巧妙的处理能力。让计算机具有这种能力，一直是工程技术人员和研究者的理想。但是，用传统的人工智能技术和计算机技术实现人类的日常思维活动，从本质上讲是极其困难的。

从广义角度讲，微积分、文字翻译、推理等都是计算过程，而从数学观点看，计算就是在满足一定公理、定理的条件下，从一空间到另一空间的代数映射；从物理观点看，计算是按照一定的自然规则，在某种"硬件"上所发生的一些物理规则。因此，计算可表示为一动力系统中的状态间变换的轨迹。神经网络的计算就是其中状态的转换，其计算过程可以认为是状态的转换过程，对给定的输入，其计算结果即是系统的稳定状态。

总之，神经网络的计算过程是适用于人类的信息处理系统。神经网络模型用于模拟人脑神经元活动的过程，其中包括对信息的加工、处理、存储和搜索等过程。它具有如下基本特点：

（1）具有分布式存储信息的特点

它存储信息的方式与传统的计算机的思维方式是不同的，一个信息不是存在一个地方，而是分布在不同的位置。网络的某一部分也不只存储一个信息，它的信息是分布式存储的。神经网络是用大量神经元之间的连接及对各连接权重分布表示特定的信息。因此，这种分布式存储方式即使当局部网络受损时，仍具有能够恢复原来信息的优点。

（2）对信息的处理及推理过程具有并行的特点

神经网络可以看作是由多数处理单元（processing element）同时动作、并行处理的机器。这里的处理单元是人工神经细胞。人脑中大约有 140×10^9 个神经细胞进行并行处理。现在能够实现的神经网络所具有的人工神经细胞数，是 140×10^2 个，还极其少。人脑的信息处理系统可以认为是阶层型结构，如图 49.5-1 所示的并行分散处理系统，在阶层内各模块间的相互结合呈阶层状的并行分散处理。这种并行分散处理系统，同由一个中央处理器顺次执行程序的计算机是不同的，它的许多模块（单元）在相互影响的同时进行不同的处理。总之，每个神经元都可根据接收处的信息作独立的运算和处理，然后将结果传输出去，这体现了一种并行处理。神经网络对

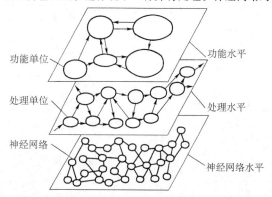

图 49.5-1   作为并行分散处理系统的脑模型

于一个特定的输入模式，通过前项计算产生一个输出模式，各个输出节点代表的逻辑概念被同时计算出来。在输出模式中，通过输出节点的比较和本身信号的强弱而得到特定的解，同时排出其余的解。这体现了神经网络并行推理的特点。

（3）对信息的处理具有自组织、自学习的特点

神经网络中各神经元之间的连接强度用权重的大小来表示，这些权重可以事先定出，也可以为适应周围变化的环境而不断地调整权重（自组织能力）。这种过程称为神经元的学习过程。神经网络所具有的自学习过程模拟了人的形象思维方法，这是与传统符号逻辑完全不同的一种非逻辑非语言的方法。神经网络根据给予的学习数据，可以自学习。因此，不需要人类进行非常复杂的并行处理系统的编程，这可谓是一大优点。

在这里，让我们来考察一下人类大脑的学习。人类大脑的学习过程（见图49.5-2），具有进化阶段的学习、发育阶段的学习和日常学习等多重结构的学习形式。刚出生的小孩，因为已经获得了进化过程的学习结果，所以具有先天的能力。在这个阶段，可以讲大脑的硬件结构已基本完全形成。在以后的发育阶段中，在接收外部环境的影响和语言学习的同时，形成其人格，并进行基本的学习。发育阶段的学习效果，在幼儿期最显著，此阶段大约进行到20岁前后。一般地讲，发育阶段学习的东西，与其日常学习中学习的东西（如功课的记忆）相比较是难以忘却的，这在神经生理学中叫作学习方式的不同。

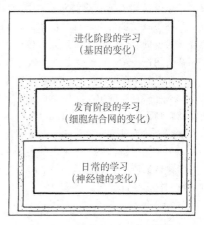

图 49.5-2　人类的多重学习结构

1.2　细胞元模型

人类的智能是长期进化的结果，作为人类智能的大脑是一块极有组织的高度复杂的物质。人类大脑的神经细胞总数达140亿个，它是神经系统的结构和功能单元。神经元负责接收或产生信息，传递和处理信息。神经细胞的种类繁多，人类约有50多种，其大小形状也各不相同，直径在 $4 \sim 150 \mu m$ 之间。它们在结构上具有许多共性，且在接收或产生信息、传递和处理信息方面有着相同的功能。

（1）神经元的结构

神经元由细胞体、树突和轴突等组成，其结构如图49.5-3所示。

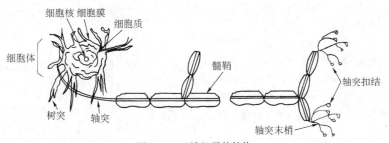

图 49.5-3　神经元的结构

细胞体由细胞核、细胞质和细胞膜组成。细胞体的外面是一层厚为 $5 \sim 10 \mu m$ 的细胞膜，膜内有一个细胞核和细胞质。神经元的细胞膜具有选择性的通透性，因此会使细胞膜的内外液的成分保持差异，形成细胞膜内外之间有一定的电位差，这个电位差称为膜电位，其大小随细胞体输入信号强弱而变化，一般约在 $20 \sim 100 mV$。树突是由细胞体向外伸出的许多树枝状较短的突起，长约 1mm，它用于接收周围其他神经细胞传入的神经信号。轴突是由内向外伸出的最长的一条纤维，其长度一般从数厘米到1m。远离细胞体一侧的轴突端部有许多分支，称为轴突末梢，或称神经末梢。其上有许多扣结，称为轴突扣结。轴突通过轴突末梢向其他神经元传递信息。一个神经元的轴突末梢和另一个神经元的树突或细胞体之间，通过微小间隙相连接，这样的连接称为突触。突触的直径约为 $0.5 \sim 1 \mu m$，突触间隙有 200Å（$1 Å = 10^{-10} m$）数量级。从信息传递过程看，一个神经元的树突，在突触处从其他神经元接收信号，这些信号可能是激励性的，也可能是抑制性的。突触有兴奋型和抑制型两种形式。

总之，至今已知人脑中有多种类的神经元存在，其中许多具有高级功能。可是现在使用的人工神经元模型是非常简单的。作为人工神经元，根据其生理学特征，通常使用图 49.5-4 所示的多输入、单输出的单元。n 个神经元接收输入信号，设输入信号分别为 x_1，x_2，…，x_n。在第 i 个轴突上，单位强度信号输入时把受到影响而变化的膜电位的量用 ω_i 表示。ω_i 是表示突触结合效率的量，称为突触结合强度，或叫作连接权重。对于兴奋性神经细胞的突触，$\omega_i > 0$；对于抑制性神经细胞，$\omega_i < 0$。当 $\omega_i = 0$ 时，可以理解为没有与第 i 个神经元结合。

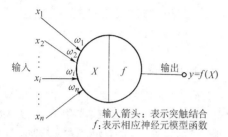

输入箭头：表示突触结合
f：表示相应神经元模型函数

图 49.5-4　神经元形式化结构模型

（2）神经元的响应特性

一般的神经元基于上述的动作功能，具有以下特性：

1）时空整合功能。

① 空间总和特性。单个神经元在同一时间可以从别的神经元接收多达上千个突触的输入，这些输入到达神经元的树突、细胞体和轴突的分布各不相同，对该神经元影响的权重也不相同。所以单个神经元对于来自空间四面八方的输入信息具有进行加工处理、空间总和的功能。其空间总和的定量描述是：膜电位的响应与输入信号和权重的线性组合有关。

② 时间总和特性。由于输入信号影响会短时间地持续，故与后到达的输入信号影响的叠加同时起作用，即神经元对于不同时间通过同一突触的输入信号具有时间总和的功能。

③ 时空整合作用。神经元把不同时间、位于不同部位的突触输入进行加工处理，决定其输出大小的过程，称为时空整合作用。t 时刻膜电位的变化定量描述为

$$\sum_{i=1}^{n} \int_{-\infty}^{t} \omega_i(t - t') x_i(t')\, dt' \qquad (49.5\text{-}1)$$

式中　$x_i(t')$——第 i 个神经元时间 t' 的输入信号。

2）阈值特性。神经元的输入、输出关系具有非线性特性，如图 49.5-5 所示，即

$$y = \begin{cases} \bar{y} & \theta \geq 0 \\ 0 & \theta < 0 \end{cases} \qquad (49.5\text{-}2)$$

式中　θ——阈值。

3）不应期。阈值 θ 不是一个常数，随着神经元的兴奋而变化。绝对不应期，即无论多么强的输入信号到达，也不会输出任何输出信号的期间，可以看作 θ 值上升为无穷大。

4）疲劳。一个神经细胞持续兴奋，其阈值慢慢增加，神经细胞很难兴奋的现象叫作疲劳。

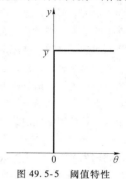

图 49.5-5　阈值特性

5）突触结合的可塑性。突触结合的强度，即权重 ω_i 不是一定的，根据输入和输出信号的可塑性变化，并且可以认为由于这个变化导致具有长期记忆和学习的生理机能。

6）神经元的模型。当不考虑时间总和只考虑空间总和时，其膜电位的变化是神经元输入信号（x_i）的线性和（X）；X 的响应特性由响应函数决定。响应函数模型多种多样，以下在图 49.5-6 中列举几种典型的神经元函数模型。

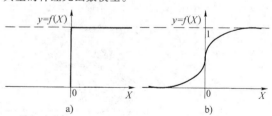

图 49.5-6　典型的神经元模型（$\theta = 0$）

a）二值函数 $y = \begin{cases} 1 & X \geq 0 \\ 0 & X < 0 \end{cases}$

b）Sigmoid 函数 $y = f(X) = \dfrac{1}{1 + \exp(-X)}$

① 阶跃函数模型。

$$y = f(X) = U(X), \quad X = \sum_{i=1}^{n} \omega_i x_i - \theta$$

$$(49.5\text{-}3)$$

其中，θ 为阈值；$U(\ )$ 为阶跃函数；y 为神经元的输出；X 为膜电位，如图 49.5-6a 所示。

这个模型是 1943 年由 McCulloch 和 Pitts 提出的，在神经网络的研究初期，被 Perceptron 神经网络所采用。

② Sigmoid 函数模型。

$$y = f(X) = \frac{1}{1 + \exp(-X)}, \quad X = \sum_{i=1}^{n} \omega_i x_i - \theta$$

$$(49.5-4)$$

这个函数模型与阶跃函数模型相比，是采用了连续的信息做输入和输出，可反映实际神经方向传播网络，即著名的 BP 网络。

③ 概率函数模型。这种模型的输入和输出信号采用 0 与 1 的二值信息，它是把神经元的动作以概率状态变化的规则模型化。由输入 X 到输出 y 给出的概率分布形式为

$$p(y = 1) = \frac{1}{1 + \exp(-X/T)}, \quad X = \sum_{i=1}^{n} \omega_i x_i - \theta$$

$$(49.5-5)$$

其中，T 表示网络温度的正数。作为概率神经元模型应用有 Blotzmann 神经网络。

除此而外，还有时间滞后型神经元模型。

1.3　神经网络模型

人脑中大量的神经细胞都不是孤立的，而是通过突触形式相互联系，构成结构和功能十分复杂的神经网络系统。为了便于从结构出发模拟智能，必须将神经元连接成神经网络。其连接形式的不同，决定了神经网络的结构类别和功能。一般按照拓扑结构，神经网络的结构大体可分为层状和网状两大类。根据人工神经网络对生物神经系统的不同组织层次和抽象层次的模拟，神经网络模型可分为：

1）神经元层次模型。研究工作主要集中在单个神经元的动态特性和自适应特性，探索神经元对输入信息有选择的响应和某些基本存储功能的机理。

2）组合式模型。它由数种相互补充、相互协作的神经元组成，用于完成某些特定的任务，如模式识别、机器人控制等。

3）网络层次模型。它是由许许多多相同神经元相互连接成的网络，从整体上研究网络的集体特性。

4）神经系统层次模型。一般由多个不同性质的

神经网络构成，以模拟生物神经的更复杂或更抽象的性质，如自动识别、概念形成、全局稳定控制等。

5）智能型模型。这是最抽象的层次，多以语言形式模拟人脑信息处理的运行、过程、算法和策略。

这些模型试图模拟如感知、思维、问题求解等基本过程。无论哪种神经网络，其神经元间的连接强度可通过学习改变。在涉及神经网络之前，先就神经元间的连接的约束和动作给出以下约定。

（1）有关神经网络模型的约定

1）神经网络中神经元间连接的约束。人脑中约有 140 亿个神经元，不用说它们并不是全部都相互连接着的。一个神经元同其他神经元相连接的个数约 1 万个。再者，脑的功能是以其局部相对应的模块结构型式而构成的，信息从下位的神经网络层向上位的神经网络层传递，以层状结构而存在。因此，人工神经网络中神经元间的连接，同样受着此类约束。

2）神经网络中神经元的同期性问题。神经网络中，各个神经元的动态动作，决定了神经网络特性的不同。因此，一般情况下，约定所有的神经元以同一时钟进行同期动作。

3）神经网络中神经元的均一性问题。脑中存在着多种不同类别的神经元，即使是相同类别的神经元其特性也存在着差别。从实用角度讲，现在的神经网络中，其所有神经元大多以无差别、相同形式给出，而实现其功能。

（2）神经网络的结构型式

1）模块型网络。模块型网络如图 49.5-7a 所示，它包含着复数个神经元，在系统中具有一定的独立功能的部分叫模块。模块的概念对理解和处理大系统是非常重要的。我们已经知道，即使在脑中也具有各种各样功能的模块，其存在于脑的特定位置。神经网络是把神经元作为基本处理器的并行处理系统。更进一步讲，也可把图 49.5-7 所示的模块作为基本处理器的并行处理系统。

2）前向网络。如图 49.5-7b 所示的那样，神经元形成层状集团群，各神经元之间没有反馈，信号仅在层间以特定的方向传递的结构型式，叫作层次结

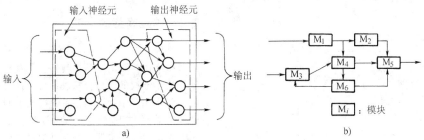

图 49.5-7　模块型网络

a）模块　b）模块间的网络

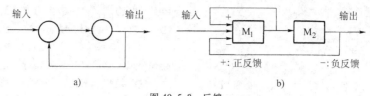

图 49.5-8　反馈

a）神经元间的反馈　b）模块间的反馈

构。也可以把单个集团看作为模块。在生物体的神经系统中，从解剖学角度看，存在着像末梢器官和大脑皮质那样的层状硬件结构；把脑看作为信息处理系统，也可认为其具有层状软件结构。

三层前向网络分为输入层、隐层和输出层。在前向网络中有计算功能的节点称为计算节点，而输入节点无计算功能。

3）相互结合型网络。相互结合型网络属于网状结构。构成网络的各个神经元都可能相互双向连接。所有神经元既用于输入，同时也可用于输出，与前向网络不同。在网络中，如果在某一时刻从神经网络的外部施加一个输入，各个神经元一边相互作用，一边进行信息处理，直到使网络所有神经元的活性度和输出值收敛于某个平均值为止。

4）反馈和反馈网络。所谓反馈，从机理上讲，是将某个单元（或模块）的输出发生某种变形后的信息，再作为其系统自身的输入信息（见图 49.5-8）。生物系统具有各种各样的形态，为了确保系统的稳定，反馈机理是不可缺少的。一般情况下，相互结合型网络必定包含有反馈；神经网络的学习过程也必定包含着反馈评价的过程。反馈有正反馈和负反馈，正反馈具有激振机理，负反馈具有抑制控制机理。例如，在生物体中，癌的发作就是负反馈的抑制控制机构出现问题而引起的；脑中神经系统的时钟同期功能也许是正反馈激振作用的结果。

反馈网络（见图 49.5-9）从输出层到输入层有反馈，即每个节点同时接收外来输入和来自其他节点的反馈输入，其中也包括神经元输出信号引回到本身输入构成的自环反馈。这里，每个节点都是一个计算单元。

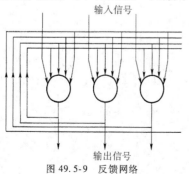

图 49.5-9　反馈网络

5）混合型网络。混合型网络（见图 49.5-10），是介于相互结合型和层状结构中间的网络连接结构型式，即在前向网络的同一层中，神经元有互联的结构。这种在同一层内的互联，目的是为了限制同层内神经元同时兴奋或抑制的神经元数目，以完成特定的功能。

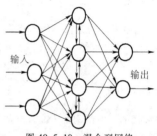

图 49.5-10　混合型网络

6）侧抑制网络。侧抑制（laterel inhibition）网络（见图 49.5-11）是某个单元兴奋时，由其周围的单元实现其抑制的网络结构。侧抑制的机理主要是起到一个强调和抽出外部输入信号的特征的作用。例如，在人类的视觉系统中，对图像边缘的强调作用，就是使视觉神经产生侧抑制的效果。

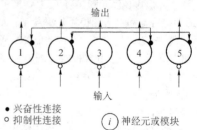

● 兴奋性连接　　　　　　　　　　　　　　ⓘ 神经元或模块
○ 抑制性连接

图 49.5-11　侧抑制网络

1.4　神经网络的学习

神经网络学习的本质特征，在于神经细胞特殊的突触结构所具有的可塑性连接，而如何调整连接权重就构成了不同的学习算法。因此，所谓神经网络的学习，就是相对于神经网络信息处理的目的，进行有机地调节其系统中神经元间的权重。如图 49.5-12 所示，人类通过感觉器官接受外界的刺激，再通过控制肌肉或器官，作用于外界。同外界的信息交流对于大脑的学习是非常重要的。例如，在幼儿学习发音的过程中，通过听觉听到母亲的声音，试着模拟其声音，然后再反馈自己的声音到自己的听觉同母亲的声音进行比较，判断自己的发音是否正确。

外界总是在变化的。因此，人类为了适应外界，总是不断地去学习。原则上，神经网络与人类相同，有必要通过学习进行调整，适应外界的变化。以下对神经网络学习的要点做一简述：

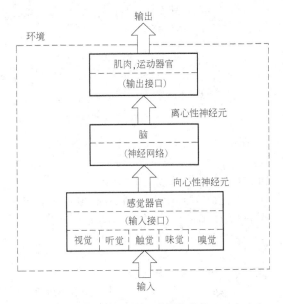

图 49.5-12　脑和外界的关系

1) 目的性的学习。生物体内存在着各种各样的学习机理，这可以说是在长期进化过程中获得的。这些仿佛具有某种目的性的巧妙机理，常常使我们不可思议。可以认为在我们的脑中也存在着各种各样的目的性学习系统。

神经网络也同样，为了实现某种目的，需要为其准备学习算法。因此，为了评价神经网络的性能，需要设定评价标准，去评价其是否满足目的，或满足目的的程度。

2) 权重矩阵的调整。神经网络中神经元间的权

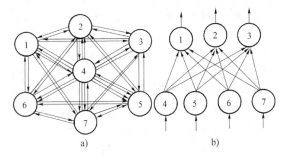

图 49.5-13　典型的网络结构

a) 相互结合型网络　b) 层状型网络

重可以用矩阵的形式表示。例如，图 49.5-13a 的相互结合型网络的权重矩阵可用表 49.5-1 表示。其次，图 49.5-13b 的层状型网络的权重矩阵，就是将表 49.5-1 对角线部分除去后的部分。因此，可以理解为层状型网络是相互结合型网络的特殊形式。

表 49.5-1　权重矩阵

	1	2	3	4	5	6	7
1	ω_{11}	ω_{11}	ω_{12}	ω_{13}	ω_{14}	ω_{15}	ω_{16}
2	ω_{21}	ω_{21}	ω_{22}	ω_{23}	ω_{24}	ω_{25}	ω_{26}
3	ω_{22}	ω_{22}	ω_{23}	ω_{24}	ω_{25}	ω_{26}	ω_{27}
4	ω_{23}	ω_{23}	ω_{24}	ω_{25}	ω_{26}	ω_{27}	ω_{28}
5	ω_{24}	ω_{24}	ω_{25}	ω_{26}	ω_{27}	ω_{28}	ω_{29}
6	ω_{25}	ω_{25}	ω_{26}	ω_{27}	ω_{28}	ω_{29}	ω_{30}
7	ω_{26}	ω_{26}	ω_{27}	ω_{28}	ω_{29}	ω_{30}	ω_{31}

3) 学习的过程。神经网络的学习，一般以图 49.5-14 所示的过程进行。首先，设定初始权重。如果没有初始权重的设定知识，可以随机值设定。其次，输入学习数据，相对于权重参照评价标准进行评价。然后，根据评价标准调整权重，再进行评价。此过程反复进行，逐渐接近最优值。

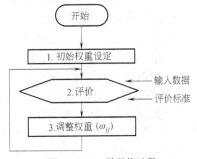

图 49.5-14　学习的过程

4) 全部搜索法（权重调整的问题）。在此，以学习方法中的全部搜索法（exhaustive search method）说明权重调整的方法。

为了简单说明起见，首先假定把每个权重 ω_{ij} 离散为 K 个值，应考虑的连接数为 M，则可选权重 ω_{ij} 的组合数为 K^M 个。那么，通过学习数据和评价标准进行评价，求解最优权重值的组合。从这个意义上讲的学习，虽然在原理上是非常简单的，可是假如连接数 M 较大，其组合数将相当庞大。例如，即使是 $K=10$、$M=100$ 的小规模网络，必须进行 100^{10} 次评价，这个计算量是难以实现的。因此，需要高效率的学习方法。

神经网络按学习的方式分为有教师学习和无教师学习两大类，图 49.5-15 给出了其直观描述。

（1）有教师学习

为了使神经网络在实际应用中解决各种问题，必须对它进行训练，就是从应用环境中选出一些样本数

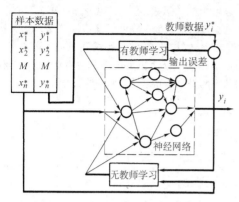

图 49.5-15 神经网络有、无教师学习直观示意图

据，通过不断地调整权重矩阵，直到得到合适的输入、输出关系为止，这个过程就是对神经网络的训练过程。这种训练过程需要有教师的示教，提供训练数据，又称为样本数据。在训练过程中又需要教师的监督，故这种有教师的学习又称为监督式学习。

如图 49.5-15 所示，在有教师学习中所提供的样本数据集，是指成对的输入 x_i^* 和输出 y_i^*；这样的样本数据集 $\{x_i^*，y_i^*\}$ 实际上代表了实际问题输入、输出的关系。训练过程就是根据网络输入的 x_i^* 和网络输出的 y_i^* 误差来调整权重，调整是基于奖惩式规则。示教者提供正确答案，当网络回答正确时，调整权重朝着强化正确（即奖励）的方向变化；当网络响应错误时，调整权重往往弱化错误（即惩罚）方向变化。

有教师学习方法虽然简单，但是要求教师对环境和网络的结构比较熟悉，当系统复杂、环境变化时，就变得困难。为了适应环境变化就要重新调整权重。这样，学习到新知识的同时，也容易忘掉已学过的旧知识。这些是有教师学习方法的缺点。

（2）无教师学习

无教师学习的训练数据集中，只有输入而没有目标输出，训练过程神经网络自动地将各输入数据的特征提取出来，并将其分成若干类。经过训练好的网络能够识别训练数据集以外的新的输入类别，并响应获得不同的输出。显然，无教师的训练方式可使网络具有自组织和自学习的功能。

（3）学习规则

1）联想式学习（Hebb 学习规则）。心理学家 Hebb 基于对生理学和心理学的研究，在 1949 年提出了学习行为的突触联系和神经群理论；突触前和突触后两个同时兴奋（即活性度高，或处于激发状态）的神经元之间的连接强度将得到增强。后来，这一思想被其他研究者加以引用，并以多种形式加以数学表达，称为 Hebb 学习规则。

如图 49.5-16 所示，从神经元 u_j 到神经元以 u_i 的连接强度，即权重的变化 $\Delta\omega_{ij}$ 可用下式表达

$$\Delta\omega_{ij}=G[a_i(t)，y_i^*(t)]H[\bar{y}_j(t)，\omega_{ij}]$$

$$(49.5\text{-}6)$$

式中　　$y_i^*(t)$ ——神经元 u_i 的教师信号；

　　　　G ——神经元 u_i 的活性度 $a_i(t)$ 和教师信号 $y_i^*(t)$ 的函数；

　　　　H ——神经元 u_j 输出 $\bar{y}_j(t)$ 和连接权重 ω_{ij} 的函数。

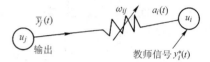

图 49.5-16　Hebb 学习规则

输出 $\bar{y}_j(t)$ 与活性度 $a_i(t)$ 之间满足如下关系式

$$\bar{y}_j(t)=f_j[a_i(t)] \qquad (49.5\text{-}7)$$

式中　f_j ——非线性函数。

当上述的教师信号 $\bar{y}_j(t)$ 没有给出时，函数 H 只与输出 $a_i(t)$ 成正比，于是式（49.5-6）可变为以下更为简单的形式

$$\Delta\omega_{ij}=\eta a_i\bar{y}_j \qquad (49.5\text{-}8)$$

式中　η ——学习率常数（$\eta>0$）。

上式表明，对于一个神经元较大的输入或神经元活性度大的情况，它们之间的连接权重会更大。

Hebb 学习规则的哲学基础是联想，在这个规则基础上发展了许多非监督式联想学习模型，依据确定的学习算法自行调整权重，其数学基础是输入和输出间的某种相关计算。因此，Hebb 学习规则又称为相关学习，或并联学习。

2）误差传播式学习（Delta 学习规则）。前述的函数 G 与教师信号 $y_i^*(t)$ 和神经元 u_i 实际的活性度 $a_i(t)$ 的差值成比例，即

$$G[a_i(t)，y_i^*(t)]=\eta_1[y_i^*(t)-a_i(t)]$$

$$(49.5\text{-}9)$$

其中，η_1 为正数，把差值 $[y_i^*(t)-a_i(t)]$ 称为 δ。

此外，函数 H 与神经元 u_j 的输出 $\bar{y}_j(t)$ 成比例，即

$$H[\bar{y}_j(t)，\omega_{ij}]=\eta_2\bar{y}_j(t) \qquad (49.5\text{-}10)$$

其中，η_2 为正数。

根据 Hebb 学习规则可得

$$\begin{aligned}\Delta\omega_{ij}&=G[a_i，y_i^*(t)]H[\bar{y}_j(t)，\omega_{ij}]\\&=\eta_1[y_i^*(t)-a_i(t)]\eta_2\bar{y}_j(t)\\&=\eta[y_i^*(t)-a_i(t)]\bar{y}_j(t)\end{aligned}$$

$$(49.5\text{-}11)$$

式中　　η——学习率常数（$\eta > 0$）。

在式（49.5-11）中，如果将教师信号 $y_i^*(t)$ 作为期望输出 d_i，把 $a_i(t)$ 理解为实际输出 y_i，则式（49.5-11）变为

$$\Delta\omega_{ij} = \eta(d_i - y_i)\bar{y}_j(t) = \eta\delta\bar{y}_j(t)$$

$$(49.5\text{-}12)$$

其中，$\delta = d_i - y_i$ 为期望输出与实际输出的差值。因此，称上式为 δ 规则，或误差修正规则。

根据这个规则的学习算法，通过反复迭代运算，直至求出最佳的 ω_{ij} 值，使 δ 达到最小。

上述 δ 规则只适用于线性可分函数，不适用于多层网络非线性可分函数。广义的规则将在后述的 BP 算法中详细介绍。

3）概率式学习。从统计力学、分子热力学和概率论中关于系统稳态能量的标准出发，进行神经网络学习的方式，称为概率式学习。概率式学习的典型代表是 Boltzmann 机学习规则，它基于模拟退火的统计优化方法，因此又称为模拟退火算法。

Boltzmann 机模型是一包括输入、输出和隐层的多层网络，但隐层间存在着互联结构且网络层次不明显。对于这种网络的训练过程，就是根据下述规则对神经元 i、j 间的连接权重进行调整

$$\Delta\omega_{ij} = \eta(p_{ij}^{(+)} - p_{ij}^{(-)})\qquad (49.5\text{-}13)$$

式中　　η——学习率；

$p_{ij}^{(+)}$、$p_{ij}^{(-)}$——i 与 j 两个神经元在系统中处于 α 状态和自由运转状态时实现连接的概率。

调整权重的原则是，当 $p_{ij}^{(+)} > p_{ij}^{(-)}$ 时，则增加权重，否则减少权重。权重调整的这种规则就是 Boltzmann 机的学习规则。

由于模拟退火过程要求高温，使系统达到平衡状态，而冷却退火过程又必须缓慢地进行，否则易造成局部最小，所以这种学习规则的主要缺点是学习速度很慢。

4）竞争式学习。竞争式学习属于无教师学习方式。这种学习方式是利用不同层间的神经元发生兴奋性连接，以及同一层内距离很近的神经元间发生同样的兴奋性连接，而距离较远的神经元产生抑制性连接。这种在神经网络中的兴奋性或抑制性连接机制中引入了竞争机制的学习方式，称为竞争式学习。它的本质特征在于神经网络中高层次的神经元对低层次神经元输入模式进行竞争式识别。

前向网络的竞争式学习规则，是由 Rumelhar 和 Zipser 在 1985 年提出的。他们把前向网络结构设计成：第一层为输入层，而以后的每一层都增加许多不重叠的组块，每一组块在特征识别中只有一个竞争优胜单元兴奋，其余单元受到抑制。

设 i 为输入层某单元，j 为获胜的特征识别单元，

则它们之间的连接权重变化为

$$\Delta\omega_{ij} = \eta[(C_{ik}/nk) - \omega_{ij}]\qquad (49.5\text{-}14)$$

式中　　η——学习率；

C_{ik}——外部尾序列中 i 项刺激成分；

nk——刺激 k 激励输入单元的总数。

这种学习方式表明，在竞争中输入单元间连接权重变化最大的优胜单元实现每一特征识别，而失败的单元 $\Delta\omega_{ij}$ 为零。

在竞争式学习机制的研究方面，1987 年 Grossberg 提出将学习机制底-顶匹配和顶-底期望学习机制有机结合的原则，进一步完善了他所建立的自适应共振网络模型（ART）。ART 网络包括许多功能模块，单个功能模块和单个层单元间按竞争学习规则发生连接和变换。两层之间连接权重按照在竞争中优者取胜的原则进行调整。在多次顶-底与底-顶连接权重变化中优者取胜的平均值，作为模式识别的分类模式标准。

采用竞争式学习机制的神经网络还有 Kohonen 提出的自组织特征映射网络等。

从上述介绍的几种学习规则不难看出，要使人工神经网络具有学习能力，就是使神经网络的知识结构变化，这同把连接权重用什么方法变化是等价的。所以，所谓神经网络的学习，目前主要是指通过一定的学习算法对突触结合强度的调整，使其达到具有记忆、识别、分类、信息处理和问题的优化求解等功能。当然，使用 VLSI 技术，在硬件上实现神经芯片，可以极大提高神经网络的学习效率和进一步完善学习功能。

（4）关于学习的其他问题

1）学习和"随机波动"。在生物系统中，经常出现随机波动。例如，一个人即使发出同一音节，第 1 回和第 2 回都存在微妙的差别。这样的差别，在人类的行为中到处可见。在这里，我们将其定义为"随机波动"。另一方面，人类同计算机相比，擅长于认识这些"随机波动"的现象。例如，人类对于具有"随机波动"的声音和手写文字可以很容易地识别。

即使在学习中，这种"随机波动"也起着重要的作用。例如，在反复学习过程中，我们期望有某种变化，即"随机波动"。在生物进化过程中的学习、突然变异等实际上产生了某种"随机波动"，形成了进化的契机。

2）梦和学习。有的科学家提出：人类的梦是在假睡眠（Rapid Eye Movement，REM）期间产生的，而且假睡眠只有高级动物才会发生。

1.5　多层前向神经网络（BP 网络）

（1）感知器

1957年，美国学者Rosenblatt提出了一种用于模式分类的神经网络模型，被称为感知器（Perceptron）。它是由阈值元件组成且具有单层计算单元的神经网络，其连接权重可变，具有学习功能。

感知器信息处理的规则为

$$y(t) = f\Big[\sum_{i=1}^{n} \omega_i(t)x_i - \theta\Big] \qquad (49.5\text{-}15)$$

式中　$y(t)$——t 时刻输出；

　　　x_i——输入矢量的一个分量；

　　　$\omega_i(t)$——t 时刻第 i 个输入的加权；

　　　θ——阈值；

　　　$f[\cdot]$——阶跃函数。

感知器的学习规则如下：

$$\omega_i(t+1) = \omega_i(t) + \eta[d-y(t)]x_i \quad (49.5\text{-}16)$$

式中　η——学习率（$0<\eta<1$）；

　　　d——期望输出值（又称教师信号）；

　　　$y(t)$——实际输出。

简单的Perceptron网络（见图49.5-17）为层状，各层分别叫 S 单元（Sensory unit）、A 单元（Associative unit）以及 R 单元（Response unit）。根据以上学习规则，其学习的流程如图49.5-18所示，不断调整权重，使得权重对于样本保持稳定不变，学习过程即可结束。

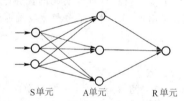

图 49.5-17　简单的 Perceptron 网络模型

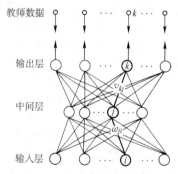

图 49.5-18　三层网络的结构

Rosenblatt提出的感知器模型奠定了由信息处理、学习规则和作用函数三要素构成的基本模式。这种模型成为后来出现的几十种模型的重要基础。

应该指出，上述的单层感知器能够解决一阶谓词逻辑问题，如逻辑与、逻辑或问题，但不能解决像异或问题的二阶谓词逻辑问题。感知器的学习算法保证收敛的条件，要求函数是线性可分的（指输入样本的函数类成员可分别位于直线分界线的两侧），当输入函数不满足线性可分条件时，上述算法受到了限制。为此，Minsky等试图利用加入隐单元以扩大感知的功能，但是由于缺乏有效的训练方法，导致他们在1969年对感知器过分批评，致使神经网络研究一度处于困境，影响了研究工作的进展。

（2）前向多层网络的 BP 学习算法

前向网络是目前研究最多的网络形式之一，如图49.5-18所示，它包括输入层、隐层及输出层，隐层可以为多层或一层。在隐层为一层的情况下也可把隐层叫作中间层。每层的神经元称为节点或单元。

BP（Back Propagation）法是相对于由输入层、隐层和输出层构成的前向网络，由 Rumelhart 等于1986年提出的有教师学习法。这个学习法同甘利（1967年）、Tsypkin（1966年）曾提出的概率下降法相同。

1）BP 网络误差反向传播学习算法的基本思想

① 向网络提供训练的例子，包括输入单元的活性模式和期望的输出单元活性模式。

② 确定网络的实际输出与期望输出之间允许误差。

③ 改变网络中所有连接权重，使网络产生的输出更接近于期望的输出，直到满足确定的允许误差。

2）误差反向传播算法的计算步骤。这里以图49.5-18所示的三层网络为例来说明误差反向传播算法的计算步骤，见图49.5-19。其中，为了说明方便起见，特引入一些记号。

① 初始化，对所有连接权重赋予随机任意值，并对阈值设定初值。

② 给定最初的学习数据。

③ 把学习数值 $\{I_i\}$ 赋予输入层单元，用从输入层到中间层之间的权重 $\{\omega_{ij}\}$ 和中间层单元的阈值 θ_j，求中间层单元 j 的输出 U_j。其中间层单元 j 的输入 U_j 和输出 H_j 由下式计算

$$U_j = \sum_j \omega_{ij}I_i + \theta_j \qquad (49.5\text{-}17)$$

$$H_j = f(U_j) \qquad (49.5\text{-}18)$$

④ 用中间单元的输出 $\{H_j\}$ 和从中间单元到输出单元的权重 $\{v_{kj}\}$，以及输出层单元 k 的阈值 γ_k，求输出层单元 k 的输入 S_k。其输出层单元 k 的输入 S_k 和输出 O_k 由下式计算

$$S_k = \sum v_{kj}H_j + \gamma_k \qquad (49.5\text{-}19)$$

$$O_k = f(S_k) \qquad (49.5\text{-}20)$$

⑤ 由学习数据的教师信息 T_k 与输出层的输出 O_k

的差, 求出输出层单元 k 相对于中间层单元阈值的误差

$$\delta_k = (O_k - T_k) O_k (1 - O_k) \qquad (49.5\text{-}21)$$

⑥ 用误差 δ_k、从中间层向输出层的连接权重 $\{v_k\}$ 以及中间层的输出 H_j, 求出相对于与中间层单元 j 连接的权重和中间层单元的阈值的误差

$$\sigma_j = \sum \delta_k v_k H_j (1 - H_k) \qquad (49.5\text{-}22)$$

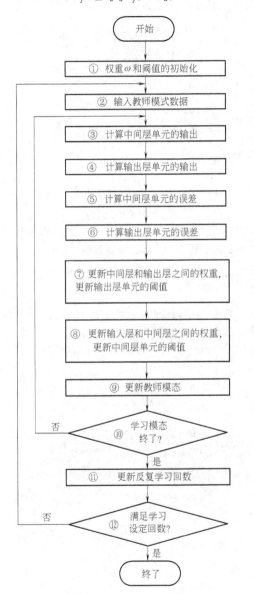

图 49.5-19 BP 学习法框图

⑦ 用输出层单元 k 的误差 δ_k、中间层单元 j 的输出 H_j 以及系数 α 的积的求和, 修正从中间层单元 j 到输出层单元 k 连接权重 v_{kj}。同时, 用误差 δ_k 和系数 β 的积的求和, 修正输出层单元 k 的阈值 γ_k

$$v_{kj} = v_{kj} + \alpha \delta_k H_j \qquad (49.5\text{-}23)$$
$$\gamma_k = \gamma_k + \beta \delta_k \qquad (49.5\text{-}24)$$

⑧ 用中间层单元 j 的误差 σ_j、输入层单元 i 的输出 I_i 以及系数 α 的积的求和, 修正从输入单元 i 到中间层单元 j 连接权重 ω_{ji}。同时, 用误差 σ_j 和系数 β 的积的求和, 修正中间层单元 j 的阈值 θ_j

$$\omega_{ji} = \omega_{ji} + \alpha \sigma_j I_i \qquad (49.5\text{-}25)$$
$$\theta_j = \theta_j + \beta \sigma_j \qquad (49.5\text{-}26)$$

⑨ 把下一学习数据作为教师数据。

⑩ 学习数据终了的话, 返回③。

⑪ 进行下一学习循环。

⑫ 假如学习次数不满足设定的学习次数, 则返回②。

以上的③~⑥, 是从输入层, 经中间层到输出层的正向处理; ⑦~⑧是从输出层, 经中间层到输入层的反方向处理。因此, 这种方法叫作 BP 算法。

总之, 图 49.5-18 所示神经网络的输入、输出关系, 由图 49.5-20 所示的矩阵和矢量的关系可形象地表达。图 49.5-20 中有关记号的说明见表 49.5-2。

表 49.5-2 图 49.5-20 中记号的说明

记号	说明
I_i	输入层单元 i 的输出
H_j	中间层单元 j 的输出
O_k	输出层单元 k 的输出
T_k	相对于输出层单元 k 的教师信息
ω_{ji}	从输入层单元 i 到中间层单元 j 的连接权值
v_{kj}	从中间层单元 j 到输出层单元 k 的连接权值
θ_j	中间层单元 j 的阈值
γ_k	输出层单元 k 的阈值

(3) BP 算法的问题以及改进算法

1) BP 算法的问题。BP 算法实质上是把一组样本输入、输出问题转化为一个非线性优化问题, 并通过梯度计算利用迭代运算求解权重问题的一种学习方法。已经证明, 具有 Sigmoid 非线性函数的三阶神经网络可以以任意精度逼近任何连续函数。但是, BP 算法在实际应用中尚存在以下问题:

① 由于采用非线性梯度优化算法, 易形成局部最小而得不到整体最优。

② 迭代算法次数甚多使得学习效率低, 收敛速度很慢。

③ BP 网络是前向网络, 无反馈连接, 影响信息交换速度和效率。

④ 网络的输入节点、输出节点由问题而定, 但隐节点的选取却根据经验, 缺乏理论指导。

⑤ 在训练中学习新样本有遗忘旧样本的趋势, 且要求表征每个样本的特征数目要相同。

⑥ 对每一应用, 大多需要调整其学习参数。

2) BP 算法的改进

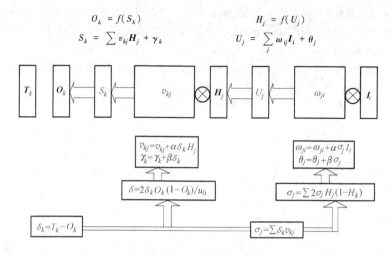

$$O_k = f(S_k) \qquad\qquad H_j = f(U_j)$$
$$S_k = \sum v_{kj}\boldsymbol{H}_j + \gamma_k \qquad U_j = \sum_j \omega_{ij}\boldsymbol{I}_i + \theta_j$$

图 49.5-20 三层 BP 网络的计算流程

① MFBP 算法。BP 算法中网络参数每次调节的幅度,均以一个固定的因子 η 比例于网络误差函数或误差曲面,对这些参数的偏导数的幅度大小,是造成 BP 学习算法收敛很慢的一个重要原因。此外,网络参数的调节是沿着网络误差函数梯度下降的最快方向进行的,由于网络误差函数的 Hesse 矩阵出现严重的病态特征,致使这一梯度下降的最快方向极大地偏离指向误差曲面最小方向,从而急剧地加长了网络参数到达最小点位置的搜索路径,这又是造成 BP 学习算法收敛慢的另一个重要原因。其次,BP 学习过程中存在着某些"训练差的模式",这些模式在学习过程中未对网络进行较好的训练,以致网络缺乏对这些模式的响应,从而退化网络的泛化特性,影响 BP 算法的学习效果。

克服这些缺陷的基本出发点是:网络中每个参数的调节应该有各自的学习率,且学习率在网络整个学习过程中,可以根据网络误差曲面上的不同区域的曲率变化自适应调节。在误差曲面的某一区域处,若它对某一参数有较小的曲率,则在这一参数的连续几步调节中,误差函数对这一参数的偏导数一般具有相同的符号;若误差曲面相对于这一参数有较大的曲率,则在这一参数的连续几步调节中,误差函数对这一参数的偏导数符号一般将发生改变。因此,在这些参数的连续几步调节中,根据误差函数对网络参数的偏导数符号,可决定是否改变相应参数,来提高学习效率。为了强调于第 n 步相邻偏导数符号的效应,采用指数加权平均方案。

经过分析推导可知,网络每层所对应的因子项的取值范围受到限制,是 Hesse 矩阵呈现病态的主要原因。为了减轻 Hesse 矩阵的病态特性,一个自然的想法就是将网络每层对应的病态因子

$$\prod_{m=1}^{n} \boldsymbol{O}_{pkm}(1 - \boldsymbol{O}_{pkm}) \quad n = 1,2,\cdots,L-1$$
$$(L \text{ 为网络层数}) \qquad (49.5\text{-}27)$$

取值范围扩至 $[0,1]$ 区域。为此,网络中每个节点的输入、输出关系修正为如下形式

$$\boldsymbol{O}_{pj} = 2\left\{1 + \exp\left[-2\left(\sum_i \omega_{ij}\boldsymbol{O}_{pj} + \theta_j\right)\right]\right\}^{-1} - 1$$
$$(49.5\text{-}28)$$

其中:$\boldsymbol{O}_{pj}$ 为模式 p 输至网络节点 j 的输出,同时网络的节点误差信号 δ_{pj} 相应变为

$$\delta_{pj} = (t_{pj} - \boldsymbol{O}_{pj})(1 + \boldsymbol{O}_{pj})(1 - \boldsymbol{O}_{pj}) \quad (j \text{ 为输出节点})$$
$$(49.5\text{-}29)$$

$$\delta_{pj} = \sum_k \delta_{pk}(1 + \boldsymbol{O}_{pj})(1 - \boldsymbol{O}_{pj}) \quad (j \text{ 为隐节点})$$
$$(49.5\text{-}30)$$

基于以上讨论,快速算法 FBP 算法由式(49.5-29)、式(49.5-30)及以下公式描述

$$\omega_{ji}(n+1) = \omega_{ji}(n) + \eta_{ji}(n)\sum_p \delta_{pj}(n)O_{pj}(n)$$
$$(49.5\text{-}31)$$

其中

$$\eta_{ji}(n+1) = \begin{cases} \eta_{ji}(n)\alpha\left[\sum_p \delta_{pj}(n)O_{pj}\right] \Delta_1(n-1) > 0 \\[2mm] \eta_{ji}(n)\beta\left[\sum_p \delta_{pj}(n)O_{pj}\right] \Delta_1(n-1) < 0 \\[2mm] \eta_{ji}(n)\left[\sum_p \delta_{pj}(n)O_{pj}\right] \Delta_1(n-1) = 0 \end{cases}$$

$$\Delta_1 = \gamma \cdot \Delta_1(n-1) + (1-\gamma)\left[\sum_p \delta_{pj}(n)O_{pj}(n)\right]$$

$$\Delta_1(0) = \sum_p \delta_{pj}(n)O_{pj}(n)$$

$$\theta_j(n+1) = \theta_j(n) + \eta_j(n)\sum_p \delta_{pj}(n)$$
$$(49.5\text{-}32)$$

其中

$$\eta_j(n+1) = \begin{cases} \eta_j(n)\alpha\left[\sum\delta_{pj}(n)O_{pj}\right] & \Delta_2(n-1)>0 \\ \eta_j(n)\beta\left[\sum\delta_{pj}(n)O_{pj}\right] & \Delta_2(n-1)<0 \\ \eta_j(n)\left[\sum\delta_{pj}(n)O_{pj}\right] & \Delta_2(n-1)=0 \end{cases}$$

$$\Delta_2(n) = \gamma\Delta_2(n-1)+(1-\gamma)\left[\sum_p\delta_{pj}(n)\right]$$

$$\Delta_2(0) = \sum_p\delta_{pj}(n)$$

其中，$\alpha>1$，$0<\beta<1$，$0<\gamma<21$，均为一选定的常数因子。$\omega_{ji}(0)$ 与 $\theta_j(0)$ 预先初始化为 $[-1,1]$ 内均匀分布的随机数，$\eta_{ji}(0)$ 与 $\eta_j(0)$ 为预先给定的较小的正数。

采用上述 FBP 算法对收敛速度有大幅度的提高，进一步分析 FBP 算法，可以看出训练网络的学习时间和其推广特性与训练模式在学习过程中的行为有密切的关系，于是在 FBP 算法扩大的基础上，采用动态训练集技术可改变网络的推广特性，这样就构成了MFBP 算法：

（a）用 P 中所有元素按 FBP 算法对网络进行一次调节后，可得集合

$$T\underset{\pi}{\Delta}\{p\in\boldsymbol{P}:E_p/\#\boldsymbol{P}\}$$

其中，$\#\boldsymbol{P}$ 表示集合 $\boldsymbol{P}$ 中元素的个数；E_p 为训练集中每个样本模式户所产生的网络误差。

（b）建立动态训练集 DST。设其中至少有 d 个元素，它由集合 P 中所有元素和非主导训练集合 T 中所有元素或其复制元素构成。如果 P 中元素个数与 T 中元素个数之和大于或等于 d，则 DST 即由 P 中所有元素和 T 中所有元素构成；如果 P 中元素个数与 T 中元素个数之和小于 d，则 DST 由 T 中所有元素、P 中所有元素和 T 中某些元素的复制元素构成，其中 T 中某些元素复制多少应视 DST 中元素个数是否达到 d 而定。

（c）用 DST 集合对网络参数按 FBP 进行调节，检查 FBP 算法收敛条件是否满足，如果满足，则结束训练，否则转向（d）。

（d）更新 DST，在 P 中寻找具有最大误差值 E_p 的元素 p，在 T 中寻找具有最小误差值 E_t 的元素 t，如果 $t=p$，则在 DST 中增加一个元素 p 的复印元素，使 DST 扩大；如果 $t\neq p$，则用 p 取代 T 中的元素 t。

（e）转向（c）。

（f）训练结束。

MFBP 算法比 BP 算法具有更快的收敛速度。仿真结果表明，MFBP 算法的迭代次数为 BP 算法的 $1/9\sim1/7$，且具有更好的推广特性。

② MBP 算法。MBP 算法通过改变作用函数 $f(x)$ 的值域，即加入一个增益因子 C 以改变作用函数陡度，在训练过程中，增益因子 C 随权值 ω 和阀值 θ 一起发生变化，以达到改善 BP 算法的收敛特性，加快收敛速度的目的。利用牛顿最速下降法可得到 BP 算法如下

$$\delta_{jk} = f(Net_{jk})\sum_m\delta_{mk}\omega_{ij} \qquad (49.5\text{-}33)$$

$$\frac{\partial E_r}{\partial\omega_{ij}} = \delta_{ij}O_{ik} \qquad (49.5\text{-}34)$$

$$\omega_{ij}(t+1) = \omega_{ij}-\mu\frac{\partial E_r}{\partial\omega_{ij}} \qquad (49.5\text{-}35)$$

其中

$$Net_{jk} = \sum_i\omega_{ij}O_{jk} \qquad (49.5\text{-}36)$$

$$O_{ik} = f(Net_{jk}) \qquad (49.5\text{-}37)$$

$$\delta_{ij} = \frac{\partial E_k}{\partial Eet_{ik}} \qquad (49.5\text{-}38)$$

$$\frac{\partial E}{\partial\omega_{ij}} = \sum_{k=1}^N\frac{\partial E_k}{\partial\omega_{ij}} \qquad (49.5\text{-}39)$$

μ 为学习因子，$\mu>0$。

利用式（49.5-33）~式（49.5-39）可推得网络权值和阈值的学习算法为

$$\Delta\omega_{ij}(t+1) = \eta\delta_{pj}O_{pj}+a\Delta\omega_{ij}(t) \qquad (49.5\text{-}40)$$

$$\Delta\theta_j(t+1) = \eta\delta_{pj}+a\Delta\theta_j(t) \qquad (49.5\text{-}41)$$

式中　η——学习步长；

a——权值记忆因子。

分析式（49.5-40）、式（49.5-41）可知，影响 BP 算法的因素很多，归纳起来主要包括学习步长 η、权值记忆因子 a、网络结构及节点作用函数等。这些参数主要根据经验选取，具有一定的局限性，MBP 算法主要基于这些参数的调整，对 BP 算法进行改进。

首先，将节点作用函数修改为

$$f(x) = -0.5+\frac{1}{1+e^{-x}} \qquad (49.5\text{-}42)$$

此时，函数的值域由（0，1）变为（-0.5，0.5）。由此可对零输入样本进行学习训练，能克服 BP 算法中零输入样本时，相关的权值和阈值均不改变计算的无效问题，从而加快收敛速度。

其次，适当增加作用函数的陡度，以利于改善算法的收敛性。为此，在节点净输入 Net_i 前加一个常数因子 C_i^m，这样输出函数 $y_i^m=f(Net_i^m)$ 变为

$$y_i^m = f(C_i^mNet_i^m) \qquad (49.5\text{-}43)$$

最后，对学习步长采用变步长策略，可根据收敛性加以调整。即在收敛过程中，本次误差大于上次误差，则这次迭代无效，恢复迭代前的步长，减少步长

增加的幅度重新迭代；反之，本次迭代有效，增大学习步长。

下面给出 MBP 算法的具体公式及简单的推导过程。

对于一个多层网络，假设 y_i^m 是第 m 层的第 i 个节点的输出，ω_{ij}^m 是第 m 层的第 i 各节点到第 $m-1$ 层的第 j 个节点的连接权值，第 m 层的第 i 个节点的净输入 $Net_i^m = \omega_i^m = \sum\limits_k \omega_{ik}^m y_k^{m-1}$，这时，$Net_i^m = (Net_1^m, Net_2^m, \cdots, Net_n^m)$ 是第 m 层的净输入的列矢量，节点作用函数为式（49.5-42）、式（49.5-43）。

假如对于一个输入模式 x_0，期望的输出为 $y = (y_1, y_2, \cdots, y_n)^T$，而实际的输出为 $\hat{y}$ 对于二次型误差函数

$$E = \frac{1}{2} \sum_{k=1}^n (y_k - \hat{y}_k) \qquad (49.5\text{-}44)$$

将 E 对 ω_{ij}^m 取偏微分得

$$\frac{\partial E}{\partial \omega_{ij}^m} = \frac{\partial E}{\partial Net^{m-1}} \cdot \frac{\partial Net^{m-1}}{\partial y_i^m} \cdot \frac{\partial y_i^m}{\partial Net_i^m} \cdot \frac{\partial Net_i^m}{\partial \omega_{ij}^m}$$

$$= (-\delta_1^{m-1}, -\delta_2^{m-1}, \cdots, -\delta_n^{m-1})$$

$$\begin{pmatrix} \omega_{1i}^{m-1} \\ \omega_{2i}^{m-1} \\ \vdots \\ \omega_{ni}^{m-1} \end{pmatrix} f'(C_i^m Net_i^m) x_j^{m-1}$$

$$(49.5\text{-}45)$$

其中

$$\delta_i^m = -\partial E / \partial Net_i^m \qquad (49.5\text{-}46)$$

当 i 为隐节点时

$$\delta_i^m = \left(\sum_k \delta_k^{m-1} \omega_{kj}^{m-1} \right) f'(C_i^m Net_i^m) C_i^m$$

$$(49.5\text{-}47)$$

当 i 为输出节点时

$$\delta_i^m = (t_{pi} O_{ij}) f'(C_i^m Net_i^m) C_i^m \qquad (49.5\text{-}48)$$

根据式（49.5-46）、式（49.5-41）可得

$$\Delta \omega_{ij}^m = \rho_\omega \delta_j^m y_j^{m-1} \qquad (49.5\text{-}49)$$

其中，ρ_ω 为权的学习步长。

同理，计算误差对增益常数 C 的梯度

$$\frac{\partial E}{\partial C_i^m} = \left(\sum_k \delta_k^{m-1} \omega_k^{m-1} \omega_{ki}^{m-1} \right) f'(C_i^m Net_i^m) Net_i^m$$

$$(49.5\text{-}50)$$

$$\Delta C_i^m = \rho_c \delta_i^m Net_i^m / C_i^m \qquad (49.5\text{-}51)$$

其中，ρ_c 为增益的学习步长，只要将 ρ_c 取为 0，C_i^m 初值取为 1，增益 C_i^m 不再起作用。

MBP 算法经试用于系统辨识仿真表明，与 BP 算法相比，在选用相同的学习训练步数条件下，MBP 算法的精度远远高于 BP 算法的精度（至少高出三个数量级）。对于相同精度的要求，则 MBP 算法可在很少步数内达到精度要求，收敛特性、收敛速度及系统的泛化特性都得到了改善。

③ 前向网络的自构形学习算法。在前向网络的拓扑结构中，输入节点与输出节点数是由问题本身决定的。而隐节点数的选取则相对困难得多。隐节点数少了，学习过程不收敛；隐节点数多了，存在节点冗余，网络性能下降。为了找到合适的隐节点数，最好的办法是网络在学习过程中，根据环境的要求，自组织和自学习自己的结构，这种网络学习的方法称为自构形学习算法。这种学习过程分为预估和自构形两个阶段。预估就是根据问题的大小及复杂程度，设定一个隐节点数很大的前向网络结构。在自构形阶段，网络根据学习情况合并无用的冗余节点，最后得到一个合适的自适应网络。

设 O_{ip} 是隐节点 i 在学习第 p 个样本时的输出，$\overline{O}_i$ 和 $\overline{O}_j$ 是隐节点 i 和 j 在学习完 n 个样本后的平均输出，n 为训练样本总数，则

$$\overline{O}_i = \frac{1}{n} \sum_{p=1}^n O_{ip} \qquad (49.5\text{-}52)$$

$$\overline{O}_j = \frac{1}{n} \sum_{p=1}^n O_{jp} \qquad (49.5\text{-}53)$$

为了衡量隐节点的工作情况，给出同层隐节点间的相关系数及样本分散度的定义如下：

同层隐节点 i 和 j 的相关系数

$$\gamma_{ij} = \frac{\left(\dfrac{1}{n} \sum\limits_{p=1}^n O_{ip} O_{jp} - \overline{O_i O_j} \right)}{\left(\dfrac{1}{n} \sum\limits_{p=1}^n O_{ip}^2 - \overline{O}_i^2 \right) \left(\dfrac{1}{n} \sum\limits_{p=1}^n O_{jp}^2 - \overline{O}_j^2 \right)}$$

$$(49.5\text{-}54)$$

γ_{ij} 表明隐节点 i 和 j 输出的相关程度，γ_{ij} 过大，说明节点 i 和 j 功能重复，需要压缩合并。

样本分散度为

$$S_i = \frac{1}{n} \sum_p^n O_{ip}^2 - \overline{O}_i^2 \qquad (49.5\text{-}55)$$

S_i 过小，表明隐节点 i 的输出值变化很小，它对网络的训练没有起作用，性能类同于阈值。

基于以上定义，给出隐节点动态合并和删减规则如下：

（a）合并规则。若 $|\gamma_{ij}| \geq c_1$，且 $S_i, S_j \geq c_2$，则同层隐节点 i 和 j 可以合而为一。这里 c_1 和 c_2 为规定的下限值。一般 c_1 取 0.8 ~ 0.9，c_2 取 0.001 ~ 0.010。令 $O_j \approx a O_i + b$，则

$$a = \frac{\left(\dfrac{1}{n}\sum_{p=1}^{n} O_{ip}O_{jp} - \overline{O_iO_j}\right)}{\left(\dfrac{1}{n}\sum_{p=1}^{n} O_{ip}^2 - \overline{O_i^2}\right)}$$

$$b = O_j - aO_i$$

如图 49.5-21 所示，输出节点 k 的输入

$$Netin_k = \omega_{ki}O_i + \omega_{kj}O_j + \omega_{kb}\cdot 1 + \sum_{l\neq i,\,j}\omega_{kl}O_l$$

$$= (\omega_{ki} + a\omega_{kj})O_i + (\omega_{kb} + b\omega_{kj})\cdot 1 + \sum_{l\neq i,\,j}\omega_{kl}O_l$$

从而得到合并算法：$\omega_{ki}\rightarrow\omega_{ki}+a\omega_{kj}$；$\omega_{kb}\rightarrow\omega_{kb}+b\omega_{kj}$。

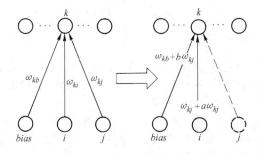

图 49.5-21　隐节点 i 和 j 的合并

（b）删减规则。若 $S_i < c_2$，则节点 i 可以删除。令 $O_i \approx \overline{O_i}$，则输出节点 k 的输入

$$Netin_k = \omega_{ki}O_i + \omega_{kb}\cdot 1 + \sum_{l\neq i,\,j}\omega_{kl}O_l$$

$$= (\omega_{kb} + \omega_{ki}O_i)\cdot 1 + \sum_{l\neq i,\,j}\omega_{kl}O_l$$

所以删减算法为：$\omega_{kb}\rightarrow\omega_{kb}+\overline{O_i}\omega_{ki}$，如图 49.5-22 所示，实际上是节点和阈值节点合并了。

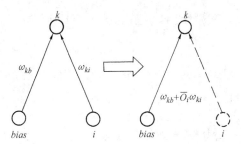

图 49.5-22　隐节点 i 的删减

根据上述的定义和规则可得到前向网络的自构形学习算法。采用三层前向网络应用自构形算法，对机械加工件特征识别试验结果表明，这种算法同 BP 算法相比，不仅识别准确率高，而且收敛时间缩短约 $1/7 \sim 1/5$。

1.6　典型反馈网络——Hopfield 网络

前面讨论的前向网络是单向连接没有反馈的静态网络，从控制系统的观点看，它缺乏系统动态性能。美国物理学家 Hopfield 对神经网络的动态性能进行了深入研究，在 1982 年首先提出了一种由非线性元件构成的单层反馈网络系统，称为 Hopfield 网络。从控制系统的观点看，Hopfield 网络是一个非线性动力学系统，由于非线性系统本身的复杂性，且涉及随机性、稳定性、吸引子以至于混沌现象等问题，所以使得研究反馈网络要比前向网络复杂得多。

（1）Hopfield 网络的物理学模型

1982 年美国物理学家 J. J. Hopfield 发表了名为"神经网络与基于自然发生集合计算能力的物理系统"的论文。在论文中提出了一种相互连接型网络模型，并指出其模型同物理学中说明物质的磁性的磁极模型非常相似。物理学中的磁极，以"向上"和"向下"两种状态为磁性的基本单位，由多数磁极间的相互作用而产生磁力。例如，永久磁铁的磁力，就是由许多磁极朝向相同的相互作用而产生。

假如把磁极模型的磁极置换为神经元，把磁极间相互作用置换为神经元间的连接，则得到的神经网络即为 Hopfield 的基本网络（见图 49.5-23）。磁极的向上和向下状态，正好与神经元的兴奋和抑制相对应。同时，为使 Hopfield 网络与物理学中的磁极模型有关概念相对应，引入了神经网络的能量的思想。使用能量这一量度，以考察神经网络的动作以及其全局的信息处理能力。

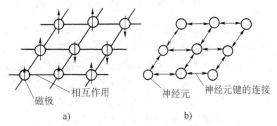

图 49.5-23　磁极模型和神经网络模型的对比
a）磁极　b）神经网络

（2）Hopfield 网络模型

Hopfield 网络模型的拓扑结构可看作全连接加权无向图，它是一种网状网络，可分为离散和连续两种类型。离散网络的节点仅取 +1 和 -1（或 0 和 1）两个值，而连续网络取 0 和 1 之间任一实数。其信息流向是双向的，即在网络中，单元自己的输出作为其他单元的输入；其他单元的输出又作为自己的输入，从而实现反馈。图 49.5-24 给出 Hopfield 网络的一种结果形式。

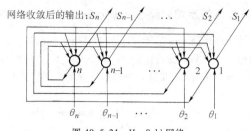

网络收敛后的输出:S_n S_{n-1} … S_2 S_1

图 49.5-24 Hopfield 网络

1）Hopfield 网络模型基本特征的两个重要约束条件。

① 对称的相互连接性。从神经元 i 到 j 间的连接权值 ω_{ij} 与从神经元 j 到 i 间的连接权值 ω_{ji} 相等即为对称的相互连接性，如图 49.5-25a 所示。因为在实际的生物神经网络中，神经元间的突触连接强度完全是非对称的，如图 49.5-25b 所示，所以其对称性作为生物学的模型也许难以被人们接受。但是，从 Hopfield 的论文名可知，作为新的计算机械（信息处理）模型的神经网络，其神经元间对称相互连接的约束条件的引入，大概不会有大的问题。其次，这种对称性同 Hopfield 参照的物理学磁极模型之间具有类似性。

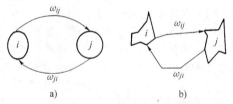

图 49.5-25 对称的相互连接

② 非同期的神经元动作。神经网络中的各神经元以非同期的形式进行动作即为非同期的神经元动作。以前的计算机，其所有的理论单元都是以时钟同期动作，进行具有系统意义的某些处理。Hopfield 网络中，各神经元以自己的动态改变自己的状态（输出）的形式来实现系统信息处理。这种各神经元完全独立地动作，作为并行计算机的模型是非常具有魅力的。

在以上两个约束条件下，设此网络含有 n 个神经元，在时刻 t，神经元 i 由其他 $n-1$ 个神经元得到的输入信息的总和为

$$I_i(t) = \sum_{j \neq i} \omega_{ij} S_j(t) + \theta_i \qquad (49.5\text{-}56)$$

其中，ω_{ij} 为神经元 i 与 j 间的连接权值；θ_i 为其阈值。在时刻 $t+1$，神经元 i 的状态（输出）值 $S_i(t+1)$ 取 0 或 1，各神经元按下列规则随机地、异步地改变状态

$$S_i(t+1) = \begin{cases} 1 & I_i \geq 0 \\ 0 & I_i < 0 \end{cases} \qquad (49.5\text{-}57)$$

2）Hopfield 网络的时间发展规则。

① 随机地从网络中选出 1 个神经元。

② 被选中的神经元 $i(1 \leq i \leq n)$，其输入的总和为

$$I_i(t) = \sum_{j \neq i} \omega_{ij} S_j(t) + \theta_i$$

③ 基于 $I_i(t)$ 的值对神经元 i 的输出值进行更新

$$S_i(t+1) = \begin{cases} 1 & [I_i(t) \geq 0] \\ 0 & [I_i(t) < 0] \end{cases}$$

④ 神经元 i 以外的神经元 j 的输出不让其发生变化：

$$S_j(t+1) = S_j(t)$$

⑤ 返回①。

（3）网络的能量

Hopfield 根据系统动力学和统计学原理，在网络系统中引入能量函数的概念，给出了网络系统稳定性问题定理（Hopfield 定理）。

定理 设 (ω, S) 是神经网络，若 $\omega_{ij} = \omega_{ji}$，且 $\omega_{ij} > 0$，同时各神经元是随机异步地改变状态，则此网络一定能收敛到稳定的状态。

证 在网络中引入能量函数

$$E(t) = -\frac{1}{2} \sum_{i \neq j} \omega_{ij} S_i(t) S_j(t) - \sum_i \theta_i S_i(t)$$
$$(49.5\text{-}58)$$

能量函数 $E(t)$ 随状态 $S_k(t)$ 的变化为

$$\frac{\Delta E(t)}{\Delta S_k(t)} = -\frac{1}{2} \sum_{i=1}^n \omega_{ki} S_i(t) - \frac{1}{2} \sum_{j=1}^n \omega_{jk} S_j(t) + \theta_k$$
$$(49.5\text{-}59)$$

当 $\omega_{ik} = \omega_{jk}$ 时，则得

$$\Delta E_k(t) = -\left[\sum_{j=1}^n \omega_{kj} S_j(t) + \theta_k \right] \Delta S_k(t)$$
$$(49.5\text{-}60)$$

若令 $S_k(t) = \sum_{j=1}^n \omega_{kj} S_j(t) + \theta_k$，则由式（49.5-56）可知，$S_k(t)$ 与 $\Delta S_k(t)$ 同号，再从式（49.5-60）可以看出，$S_k(t)$ 与 $\Delta S_k(t)$ 之积大于零，故 $\Delta E_k(t) < 0$。这表明网络系统总是朝着能量减少的方向变化，最终进入稳定状态。

Hopfield 网络模型的基本原理是：只要由神经元兴奋的算法和连接权系数所决定的神经网络的状态，在适当给定的兴奋模式下尚未达到稳定状态，那么该状态就会一直变化下去，直到预先定义的一个必定减小的能量函数达到极小值时，状态才达到稳定而不再变化。

如果更直观地赋予这种反馈网络系统的动态特性，则整个网络系统中神经元的信息处理过程就好像与在满员的电车中拥挤的乘客最初以不自然的姿势相互拥挤着，后来逐渐地以安定的姿势稳定下来的过程一样，犹如神经元由混沌状态转移到稳定状态。

对于连续的 Hopfield 网络，通过引入能量函数，可以类同于离散模型的情况加以研究，它同样朝着能量减少的方向运行，最终达到一个稳定的状态。

（4）Hopfield 网络的联想记忆功能

如前所述，Hopfield 网络是一个非线性动力学系统。引入能量函数后并从系统能量的观点看，该网络系统在一定的条件下，总是朝着系统能量减少的方向变化，并最终达到能量函数的极小值而不再变化。如果把这个极小值所对应的模式作为记忆模式，那么以后当给这个网络系统一个适当的激励时，它就能成为想起已记忆模式的一种联想记忆模式，即 Hopfield 网络具有联想记忆功能。

Hopfield 网络联想记忆过程，从动力学的角度就是非线性动力学系统朝着某个稳定状态运行的过程，这需要调整连接权值使得所要记忆的样本作为系统的吸引子，即能量函数的局部最小点。这一过程可分为学习和联想两个阶段。

在给定样本的条件下，按照 Hebb 学习规则，调整连接权值，使得存储的样本成为动力学的吸引子，这个过程就是学习阶段。而联想是指在已调整好权值不变的情况下，给出部分不全或受了干扰的信息，按照动力学规则改变神经元的状态，使系统最终变到动力学的吸引子，也即指收敛于某一点，或周期性迭代（极限环），或处于混沌状态。

Hopfield 网络模型的动力学规则是指：若网络节点在 $S(0)$ 初始状态下，经过 t 步运行后将按下述规则达到 $S(t+1)$ 状态，即

$$S_i(t+1) = \text{sgn}\Big[\sum_{j=1}^{n} \omega_{ij} S_j(t) + \theta_i \Big]$$

$$(49.5\text{-}61)$$

其中，sgn 为符号函数。

实现 Hopfield 网络联想记忆的关键是，网络到达记忆样本能量函数的极小点时，决定网络的神经元间连接权值 ω_{ij} 和阈值 θ_i 等参数。以下将 Hopfield 网络用于联想记忆的学习算法规则作一整理。

1）按照 Hebb 规则设置权值。

$$\omega_{ij} = \begin{cases} \sum_{m=1}^{n} x_i^m x_j^m & i \neq j \quad i,j = 1,2,\cdots,n \\ 0 & i = j \end{cases}$$

$$(49.5\text{-}62)$$

其中　ω_{ij} 是节点 i 到节点 j 的连接权值；x_i^m 表示样本集合 m 中的第 i 个元素；$x_i \in [-1, TIF, +1]$。

2）对未知样本初始化。

$$S_i(0) = x_i \quad i = 1,2,\cdots,n \quad (49.5\text{-}63)$$

其中　$S_i(t)$ 是时刻节点 i 的输出；x_i 是未知样本的第 i 个元素。

3）迭代计算。

$$S_j(t+1) = \text{sgn}\Big[\sum_{i=1}^{n} \omega_{ij} S_i(t) + \theta_j \Big]$$

$$\theta_j = 0, j = 1,2,\cdots,n \quad (49.5\text{-}64)$$

直至节点输出状态不改变时，迭代结束。此时节点的输出状态即为未知输入最佳匹配的样本。

4）返回2）继续迭代。

依据上述算法的联想记忆功能，可用于模式识别，但样本较多且彼此间相近时，容易引起混淆。因此，这种网络要求存储的信息模式必须是两两正交。此外，网络要求连接权中满足对称条件等。

（5）Hopfield 网络的优化计算功能

Hopfield 网络理论的核心思想为：网络从高能状态转移到最小能量状态，则达到收敛，获得稳定的解，完成网络的功能。Hopfield 网络所构成的动力学系统与固体物理学模型自旋玻璃相似，可用二次能量函数来描述系统的状态，系统从高能状态到低能的稳定状态的变化过程，相似于满足约束问题的搜索最优化解的过程。因此，Hopfield 网络可用于优化问题的计算。

Hopfield 网络用于优化问题的计算与用于联想记忆的计算过程是对偶的。在解决优化问题时，权矩阵 $\boldsymbol{\omega}$ 已知，目的是求取最大能量 E 的稳定状态。为此，必须将优化的问题映射到网络的响应于优化问题可能解的特定组态上，再构造一优化问题的能量函数，它应和优化问题中的二次型代价函数成正比。

通过将能量函数和代价函数相比较，求出能量函数中权值和偏值，并以此去调整响应的反馈权值和偏值，进行迭代计算，直到系统收敛到稳定状态为止。最后将所得到的稳定状态变换为实际优化问题的解。

Hopfield 应用这种网络优化计算功能，成功地解决了著名的旅行商 TSP 问题。TSP 问题是给定 N 个城市，从某一城市出发走遍所有城市但不准重复，然后再回到原出发地其间的路径必须最短。此问题易于表达，但难于求解。用普通搜索法极其费时，而采用 Hopfield 网络在极快时间内找到虽不是最短，但却是接近最短的最优近似解，充分显示出这一方法的巨大潜力。

求解 TSP 问题，其关键在于对所求问题找出用合适的数学表达的能量函数的形式，网络的行为须用

能量函数 E 来描述，它的最小值响应于最佳路径。

Hopfield 网络理论不仅奠定了用动力学和统计力学理论研究反馈网络的基础，而且连续的 Hopfield 网络模型可直接与电子模拟线路相对偶，易于通过 VLSI 技术实现，这样就为研制神经计算机开辟了道路。

1.7 基于概率学习的 Boltzmann 机模型

1985 年加拿大多伦多大学教授 G. E. Hinton 等人基于统计物理学和 Boltzmann 提出的概率分布模拟退火过程，提出了 Boltzmann 机的学习算法。这个模型是把 Hopfield 网络的动作规则，以概率动作的形式扩张其规则的网络模型。此扩张，使 Hopfield 网络中难以确定的神经元间的连接权值及网络参数等，由学习可以给予确定。其次，网络的动作也不是收敛于能量函数的极小点，而可能收敛于能量函数的最小点。

（1）Boltzmann 机模型

Boltzmann 机是一个相互连接的神经网络模型，其特点是隐节点间具有相互结合的关系。每个都根据自己的能量差 ΔE 随机地改变自己的或为 1 或为 0 的状态。

前述的 Hopfield 网络的时间发展规则可以归结如下：

$$I_i(t) = \sum_{j \neq i} \omega_{ij} S_j(t) + \theta_i$$
$$S_i(t+1) = 1(I_i(t))$$

其中 $S_i(t)$ 是包括输入层、隐层和输出层中所有神经元的状态；函数 $1()$ 是阶跃函数（也称为阈值函数），可表示为

$$1(x) = \begin{cases} 1 & (x \geq 0) \\ 0 & (x < 0) \end{cases}$$

Boltzmann 机在进行 ω_{ij}、$I_i(t)$、$S_i(t+1)$ 的计算中，以概率判定的形式取代阶跃函数。神经元 i 在下一时刻的输出值 $S_i(t+1)$，根据 $I_i(t)$ 的值计算式 (49.5-65) 概率 P，确定其是否为 1。

$$P(S_i(t+1)=1)=f(I_i(t)/T) \quad (49.5\text{-}65)$$

式中，$f(x)$ 为 Sigmoid 函数，其表达式为

$$f(x) = \frac{1}{2}\left(1+\tanh\frac{x}{2}\right) = \frac{1}{1+\exp(-x)}$$
$$(49.5\text{-}66)$$

式 (49.5-65) 中，T 为网络的温度。随着 T 的变化，函数 $f(x/T)$ 的变化形式如图 49.5-26 所示。定性地讲，T 的值越大（温度越高），$f(x/T)$ 函数相对于 x 越不敏感，$T \to \infty$ 时，$f(x/T) = 0.5$；T 的值小（温度低），$f(x/T)$ 函数相对于 x 的值出现正负，表现出敏感性。$T \to 0$ 时，$f(x/T)$ 为阶跃函数。这时，$I_i(t)$

的值为正，用概率 1.0，$S_i(t+1) = 1$；$I_i(t)$ 的值为负，用概率 1.0，$S_i(t+1) = 0$。

由此，我们明确了在与 Hopfield 网络的动作规则相同且 $T=0$ 的前提下，Boltzmann 机与 Hopfield 网络是一致的。以下，我们来讨论用式 (49.5-65) 所给的概率条件，向 $S_i(t+1) = 1$ 状态迁移时网络能量的变化。在网络状态迁移前后，因为输出的变化仅局限于神经元 i，由式 (49.5-58) 状态迁移前后的能量变化量为

$$\Delta E = E(t+1)-E(t) = -\{1-S_i(t)\} \cdot I_i(t)$$
$$(49.5\text{-}67)$$

由上式可知，在 $I_i(t)$ 为正的情况下，随着状态迁移，其能量减少（或不变化）。由图 49.5-26 可知，$I_i(t)$ 为正的情况下，发生状态迁移的概率也大。相反地，在 $I_i(t)$ 为负的情况下，随着状态迁移，其能量增加（或不变化）。这种迁移在 Hopfield 网络中虽是禁止的，但在 Boltzmann 机中允许以小概率出现（图 49.5-26 中横轴的左半部分）。正是由此原因，Boltzmann 机的状态迁移函数不停留在极小点，而可能收敛于最小点。当系统达到平衡时，能量函数达到最小值。可以证明 Boltzmann 机是收敛的。将 Boltzmann 机的时间发展规则整理如下：

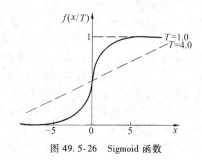

图 49.5-26 Sigmoid 函数

1）随机地从网络中选出 1 个神经元。

2）被选中的神经元 i $(1 \leq i \leq n)$，其输入的总和为

$$I_i(t) = \sum_{j \neq i} \omega_{ij} S_j(t) + \theta_i$$

3）以式 (49.5-65) 的概率 P，把神经元 i 输出值 $S_i(t+1)$ 设定为 1。

4）神经元 i 以外的神经元 j 的输出不让其发生变化

$$S_i(t+1) = S_j(t)$$

5）返回 1）。

（2）模拟退火

模拟退火的基本思想源于统计力学，统计力学是研究一个多自由度的系统在某温度下达到热平衡时的行为特性。金属在高温熔化时，所有原子都处于高能

的自由运动状态，随着温度的降低，原子的自由运动减弱，物体能量降低。只要在凝结温度附近，使温度下降足够慢，原子排列就越来越规整，而形成结晶，这一过程称为退火过程。物体的上述结晶过程可对应多变量函数的优化过程，因此可以模拟退火过程而研究多变量的优化问题。

虽然 Hopfield 网络的状态收敛于所给的能量函数极小点的某一状态，但是，因为在 Boltzmann 机的状态迁移中引入了概率，故网络的各状态收敛于各自出现的概率状态（平衡状态）。收敛于平衡状态后，再以相同的时间发展规则反复进行，其中计算各状态出现的次数的时间平均值，即可求出各状态出现的概率分布。此概率分布叫作 Boltzmann 分布。Boltzmann 分布函数 $Q(E_n)$ 的显著特征是：它仅是状态能量的函数。其表达式如下

$$Q(E_n) = \left(\frac{1}{Z}\right) \exp\left(\frac{-E_n}{T}\right) \qquad (49.5\text{-}68)$$

$$Z = \sum_n \exp\left(\frac{-E_n}{T}\right) \qquad (49.5\text{-}69)$$

式中　Z——为了概率分布正规化的系数；

　　　T——状态迁移规则（式 49.5-65）中的温度参数；

　　　E_n——状态 n 的能量。

由此式可知，能量越低，实现概率越大，即"以最大概率出现最小能量状态"。

下面我们来考察温度参数 T，从式（49.5-68）可知，相对于实现概率 $Q(E_n)$，温度越高，其越不敏感；温度越低，其越敏感。当温度 $T \to 0$ 时，最小能量状态的实现概率为 1，其他状态的概率全为 0。因此如果有效地利用此特性，就可能使网络的状态总是收敛于能量函数的最小点。可是，值得注意的是，正如我们在前面所讲的那样，Boltzmann 机的状态迁移规则，在温度 $T \to 0$ 的极限时，与 Hopfield 网络是一致的。所以如果从最初开始就让温度 $T = 0$，按时间发展规则，其状态会收敛于极小点，未必会收敛于最小点。

因此，最初以高温度出发，让网络按时间发展，在到达平衡点以后，保证平衡状态不破坏的条件下，慢慢地降低温度，最终使温度降低到 0 的极限的方法，叫作模拟退火法（simulated annealing）。这种方法，类似于把金属材料通过加热，再慢慢地冷却，以消除其内部的缺陷的退火原理。

模拟退火要点是温度下降的幅度。假如很快地降低温度，仍会收敛于极小点。

（3）Boltzmann 机模型的学习算法

以 Boltzmann 机的时间发展规则动作，其状态的

出现概率收敛于 Boltzmann 分布所表示的平衡状态。处于平衡状态的各状态的出现概率，是根据 Boltzmann 分布，由状态的能量值而得到的。因为确定各状态能量值的能量函数是由神经元间的连接权值和神经元的阈值等网络参数所决定的，所以通过适当调整这些参数，可以实现所期望的状态的出现概率的平衡分布。而这里的调整就相当于 Boltzmann 机的学习。

实际上，Boltzmann 机的全部神经元可分为可视单元群（visible units）和隐单元群（hidden units）两个单元群（见图 49.5-27a）。进行学习是为了使可视单元群的状态的平衡分布与所期望的概率分布相一致。作为特例，如果隐单元的个数为 0，则进行所有神经元的学习。学习的方法分为自想起型学习和相互想起型学习两种。

自想起型学习是对学习时所提出的目标分布（相对于网络来讲，是对应可视单元的外部环境）实现模拟式学习的过程。学习结果是用网络参数表达外部环境的概率结构。

相互想起型学习是将可视单元群分为输入单元群和输出单元群（见图 49.5-27b），在将输入单元群的状态（输出值的群）固定时，使输出单元群的平衡分布与期望的概率分布相一致。Boltzmann 机通过学习，建立起输入单元群（输入模式）和输出单元群（输出模式）之间的有条件概率关系。这种相互想起型学习可以实现联想记忆的功能。例如，在把输入单元群固定表达为苹果时，假定在输出单元群中与之相对应，以概率的形式出现"红色""圆的"等模式，那么，网络就会从苹果联想出"红色""圆的"。

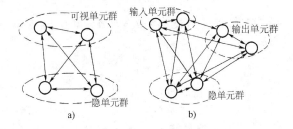

图 49.5-27　自想起型学习和相互
想起型学习的 Boltzmann 机
a）自想起型　b）相互想起型

下面介绍 Boltzmann 机的自想起型学习方法。将其扩张易于类推出相互想起型学习，限于篇幅，请读者参考文献"Boltzmann 机器的学习算法"。

假设可视单元群的状态为 V_a（可视单元数的矢量），隐单元群的状态为 H_b，其中下角标 a、b 分别为其状态的号码。想让 Boltzmann 机学习的可视单元群的

期望分布函数为 $P(V_a)$；网络所有单元的平衡分布为 $Q_\omega(V_a, H_b)$，其中下角标 ω 代表性地表示单元间的连接权值和单元的阈值等参数；与指定的状态 (V_a, H_b) 相对应的状态能量用 $E_\omega(V_a, H_b)$ 表示的情况下，其 $Q_\omega(V_a, H_b)$ 用下式的 Boltzmann 分布给出

$$Q_\omega(V_a, H_b) = \left[\frac{1}{Z} \exp\left(\frac{-E_\omega(V_a, H_b)}{T} \right) \right]$$

$$(49.5\text{-}70)$$

$$Z = \sum_{a,b} \left[\exp\left(\frac{-E_\omega(V_a, H_b)}{T} \right) \right]$$

$$(49.5\text{-}71)$$

故仅考虑可视单元群的情况下，其状态的分布函数 $Q_\omega(V_a)$ 为

$$Q_\omega(V_a) = \sum_b Q_\omega(V_a, H_b) \quad (49.5\text{-}72)$$

此时，期望分布函数为 $P(V_a)$ 与网络实现的所有单元的平衡分布 $Q_\omega(V_a)$ 间的差异为

$$G(\omega) = \sum_a P(V_a) \log\left(\frac{P(V_a)}{Q_\omega(V_a)} \right)$$

$$(49.5\text{-}73)$$

其中，$G(\omega)$ 称为 Kullback 信息量（Kullback-Leibler divergence），表示分布函数间的距离，无论对于怎样的分布 $Q_\omega(V_a)$，均有 $G(\omega) \geq 0$，等号仅在 $P(V_a)$ 和 $Q_\omega(V_a)$ 完全一致时成立。

把 $G(\omega)$ 作为学习的评价函数，假如使 $G(\omega)$ 趋向很小时确定网络的参数 ω，就能以 $P(V_a)$ 近似地构成实行网络。

仅让 ω 的微小量 $\delta\omega$ 变化的情况下，因为 $G(\omega)$ 变化为 $G(\omega+\delta\omega)$ 可用下式给出

$$G(\omega+\delta\omega) = G(\omega) + \delta\omega \cdot \left(\frac{\partial G}{\partial \omega} \right) \quad (49.5\text{-}74)$$

所以，把 ε 假设为一微小常数，把 $\delta\omega$ 用下式表示

$$\delta\omega \cdot = -\varepsilon\left(\frac{\partial G}{\partial \omega} \right) \quad (49.5\text{-}75)$$

则 $G(\omega)$ 必定能单调减小，即有

$$G(\omega+\delta\omega) \leq G(\omega) \quad (49.5\text{-}76)$$

如此，开始就选择适当的初始值 ω，用式 (49.5-75) 反复地修正 ω，能够得到满足期望分布 [使 $G(\omega)$ 为极小值] 的参数。式 (49.5-75) 中的微分，由下式给出

$$\left(\frac{\partial G}{\partial \omega_{ij}} \right) = -\left(\frac{1}{T} \right) \left(p_{ij}^{(+)} - p_{ij}^{(-)} \right) \quad (49.5\text{-}77)$$

$$p_{ij}^{(+)} = \sum_a P(V_a) \frac{\sum_b S_i S_j \exp[-E_\omega(V_a, H_b)/T]}{\sum_b \exp[-E_\omega(V_a, H_b)/T]}$$

$$(49.5\text{-}78)$$

$$p_{ij}^{(-)} = (1/Z) \sum_{a,b} S_i S_j \exp[-E_\omega(V_a, H_b)/T]$$

$$(49.5\text{-}79)$$

$p_{ij}^{(+)}$ 是先把可视单元群的输出值按照期望分布 $P(V_a)$ 给以固定，仅让剩余的隐单元群的单元按照 Boltzmann 机的时间发展规则动作，在达到平衡状态时，单元 i 和 j 的输出值同时为 1 的期待值（S_i 和 S_j 间相关）。$p_{ij}^{(-)}$ 是让网络所有单元（可视单元群和隐单元群）自由，在达到平衡状态时，单元 i 和 j 的输出值同时为 1 的期待值。把以上的式子代入式 (49.5-75)，可以得到单元间连接权值的修正量表达式

$$\delta\omega = -(\varepsilon/T)(p_{ij}^{(+)} - p_{ij}^{(-)}) \quad (49.5\text{-}80)$$

式 (49.5-80) 中右边的第一项，是表示与单元 i 和 j 的输出值的相关成比例使其连接权值增大的项，可见这同 Hebb 的学习规则相类似。右边的第二项表示与单元 i 和 j 的输出值的相关成比例使其连接权值减小的项，也叫作反学习（unlearning）项。总之，网络在通过可视单元群同外部环境相连接时（醒时）进行学习；同外部环境连接切断时（睡眠时）进行反学习。可见 Boltzmann 机的学习理论有许多都是同睡眠和记忆（学习）的过程相对比进行的。

在式 (49.5-77) 中，虽只表示了相对单元间连接权值 ω_{ij} 的微分，可是相对于各单元阈值 θ_i 的微分，假如把阈值 θ_i 看作为输出值总是为 1 的假想单元同单元 i 间的单元连接权值，那么其处理能以 ω_{ij} 的相同形式进行。以下，将以上的学习规则作一整理。

1) 以概率 $P(V_a)$ 将可视单元群的输出值固定为 V_a。

2) 把隐单元群的状态设定为温度为 T 的平衡状态。

3) 统计所有的单元对（单元 i 同单元 j）在平衡状态，同时输出为 1 的次数 $n_{ij}^{(+)}$。

4) 让可视单元群自由，所有单元的状态到达温度为 T 的平衡状态。

5) 统计所有的单元对（单元 i 同单元 j）在平衡状态，同时输出为 0 的次数 $n_{ij}^{(-)}$。

6) 1)～5) 反复进行，将算出的 $n_{ij}^{(+)}$ 和 $n_{ij}^{(-)}$ 的各自的平均值作为 $p_{ij}^{(+)}$ 和 $p_{ij}^{(-)}$。

7) 所有单元间的连接权值 ω_{ij} 按下式进行修正

$$\delta\omega = -(\varepsilon/T)(p_{ij}^{(+)} - p_{ij}^{(-)})$$

8) 返回 1)。

在以上学习规则的 2) 和 4) 中，为了实现温度 T 的平衡状态，虽然是根据 Boltzmann 机的时间发展规则进行计算的，但此时是由比 T 更高的温度开始计算，按照模拟退火法一边冷却，一边向温度 T 的平衡

状态迁移，实现到稳定的温度 T 的平衡状态。

2 非线性振动的自学习建模

在计算机集成技术迅速发展的要求下，简单且易于操作的非线性系统识别技术的研究和开发既具有客观的迫切性，也具有广泛的应用前景。有关利用神经网络进行非线性的系统识别的研究虽已有许多，但是以简单的神经网络结构和简单的学习，能够高精度、大泛用性地预测出其时序列非线性响应的研究仍存在着许多问题。例如，在生物或机械等系统建模中，只允许或只能通过简单加振测定对象的响应，并需依此进行其未知非线性系统识别。由于对象的试验条件局限性，非线性特性的未知性，以及可使用学习信息的有限性，常常难以确定神经网络的结构、输入和输出的构成以及选用的学习信息。因此，把非线性振动的简单响应作为学习信息，以实现系统时序列非线性响应预测是生物、工程等领域中通过试验完成系统建模所需求的重要手段。

本节从工程应用的实际出发，列举一适用于非线性振动系统识别的神经网络模式。其基本思想是，从神经网络的预测结构型式、输入和输出的构成以及有限学习信息的充分利用三个方面入手，以尽可能少且简单的学习信息，实现非线性系统的高精度、大泛用性时序列预测。通过非线性振动时序列脉冲响应的学习，实现强制激振响应的预测，通过时序列周期响应的学习实现混沌响应的预测，验证了所介绍的神经网络模型的有效性。

2.1 神经网络和系统识别

（1）识别的对象和系统预测的条件

研讨的非线性振动解析模型为

$$m\ddot{x} + c\dot{x} F_R(x, t) = F(t) \qquad (49.5-81)$$

其中，$x(0) = x_0$，$\dot{x}(0) = \dot{x}_0$ 为初始条件；$F_R(x, t)$ 为非线性复原力；$\ddot{x}(t)$、$\dot{x}(t)$、$x(t)$ 分别为系统的加速度、速度和位移。激振力 $F(t)$ 为脉冲力时，使用如下的半波正弦形式

$$F(t) = \begin{cases} B\sin(\omega t) & (0 \leq t \leq t_m) \\ 0 & (t > t_m) \end{cases} \qquad (49.5-82)$$

其中，$t_m = \pi / \omega$。激振力 $F(t)$ 为强制激振时，使用如下的正弦形式

$$F(t) = B\sin(\omega t) \qquad (49.5-83)$$

以少量、简单条件下的时序列响应作为教师数据，学习后的神经网络，相对于任意的初始条件 $(x_0, \dot{x}_0)$ 和任意的激振力（激振力的形式以及 B，ω，t_m），能够预测出其时序列响应。

（2）提高神经网络预测精度和泛用性的方法

这里，所追求的神经网络主要功能是，在仅使用有限脉冲激振力和其响应的前提下，神经网络通过这些有限信息的学习、记忆、联想，达到对系统非线性动特性的识别。在识别中，神经网络学习的系统信息与需要预测的系统响应，由于激振力、激振频率、初始条件的不同，虽然在其响应上是不同的，但是其确定性物理模型决定了其物理机理的同一性。这种非线性机理同一性用于神经网络表达，不仅需要通过神经网络学习算法的改进来实现，同时需要研究神经网络的结构、输入和输出的构成以及学习信息的有效利用来提高神经网络的预测精度和泛用性。

1）确定神经网络的输入、输出的构成。在确定模型的离散时间域中，假如给定 t 时刻系统的 $x(t)$，$\dot{x}(t)$，$F(t)$，$F(t + \Delta t)$，那么 Δt 后系统响应的增加量 $\Delta x(t)$，$\Delta \dot{x}(t)$ 应该是确定的。因此，把神经网络的输入确定为 $x(t)$，$\dot{x}(t)$，$F(t)$，$F(t + \Delta t)$，输出确定为 $\Delta x(t)$，$\Delta \dot{x}(t)$，通过学习其非线性机理和特性是有可能实现系统识别的。完成学习后的神经网络，在学习信息条件附近的某一域内，预测的初始值、强制激振力和频率的大小等取任意值作为已知条件，从初始条件 $x(t)$，$\dot{x}(t)$ 开始预测。将其输出 $\Delta x(t)$，$\Delta \dot{x}(t)$ 代入式（49.5-84）、式（49.5-85）。

$$x(t + \Delta t) = x(t) + \Delta x(t) \qquad (49.5-84)$$

$$\dot{x}(t + \Delta t) = \dot{x}(t) + \Delta \dot{x}(t) \qquad (49.5-85)$$

把求出的值 $x(t + \Delta t)$，$\dot{x}(t + \Delta t)$ 再作为下一 Δt 后的系统输入，再预测出 $\Delta x(t + 2\Delta t)$、$\Delta \dot{x}(t + 2\Delta t)$。以此方式反复进行，即可实现时序列 $x(t + \Delta t)$，$\dot{x}(t + \Delta t)$ 响应的系统预测。

2）教师数据的结构和其矢量形式。在连续时间序列离散化为 $t = \Delta t \cdot k$ 的情况下，把教师数据条件 $[x(0), \dot{x}(0), B, \omega, t_m]$ 下得到的系统时序列数据表示为以下形式

$$\tilde{x}_k^i = x(t) \qquad (49.5-86)$$

$$\tilde{\dot{x}}_k^i = \dot{x}(t) \qquad (49.5-87)$$

$$\tilde{F}_k^i = F(t) \qquad (49.5-88)$$

$$\Delta \tilde{x}_k^i = \Delta x(t) \qquad (49.5-89)$$

$$\Delta \tilde{\dot{x}}_k^i = \Delta \dot{x}(t) \qquad (49.5-90)$$

图 49.5-28 所示的学习用神经网络的输入、输出的矢量关系由下式定义

$$\tilde{I}_k^i = \left(\tilde{x}_k^i, \tilde{\dot{x}}_k^i, F_k^i, F_k^i \right)^T \qquad (49.5-91)$$

$$\tilde{O}_k^i = \left(\Delta \tilde{x}_k^i, \Delta \tilde{\dot{x}}_k^i \right)^T \qquad (49.5-92)$$

通过教师数据的学习，为了使神经网络具有非线性系统的频率、振幅和初始条件的依存特性，必须提高神经网络的联想功能。为此，有时需要用复数组试验条件

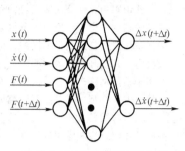

图 49.5-28　学习用三层 BP 网络

$(P^i,\ t_m^i;\ i=1,\ 2,\ \cdots,\ m)$ 下的试验数据，以增加学习信息，增加对系统非线性机理的联想能力，即把取得的复数组试验条件下的离散化时系列数据用下式的输入、输出矢量的序列形式表示

$$\tilde{I}=(\tilde{I}_1^1,\tilde{I}_2^i,\cdots,\tilde{I}_k^1,\cdots,\tilde{I}_n^1,\tilde{I}_1^2,\tilde{I}_2^{2i},\cdots,\tilde{I}_n^m)^{\mathrm{T}}$$
(49.5-93)
$$\tilde{O}=(\tilde{O}_1^1,\tilde{O}_2^i,\cdots,\tilde{O}_k^1,\cdots,\tilde{O}_n^1,\tilde{O}_1^2,\tilde{O}_2^2,\cdots,\tilde{O}_n^m)^{\mathrm{T}}$$
(49.5-94)

在预测中，完成学习后的神经网络，在给定预测条件的激振外力离散值和初始值下，以图 49.5-29 所示的预测结构，依次得到响应 x_{K+1}，$\dot{x}_{K+1}$（$K=1,\ 2,\ \cdots,\ N$）。输入、输出的矢量关系通过 BP 学习法进行。

3）神经网络的结构。对于时序列系统预测，一般多使用反馈型神经网络结构。这里，在特定的识别问题和识别条件下，为了提高对非线性振动系统预测的精度和泛用性，采用图 49.5-28 所示的多层型神经网络，并且，针对多层型神经网络的学习特征，介绍以上的输入、输出的构成，其神经元的输入、输出变换函数采用 sigmoid 函数模型。

下面通过两个非线性振动的解析例来验证所介绍的神经网络的预测结构和输入、输出的构成，以及有限学习信息的利用方法的有效性。为了证明方法的有效性，事例中物理模型以已知非线性振动模型为例。教师数据以及与预测结果相比较的基准数据，全由 RKG（Runge-Kutta-Gill）法解析得到，以具有可比性。

2.2 非线性振动脉冲响应的学习和系统预测

通常，1 组试验条件下的时序列脉冲响应数据，其所持有的系统信息过于单调。事例中的学习数据，将 2 组试验条件下的时序列脉冲响应数据加工为 4 组，以尽可能减少学习信息。本节，叙述通过分段线性振动模型时序列脉冲响应的学习，实现其非线性系

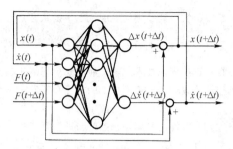

图 49.5-29　预测用网络的输入和输出的关系

统响应预测的一仿真例。

（1）分段线性振动的运动方程

式（49.5-81）中的非线性复原力由

$$F_R(x)=\begin{cases}(k+k_1)x+k_1\delta_1 & (x<-\delta_1)\\ kx & (-\delta_1\leqslant x\leqslant\delta_2)\\ (k+k_2)x+k_2\delta_2 & (x>\delta_2)\end{cases}$$
(49.5-95)

所示的分段线性项表示。其运动方程表现了机械式制动鼓的物理模型。分段线性振动的非线性复原力参数见表 49.5-3。

表 49.5-3　分段线性振动的非线性复原力参数

i	$k_i/\mathrm{N\cdot m^{-1}}$	δ_i/mm	m/kg	1
1	4000	1	$c/\mathrm{Ns\cdot m^{-1}}$	40
2	4000	−1	$k/\mathrm{N\cdot m^{-1}}$	0

（2）分段线性振动脉冲响应的学习

学习方法使用 BP 法的修正力矩法。学习中，神经网络的输入层、中间层、输出层的单元数为 4、16、2。时间离散化增量为 $\Delta t=2\pi\omega_n/L_B=0.001\mathrm{s}$，其中 ω_n 为线性固有圆频率；L_B 为线性固有周期的离散数；$\eta=\omega/\omega_n$；$\omega_n=\sqrt{k/m}$。

教师数据使用 4 组（$m=4$）条件为表 49.5-4 所示的半波正弦激振力下的时序列数据作为输入、输出矢量序列（见图 49.5-30）。学习次数 $L_n=50000$。

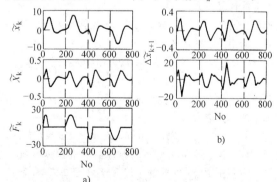

图 49.5-30　分段线性振动的 4 组（$m=4$）学习数据
a）输入数据　b）教师数据

**表 49.5-4　分段线性振动脉冲
响应学习的教师数据条件**

i	1	2	3	4	L_B	200
B^i/N	20	20	-20	-20	$x_0^\tau, i=1,\cdots,4$	0
t_m^i/s	0.03	0.05	0.03	0.05	$\dot{x}_0^\tau, i=1,\cdots,4$	0

（3）分段线性振动系统响应的预测

相对于学习的脉冲响应 2 组条件（P，t_m）进行预测，其预测例如图 49.5-31a、b 所示；相对于强制振动响应 2 组条件（η，P，x_0，$\dot{x}_0$）进行预测，其预测例如图 49.5-32a、b 所示。

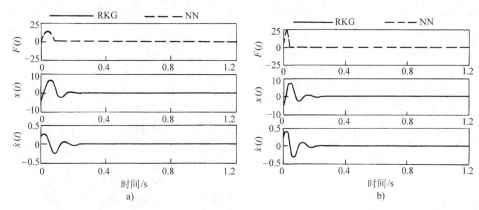

图 49.5-31　分段线性振动脉冲响应的预测例
a）$B=15.0$，$t_m=0.08$　b）$B=25.0$，$t_m=0.04$

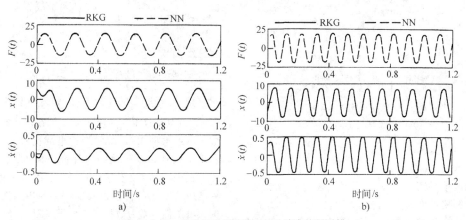

图 49.5-32　分段线性振动强制振动响应的预测例
a）$\eta=0.5$，$B=15.0$，$x_0=0.005$，$\dot{x}_0=0.0$　b）$\eta=1.0$，$B=20.0$，$x_0=-0.005$，$\dot{x}_0=0.2$

2.3　Duffing 振动的学习和预测

（1）Duffing 振动的运动方程及解析

运动方程的物理模型为一端固定梁的大振幅振动。式（49.5-81）运动方程的非线性复原力项为

$$F_R(t)=k(x+\beta x^3) \qquad (49.5\text{-}96)$$

运动方程中的有关参数见表 49.5-5。

（2）学习和学习数据

根据前述的学习输入、输出关系，以图 49.5-33 中所示位置（$\omega=1$，$B=10.0$，$x_0=0.8$，$\dot{x}_0=0.0$）为学习条件，即如图 49.5-34 所示，用 4 个周期 [$m=1$，由 $=0$ 开始 200 个，$\Delta t=2\pi/(50\omega)$] 的强制激振

力和其时序列周期响应为输入，用其时序列响应的增量为教师数据。

表 49.5-5　Duffing 运动方程的有关参数

m/kg	1.0	$k/N s \cdot m^{-1}$	0.35
$c/N \cdot m^{-1}$	0.0	$\beta/N \cdot m^{-3}$	1.0

由图 49.5-33 可知，作为系统识别对象的 Duffing 模型，其解的特性与激振力和初期值呈极强的敏感性。神经网络的学习参数由学习的平均误差和最大误差同时稳定收敛为基准决定，学习次数为 1000 次，学习误差如图 49.5-35 所示。与学习条件相同的响应预测结果如图 49.5-36 所示。由 RKG 法解析所得 3

个周期解的响应相比较，时序列响应、相平面轨迹（trajectory）以及庞加莱映射（poincare map）均显示出相当好的一致性，说明完成了高精度的学习。

（3）由周期响应的学习实现系统响应的预测

运动方程中的有关参数见表 49.5-5。由 Ueda 的结果，式（49.5-81）的 Duffing 方程式的响应在 c-B 平面被分为单纯混沌响应域、混沌和周期响应的共存域以及周期响应域。例如，假定 $x_0 = 0.0$，$\omega = 1$，由 RKG 法在共存域中（$P = 10.0$，$x_0 = 0.8$ 的附近）的时序列响应如图 49.5-33 所示。图 49.5-33 在 B-x_0 平面把响应分为混沌响应（网格），3 个周期响应（口）表示（以后的图中与此相同，网格和口分别表示由 RKG 法解析得到的混沌响应，3 个周期响应）。由图 49.5-33 可以看出，此非线性方程对初期值和激振力的大小非常敏感，其非线性机理十分复杂。

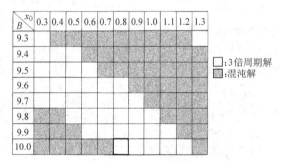

图 49.5-33　用 B-x_0 平面表示 Duffing
方程式的响应分类

（4）预测

在这里，由条件 B，x_0，$\dot{x}_0$，ω 的组合，以神经网络的预测结果同 RKG 法得数值解析结果相比较，检验神经网络的预测泛用性。但是，式（49.5-81）的衰减系数 c 和预测离散时间增量 Δt 与学习条件相同。

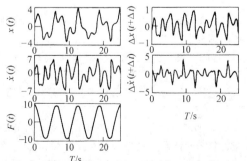

图 49.5-34　Duffing 非线性振动（$m = 1$）学习数据

在式（49.5-81）的 Duffing 方程的 $\omega = 1$ 的前提下，在学习条件的附近，进行 B-x_0、B-$\dot{x}_0$ 平面的预

测。为了从多方面评价预测结果，使用时序列响应、相平面轨迹以及庞加莱映射与 RKG 法的结果进行比较，其响应的评价仅表示省去 4 周期的过渡响应后 40 周期的响应。

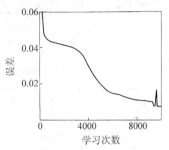

图 49.5-35　学习误差

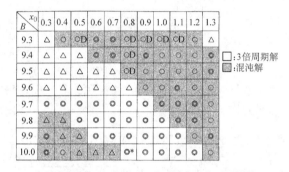

图 49.5-36　用 B-x_0 平面表示神经网络预测结果

1）B-x_0 平面的预测。图 49.5-36 定性地表示了在 $\dot{x}_0 = 0.0$ 条件下，对应于 B，x_0 各条件的时序列响应预测结果同 RKG 法解析结果的比较。图 49.5-37 示出了从图 49.5-36 中 4 种评价表示（◎、○、○D、△）的预测结果，代表性地以 4 个预测例表示其时序列响应、相平面轨迹以及庞加莱映射。图 49.5-37a 的预测条件与学习数据条件相同（图 49.5-36 中附有 * 记号之 B，x_0），其预测结果与 RKG 法的结果一致，用◎表示。图 49.5-37b 的例中，RKG 法的解析结果是混沌响应，神经网络的预测结果从时序列波形和庞加莱映射看，较好地预测了其混沌响应，但在相平面轨迹出现偏差，用○表示。图 49.5-37c 的例中，同样虽然定性地预测了混沌响应，但在相平面轨迹上出现 180° 误差，用○D 表示。图 49.5-37b 的例中，RKG 法的解析结果是 3 个周期的周期解，但预测结果却是混沌响应，用△表示。

图 49.5-37 中的记号◎、○、○D、△，表示了神经网络的预测结果的精度。◎表示时序列波形和相平面轨迹均呈现高的预测精度。○表示从相平面轨迹可看出其预测稍有误差。○D 表示实现了混沌响应的定性预测，但相平面轨迹上出现 180° 误差。△表示预

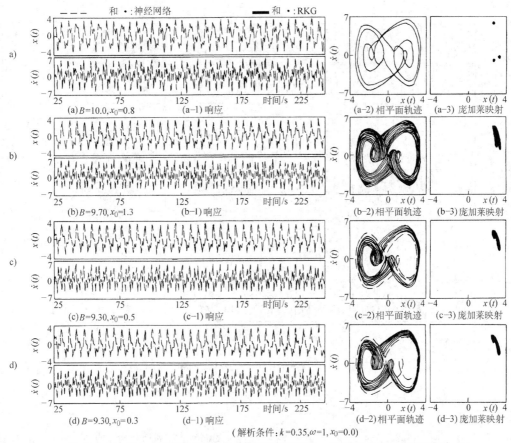

图 49.5-37　用 B-x_0 平面的预测条件预测的时序列响应、相平面轨迹和庞加莱映射例

测的定性结果与 RKG 法的解析结果截然相反（以下各图中◎、○、○D、△记号的意思均相同）。

2）B-$\dot{x}_0$ 平面的预测。图 49.5-38 定性地表示了在 $x_0 = 0.8$ 条件下，对应于 B、$\dot{x}_0$ 各条件的时序列响应预测结果同 RKG 法解析结果的比较。图 49.5-39 是图 49.5-38 B-$\dot{x}_0$ 平面中的预测例。

B \ $\dot{x}_0$	-0.5	-0.4	-0.3	-0.2	-0.1	0.0	0.1	0.2	0.3	0.4	0.5
9.3	○D	○D	○D	○D	○D	○D	○D	○D	○D	○D	◎
9.4	○D	◎	◎	◎	◎	○D	○D	◎	◎	◎	◎
9.5	◎	◎	◎	◎	◎	◎	◎	○D	○D	◎	◎
9.6	△	△	△	△	△	△	△	△	△	△	△
9.7	◎	◎	◎	◎	◎	◎	◎	◎	◎	◎	○
9.8	◎	◎	◎	◎	◎	◎	◎	◎	◎	◎	◎
9.9	◎	◎	◎	◎	◎	◎	◎	◎	◎	◎	◎
10.0	◎	◎	◎	◎	◎	◎*	◎	◎	◎	◎	◎

□:3倍周期解
■:混沌解

（解析条件：$k = 0.35, \omega = 1, x_0 = 0.0$）

图 49.5-38　用 B-$\dot{x}_0$ 平面表示神经网络预测结果

3）x_0-$\dot{x}_0$ 平面的预测。图 49.5-40 定性地表示了在 $B = 10$ 条件下，对应于 x_0，$\dot{x}_0$ 各条件的时序列响应预测结果同 RKG 法解析结果的比较。图 49.5-41 是图 49.5-40 中 x_0-$\dot{x}_0$ 平面中的预测例。

4）相对激振频率变化的预测例。图 49.5-42 定性地表示了在 $B = 10.0$，$x_0 = 0.8$，$\dot{x}_0 = 0.0$ 条件下，对应于激振频率条件的变化，其时序列响应预测同 RKG 法解析结果的比较。但是，因图形表现的原因，其时序列响应的预测结果未必是省去 4 周期过渡响应的 40 周期。

2.4　预测精度和泛用性的考察

以上两例中，从预测结果同 RKG 法解析结果的一致性，充分说明了其预测精度；从所使用教师数据（脉冲或强制振动响应）的信息形式和信息量及系统预测时所给出的预测条件的多样性，充分说明了其预测具有相当的泛用性。

这里说明了使用阶层型神经网络由简单的脉冲响应的学习，实现其复杂响应预测的可能性。通过对分段线性振动脉冲响应的学习，实现了对其时序列非线性振动脉冲和强制响应的预测，通过在 Duffing 非线性

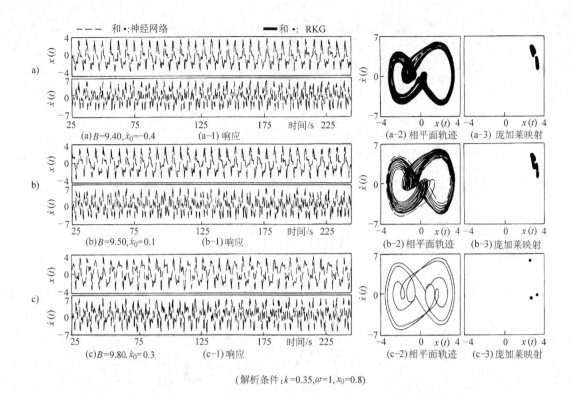

图49.5-39　用 B-$\dot{x}_0$ 平面的预测条件预测的时序列响应、相平面轨迹和庞加莱映射例

$\dot{x}_0$ \\ x_0	0.8	0.9	1.0	1.1	1.2	1.3	1.4	1.5	1.6	1.7	1.8
-0.4	◎	◎	◎	◎	◎		△	△	△	◎	◎
-0.3	◎	◎	◎	◎	◎		◎	◎	△	◎	◎
-0.2	◎	◎	◎	◎	◎	◎	◎	◎	◎	◎	◎
-0.1	◎	◎	◎	◎	◎	◎	◎	◎	◎	◎	◎
0.0	◎*	◎	◎	◎	◎	◎	◎	◎	△	◎	◎
0.1	◎	◎	◎	◎	◎	◎	◎	◎	△	◎	◎
0.1	◎	◎	◎	◎	◎		◎	◎	△	◎	◎
0.3	◎	◎	◎	◎	◎		◎	◎	△	◎	◎

□:3倍周期解
▨:混沌解

（解析条件：$k=0.35, \omega=1, B=10.0$）

图49.5-40　用 x_0-$\dot{x}_0$ 平面表示神经网络预测结果

振动的混沌响应和周期响应的共存域中，让神经网络学习其周期响应后，改变激振力的大小和频率以及初始条件，进行其响应的预测。预测的结果，用时序列响应、相平面轨迹、庞加莱映射，与 RKG 数值积分的结果进行比较和判定。由此，验证了介绍的神经网络模型对非线性振动系统识别的有效性，即验证了所介绍的神经网络模型中的预测结构型式、输入和输出的构成以及有限学习信息利用方法的有效性。需要说明的是，Duffing 非线性振动中，在混沌响应和周期响应的境界等部分，由于其相对预测条件的敏感性，存在预测的难度。

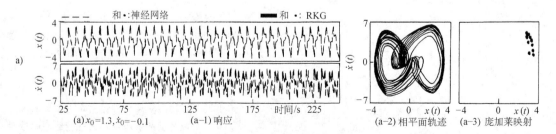

图49.5-41　用 x_0-$\dot{x}_0$ 平面的预测条件预测的时序列响应、相平面轨迹和庞加莱映射例

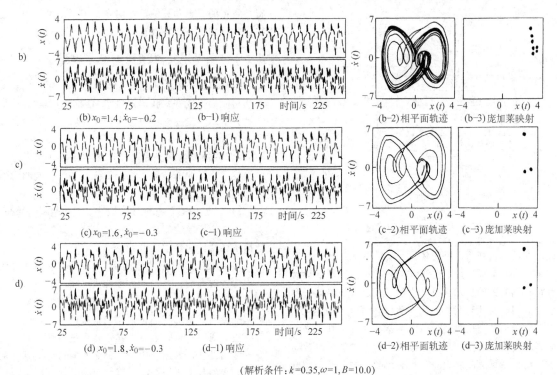

(解析条件: $k=0.35, \omega=1, B=10.0$)

图 49.5-41　用 x_0-$\dot{x}_0$ 平面的预测条件预测的时序列响应、相平面轨迹和庞加莱映射例（续）

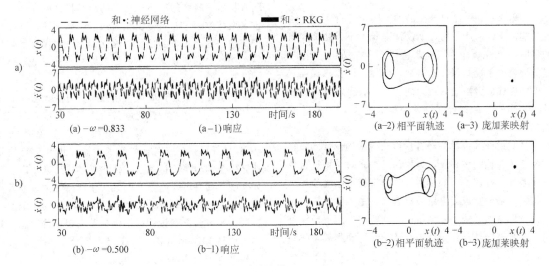

(解析条件: $k=0.35, \omega=1, x_0=0.8, \dot{x}_0=0.0$)

图 49.5-42　由激振频率 ω 变化得到的时序列响应、相平面轨迹和庞加莱映射例

3　基于学习的机械系统特性预测

3.1　机械系统特性预测的问题

在机械结构设计的实际工作过程中，首先是进行方案设计，然后是根据确定的结构方案，进行详细的技术设计，整个过程如图 49.5-43 所示。

对于机械结构方案设计者来说，在完成方案设计后，很期望对系统总体特性指标有一个比较可靠的估算，以便快速、有效地对结构方案设计参数进行更趋合理的改进和调整。在大系统、多品种机械产品设计中，建立起结构方案设计参数与结构总体系统特性指

图 49.5-43　机械产品设计过程

标之间的有机联系，是总体设计中的一大课题。一旦方案设计参数确定后，进入详细技术设计阶段，设计者将根据有关的技术规范、力学解析以及经验等进行设计。假定在此阶段中，由于设计技术人员的不同，仅在结构局部会出现差异，并不会对系统特性带来大的影响的话，可以认为，方案设计所确定的各参数与系统特性指标之间存在着一种必然的对应关系。实际设计中，这种对应关系很难用一数学函数的方式予以表达。

一般来说，一个机械产品的方案设计着重于产品的功能需求，而产品的详细设计则着重于其功能实现的保障。机械结构系统的某些特性，在结构设计中，是需要极其重视并保证的参数。例如，根据机械结构工作精度或伺服控制等目标的要求，需要对机械结构系统总体的特性指标在结构方案设计阶段进行严格控制。

产品的详细设计一般遵从由机械结构设计到机械系统总体特性的校核计算，再回过头来对结构进行修正的循环的过程。一些小型简单的机械产品往往用力学建模，借助有限元方法或模态综合法就能较为精确地计算出结构系统的总体特性，如频率、声场或温度场等，甚至能够制作模型进行试验，以预测其总体特性。然而对于一些大型、结构参数非线性很强的结构系统，用以上的方法往往难以奏效。目前，一般只能根据经验来设计。也有根据以前的产品系列的大量数据用统计的方法获得未来产品结构总体特性的预测。而对于许多小批量小样本的产品，传统的统计方法则显得力不从心。为此，引入神经网络方法，用其本身的自学习功能和智能性，能够较好地解决强非线性和小样本问题。本节介绍在机械结构方案设计之后，详细技术设计之前，以已知机械结构方案设计参数作为基本条件，用神经网络方法预测出任意机械结构系统

特性参数的思想和算例。这对在机械系统设计中，建立智能化构筑系统特性预测方法的研究是有益的。

3.2　机械系统特性预测的基本模型

机械结构系统受零部件结构、体积、重量以及实现其功能的连接方式和形式等诸多因素的影响。从传统动力学观点出发来建模，实现系统特性的预测，往往存在以下困难：

1）在初步确定了方案设计参数，但并无详细的结构技术资料的前提下，难以得到其较为精确的力学模型。

2）机械结构方案设计参数多，且其参数对结构系统特性指标影响复杂，无法建立适合计算任意机械结构系统特性的数学模型。

3）即使已知机械结构系统各零部件单元对整体结构特性的影响，且已知各个单元详细的技术设计，但由于零部件连接有着强非线性因素影响，严格地求解和推导出其系统特性也是相当困难的。

假如我们承认方案设计参数与系统特性之间，由现有详细设计技术建立起了一种必然的对应关系，那么，现有的各类机械产品，则内含着其详细技术设计过程的技术规范、力学解析以及经验等知识和信息。随着技术、材料的进步，将来的产品也将内含其详细技术设计过程中的新知识和新信息。利用这些现有机械结构的内涵知识和信息，建立起其方案设计参数与系统特性之间的联系，是机械系统特性预测基本模型的立足点。

虽然在方案设计阶段，用数学的方法无法建立方案设计参数和系统特性之间的表达，但可以将它想象成一个黑盒，其系统特性预测的基本关系如图49.5-44所示。利用现有产品的内涵知识和信息构筑这样一个模型来模拟黑盒，使它基本符合某一产品系列个例。如果将产品系列的某一个产品方案设计参数输入模型，能够得到忠实其产品实测特性的系统预测特性，则可为方案设计提供定量的反馈评价信息。我们采用具有学习功能的人工神经网络（ANN）方法来构筑机械结构特性这个黑盒的模型。

图 49.5-44　系统特性预测的基本关系

3.3　雷达结构系统固频的预测例

雷达结构系统的固有频率（一阶振频）在雷达

结构设计中，是需要极其重视并保证的参数之一。根据雷达跟踪精度及伺服控制的要求，需要对这一雷达结构系统总体的特性指标在结构方案设计阶段进行严格控制。雷达结构系统中包含诸如静压油垫、轴承等多项非线性环节，这导致即使在系统模态综合中也很难精确地算出它的频率特性，而且雷达系列产品又属于典型的小样本产品，难以用统计学的方法建立其系统特性预测模型。

用人工神经网络预测雷达结构固有频率，即网络的输出信号为雷达结构的固有频率，网络的输入参数为雷达结构总体设计方案中给出的确定性参数。选择网络输入参数贯彻以下三个原则：

1) 这些参数反映雷达的天线-天线座系统的结构特性，并且是雷达结构总体方案论证书中指定的总体方案参数，而不是技术设计中的所有结构的具体参数。

2) 这些参数对雷达结构系统的固频产生最直接最显著的影响作用。

3) 这些参数互不相关，这样可以避免参数的隐性重复选择。

根据这三项原则，将网络的输入参数确定为以下八个：①x_1——天线口径（m）；②x_2——天线重量（kg）；③x_3——方位转台支承类型（1. 静压轴承；2. 交叉滚子轴承；3. 标准轴承）；④x_4——方位转台支承直径（m）；⑤x_5——俯仰支承类型（1. 角接触球轴承；2. 交叉滚子轴承；3. 圆锥或圆柱滚子轴承）；⑥x_6——俯仰支承轴承数目；⑦x_7——俯仰支承轴承外径（mm）；⑧x_8——方位支臂位置（1. 内置；2. 外置）。输出学习参数为 1 个：y——结构系统的固有频率。

人工神经网络是由 8 个输入节点和 1 个输出节点构成的三层层状网络。中间隐含层节点定为 15 个。

(1) 神经网络的学习

我们获取的学习数据见表 49.5-6，从表中 No.1~8 的八组学习数据可以看出，雷达总体方案参数 X 对固频 Y 的影响呈现出非线性关系。在对表中的数据

表 49.5-6　用 ANN 预测雷达结构固频的学习数据

No.	x_1	x_2	x_3	x_4	x_5	x_6	x_7	x_8	y
1	2.5	90	3	0.29	1	2	170	1	18.0
2	3.6	150	2	1.29	2	2	940	1	15.0
3	4.2	500	1	2.15	2	2	340	2	9.0
4	5.0	1000	2	2.00	2	2	340	2	8.0
5	6.0	3800	1	2.50	2	2	350	2	7.3
6	7.0	3000	2	2.20	3	3	380	2	6.7
7	8.5	3500	2	2.45	2	2	400	2	6.8
8	10.0	4000	1	2.50	3	2	400	2	5.9

进行规范化处理后，经过 9000 次的学习过程，结果趋向收敛。其误差小于 0.01，相对误差小于 5%。

(2) 系统固频的预测

1) 未学习的雷达结构数据的预测。将待考察的雷达结构数据见表 49.5-7。经网络回忆计算后得到固有频率值为 6.18，与实际的数据误差为从网络泛用性评价角度讲是有效的。

表 49.5-7　待考察的雷达结构预测输入数据和预测结果

说明	预测输入数据								预测固频	实测固频
	x_1	x_2	x_3	x_4	x_5	x_6	x_7	x_8		
数据	9.0	3500	1	2.45	3	3	380	2	6.18	6.00

2) 已学习的雷达结构数据的预测检验。在图 49.5-45 中，我们以表 49.5-6 中 No. 为序，分别以已学习过的数据 $x_1 \sim x_8$ 输入网络，得到的预测结果用 ● 表示，原网络输出学习信号用 ▲ 表示，以此来直观地检验学习的精度。从图中可以看出，系统的预测精度基本上忠实地反映了原学习数据。

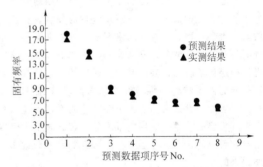

图 49.5-45　已学习的雷达结构数据的预测检验

综上，在机械产品系统设计的方案设计阶段，以方案设计参数为输入信号，用神经网络方法来预测机械系统的特性是机械系统智能化设计可借鉴的方法之一。其应用将具有以下特点：

① 为方案设计提供定量的反馈评价信息。

② 将现有产品的内涵知识以信息集成的方式来辅助系统设计。

③ 方法简单，易于操作，可通过追加学习的方式来适应新信息的集成，因此具有实用价值。

本节介绍的思想和方法，虽然仅以雷达结构系统固频预测的实例做了仿真解析，但在机械系统设计中的应用具有普遍性。

4　神经网络专家系统的智能设计体系结构

传统的 CAD 技术经过 40 多年的发展，已经在机械、建筑、电子、广告等诸多领域取得了巨大的成

就。正是由于 CAD 技术的出现，才使工程设计人员从繁重的、枯燥的绘图劳动以及数值计算中解放出来的愿望变成了现实，但是，随着科学技术的不断进步，特别是计算机技术的飞速发展，人们对 CAD 技术也提出了更高的要求，希望 CAD 技术除了拥有原来的优势之外，还能够代替设计师的一部分智能活动，让计算机向设计师一样具有思维，能够自动进行设计，从而减少 CAD 过程中对人的依赖。这样传统的 CAD 系统有必要扩展为智能 CAD 系统。

智能 CAD 是 CAD 技术和人工智能技术的结合，也就是在原有的 CAD 系统中集成上知识处理系统。其目的是让计算机参与设计过程，从而将设计自动化引向深入，这是 CAD 技术在学术上深化的一个十分重要的方向，现在常见的，也是比较成熟的是 CAD 专家系统，许多领域的专家系统在实际应用中是十分成功的。

专家系统之所以能取得成功是因为专家系统的求解是建立在领域专家知识的基础上的，但同时也存在一些问题，比如任何领域的专家并不总是用规则来思考问题，在这种情况下，专家系统本身并没有真正模仿人的推理过程，而神经网络理论是借鉴真实神经系统的某些功能，抽象、概括、简化而成的方法，是在现代神经科学研究成果的基础上提出的，它反映了人脑功能的若干特性。将神经网络技术应用于设计过程，对于处理设计条件描述不够充分的设计问题，具有极其重要的价值，应用前景十分广阔。人工神经网络专家系统的研究正是随着神经网络的发展而逐步发展起来的。

4.1　建立人工神经网络专家系统的必要性

专家系统本身存在许多如知识表示、知识获取、处理大型复杂问题比较困难等理论和技术上问题，与之相同的神经网络虽然具有自学习、容错性、自适应性以及并行结构和并行处理能力等许多优点和特征，但也存在一些本身固有的缺点，比如网络连接模型表达的复杂性、训练过程的不稳定性、训练时间过长以及网络硬件实现技术难等。而人工神经网络专家系统这种混合型专家系统正是综合利用神经网络方法和传统人工智能方法的长处而生成的专家系统，专家系统用来处理基于规则和事实的知识，进行逻辑推理；神经网络用来处理不充分、容易变化的知识，进行联想、分类和识别等形象思维。逻辑推理和形象思维是非常巧妙的相互配合而形成有机整体的，使基于人工智能的符号系统和基于神经网络技术的神经网络系统结合起来，充分发挥各自的优点，避免各自的不足，是一个应用前景十分广阔的专家系统模型结构。

4.2　面向设计的智能平台

4.2.1　专家系统和神经网络的结合方式

对于专家系统和神经网络的结合方式我们拟采用嵌入式结构，即人工神经网络作为一个模块嵌入专家系统中，如图 49.5-46 所示。

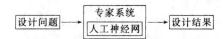

图 49.5-46　专家系统和神经网络的结合方式

图 49.5-46 中人工神经网络模块的作用是将基于神经网络模块收集的信息，转化为专家系统推理过程中所需的事实和规则。具体转化过程如图 49.5-47 所示。

图 49.5-47　神经网络模块中知识的转化过程

4.2.2　智能平台的"外壳"结构

我们所说的系统"外壳"结构是指专家系统中除知识库以外的公共部分，整个体系包含知识库、推理机、全局数据库、人机交换接口、知识获取、解释机构、图形处理等部分。由于结合了神经网络技术，所以系统中还有神经网络模块。它们通常具有通用性，当我们进行具体设计时，只要将要设计问题知识按规定的知识库描述语言格式编辑成知识库，并将获取的知识进行检验，生成所需的专家系统，从而可以进行特定环境的设计活动。它一般由专家系统外壳和知识库生成与管理子系统两大部分组成。

智能平台体系结构的框架如图 49.5-48 所示。

几点说明：

1) 理想的智能支撑平台应是基于知识的具有较高交互性和可视化程度的专家系统设计工具，它能提供各种知识表达方式、推理方式及图形支撑数据库、知识库管理系统以及灵活、友好的界面，以便对不同的设计问题进行有关的功能扩充，从而达到快速设计专家系统的目的。

2) 支撑平台中含有神经网络模块，以便提高利用神经网络学习任意复杂非线性映射关系的能力，掌握学习问题领域中难以明确表示的隐式知识，是一种比人工方法获取经验性知识更为自然和有效的方法。神经网络知识的获取不需要由知识工程师来整理、总

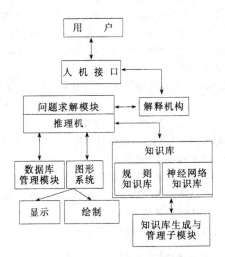

图 49.5-48　体系结构的框架

结、消化领域专家的知识，只需用领域专家解决问题的事例或范例来训练网络，使在同样输入的条件下能够获得与专家给出的解答近可能地输出。

3）数据库管理模块是对设计结果进行管理，并可以对进行设计信息查询、浏览等操作，并提供数据信息的交流、传输。

4）推理机可以根据当前的状况，利用知识对问题领域的问题进行求解。

5）知识库生成与管理子系统是本工具的重要部分，它实现如下功能：

① 按特定的知识描述语言，通过人机交互，将整理好的知识存入知识库。

② 对建造完成的知识库进行结构与语法检查，显示出错信息，提示建造者进行修改。

③ 连接推理机对知识库进行动态模拟调试，进行完备性和一致性检验。

4.2.3　设计求解过程

运用该系统进行设计的过程是先从设计专家处获取设计知识——包括原理性知识和专家和经验——装入知识库中，专家系统根据这些知识和设计要求、初始数据，启发式的探索求解通路，模拟专家的设计过程，在设计的各层次上，自动的判断做出决策，确定参数，最后直接给出一个或几个合理的目标设计方案供设计者选择，并以工程图的形式得到一个基本设计。

我们为此建立了的一个设计求解的总模型：所需的数据来自全局数据库，所需的知识来自规则库和神经网络模块，当用户输入一定的信息后，按一定的策略对知识库进行推理，同时显示系统推理的结论，当结论正确时，用户可以继续以下的推理工作；当结论

不符时，用户可以交互地修改某些参数；用户可以通过知识库中的知识确定结论正确与否。重复以上的过程，直到把整个求解完成为止，交图形系统显示或绘制。

4.2.4　知识的处理方法

知识库是该体系的核心，我们可以将设计问题时遇到的知识库分成两类：一是关于设计过程的知识，即关于如何进行设计的知识，其中包括设计的一般原理和人类设计师的经验；二是关于设计对象的知识，即设计对象的部件、结构、材料、用途等。该体系的知识库由两部分组成：规则库和神经网络知识库。对于问题领域比较清楚的可靠的知识，由领域专家向知识工程师提供，知识工程师负责将知识表示成规则放在知识库中；对于难以描述的知识，则用神经网络进行知识获取。在提供大量的试验数据和范例后，通过神经网络的学习，将数据和事例中的一般性规律存储在网络中。学习后的网络对新的试验数据和新的事例可以产生出符合要求的输出。

4.3　说明

目前，国外已有基于工作站的智能 CAD 平台开始商品化。但在国内还没有形成面向设计的通用智能 CAD 支撑平台。而随着 CAD 技术在企业中的普及，面向设计的智能 CAD 支撑平台将有着十分广阔的应用空间。其体系结构也正是在这样的背景下产生的。但是，该体系是一个十分庞杂的结构体系，在具体实施中将面临智能 CAD 领域中许多难点问题。若将其真正灵活、有效地应用到生产设计中，尚需付出艰辛的努力。

5　基于神经网络的 CAD/CAM 一体化

CAD/CAM 辅助制造，是最具有代表性也是发展最快的现代制造技术之一，已经广泛应用于社会生产的各个领域，并成为衡量一个国家科技现代化和工业发展水平的重要标志之一。

目前单独的 CAD/CAM 软件已经比较成熟，但 CAPP 技术研究却相对落后，仍没有成熟的 CAPP 系统。航天工业中多采用国外的商业 CAD/CAM 系统，而国外的 CAD/CAM 系统的数据结构不公开，二次开发的能力有限，在此基础上创建 CAPP 系统是不可能的。所以必须对 CAD/CAPP/CAM 系统及其集成技术开展深入研究。

5.1　系统的结构

如图 49.5-49 所示，整个系统分为知识库、特征

识别模块、智能设计模块、智能 CAPP 模块和 CAM 模块。知识库是整个系统的核心，存储零件和产品的几何、拓扑、加工、管理信息，存储用于控制各个模块运行的知识，担负各个模块的创造性工作和协调各个模块之间的信息交流与转换。知识库除了包含一般工程中所用的数据外，还包括生产实践中总结出的经验、理论和规律，包括参数选择、判定规则和决策优化等。

图 49.5-49　系统结构简图

知识库采用多种方法来描述生产中的知识：数据库、框架、产生式规则和人工神经网络。数据库用于存储设计、制造参数；框架则用来描述产品的结构、设计、加工信息；规则和人工神经网络则用于归纳生产中的创造性知识，并能根据已有知识进行归纳和推理。

智能 CAD 模块包括智能概念设计模块和机械设计模块，其中机械设计模块中包含结构设计和强度设计。结构设计是根据概念设计的结果——总体方案进行的具体结构设计，生成产品和零件的几何、拓扑信息，把他们存储在知识库中，作为 CAPP/CAM 系统的输入，并能输出图样。

通过自动设计模块或通过特征识别模块得到零件：产品和零件设计的数据，然后通过 CAPP 模块生成零件加工的工艺文件，根据知识库中加工环境参数，CAM 系统生成用于加工的 NC 程序。

5.2　产品零件数据结构

要解决 CAD/CAM 系统的一体化，首先必须有一个包含产品的设计信息、制造信息、装配信息和管理信息的统一数据结构。框架是专家系统一种重要的知识表达方式。框架是由节点和关系组成的一个局部网络。框架一般由框架名和槽组成，每一个槽都有其名称和对应的值，槽又分为若干侧面。槽代表事物的不同特性，而侧面是对槽的进一步说明，是对事物不同特性的细致的描述。槽或侧面的值可以是数字的或逻辑的，也可以是程序、条件、默认值或一个子框架。

零件框架包括 4 个槽：管理属性槽、设计属性槽、制造属性槽和装配属性槽。管理属性槽又包括多个侧面，分别表示零件的图号、名称、材料、工号

等。设计属性槽的值是一个设计子框架，用于描述产品的设计信息。设计子框架由特征子框架组成。每一种特征子框架有各自独有的固定格式，如"圆柱面"特征共有四个侧面：特征编号、圆柱面的位置、圆柱面的尺寸（含直径、长度的尺寸和精度）、圆柱面的几何公差、表面粗糙度等。制造属性槽用于描述与零件制造有关的信息，如加工工序内容、机床、刀具、工艺参数等。装配属性槽则用来描述零件所属的部件或产品的名称以及与其他部件或零件的装配关系。

用框架表示零件信息的最大优点是可扩充性，可在设计和制造的任何阶段增加新的属性。由于系统采用一个整体的数据结构，在产品设计、制造和管理的任何阶段都可以直接读取产品的所有信息。

5.3　智能 CAPP 系统

CAPP 系统主要包含以下内容：加工链的选择、工序尺寸链的计算、工序内容的编排、工时计算、机床、刀具、夹具的选择等。ⅡCADM 系统中，工艺尺寸链计算采用了 Hopfield 网络，而加工链选择、机床、刀具、夹具选择采用 BP 网络来实现。以下就加工链的选择和工序尺寸链计算为例分别介绍。

5.3.1　BP 网络实现加工链的选择

加工链是特征的加工序列，是制造实现零件设计要求的保证，是 CAPP 设计的基础。加工链的选择考虑的因素很多，粗略概括起来，可以用函数表示如下

$$P = f(M, G, D, Tol, S_j, Q, C_p, M_c) \quad (49.5-97)$$

式中　P——所选择的加工方法；

　　　M——工件材料；

　　　G——表面形状；

　　　D——尺寸；

　　　Tol——公差（包含尺寸公差及各种几何公差要求）；

　　　S_j——表面粗糙度；

　　　Q——生产批量；

　　　C_p——生产费用；

　　　M_c——可使用的机床设备。

加工链选择实际上就是根据实际情况进行匹配的过程。

在传统的创成式 CAPP 系统中，一般采用判定表（或判定树）、产生式规则来表示。由于在实际生产中要考虑的因素很多，用判定表、规则表示时层次多，知识的整理也十分复杂，而且很难囊括所有可能的情况，所以，系统只能检索存储的知识，没有容错能力，系统的鲁棒性差。用 BP 网络处理这类非线性映射却能消除这些不足。根据航天惯性器件零件的加

工特点，总结了 12 项指标，作为 BP 网络的输入矢量，输出矢量为 4 项，隐层节点数目为 10。4 位输出矢量分别表示粗加工、半精加工、精加工、超精加工。

输入矢量的含义如下：

1~3 位表示加工特征的类别：车加工、钻镗加工、铣加工。其后分别代表关键尺寸大小、尺寸精度、形状参数、表面粗糙度、几何公差、材料的加工性能、零件的重要度系数和调整系数等。

BP 网络中输入矢量和输出矢量都采用 [0，1] 间的单精度数表示，这就要求把从生产中搜集到的知识进行量化和规范化处理。由于特性具有相似性和模糊性，用模糊数学的隶属函数来进行量化和规范化处理。以尺寸特性为例。

根据公差理论，公差等级与公差数值有以下关系
$$IT1 = 0.008 + 0.02 \times D \qquad (49.5\text{-}98)$$
$$IT5 = 0.45 \times \sqrt[3]{D} + 0.01 \times D$$

在 IT2~IT5 之间，有
$$IT_m = IT1 \times \left(\frac{IT5}{IT1}\right)^{m/4} \qquad (49.5\text{-}99)$$

IT5 以后，每增加 5 级，公差增大 10 倍。

由于在实际加工中，IT1~IT3，IT9 以上，加工特性变化不大，而在 IT5~IT8 级之间变动较大，所以采用降半岭型函数
$$f(x) = 0.5 - 0.5\sin\left[\frac{\pi}{6}(x-6)\right] \qquad (49.5\text{-}100)$$

得到的分布见表 49.5-8。

表 49.5-8　尺寸隶属度

IT3	IT4	IT5	IT6	IT7	IT8	IT9
1	0.933	0.75	0.5	0.75	0.07	0

由此可以看出，IT3~IT9 级之间，其函数值的离散性较大，反映到网络中就是不同样本间的距离较大，从而可以达到较大的识别精度。

其他矢量位用类似的方法处理，把已有的成熟工艺量化、规范化处理后输入样本，网络就可以根据样本进行训练了。具体算法见参考文献 [3]。

5.3.2　工艺尺寸链计算的 Hopfield 网络

目前工艺尺寸链的传统方法是采用工艺尺寸链图解算法，但这种算法用计算机实现起来比较难，而且容易出错，效率不高。尺寸链的计算实际上是一个路径优化问题，可以用 Hopfield 网络来求解。现以回转体零件轴向尺寸为例。

网络的节点表示两个端面之间有无已知的尺寸和公差。如果 i 端面和 j 端面间的尺寸已知，则 $x_{ij} = 1$，

否则为 0。节点之间的权值用 W_{ijmn} 来表示，选值原则如下：

1）节点自身无反馈，即 $W_{ijmn} = 0$。

2）如果 $i \neq j$
$$W_{ijmn} = \begin{cases} 1 & m=n=i \quad 或 \quad m=n=j \\ 0 & 其他 \end{cases}$$
$$(49.5\text{-}101)$$

3）如果 $i=j$
$$W_{ijmn} = \begin{cases} 1 & m=i \quad 或 \quad n=i, \ m \neq n \\ 0 & 其他 \end{cases}$$
$$(49.5\text{-}102)$$

节点的特性函数表示为
$$f(x_{ij}) = \text{sgn}(x_{ij}) \qquad (49.5\text{-}103)$$

神经元阈值为
$$\theta_{ij} = \begin{cases} 2 & i=j \\ 1 & i \neq j \end{cases} \qquad (49.5\text{-}104)$$

系统的能量函数为
$$E = \sum_{i,j=1}^{M} f(x_{ij}) \qquad (49.5\text{-}105)$$

网络的运行方程为
$$x_{ij}(t+1) = f\left[\sum_{i,j=1}^{N} W_{ijmn} x(t) - \theta_{ij}\right]$$
$$(49.5\text{-}106)$$

算法如下：

① 网络节点权值初始化。

② 若第 i 端面和第 j 端面之间的值已知，则令 $x_{ij} = 1$，否则为 0。

③ 若要求端面 m、n 之间的值，如果 $x_{mn} = 1$，则说明值已知，输出值并停止计算，否则使 $x_{mn} = 1$，进行下一步。

④ 计算网络的能量值，如果能量值达到最小，则结束，否则进行⑤。

⑤ 依次计算各个节点的值，重复④。

最后，节点为 1 的各个节点就是待求尺寸的封闭环。从待求尺寸出发，依次把各个节点连起来，节点号增大的为增环，节点号减小的为减环。这样就可以求出任意的尺寸值与公差，也可以反求加工尺寸的大小和公差。

Hopfield 网络求解尺寸链，不受节点个数、尺寸标注复杂性影响，具有自组织、自学习的特点。网络取决于权值、节点函数、能量函数。不同的 Hopfield 网络的计算过程基本相同，所以计算时可以用同一个数组，节省了系统的内存，而且如果用硬件实现，可采用并行计算，其速度是其他方法所无法比拟的。

5.4　CAM 模块

CAM 系统的功能主要是把 CAPP 产生的工艺文

件与实际生产环境（机床、刀具、夹具）相结合，生成适于生产的 NC 程序。这个过程主要包含建立刀具参数文件和刀具轨迹文件，生成刀位文件，并能根据实际加工机床转换成 NC 程序，经仿真检验后输送到前端机。

系统所建机床数据库的格式见表 49.5-9，采用 Access 数据库进行存储。刀具和夹具数据库的格式与之基本相同。

其中切削参数对应的是一个切削参数表。

人工智能技术可以解决设计和制造中的知识输入的"瓶颈"，从而把生产实践中总结出来的知识应用到计算机辅助设计和制造中，特别是人工智能技术的引用，解决了 CAPP 系统的知识获取和处理的问题。一体化系统必须建立完整的可扩充的数据格式，并在此基础上实现一体化。

表 49.5-9 机床数据库

机床编号	机床类型	机床自由座	可加工范围	机床状态	数控系统	加工精度	刀具库容量	循环类型	差补类型	辅助功能	切削参数
CII01	车	2.5	100mm×200mm	好	S	0.001mm	8	有	直线	1	3
XT03	铣	3	350mm×300mm	好	F	0.002mm	24	有	圆弧	2	5

第6章 人工生命设计技术与方法

1 人工生命技术基础

1.1 人工生命的进化模型

人工生命研究的重要内容之一就是进化现象，而遗传算法则是研究进化现象的重要方法之一。遗传算法的基本内容在前面各章已有详细叙述，它采用符号序列来描述信息集合，然后通过一些遗传操作，如交叉（即符号序列的混合）、突然变异（生成符号序列的新规则）、选择（选取最优符号序列）、淘汰（去除剩余符号序列）等，得到一些优化解。进一步，可以把上述遗传操作反复执行，以得到最优解。若把它与能够分析生命的个体或集团行为的博弈理论结合起来，则可进一步提高人工生命对生态系统的适应性。因此，遗传算法是人工生命研究的重要理论基础之一。

在这一节中，着重讨论人工生命的生成与进化模型和遗传算法关系比较密切的几个问题。为此先来看看人工生命的生成结构。

人工生命的生成结构见表49.6-1。它主要分为两大类：一类是构成生物体的内部系统，主要包括生物体中的大脑、神经系统、内分泌系统、免疫系统、遗传系统、酵素系统、代谢系统等；另一类是生物实体及其集团所表现的外部系统，主要包含生物实体集团对环境的适应系统和遗传进化系统等。因此，可以从生物内部和外部系统来获取各种各样信息，用这些信息生成人工生命。就其生成方法来说也分为两种：一种是建模法，即先把由内部或外部系统获得的生命行为信息模型化，然后再由这些模型生成生命特有行为；另一种是动作原理法，即基于混沌、分形等原理的生成方法。混沌、分形原理可以用来描述生命行为的原理，因此生命行为是自律分布的非线性行为。

表 49.6-1 人工生命的生成结构

生成结构	生成方法	例
生物体内部系统	建模法	神经网络、免疫网络、元胞自动机、L系统等
	动作原理法	基于混沌、分形、元胞自动机等的组织化
生物体外部系统(实体集团系统)	建模法	遗传算法、博弈理论等
	动作原理法	伴有自组织化的分布式协调原理

例如，直接应用现代计算机技术的人工神经网络系统就是属于生物内部系统范畴的建模系统，而遗传算法则是属于生物外部系统范畴的建模系统。事实上，在神经网络信息处理中，其处理行为就包含着混沌现象。遗传算法可以被认为是自律分布的并行处理方法。因此人工生命的产生就是从这样一些模型系统所表现出的各种各样生命固有行为出发，把它们的行为原理概括为一些基本算法，用这些算法来生成人工生命。

可见，遗传算法可以用来研究生物体外部系统（也就是实体集团系统）中生命行为规律，而这种规律往往表现出自律分布的并行特性。以下简述人工生命的进化模型与遗传算法有着许多共同特点的问题。

（1）个体表现问题

即使是表现相同行为时，某个体如何表现，要决定于该个体所属搜索空间的结构和大小。这种搜索空间的结构，决定了所谓的"适应度地形"（即淘汰值曲面，该曲面与搜索策略二者决定了进化能力），也就是搜索空间和搜索策略决定了人工生命的进化能力。

例如，Joshua R. Smith 从昆虫的进化角度，给出了以下的表达。其定义昆虫集团的染色体为16个。每个昆虫的染色体用 $2n$ 个基因表达，其图像在 X、Y 二维空间的坐标值用傅里叶系数（$A_1, \cdots, A_n$，$B_1, \cdots, B_n$）表达，即

$$X = \sum_{i=1}^{n} A_i \cos(it) \qquad (49.6-1)$$

$$Y = \sum_{i=1}^{n} B_i \sin(it) \qquad (49.6-2)$$

在 $n=8$ 条件下，随着 t 的增加可以描绘出昆虫的形态。在遗传进化过程中，通过对基因型的增殖、交叉、突然变异，其进化如图49.6-1～图49.6-4所示发展下去。

总之，通过个体表达使人工生命的传感器/效果器具有可变性，使个体的行为、形态受到较小的限制，是人工生命都面临的一个难题。

（2）搜索策略问题

在进化搜索空间内，如何设定搜索点的"转移规划"，是人工生命搜索策略的一个重要问题。在 GA 中，有"淘汰·增殖""交叉""突然变异""反

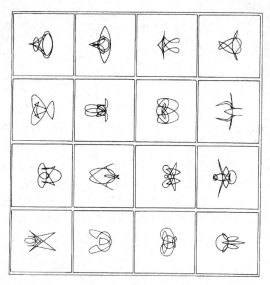

图 49.6-1　昆虫的第一代进化形态

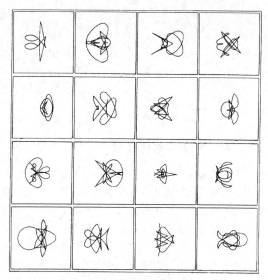

图 49.6-3　昆虫的第三代进化形态

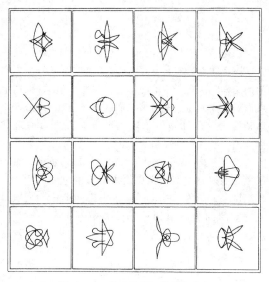

图 49.6-2　昆虫的第二代进化形态

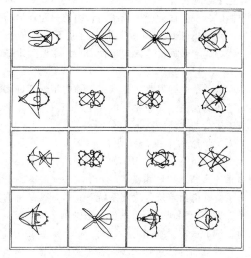

图 49.6-4　昆虫的第四代进化形态

馈"等遗传操作，这些遗传操作的实用形态（或方式）直接影响搜索能力。在人工生命中，与个体的表达相关联，其基准仍然是，搜索策略的制定，决定其操作能力与淘汰值曲面形状的组合，是否能使系统脱离局部解，即决定了它是否具有进化能力。

仍然以昆虫捕食系统来说明。在昆虫捕食的搜索空间内，如图 49.6-5a 所示，昆虫总是向食物（细菌）浓度高的地方行进。

昆虫的基因由图 49.6-6 所示的 F, R, HR, RV, HL, L 移动方向表达。假如 (F, R, HR, RV, HL, L) = (2, 1, 1, 1, 3, 2)，昆虫将可能选择向对应较大的数值方向移动。昆虫在移动过程中，如图

49.6-5 所示，其年龄、能量、基因码随之发生变化，即在移动过程中成熟、生殖、死亡。由于这些变化，假如对于某些昆虫，其染色体中（F, R, HR, RV, HL, L）的移动方向值没有明显的较大值，可能会出现如图 49.6-7a 所示的移动方向犹豫虫。犹豫虫将自己周围的细菌食完后，因不能广域搜索最终饿死。如图 49.6-7b 所示的直行虫，在集团中具有优势，可得到充分的进化。典型的直行虫［例如，其染色体为（F, R, HR, RV, HL, L) = (9, 6, 0, 2, 4, 1)］，其基因具有以下特征：

1）向前（F）移动的基因值大（F=9）。

2）向后退（RV）的基因值小（RV=2）。

3）向右（R）、左（L）、右后（HR）、左后（HL）的基因值不大不小（R=6）。

第 2）个特征是极其重要的。因为持有大 RV 基因的虫，易于出现回转现象（见图 49.6-7c）的回转虫，其极易死去。其次，虫到达搜索边界，如果不能反方向行进，也易于饿死。为此第 3）个特征可能使虫具有回转捕食的聪明行为。

假如以山的高度对应细菌浓度的表达，那么此昆虫捕食系统将成为一个最优化问题。考虑图 49.6-5 的虫的信息、有性生殖和无性生殖等，描述昆虫染色体可用以下 3 个参数来表达：

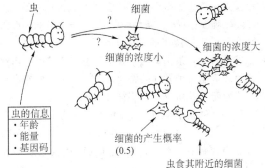

a)

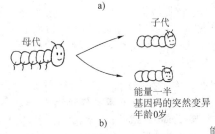

b)

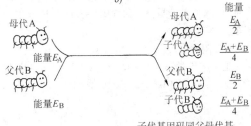

c)

图 49.6-5　捕食昆虫的搜索与表达
a) 食细菌的虫群　b) 无性生殖　c) 有性生殖

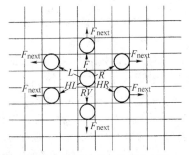

图 49.6-6　捕食昆虫的移动方向

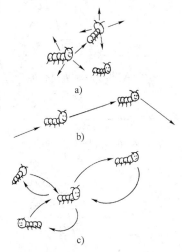

图 49.6-7　昆虫的移动方向性
a) 犹豫虫　b) 直行虫　c) 回转虫

位置：$X(t) = [x_1^i(t), \cdots, x_n^i(t)]$

方向：$DX_i(t) = [dx_1^i(t), \cdots, dx_n^i(t)]$

能量：$e_i(t)$

昆虫登山的搜索问题可以形象化表达为图 49.6-8。其进化过程用图 49.6-9~图 49.6-11 简单表述。

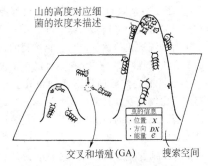

图 49.6-8　昆虫登山搜索的形象表达

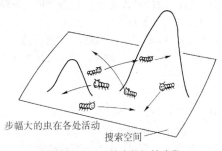

图 49.6-9　GA 搜索的初始阶段

可见，人工生命的进化搜索策略，除恰当地利用遗传操作外，需要凭借操作者的经验和直觉"自行搜索"，或者引入新的操作，提高搜索效率。

（3）淘汰与评价问题

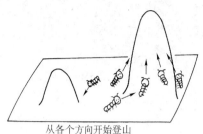

从各个方向开始登山

图 49.6-10 GA搜索的中期阶段

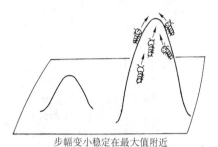

步幅变小稳定在最大值附近

图 49.6-11 GA搜索的后期阶段

在人工生命系统进化的淘汰过程中,集团个体数是可变的,这不同于一般的遗传算法中的淘汰操作。其原因在于,人工生命的淘汰过程,为了反映"自然淘汰",为了反映个体间相互作用的"局部控制",希望能够通过局部规划来调整个体密度。

人工生命系统进化的评价,与进化过程的适应度计算方法具有相似性,即人工生命系统的评价没有固定的格式,必须根据实际问题适当地设定。一般地讲,求解问题比较复杂,其适应度的计算方法也将会较复杂。再者,某个体的适应度,并非一定是同其他个体无关而进行简单计算得来的,有时也需要考虑同其他个体的关系而设定适当的计算方法。总之,为了在生物集团进化中反映自然淘汰的原理,适应度从各个体生存的可能性角度,给出了评价个体,表现个体的一个定量的、动态尺度。

例如,图 49.6-8 所示的昆虫登山的搜索问题,可以按照式(49.6-3)的细菌浓度最大化来评价:

$$f(x_1, x_2, \cdots, x_n) = \sum_{i=1}^{n} x_i^2 \qquad (49.6-3)$$

总之,评价函数是通过个体局部相互作用动态地产生的,并且事先不明确地予以设定,即在自然界的捕食者与被食者环境中,不能说某种动物是绝对的捕食者,另一种动物是绝对的被食者。

1.2 L系统与形态生成模型

L系统是由美国数学家 Lindenmyer 于 1968 年提出的。它当时是用来描述红藻(一种植物)生长的

一种算法。现在它是用来描述人工生命中生命行为的形态生成原理的算法。

人工生命的范畴是很广泛的。L系统以自动机理论为基础,用符号空间的一个符号序列来表示细胞的状态,把自动机的状态描述为符号序列的状态空间模型。用状态表中的符号序列来表示状态空间中的状态,通过符号序列的变化来描述人工生命的形态生成过程。从模型学角度讲,L系统是解析、模拟生物体内程序化自组织、自增殖的行为的表达模型,是一种按语法规则来生成图形的数理模型。把它与图形学结合起来则是 1984 年由 A. R. Smith、1986 年由 P. Prusinki-ewicz 提出的。从其本质上讲,L系统是一种形式语言,它最基本的元素是字符与字符串,当然它们可以表示各种各样的物理意义,最基本的操作是循环字符重写,所以又称字符重写系统。

比如令初始字符为 F,重写的规则为

$$F \to F \ [+F] \ [-F] \qquad (49.6-4)$$

假定初始字符为 F,按重写规则逐次生成字符串为

① $F[+F][-F]$

② $F[+F][-F][+F[+F][-F]][-F[+F][-F]]$

③ $F[+F][-F][+F[+F][-F]][-F[+F][-F]]$
$[+F[+F][-F][+F[+F][-F]][-F[+F][-F]]]$
$[-F[+F][-F][+F[+F][-F]][-F[+F][-F]]]$

其中,F 表示枝,[和]表示枝的分叉:+表示向顺时针旋转(+36°)成长;-表示向逆时针旋转(-36°)成长。于是,上面3组字符串可以分别表达为图 49.6-12a、b、c。

假如附加更加复杂的重写规则,可以得到如图 49.6-13a 所示的更真实的树形态。图 49.6-13b 的重写规则(+和-的回转角度为 25°)为

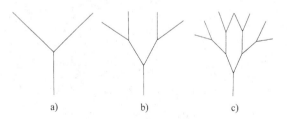

a)　　　　　　b)　　　　　　c)

图 49.6-12 树的成长过程

a)①的结果　b)②的结果　c)③的结果

$$F \to FF+ \ [+F-F+F] \ - \ [-F+F-F]$$
$$(49.6-5)$$

这样不仅植物可以生长得高大茂盛,而且在各次迭代阶段也有相同的复杂度和相似度。需要强调的是,替换只是针对串中的变量(F)进行的,而对标识符"+,-,[,]"则不作任何替换,直接保留。

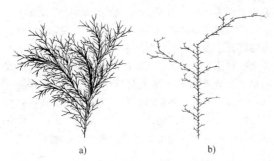

图 49.6-13　基于 L 系统的树形态

一般把

【基本结构，分枝类型，单位长度，单位角度】

（49.6-6）

称作该植物的基因。它决定了一个特定植物的概念形态，与最终的图形比起来，图 49.6-12a、b、c 分别为由基因

【"1"，F [+F] [-F]，1，36°】

（49.6-7）

分裂繁殖 1 代、2 代、3 代的结果，其具有数据量很小的特点。综上所述，可以得到一个由 L 系统产生植物与树的流程图，如图 49.6-14 所示。这里，没有考虑树的花、果实、叶子等，也没有引入任何植物学中的名词，它确实很简单，但是这种模型对植物的形态

生成，以及在工程上的模型表达方法上具有重要的意义。

可以肯定，如果将 L 系统的各种参数作为基因进行进化，将得到更为复杂的仿真形态。其基本操作与 Smith 模型相同，可以得到如图 49.6-15 的"生物形态"。

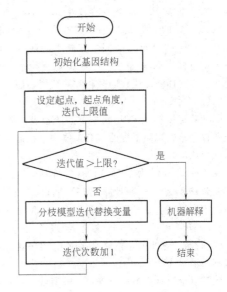

图 49.6-14　L 系统模拟植物与树的流程图

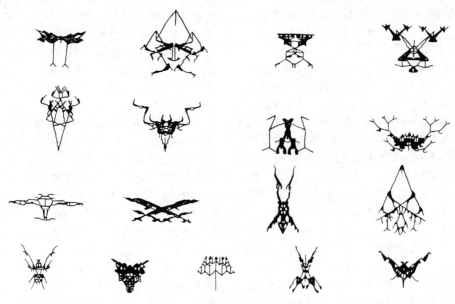

图 49.6-15　各种各样的"生物形态"

2　人工生命的研究内容归纳

从近年来关于人工生命的研究内容大致可以归纳为以下几个方面。

2.1　数字生命的研究

所谓数字生命专指以计算机为工具和媒体、计算机程序为生命个体的人工生命研究，这方面以

Thomas S. Ray 的数字生命世界 Tierra 为代表。Thomas S. Ray 是一位生物学家、进化论学者，他把生物学上有机体进化的概念引入计算机领域，用数字计算机所提供的资源为他的数字生命提供一个生存环境。他设计的数字生命以数字为载体，探索进化过程中所出现的各种现象、规律以及复杂系统的突现行为。数字生命利用 CPU 时间来组织其在存储单元中的行为。数字生命以一定的计算机程序形式存在于 RAM 环境中，它以占据 CPU 运行时间、存储空间而通过响应的竞争策略相互竞争。一个"生命"必须被设计为适合在这样的环境中生存的某种数字代码程序。这个程序能够自我复制，并且直接被 CPU 运行。这些机器代码能够直接触发 CPU 的指令系统以及操作系统的服务程序，通过对资源的占有来体现它在进化过程中的优势地位。

在 Tierra 的运行中，随着世代的推移，生命体呈现出复杂的现象，种类日益增多，同时"单细胞"向多细胞进化，形成自己的生态环境。在生命的进化过程中，曾经出现过物种大爆炸的情况。如今，Tierra 运行于全球 150 个网络环境之中，其复杂程度还在不断增大。

数字生命的研究中一个重要的模型就是元胞自动机，元胞自动机被认为具有突现计算（emergent computation）功能。由于人工生命研究的重要内容是进化现象，遗传算法是研究进化现象的重要方法之一。

2.2　数字社会的研究

Joshua M. Epstein 和 Robert Axlell 在计算机上创立了一个数字社会 Sugarscape。这个人工社会用来研究文化和经济的进化过程。他们认为一个人工社会是这样的计算机模型，它包含一群具有自治能力的行为者；一个独立的环境；管理行为者之间、行为者与环境之间以及环境各个不同要素之间相互作用的规则。人工社会的行为者是一个能够随着时间发生变化或者具有适应性的数据结构。每个行为者具有遗传特性、文化特性，以及管理它与环境和其他行为者之间的规则。其中行为者的遗传特性在其生命周期内是固定的。在 Sugarscape 中行为者的性别、新陈代谢以及视野是其遗传特性，而文化特性是由父母传给子女，并通过与其他行为者的联系而横向地发生改变。其环境里含有可更新的能源——糖，行为者依赖糖组织自己的新陈代谢。人工社会是由各个行为者自我组织形成的，由各个行为者在简单规则的支配下，与人工环境交互作用突现形成的。

2.3　虚拟生态环境

挪威的 Keith Downing 提出了名为 Euzone 的一个进化的水中虚拟生态环境，目的是提供一个观察生态系统是如何从原始状态进化以及复杂生态系统突现行为的试验手段。它利用具体的物理和化学模型，结合进化规划建构以碳元素为基础的水中生态环境，可以观察到低等动物形体的进化及生存竞争。Euzone 具有两个基本过程：环境模拟和生物的进化。环境模拟尽量反映真实世界的物理、化学以及生物之间的相互作用，生物进化由遗传程序设计和遗传算法来实现。

2.4　人工脑（Artificial Brain）

日本的 ATR 的进化系统部（evolutionary system department）致力于开发新的信息处理系统，这种系统具有自治能力和创造性，他们将这样的系统称为"人工脑"。人工脑不仅能自发地形成新的功能，而且能够自主地形成自身的结构。其研制者并不想单纯地再现生物大脑的功能和结构，而是要得到在某些方面优于生物大脑的信息处理系统。

人工脑采取两方面的实现方式：类似生命的模型（life-like modeling）和社会模型（social modeling），包括传统的用于神经系统的学习模型（如人工神经网络）。在类似生命的模型中，系统有一个类似于生命系统胚胎发育的功能，使得系统的结构和组成单元能够发生变化，形成复杂系统。在社会系统中系统被视为动态过程，在这个过程中，局部的、各个单元之间的连接使得整体的、全局的功能及次序、状态发生突现。反过来，各个单元也受到全局状态的影响。因此两个方向的相互连接，影响系统发生变化。为使系统具备自治和创造性，系统本身需要一些机制在功能和结构上的自发变化。研制者在系统设计中引入"进化和突现"的极值。

ATR 对于人工脑的建构正在从硬件和软件设计两方面来推进，这个项目在数字计算机上通过自然选择的简化来产生复杂和智能化的软件。进化的基本因素是带有可遗传变异的自我繁殖。为了在硬件上实现进化计算，需要一种特殊的硬件平台，可进化的硬件目前处于开发初期阶段。大规模的神经网络和极高速度要求，需要高容量的存储器以及高速的电子器件，CAM-Brain 项目运用"进化工程"（evolutionary engineering）技术来建构、发展、进化出以 RAM 和元胞自动机为基础的人工脑。

2.5　进化机器人（Evolutionary Robotics）

生物系统给人们提供了分布式控制的思路，其脑神经系统、遗传系统、免疫系统的功能启发了人们把生物学上的一些现象工程化，并且运用于机器人的设计上。目前正在发展的第三代机器人要求具有人的简单智力和学习能力。

Rodney A. Brooks 提出了基于行为的设计方法。该方法于 20 世纪 80 年代中期开始使用，可设计出比传统设计方法行动更快和更灵活的机器人。进化机器人的操作方式是自律型的，其位置、移动等是突现形成的，其智能也是由各个并行执行的小过程自组织突现形成的，并且这样的小过程分散在整个系统中。进化机器人具有比传统机器人更快的速度和更好的灵活性、鲁棒性，进化计算可以比较容易地植入到这样的系统中，其硬件和软件的设计以及测试费用比以前要少。

2.6　进化软件代理 （Evoluable Multiagent）

人工智能的研究人员长期以来一直在研究一种复杂的建构软件代理的方法。例如，一个具有人工智能的电子邮件 Agent 可能知道有行政助理人员，知道某位用户有一名叫 George 的助理，知道助理必须掌握老板的会议日程，还知道"会议"这个词的信息可能含有日程信息。有了这些知识，这个 Agent 就可以推导出它应当转送此信息的复制件。

以知识为基础的软件代理要求包括所有常识信息的知识库，但一般软件工程师只能系统地整理比较狭窄领域的知识。采用人工生命的方法进化软件 Agent 可能是最有发展前途的方法。"人工进化"可以随着时间的推移整理出一个系统中的最有效的代理人（由其主人评定）的行为，并把这些行为结合起来以培养出适应能力更强的群体。可以设计这样的电子邮件 Agent，它们能够连续观察一个人的行动，并把他们所发现的任何有规律的行为实现自动化。电子邮件代理观察到用户总是把含有"会议"的信息的复制件转交给行政助理，由此便可领悟到其规律，然后自动做这项工作。此外，Agent 可以向执行同一任务的 Agent 学习，例如，一个电子邮件代理在遇到一份陌生的信件时可以询问它的同伴，从而得知人们通常是看了私人递交给他们的电子邮件后，再看按邮送名单递交的电子邮件。这类合作可以使一群代理以复杂的、明显智能的方式行动。

将人工生命 Agent 置于新一代计算机网络中，形成一个电子生态系统。对用户有用的或对其他 Agent 有用的 Agent 将运行比较频繁，从而得以生存下来并繁殖后代，那些用处不大的 Agent 将被清除掉。随着时间的推移，这些数字化生命形式将占据不同的生态环境。有的 Agent 可能进化成优秀的数据库编制者，其他的 Agent 则是使用它们的索引来找到某一用户感兴趣的文章。可能会出现寄生、共生、免疫以及生物世界中常见的其他现象在计算机网络中的实例。随着

外部对信息的要求发生变化，这个软件生态系统将连续地更新自身。

IBM 公司目前正在开发一种被称为计算机空间免疫系统的软件。正如脊椎动物的免疫系统在一种新病原侵入机体后几天之内就会产生出对付它的免疫细胞一样，计算机免疫系统可在几分钟内就能产生出识别并消除新遇到的计算机病毒的方法。

3　人工生命的设计方法

人工生命为解决问题提供了新的思想与工具，其研究开发有重大的科学意义和广泛的应用价值。人工生命的研究与开发有助于创作、研制、设计和制造新的工程技术系统，如人工脑、智能机器人、计算机动画的新方法。数字生命、软件生命、虚拟生物可为自然生命活动机理和进化规律的研究探索提供更高效、更灵活的软件模型和先进的计算机网络支持环境。利用人工生命研究人类的遗传、繁殖、进化、优选的机理和方法，有助于人类的计划生育、优生优育；利用人工生命研究动物的遗传变异、杂交进化的机理和方法，用于发展动物的新品种、新种群；利用人工生命研究植物的生长、杂交、嫁接、移植的机理和方法，用于发展植物的新品种、新种群。人工生命的研究开发及应用将进一步激发和促进生命科学、信息科学、系统科学等学科的更深层的、更广泛的交流和新的发展。

3.1　金融证券市场分析决策中的人工生命应用

国际上目前运用人工生命算法进行金融证券市场分析决策研究处于蓬勃发展的阶段，有效地运用拟生态技术进行复杂金融市场分析是一个大课题。

人脑自生命诞生以来，经过数十亿年漫长岁月的进化，形成了具有高度智能的复杂系统。人脑不必采用复杂的逻辑运算，却能灵活处理各种复杂的、不精确的和模糊的信息，善于理解、发现、创新、决策和具有直觉感知等功能。大脑在结构上是由 140 亿个神经细胞组成的大规模网络，他的各种智能功能都是这个大规模网络处理的结果。人工生命算法以大脑细胞的生理机能为研究对象，运用计算机对大脑的基本单元——神经元进行数学模拟，建立的一种由神经元组成的"大脑模型"，这就是人工生命算法雏形。

在证券市场里，千千万万个持有资金大小不等、投资理念各异、投资方法多样的投资者面对一千多只股票分别做出各自的决策，再加上各种政经信息、上市公司经营表现、市场传闻等等因素的影响作用，导致了金融证券市场是一个内部规律极端复杂、较难预

测把握的大系统。要想在一个复杂的、每天都推陈出新的系统当中立于不败之地，只有用手中的方法、工具很好地表述这个市场，真正从本质上抓住运作规律，实现所谓的无招胜有招。运用简单的统计运算方法对市场的基本数据进行处理，从而希望揭开蒙在市场规律上的面纱，哪怕是揭开一个小角找到一点点规律就是成功的。比较典型的有均线系统、各种技术经济分析指标、猜想性筹码分析理论等。

光揭开市场规律的一角是远远不够的，因为这个被揭开的角是片面的，是局部规律，它往往会让你做出错误的决策，因为它不是全局把握的规律。人们一直有一个梦想，就是希望拥有叮当猫的知识面包，只要把知识面包放在书上，书上的知识就印在面包上，吃下这个知识面包你就学会了书上的知识，多省力啊。我们就是在打造这样一个知识面包型的人工生命体，因为要解开市场运作的规律光靠人有限的精力是不行的，就算一个非常成功的职业投资者，几十年的投资经历所积攒的经验可能就是那么一两条，光靠这么一两条经验或投资方法就可以很成功了，但代价就是几十年如一日地在失败中学习教训、在成功中积累经验。我们的人工生命算法造就的活性生命体不仅能把给它的知识、规律学会，更重要的是它能不知疲倦的主动去寻找没有学过的规律，就像一个不仅会印知识，还会到处主动找书来印的知识面包。这样我们的生命体就能不知疲倦的在海量的股市数据中不断地发掘其中的运作规律，成为一个靠增长知识、规律来生长的人工生命活体。

人工生命算法用于证券分析有以下优势：

1）自学习、具有生长能力。人工生命体不仅能把目前绝大部分有限的操盘手法、定势完全学会，同时能每天不知疲倦地在海量的股市数据中不断地发掘其中的运作规律，不断发现各种变化的手法和规律，成为一个靠增长知识、规律来生长的人工生命活体。例如，当政经等大环境及上市公司内部环境因素发生变化时，不少庄家会改变其操作手法以蒙骗股民，人工生命体经过对历史上所有股票相关信息的人工生命矩阵的训练、学习，达到紧跟潮流，永不落伍的目的。好似冲浪，长在浪尖。

2）自适应及推广能力强。人工生命体学习生成后，由于人工生命的抗干扰性和自学习能力，在一只股票中形成的生命矩阵能够用于其他股票。比如同一庄家在不同股票的操盘手法进行发现和跟踪，即使只有几只股票的信息都能够用于分析预测其他股票的走势，甚至用于推测大盘的变化趋势，所谓"落叶知秋"。同理，即使只有某一时段的股价信息，也能够预测分析出走势规律。

3）容错能力强。人工生命有人脑的多细胞容错能力强的特点，在追踪同一种操盘手法规律时，如果庄家有意采取短期的打压或强行拉升股价等手法，以迷惑其他投资者时，人工生命体能有效地识别这种某阶段的操盘手法的变异。

4）抗干扰能力强。人工生命能够全面分辨规律的细节，能从本质上把握操盘手法的规律，从而使庄家表现在价量关系上的干扰性操作手法被区分出去，对有意拉长、缩短操盘手法周期或少量减少部分操盘进程等手段能有效包容，达到抗干扰的目的。

5）可并行计算、速度快，可处理海量数据。人工生命的特点使之能够同时处理大量数据，人脑比计算机慢得多，但在识别复杂事物的能力方面却比当今最快的计算机还快。现在不同了，人工生命矩阵具备了人脑这方面的优点，同时克服了人脑速度慢、容易疲劳的缺点，对海量数据并行处理分析，得到令人满意的答案。

6）宏观把握能力强、微观探索时细致、周密、信号量大。人工生命算法能够解决传统算法的单一性和简单性，能够从全局的角度把握股票市场的规律，达到规律自动发掘和规律全面发现的目标，能够同时发现同一或类似操盘手法在不同股票和不同市场的表现规律。这样既能够把握市场的重大机遇，也不放过细小机会。

3.2   计算机动画的人工生命应用

生活在自然界的动物群体是动画创作者们面临的"挑战性"难题。而"人工生命"方法，可以逼真地体现自然生态系统中动物群体的复杂运动和行为，并且可显著地降低动画创作者的劳动强度。

其基本方法是构建"人工动物"，创作自激励的自主智能体，去模拟动物个体的真实外观、运动和行为，以及动物群体的社会行为表现模式。用计算机模型描述这些人工动物共有的基本特征——生物力学、运动、感知和行为。在虚拟海洋世界栖息着的各式各样的人工鱼群证实了"人工生命"的有效性。每一条人工鱼就是一个自主智能体，它有基于物理的、可变形的、由内部肌肉驱动的肌体；有感觉器官，例如眼睛；有感知、运动和行为控制中枢的鱼脑。每条人工鱼通过肌肉运动的协调控制，可在虚拟的水流中游动。这些人工鱼展现出一系列的自然行为：在栖息地寻觅食物，绕过障碍物游行，与捕食者斗争，纵情于求爱仪式以获得配偶。类似于自然鱼群，人工鱼群的行为也是基于它们对外部动态环境的感知和内部动机和习性的。

由于人工鱼的行为能自动适应虚拟的水中环境，

它们的运动细节无须动画师的详细刻画或规定。用传统动画制作方法，动画中的动物只是没有任何自主性的三维几何图形，好像没有生命的木偶，动画师在动画制作过程中的角色类似木偶戏的表演者。在计算机图形学中，大多数动物动画的制作是采用传统的、花费大量劳动的"关键帧"方法，计算机只是用来制作"关键帧"之间的中间帧。相反地，采用"人工生命"的动画制作方法，动画中的人工动物是自激励的自主智能体，好像是有生命的真实动物，动画师扮演的是动物世界电影摄影师的角色。通过建立人工动物和它们的生存环境模型来生成动画，将自然生态系统的动画生成看作是动物在栖息地生活的可视化仿真过程已经跨越了"计算机图形学"和"人工生命"两个领域。然而，要将自然生态系统在屏幕上表现得和真实世界一样逼真和迷人是很困难的，主要原因是它本身的复杂性。在一个动画系统中，可能会有许多动物，每个动物都表现出不同的行为。理想情况下，动画师希望以最少的劳动获得丰富的自然景观。如果不仅要表现栩栩如生的动物形态，而且要表现每个动物的运动和它们的行为，其困难程度可想而知。生态系统是由动物和它们生活的环境组成的，动物的行为和它们生存的动态环境是息息相关的，尤其是和其他动物之间的关系。因此，人们在评价动画系统的效果时，有非常严格的标准，即使是一点点小的缺陷，都很容易被看出来。逼真的视觉效果并不是这类动画的唯一要求，要想用在娱乐和教育领域，动画师还应能控制动画的各个方面，尤其是要能够方便地修改动画。例如，改变虚拟环境，变换人工动物的数目、种类及分布的位置，改变动物的性格与它们的相互关系。

传统的计算机动画方法，如"关键帧"方法，制作了不少出色的动画，包括一些动物的动画。但是，它存在如下一些问题。

（1）动画角色缺乏自主性

由"关键帧"方法制作的动物角色缺乏自主性，因此降低了动画系统的灵活性和交互能力。由于动物的真实行为受它所处环境状态（如不可动的和可动的物体、树木、岩石和其他动物）的影响，轻微地修改动画剧本，如移动一棵树或添加另一个动物，都需要将整幅动画重新制作，图形中的角色是不能与它所处的周围环境自动协调的，因此在制作虚拟现实、计算机游戏和交互式教学工具时，采用"关键帧"方法是很困难的。

（2）自然真实性难以保证

采用传统的"关键帧"方法，动画的真实性只能依赖动画师的技巧，除非动画师有很高的技艺水平，否则可能会出现糟糕的视觉效果，特别是由于通常的几何模型不具备力学特性。因此，动画中动物运动的物理正确性是没有保证的，动画中的角色也不会真实地响应外力的作用，动物之间及其周围环境的关系显得很不协调，缺乏自然真实感。

（3）低水平的动作细节控制

采用传统的动画方法，动画角色的每一个动作都要由动画师一一规划，也就是说，动画师要完全控制动画的每一个细节，例如制作卡通片。但是，许多应用系统对这种低水平的细节控制并不感兴趣，例如创作一个虚拟现实的动物园，某个动物是否在某个时间、以某种姿态出现是不重要的，重要的是狮子和猴子要看起来像真的，它们的运动和行为要逼真。在这种情况下，我们并不希望动画师花费大量劳动去控制动画的每一个细节，因为这意味着动画中的角色只有很少的或根本没有自主性。因此，应当放弃这种低水平的动画控制，去寻求一种高水平的动画控制的方法。

（4）需要动画师的大量劳动

传统动画方法最为成功的应用是在一部很卖座的影片《侏罗纪公园》中制作了恐龙。这些恐龙尽管看起来像真的，但它们只是些图片。它们的每个动作和移动细节，都是有高超技巧的动画师们一步一步设计的。这也就显出了"关键帧"方法的缺陷：随着动画的加长、复杂程度和真实性要求的提高，动画师们的劳动量将显著地增加。

计算机动画的"人工动物"方法的优点：

1）动画角色的外观、形态、运动和行为在视觉上令人信服。

2）动画角色具有很高的自主性，不必花费动画师的大量劳动进行干预，可以自行完成动画的生成过程。

3）动画角色应接受高水平的控制。动画师可以在高水平上控制或指挥动画角色的行为，如更改动画的初始条件、虚拟环境中不动的和可动的物体的数目、位置等。

3.3　基于人工生命的因特网提速

清华大学复杂工程系统实验室是我国人工生命理论研究的基地，他们成功地研发了"蚂蚁路由算法在因特网上的应用技术"，建立了一个"蚂蚁路由算法"的仿真网络。仿真的网络节点很多，如一张大"网"，当点击源节点后，向很远的目标节点发出一个数据包。模拟开始后，屏幕上许多显示成黑色小方块的"小蚂蚁"背着数据包开始传输，一开始它们显得有点乱，四处乱窜，但几秒钟后，"小蚂蚁"们就在众多的节点中找到了最优路径，并把数据很快有序地传输到目标节点。如果这个最优路径阻断，"小蚂蚁"们又很快找到阻断后的最优路径，完成传输任务。"蚂蚁路由"（Ant-Routing）算法使网络的扩充无限升级，也不会出现环路、重发和阻塞等问题，邮件都能迅速地发送接收，而信息也不会无端丢失。那么，究竟蚂蚁是如何提速因特网呢？

在生物界，蚂蚁是一种头脑简单、视力也很不济的小东西，然而它却有着非凡的辨别复杂路径的能力。每个工作日，单个蚂蚁爬出洞窝时并没有自己明确的目的或该往哪地方去找食，更不明白整个蚁群的活动范围。但是一旦发现食物源，它就会存储特定的画面，并利用连续的画面来帮助自己在走远后能重新找回来（蚂蚁在路径上留下气味），并寻找最短的路径搬回食物。对蚂蚁找路现象有着深刻研究的清华大学复杂工程系统实验室，把人工生命中"蚂蚁路由原理"具体应用到因特网技术上。清华大学的研究人员在实验室里开发了一种奇特程序，在这种程序控制下，互联网上的信息会自动精确计算路由的长短，寻找捷径，这也是针对网络规模的无限升级、传统的Internet体系结构中出现的"路由问题"而设计的。现在的每一个路由器都记录了其他路由器的信息，而信息量就会随着网络中子网络数目的增加而迅速增加，直到路由器不能承受，于是产生了速度太慢和带宽不够等诸多问题，由此环路、阻塞、重发和邮件丢失就不可避免。如在网络上发一个数据包到美国东海岸某城，邮路先由日本再经夏威夷，再到西海岸，才到美国东海岸。若日本的节点链接断线或堵塞时，每个信息包寻找另外的最优路径，而不会全部堵在一条邮路上。也许"信息蚁"还会立即选择一条从澳大利亚通过的路径。这种随机应变不盲从、不死等的方法有效地提高了网络的利用率和传输速度，然而这一切都有赖于小蚂蚁们对路由长短的精确计算。"蚂蚁路由"原理是人工生命最典型的例子，它的用途还远不止于此（见图49.6-16）。

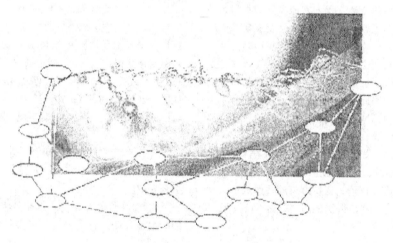

图49.6-16　"蚂蚁路由"

参 考 文 献

[1] 周济，等. 机械设计专家系统概论 [M]. 武汉：华中理工大学出版社，1989.

[2] 肖人彬，周济，查建中. 智能设计——先进设计技术的核心 [J]. 机械设计，1997（4）：1-3.

[3] 钱学森，等. 关于思维科学 [M]. 上海：上海人民出版社，1988.

[4] 路甬祥，陈鹰. 人机一体化系统与技术立论 [J]. 机械工程学报，1994，30（6）：1-9.

[5] 周济，查建中，肖人彬. 智能设计 [M]. 北京：高等教育出版社，1997.

[6] 李建平，徐林林，滕启. 智能设计技术 [J]. 起重运输机械，2003（5）：1-3.

[7] 欧阳渺安. 智能设计体系结构的研究 [J]. 计算机工程与科学，1999，21（2）：10-15.

[8] 韩晓建，邓家蹀. 产品概念设计过程的知识表达 [J]. 制造业自动化，1999，21（5）：1-3.

[9] 张向军，桂长林. 智能设计中的基因模型 [J]. 机械工程学报，2001，37（2）：8-11.

[10] 吕大刚，王光远. 结构智能优化设计——一个新的研究方向 [J]. 哈尔滨建筑大学学报，1999，32（4）：7-12.

[11] Baras J S, Levine W S, Lin T L. Discrete-time point processes in urban traffic queue estimation [J]. IEEE Transactions on Automatic Control, 1979, AC-24：12-27.

[12] Pappis C P, Mamdani E H. A fuzzy logic controller for a traffic junction [J]. IEEE Transaction on System Man and Cybernetics, 1997, SMC-7（10）：707-717.

[13] 洪伟，牟轩沁，王勇，等. 交叉路网交通灯的协调模糊控制方法 [J]. 系统仿真学报，2001，13（5）：551-553.

[14] Choy M C, Srinivasan D. Hybrid Cooperative Agents with Online Reinforcement Learning for Traffic Control [J]. IEEE 2002, 1015-1020.

[15] Bingham E. Reinforcement Learning in neurofuzzy traffic signal control [J]. European Journal of Operational Research, 2002, 131：232-241.

[16] Patel M, Ranganathan N. IDUTC：An Intelligent Decision-Making System for Urban Traffic-Control Applications [J]. IEEE Trans. Veh. Technol, May 2001, 50（3）：816-829.

[17] Kosuke Sekiyama, Jun Nakanishi, Isao Takagawa. Toshimitsu Higashi and Toshio Fukuda. Self-Organizing Control of Urban Traffic Signal Network [J]. IEEE 2001, 2481-2486.

[18] Bubak, M Czerwinski P. Traffic simulation using cellular automata and continuous models [J]. Computer Physics Communications, 1999, 121-122：395-398.

[19] Schreckenberg M, Neubert L, Wahle J. Simulation of traffic in large road networks [J]. Future Generation Computer System, 2001, 17：649-657.

[20] Neumann J V. The general and logical theory of automata. In：AA Taub [J]. J Von Neumann, Collected Works. Urbana：University of Illinois, 1963, 288-298.

[21] Wolfram S. Statical mechanics of cellular automata. Rev Mod Phys, 1983, 55（3）：601-643.

[22] Packard N H, Wolfram S. Two Dimension Cellular Automata [J]. J Statis Phys, 1985, 38（5/6）：901-946.

[23] Domany E. Exact Results for Two- and Three-Dimension Ising and Potts Models [J]. Phys Rev Lett3, 1984, 52（11）：871-876.

[24] Frish U, Hasslacher B, Pomeau Y. Lattice Gas Automata for the Navier-Stokes Equation [J]. Phys Rev Letts, 1986, 56：1505-1511.

[25] Madore B, Freedman W. Computer simulation of the Belousov Zhabotinsky reatin [J]. Science, 1983, 222：615-621.

[26] Suksy A M. Crystal symmetry [J]. Phys Bull, 1976, 27：475-480.

[27] Gerola F, Selden P. Stochastic star formation and spiral structure of galaxies [J]. Astro physical Journal, 1978, 223：129-140.

[28] Rosenfeld A. Picture Languages [M]. New York：Academic Press, 1979, 1-15.

[29] Mitchell M, Crutchfield J P, Limber P T. Evolving cellular automata to perform computations：mechanisms and impediments [J]. Physica D, 1994, 75：361-391.

[30] 刘慕仁，孔令江. 用12bit格子气自动机模型模拟静止流和Couette流的温度分布 [J]. 物理学报，1993，42（6）：874-879.

[31] 吕晓阳，孔令江，陈光旨. 一维几串性细胞自动机演化的临界相变现象分析 [J]. 物理学

报，1990，39（1）：1-9.

[32] Biham, et al. Cellular Automata Model for Traffic Flow [J]. Phys Rev A, 1992, 46: 6124-6132.

[33] Wolfram S. Cellular Automata as models of complexity [J]. NATURE, 1984, 311 (4): 419-424.

[34] Bruijn N G. A combinatorial Problem [J]. Ned Akad Wetcn Proc, 1946, 49: 758-766.

[35] 张本祥，孙博文. 社会科学非线性方法论 [M]. 哈尔滨：哈尔滨出版社，1997.

[36] Smith A R. Simple computation-universal cellular spaces [J]. J ACM, 1971, 18: 331-342.

[37] Berlekamp E R, Connay J H, Guy R K. Winning ways for your mathematical plays [M]. New York: Academic Press, 1973, 255-300.

[38] 应尚军，魏一鸣，范英，等. 基于元胞自动机的股票市场投资行为模拟 [J]. 系统工程学报，2001，16（5）：382-388.

[39] 刘慕仁，邓敏艺，孔令江. 舆论传播的元胞自动机模型（1）[J]. 广西师范大学学报（自然科学版），2002，20（2）：1-4.

[40] 魏俊华. 城市交通信号自组织控制方法的研究 [D]. 上海：上海交通大学，2005.

[41] Jyuhachi ODA, Wang Anlin, et. al. Study on Structural Optimization Technique using Evolutionary Cellular Automata (Local Direct Rule Based on New Transition Function) [J]. Transactions of JSME, 68-665A, 15-20 (2002-1).

[42] 王安麟，王炬香，刘传国，等. 基于 CA 的结构拓扑设计的研究——平面薄板加强筋拓扑形态创成的仿真 [J]. 机械强度，2001，23（2）：181-186.

[43] 刘传国. 基于 CA 的结构形态设计的初步研究 [D]. 上海：上海交通大学，1999.

[44] 苏敏. 基于 CA 的城市汽车流自组织方法初探（控制模型与仿真技术的研究）[M]. 上海：上海交通大学，2002.

[45] 吕晓阳，孔令江，刘慕仁. 细胞自动机的演化与计算理论 [J]. 华南师范大学学报，1996（2）：43-49.

[46] 漆安慎. 细胞自动机与自组织过程 [J]. 科学，41（8）：168-172.

[47] 谷永茂，段国林，齐红威. 人工神经网络专家系统智能设计平台体系结构的研究 [J]. 河北工业大学学报，2000，29（4）：40-43.

[48] 刘浚利，韩洪成，李金军. 智能 CAD/CAM 一

体化系统研究 [J]. 航天工艺，1999（3）：37-40.

[49] 钱学森，于景元，戴汝为. 一个科学新领域——开放复杂巨系统及其方法论 [J]. 自然杂志，1990，13（1）：3-10.

[50] 戴汝为. 从定性到定量的综合集成技术 [J]. 模式识别与人工智能，1991，4（1）：5-10.

[51] 戴汝为. 关于智能系统的综合集成 [J]. 科学通报，1993，38（14）：1249-1256.

[52] 戴汝为，王珏，田捷. 智能系统的综合集成 [M]. 杭州：浙江科学技术出版社，1995.

[53] 王寿云，于景元，戴汝为，等. 开放的复杂巨系统 [M]. 杭州：浙江科学技术出版社，1998.

[54] 李厦，戴汝为. 系统科学与复杂性 [J]. 自动化学报，1998，24（2）：200-207.

[55] 周登勇，戴汝为. 人工生命 [J]. 模式识别与人工智能，1998，11（4）：412-419.

[56] Coolsun. 人工生命技术的技术理念和优势. 金融人工生命论坛.

[57] 张永光. "人工生命"的研究进展 [J]. 中国科学院院刊，2000（3）：169-173.

[58] 涂晓媛，陈泓娟，涂序彦. 计算机动画的人工生命方法 [J]. 软件世界，2000（4）：51-53.

[59] 陈祥. 神奇人工生命提速因特网 [N]. 人民日报，2000-4-14.

[60] LangtonC G. Artificial Lift, Addison Wesley, 1989.

[61] Langton C G, et al. Artificial Life Ⅱ, Addison Wesley, 1990.

[62] LangtonC G, et al. Artificial Life Ⅲ, Addison Wesley, 1992.

[63] Meyer J A, Wilson S W. From animals to animals Proc. Ist Int. Conf. on Simulation of Adaptive Behavior (SAB91), MIT Press 1991.

[64] AckleyD, Littman M. Interactions between learning and evolution, Artificial Life Ⅱ, also Video Proceedings, Addison Wesley, 1990.

[65] Booker L. Improving search in genetic algorithms, Genetic algorithms and simulated annealing, Davis L. (ed.), 61-73, Morgan Kaufmann, 1987.

[66] Cariani P. Emergence and Artificial Life, Artificial Life Ⅱ Langton C G, et al. (eds.), Addison Wesley, 1991.

[67] Casti J L. Paradigms Lost, 1989.

[68] Crow J F. Genetics Notes. Seventh Edition. Dawkins 76 Dawkins, R.: The Selfish Gene, Oxford: Oxford

University Press, 1976.

[69] DawkinsR. The Blind Watchmaker, Longman Scientific & Technical, 1987.

[70] DawkinsR. The Evolution of Evolvability Artificial Life, Langton, D G. (ed), Addison Wesley, 1989.

[71] DewdneyA K. Computer recreations, simulated evolution: wherein bugs learn to hunt bacteria, Scientific American, 104-107, May 1989.

[72] Gould S J. An urchin in the Strom, Essays about Books and Ideas, 1987.

[73] Iha H, Akiba S, Higuchi T and Sato T. BUGS: A bug-based search strategy using genetic algorithms, ETL-TR92-8, also Proc 2nd Work shop on Parallel Problem Solving from Nature (PPSN92), North-Holland, 1992.

[74] Iba H, Higuchi T, deGaris H and Sato T. A bug based search strategy for problem solving, ETL-TR92-24. also Proc. 13th Int. Joint Conf on Artificial Intelligence (IJCA193), 1993.

[75] Ray T S. An Approach to the Synthesis of Life, Artificial Life Ⅱ, Langton C G, et al, Addison Wesley, 1991.

[76] Razenberg G. The Book of L, Springer Verlag, 1986.

[77] Sims K, et al. Panspermia, Artificial Lift Ⅱ, also Video Proceedings, Addison Wesley, 1992.

[78] Smith J R. BUGS: A non-technical report, Dept. of Computer Science, Williams College. 1990.

8. 14.

[79] Smith J R. Designing Biomorphs with an Interactive Genetic Algorithms, Proc. 4th Int. Joint Conf. on Genetic Algorithms (ICGA91), 1991.

[80] Wagon S. Mathematical in Action, Freeman and Company, 1991.

[81] Wilson E O. The insect societies, Belknap Press, Harvard, 1971.

[82] Wilson S W. Classifier systems and the animat problem. Machine Learning, 1987, 2 (3).

[83] Wright A H. Genetic algorithms for real parameter optimization Foundations of genetic algorithms, Rawlins J. E. (ed), 205-218, Morgan Kaufmann, 1991.

[84] 中尾智晴. 最適化アルゴリズム [M]. 株式会社昭晃堂, 2000.

[85] 伊庭斉志. 遺碩的アルゴリズムの基礎 [M]. オーム社, 1994.

[86] 陈国良, 等. 遗传算法及其应用 [M]. 北京: 人民邮电出版社, 1996.

[87] 王小平著. 遗传算法 [M]. 西安: 西安交通大学出版社, 2000.

[88] 王安麟. 机械工程现代最优化设计方法与应用 [M]. 上海: 上海交通大学出版社, 2001.

[89] 王安麟. 复杂系统的分析与建模 [M]. 上海: 上海交通大学出版社, 2004.

第 50 篇　仿生机械设计

主　编　任露泉　韩志武

编写人　任露泉　韩志武　呼　咏　孙霁宇
　　　　田丽梅　张成春　张俊秋　张　强
　　　　张　锐　张志辉

审稿人　王继新

第1章　仿生机械设计概述

自古以来，五彩缤纷的生物界一直强烈地吸引着人们探索的目光，它是人类产生各种技术思想和发明创造灵感的不竭源泉。人类正是通过向生物界不懈地学习和模仿，从而不断地找出解决人类技术发展甚至经济建设和社会进步所面临的诸多问题的答案与方法。

仿生学（Bionics）是运用从生物界发现的机理与规律来解决人类需求的一门综合性交叉学科，是利用自然生物系统构造和生命活动过程作为技术创新设计的依据，有意识地进行模仿与复制，它开启了人类社会由向自然索取转入向生物界学习的新纪元。简言之，仿生学就是研究生物系统的结构、性状、功能、能量转换、信息控制等各种优异的特性，并把它们应用到工程技术系统中，改善已有的工程技术设备，为工程技术提供新的设计思想、工作原理和系统构成的技术科学。仿生学的意义在于将认识自然、学习自然、改造自然和超越自然有机结合，将生物经过亿万年进化、优化而逐渐形成的各种与环境高度适应的功能特性，移植到相应工程技术领域，为人类提供最可靠、最灵活、最高效、最经济的接近于生物系统的技术系统，为科学技术创新提供新思路、新理论和新方法。

仿生学一经诞生就得到了迅猛发展，在许多科学研究和工程技术领域崭露头角，取得了巨大的成就。随着现代科学技术的发展和工程的实际需要，在众多的工程技术领域展开了相应的仿生技术研究。例如，航海部门对水生动物运动流体力学的研究；航天部门对鸟类、昆虫飞行的模拟及动物定位与导航的研究；工程建筑对生物力学的模拟；无线电技术对于生物神经细胞、感觉器官和神经网络的模拟；计算机技术对于脑的模拟及生物智能的研究等。现今，许多国家为系统深化仿生学基础研究做了精心的长期计划准备。美国最早创建"仿生学"学科，并紧紧围绕国家的安全需求，在美国国防部先进研究计划署（DARPA）的支持下，使生物机器人和仿生壁虎机器人的研究处于国际领先地位；英国在生物力学、仿生材料和仿生机械等方面的仿生研究成效明显；德国通过德意志研究联合会（DFG）的持续支持与高校和企业展开合作，在自清洁、汽车仿生设计等多个领域获得了巨大的成功；日本的仿蛇机器人和仿人机器人居国际前沿水平；我国在机械仿生、非光滑形态仿生、界面仿生

脱附减阻、耦合仿生、功能表面仿生、材料仿生、智能仿生和壁虎运动仿生等方面的研究取得了丰硕的成果。

1　仿生机械的概念

在自然界中，生物通过物竞天择和长期的自身进化，已对自然环境具有高度的适应性。它们的感知、决策、指令、反馈、运动等机能和器官结构远比人类所制造的机械更为完善。仿生机械通过研究和探讨生物机制，模仿生物的形态、结构和控制原理，设计、制造功能更集中、效率更高并具有生物特征的机械。仿生机械与传统机械相比具有更广阔的应用前景和发展空间。

1.1　仿生要素

仿生要素包括：仿生需求、仿生模本、仿生模拟和仿生制品（见表50.1-1），它们之间的关系如图50.1-1所示。

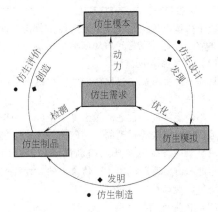

图 50.1-1　仿生要素间的相互作用关系

1.2　仿生机械的分类

研究仿生机械的学科称为仿生机械学（Bionic mechanics），它是20世纪60年代末期由生物学、生物力学、医学、机械工程、控制论和电子技术等学科相互渗透、结合而形成的一门交叉学科。仿生机械研究的主要领域有生物力学、控制体和机器人等。把生物系统中可能应用的优越结构和物理学的特性结合，人类就可能得到在某些性能上甚至比自然界形成的体系更为完善的仿生机械。

表 50.1-1　仿生要素

仿生要素名称	注　　释
仿生需求	仿生需求包括生存需求、健康需求、军事需求、发展需求、精神需求和兴趣需求等。生存需求是人类最基本的需求，人类在巨大的生存压力面前不断地向自然学习，从大自然获得生存灵感，制造了一系列的工具和机器来推动生产力的发展。人类在繁衍生息过程中所遇到的最切身相关的问题就是健康问题，所以人类对健康的需求是十分迫切的，仿生在医疗健康事业中具有举足轻重的地位，仿生心脏、仿生肾脏和仿生耳等一系列的仿生人体器官的研究和突破将会为患者带来健康的福音。军事存在是保证国家主权和领土完整的重要手段，爱好和平的国家所具有的强大的军事能力也是本国以及世界和平发展、人民安居乐业的有力保证。仿生学在武器装备和战略战术方面有着广泛的应用，如动物的保护色在视频隐身方面的应用，狼群在捕猎时所利用的狼群战术在军事战术上的应用等。人类社会的发展和对美好事物的精神追求以及人类天生的好奇心都时刻引导着人们向大自然学习，进行相应的仿生探索研究
仿生模本	仿生模本包括生物模本、生活模本和生境模本。生物模本是指自然界中各种各样的生物，包括动物、植物、微生物，都可以作为仿生模本供各行各业进行仿生研究，发明和创造出更优、更接近于生物系统的仿生制品。生活模本是指人类在研究生物功能特性的基础上，把目光投向人类自身的生活，开展对人类生命形态的仿生探索，以人类自身的生活原理、文化行为和思维哲理为模本，进行人类自然生命(生理)和精神生命(心理、心灵)的仿生研究。生境模本是指人类所赖以生存的环境，特别是生境中所呈现的奇特自然现象和自然环境等
仿生模拟	仿生模拟包括形似模拟和神似模拟。形似模拟是指模仿生物形态(形貌)、结构、材料、形体(形状、构型)等因素而开展的仿生设计。神似模拟是指模仿生物多因素相互耦合、相互协同作用的原理而开展的仿生设计，其在形似模拟的基础上更注重对生物功能原理与规律的探究
仿生制品	仿生制品包括非生命制品、包含生命零部件的仿生制品和具有完整生命的仿生制品。非生命制品是指应用于科学、技术、工程以及人文、社会等领域的传统仿生产品，是纯人工技术制品。包含生命零部件的仿生制品是指随着仿生学与生命科学、医学、药学等学科交叉渗透日益深入，在仿生制品中包含生命活体元素或仿生制品是生命体的组成部分，如仿生水母推进装置。具有完整生命的仿生制品是指具有与模本相似的生命特征，且与人类或生物具有极佳的相容性，能够替代模本去执行相应功能的仿生制品

仿生机械的种类很多，按照功能划分，大致可以分为抓取、行走、飞行和游动四类。

（1）仿生抓取机械

目前，仿生机械在抓取功能方面的研究集中于仿生人形机械手，人手（含手臂）具有复杂得多关节结构，不但能精确定位还能做出复杂精细的动作，这些都是传统机械很难做到的。它们可分为工业机器人用机械手、科研智能机器人用机械手和医疗用机械手。其他的仿生抓取机械还有仿象鼻的柔性抓取机械和仿章鱼吸盘式抓取机械等。

（2）仿生行走机械

行走机构作为运输的平台在汽车领域、机器人领域及执行各类特种任务的领域有着举足轻重的作用。传统行走机构的主要形态是轮式，结构相对简单可靠，技术成熟，且科技的发展使得现代行走机构负重能力不断加强，灵活性不断提高，在大多数情况下都能满足要求。然而，随着人类涉足的领域越来越广泛，在某些特殊环境下传统行走机构却不见得是最佳选择。研究发现，生物体的行走能力对环境的适应性是机械无可比拟的，部分生物在特殊环境中的行走能力更是令人叫绝。根据行走环境的不同，行走机构又分为常规地形行走机构、松软地面行走机构和狭小空

间移动机构等。

（3）仿生飞行机械

仿生学在飞行机械中的应用更多的是在微型飞行器方面（Micro Air Vehicle，MAV），尤其是微型扑翼飞行器（Flapping Micro Air Vehicle，FMAV），这是一种模仿鸟类和昆虫飞行，基于仿生学原理设计制造的新型飞行机器。不同于传统飞行理论，FMAV 的研究主要从两个方面展开：非定常高升力机理分析和柔性扑翼的气动特性分析。由于没有具体的理论和经验公式可以遵循，目前对 FMAV 空气动力学问题的研究还处于起步阶段。

（4）仿生游动机械

早在 20 世纪五六十年代，仿生机器鱼的研究就已经受到了机器人领域学者的重视，有关理论和试验得到不断发展。随着科学技术的发展，水下无人潜器（Autonomous Underwater Vehicle，AUV）在海洋生物研究、地形勘测、海洋军事等方面的应用将会日益广泛，拥有广阔的应用前景和开发潜质。

1.3　仿生机械设计

仿生机械设计（Bionic Mechanical Design，BMD）是指充分发挥设计者的创造力，利用人类已有的机械

设计相关技术成果，借助现代工程仿生学的创新思维方式，设计出具有新颖性、创造性及实用性的机械机构或产品（装置）的一种实践活动。仿生机械设计是基于传统机械设计基础，而又高于传统机械设计的创新设计。图 50.1-2 表明了仿生学、工业设计、机械设计以及仿生机械设计的关系。

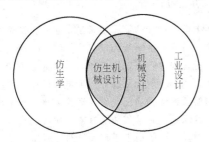

图 50.1-2 仿生学、工业设计、机械设计
以及仿生机械设计的关系

仿生设计为机械设计提供了创新思维、创新方法和创新理念。仿生机械设计依托生物模本优异特性所创造的或者改进的机械产品具有生物相关的优良特性。仿生机械设计研究的主要内容有：

（1）机械形态结构仿生设计

机械形态结构仿生设计是仿生机械设计的核心内容之一，通过研究生物的形态结构奥秘和机理进行机械形态结构仿生设计。自然界的生物经过长期与自然环境的磨合，形成了复杂的、适应各种外界环境的结构特征或体表形态。这些结构特征或体表形态为机械仿生设计提供了最佳的宏观和微观的结构原型。例如，土壤动物体表普遍存在几何非光滑形态，这些非光滑体表与土壤相互作用可以减小土壤与动物的黏附力和摩擦力，以这些仿生非光滑表面为灵感所设计的地面机械仿生非光滑触土部件取得了较好的减黏脱附效果。

（2）机械运动机构仿生设计

机械运动机构仿生设计是机械仿生设计的又一核心内容。目前，机械运动机构仿生设计主要是从形态、结构、控制和功能等方面对动物进行模仿，这对于全面了解和利用动物运动特征十分重要。运动机构仿生设计的典型代表当属仿生机械手设计。人的上肢具有较高的操作性、灵活性和适应性，机械手正朝着与人上肢功能接近的方向发展。人的一个上肢有 32 块骨骼，由 50 多条肌肉驱动，由肩关节、肘关节、腕关节构成 27 个空间自由度。肩和肘关节构成 4 个自由度，以确定手心的位置。腕关节有 3 个自由度，以确定手心的姿态。手由肩、肘、腕确定位置和姿态后，为了掌握物体做各种精巧、复杂的动作，还要靠多关节的五指和柔软的手掌。手指由 26 块骨骼构成

20 个自由度，因此手指可做各种精巧操作。目前，世界上很多国家开发和设计了各种各样的仿生机械手，如英国 Shadow 机器人公司在 2004 年研制的 Shadow 五指仿人灵巧手，在外形上很接近人手，共有 19 个自由度，具有位置传感器、触觉传感器及压力传感器，采用气动人工肌肉作为驱动元件。英国 2008 年生产的 i-LIMB 仿生手可以让使用者顺利进行开锁、输入密码、开易拉罐等精细动作。

（3）机械材料仿生设计

机械材料仿生设计范围广泛，包括生物组织形成机制、结构和过程的相互关系，并最终利用所获得的结果进行材料的设计与合成，以适应机械各种性能要求。天然生物材料的分级结构、微组装和功能研究是材料仿生设计的依据，天然生物复合材料结构为新型复合材料研究提供了仿生学基础。分析天然生物材料微组装、生物功能及形成机理，发展仿生高性能工程材料以代替现有金属材料改善某些机械性能。例如，Dalton 等通过纺丝技术成功地将单壁碳纳米管（直径约 1nm）编织成超强碳纳米管复合纤维（含 60% 的碳纳米管）。这种碳纳米管复合纤维具有良好的强度和韧性，其拉伸强度与蜘蛛丝相同，但其韧性高于目前所有的天然纤维和人工合成纤维材料，比天然蜘蛛丝高 3 倍，比凯芙拉纤维强 17 倍。Mckinley 研究小组通过模仿蜘蛛丝的特殊结构，将层状堆叠的纳米级黏土薄片（laponite）嵌入人造聚氨酯弹性体（elasthane），制备了一种同时具有良好弹性和韧性的纳米复合材料。

（4）机械控制仿生设计

现代机器系统大多是机电一体化的集成体，机械智能控制是实现现代机械系统作业性能的保证，机械智能控制仿生设计是智能仿生机器人设计的重要内容。仿生机器人的发展在很大程度上代表了机械智能控制仿生设计的水平，过去以定型物、无机物等规格化目标为作业对象的机器人在工业领域得到长足发展，近年来涉及以复杂多样的动植物为作业对象的农业机器人备受青睐，日本、美国等发达国家在这方面的研究居于世界前列。作业对象的复杂多样，要求机器人除了应具有一般工业机器人的定位、导航功能外，还应该准确识别作业对象的无规则形状，准确知道自身当前的位姿，以实现精确定位和均匀作业。

2 仿生机械设计的特点

仿生机械设计是在仿生学、机械学和设计学的基础上发展起来的，对研究人员要求较高，需具备生物学、物理学、机械学和控制论等学科知识，研究对象广泛，以自然界万事万物的形、色、音、功能、结构

等为研究对象。换句话说，仿生机械设计就是利用创新的理念与方法给人类的机械发明提供另一种发展模式，模拟自然界万物的生存方式，从一个独特的视角探索世界，实现机械科学技术的改革和创新。仿生机械设计最大的特点在于在机械设计的基础上引入了仿生设计，所以仿生机械设计既具有传统机械设计的特点又具有仿生设计的优势。仿生机械设计的主要优势和特点有：

（1）依托仿生学研究成果，为机械设计提供科学技术支持

仿生学对生物系统结构与机理的研究成果为机械设计新原理得以构想、实施和展示提供有力支撑。仿生学对机械设计的意义在于透过自然现象探究自然系统背后的机理，为机械设计的新构想打开一片广阔的领域，最终达到机械创新的目的。

（2）赋予机械设备更多的生物优异功能

仿生机械设计是把自然界生物所具有的与机械设备需求相适应的优异功能转化为生产力的重要手段。通过仿生机械设计，将生产出能量消耗最低、效率最高、适应性最强、寿命最长的机械设备。

（3）体现机械设计的自然亲和力和环保特性

在机械设计中由于仿生对象的自然属性，使得设计也必然或多或少地映射出与大自然的联系，即在仿生机械设计中蕴含着某些自然属性，而这些自然属性都是天然环境友好特性，从而使设计出的机械设备更具自然亲和力和环境保护特性。

3 仿生机械设计的原理

随着时代的发展，人们对机械设备的自动化、效率化、环保化等要求越来越高。仿生机械设计以实际需求为目标，在一定设计原则约束下，运用先进的设计原理、方法，不断创新，进而创造出满足实际需求的机械设备。

3.1 相似性原理

相似性原理是指在仿生机械设计过程中，产品与被仿的自然物一定具有某种相关性。从物质现象层看，仿生机械设计可分为造型仿生机械设计、色彩仿生机械设计、肌理仿生机械设计、功能仿生机械设计和结构仿生机械设计等。尽管仿生的元素有一定区别，但其身上都包含着与设计中的机械设备相似的特征，即相关性。

典型例子如产品的形态仿生能够满足消费者的情感需求，部分仿生产品在形态上与自然生物有一定的相似性。玛莎拉蒂3200GT的外观造型运用的就是形态相似性原理，它的车身正侧造型像一条张嘴的小鱼，后视镜模仿了驼类动物的耳朵，这些动物的辨识度都很高，一旦进入视线，必会引起联想。保时捷、法拉利等跑车系列常常在车身造型上模仿奔跑速度极快的猎豹或者是老虎等猛兽，用以表现驾驶者的勇猛犀利，满足消费者的心理需求。

3.2 功能性原理

仿生机械设计的第一要素是功能，它是该设计追求的第一目标。生物行为具有功能性，一种生物在其行为进行过程中会展现出一种或多种生物功能，以适应环境变化。功能性原理即仿生机械设计过程中，被仿生物的某种优异功能能够在理论上解决待设计的机械设备的问题，并且该功能有望成功转化到具体的机械设备中。一般的仿生机械设计过程是研究某一生物的行为，解析其功能原理，用这种原理去改进现有的或建造新的机械设备，进而达到促进设备的更新换代或者开发，使人们在使用设备的过程中获得更强的人性化、自然化、便利化体验的目的。

例如，乌贼运动速度极快，素有"海中火箭"之称，它在逃跑或追捕食物时，最快速度可达 15m/s。研究发现，乌贼的尾部有一环形孔，正常运动时，海水经过环形孔进入外套膜，与此同时软骨把孔封住，而要进行快速运动时，外套膜猛烈收缩，软骨松开，水从前腹部的喷水管急速向后喷射出去，马上产生很大的推力，使乌贼像离弦之箭冲刺前进。人们根据乌贼这种巧妙的喷水推进方式，设计制造了一种高速喷水船，用水泵把水从船头吸进，然后高速从船尾喷出，推动船体飞速向前移动。

3.3 比较性原理

比较性原理即保证仿生机械设计的有效性，在设计过程中需要从不同方面对初步选定的生物模本进行比较分析，以及在随后设计中需要对一系列仿生形态特征参数和试验条件进行优化分析比较。不同生物体可能具有对机械设计有益的同种属性，按照不同设计方法生产出的机械设备功能性可能有一定的差异。在仿生机械设计的过程中，需要首先对生物特征参数进行提取和定量统计，而后通过试验优化、有限元分析、统计不变量分析等一种或多种方法建立仿生模型，根据建立的仿生模型，对仿生形态特征参数和试验条件进行优化和分析，从而甄选出最佳参数。

四足仿生机器人一直是机器人领域研究的热点。上海交通大学田兴华等通过分析比较前人设计的四足机器人的腿构型，提出了三种用于高速、高承载四足仿生机器人的混联腿构型。随后对三种混联腿方案的工作空间、承载能力以及整机在前后、左右方向运动

的各向同性度进行了分析比较，确立第三种方案为最佳方案。最终，将第三种方案与经典串联腿构型进行了对比，证实了第三种方案的可靠性。

4　仿生机械设计的方法

仿生机械的主要类型有构形仿生机械、形态仿生机械、结构仿生机械、材料仿生机械和功能仿生机械等，但具体到仿生机械设计方法，一般分为以下两种：一是从生物到仿生机械产品，也就是在生物学自身的研究过程中有针对性地选取对解决工程问题有借鉴意义的部分进行仿生机械设计；二是从机械产品到生物，也就是根据工程领域和生产实践过程中提出的相关问题，找到合适的生物模本，并利用各种先进技术研究与此问题相关的形态、结构或功能来进行仿生机械设计。

从生物到仿生机械产品的仿生机械设计方法一般是从具体的生物模本到仿生创造思维，由明确的生物对象激发出仿生灵感，最终形成机械产品设计。从具体的生物对象到仿生思维创造，需要从一个具体到抽象的过程，这个过程不是单纯地、抽象地把某个生物直接搬到某个机械产品上，而是要经过一系列的抽象思维、信息转化以及综合考量，找到切入点，这样设计出来的机械产品才会有创新性和实用性，而且这个过程需要经过多次反复。从具体的生物模本到仿生思维创新，思维是发散式的，而从仿生思维创新到新产品设计思维就需要收敛了。因为在前面的思维过程中构想出来的方案也许有的已经是产品了，有的还没有最终定型，这就需要经过进一步的思考，寻找最佳的构想。在这一过程中需要以最初的生物为原型，让人既要看到所仿生物的影子又要看到从这一生物出发所构想到的产品，找准最佳的最巧妙的结合点。这就需要设计师有敏锐、透彻的观察力和感知力，对生命特征的本质理解和较强的抽象思维能力，以及较高的形意创造和整体把握能力，使仿生设计的产品与生物在生命意义上达到从形式到内容的和谐。

对于从机械产品到生物的仿生机械设计方法，一般有明确的目标机械产品，以目标产品概念主导仿生设计为前提，是在设计目标明确、产品概念形成的条件下，以仿生思维与活动为主要内容的过程计划，是目标产品设计程序的组成部分。生物是大自然这位杰出的"设计师"塑造出来的最杰出的"机械产品"，有了明确的机械产品概念后，就可以在大自然中寻找和发现解决问题的对应生物。无数的对应生物提供了无数的创意，这跟平时仔细观察周围事物是分不开的。

从机械产品到生物的仿生机械设计过程中，首先要明确仿生设计概念。根据新产品设计目标与新产品概念的需求，分析其特点，找出仿生的思维方式和设计需求结合点。具体来说，是对与产品构成要素相对应的生物形态、结构、功能、美感和意向等特征的方向性确定与描述，并与产品概念融合形成目标产品的仿生设计概念，然后在自然生物系统中寻求、搜索与仿生概念相关的仿生目标对象，通过观察、认知、研究来筛选并确定对仿生设计有启迪意义的内容。其次，进行仿生设计联想。凭借平时观察自然所积累的知识，经过感性的思考，寻找到仿生目标，并进一步对该目标进行重新认识与归纳，再运用理性和推理的思考方式来进行演绎与修正，这个过程思维是不断跳跃的。最后一步是仿生设计方案的提出。根据前面周到思维的构思，形成设计草图，对这些草图通过分析、评价、再分析、再评价，从而确定最终的方案。

5　仿生机械设计的信息获取与处理

5.1　仿生信息获取方法

仿生信息获取是指围绕一定目标，在一定范围内，通过一定的技术手段和方式方法获得原始信息的活动和过程。针对仿生机械设计而言，主要需要获取两类信息：生物信息和机械信息。生物信息包括各种生物特性、生活特性和生境特性等。机械信息包括机械创新应用信息、机械缺陷信息以及机械改进信息等。

仿生信息获取是仿生机械设计的第一个基本环节，必须具备三个步骤才能有效地实现。

1) 制定仿生机械设计信息获取的目标要求，即所需获取的仿生信息及用途。不同的仿生信息对不同人的价值和意义不一样。仿生机械设计人员需要根据自身的要求去获取信息，在获取信息的过程中需要考虑这些仿生信息的时效性、地域性以及可靠性。

2) 确定仿生机械设计信息获取方法。采取正确的技术手段、方式和方法获取信息能够起到事半功倍的效果。由于信息来源的技术特点不同，信息获取的方法也多种多样。例如，如果要获取生物信息可以采取现场调查观察法、问卷调查法和访谈法等，即可以对某种生物进行实地的行为、习性和形体等进行近距离无接触的考察，当然也可以询问有关生物学方面的专家。获取仿生机械设计信息最方便的自然是计算机检索，检索到的信息包括文献型信息、数据型信息、声像型信息以及其他多媒体信息等，运用计算机检索技术获取仿生机械设计信息的方法更加方便快捷。

3）对仿生机械设计信息进行评价是有效获取信息的一个非常重要的步骤，它直接涉及信息获取的效益。评价的依据是先前确定的信息需求，比如信息的数量、信息的适用性、信息的载体形式、信息的可信性和信息的时效性等。

5.2 仿生信息处理方法

仿生信息处理就是对已获取的仿生信息进行接收、判别、筛选、分类、排序、存储、分析、转化和再造等的一系列过程，使收集到的仿生信息能够满足仿生机械设计的需求，即信息处理的目的在于发掘信息的价值，方便用户的使用。信息处理是信息利用的基础，也是信息成为有用资源的重要条件。

在大量的原始信息中，不可避免地存在着一些假的信息，只有认真地筛选和判别，才能避免真假混杂。最初收集的信息是一种初始的、凌乱的、孤立的信息，只有对这些信息进行分类和排序，才能有效地利用。通过信息的处理，可以创造出新的信息，使信息具有更高的使用价值。信息处理的类型主要有：

1）基于程序设计的自动化信息处理，即针对具体问题编制专门的程序实现信息处理的自动化，称为信息的编程处理。编程处理的初衷是利用计算机的高速运算能力提高信息处理的效率，超越人工信息处理的局限。

2）基于大众信息技术工具的人性化信息处理，包括利用字处理软件处理文本信息，利用电子表格软件处理表格信息，利用多媒体软件处理图像、声音、视屏、动画等多媒体信息。

3）基于人工智能技术的智能化信息处理，指利用人工智能技术处理信息。智能化处理要解决的问题是如何让计算机更加自主的处理信息，减少人的参与，进一步提高信息处理的效率和人性化程度。

5.3 仿生信息工程化原则

仿生信息工程化不仅要遵循一般的工程化准则，还要遵循仿生信息工程化的准则。

1）在仿生信息工程化时，首先，应该进行需求性分析，主要包括功能需求、性能需求、环境需求和可靠性需求等，然后，逐步细化和分析需求，最后，对初步的构想的正确性、完整性和清晰性及其他需求给予全面评价。

2）在仿生信息工程化时，要为产品设计提供科学的原理、技术与结构等方面的支持，要体现设计的自然亲和力，要赋予设计更多的精神与文化内涵。

3）在仿生信息工程化时，注意把握尺度，虽然仿生信息源于自然，但绝不是简单的"拿来主义"，更不是形而上学的机械式的照搬、照抄，要注意对各学科理论的综合应用，更要注重人与环境的和谐发展。

6 仿生机械设计的步骤

以上述提到的两种仿生设计方法中的第二种方法为例来阐述仿生机械设计步骤。

6.1 明确设计要求

明确设计要求是仿生机械设计的基础。仿生机械和其他机械一样都有一些基本设计要求，它们分别是使用功能、经济性、劳动保护和环境保护、寿命、可靠性等要求以及其他专用要求。仿生机械应具有预定的使用功能。这主要靠正确地选择仿生机械的生物模本，正确的模本表征与建模，以及提出合理的设计原理和方法来实现。仿生机械的经济性要求体现在设计、制造和使用的全过程中，设计仿生机械时就要全面综合地进行考虑。设计制造的经济性表现为机械的成本低，使用经济性表现为高生产率、高效率，较少的能源、原材料和辅助材料消耗，以及低的管理和维护费用。一般情况下仿生机械都具有天然的劳动保护和环境保护要求。仿生机械和普通机械一样都需要满足一定的寿命要求，才能正式成为可靠的机械产品。

6.2 选择生物模本

明确设计要求后，选择合理的生物模本是仿生机械设计的核心。在自然的法则下，为适应自然环境和满足生存需要，生物经过亿万年的进化，优化出各种各样的形态、构形、材料和复杂的结构，形成了对生存环境具有最佳适应性和高度协调性的优异特性。选择合理的生物模本也就是要综合考虑生物的优异特性，从而选出最适宜、最优秀和最典型的仿生生物对象。

在挑选合适的生物模本之前，首先要了解生物的特性，并择其优。生物特性按照生命过程可分为：生长特性、行为特性、运动特性和生境特性。生长特性是指生物在适宜的条件或环境中按照一定的模式进行生长的特性，表现为组织、器官、身体各部分以致全身的几何形状、形态、大小和重量的可逆或不可逆改变及身体成分的变化。行为特性是指生物呈现出的对内外环境变化做出相应反应的特征，如动物的取食、御敌、沟通、社交等。运动特性是指生物展现的在一维、二维或多维空间内整体或部分进行移动的特征。生境特性是指生物经过长期的进化与自然选择，呈现出的与生存环境相适应的特征、品质和品性。

在充分了解了生物的特性之后，综合机械产品的设计要求，找出最合适的仿生模本。这个过程往往不是一蹴而就的，需要反复地比较合理性和特征的生境适应性。

6.3　模本表征与建模

在选择了合理的生物模本之后，对模本的表征和建模是仿生机械设计的关键。对生物模本关键形态、结构、组成和特性的表征有利于准确地建立仿生模型，准确的仿生模型有利于设计者总结和提出创新性的仿生机械设计原理和方法。

现有的建模方法主要有：

（1）物理模型

物理模型是通过对生物的基本形体进行简化或按缩小比例，或按放大比例而构建出来的实物模型。例如，人体足部耦合功能特性对仿生机械、仿生行走、足部医学和体育竞技等领域均具有重要意义。在研究过程中，建立精准的足部耦合物理模型是研究足部耦合功能特性的基础。

（2）数学模型

数学模型是指用数学语言描述的一类模型，即为了某种特定的生物功能目标，根据生物的特征规律及其相互关系，做出一些必要的简化假设，运用适当的数学工具得到的用数学语言表达的结构模型。

（3）结构模型

结构模型是将生物构成的几何、物理、材料等耦元视作构件，耦联视作结构关系而构建的一种模型。例如，蜻蜓膜翅通过特殊的形态、巧妙的机构和轻柔的材料等因素耦合，展现出了超强的飞行能力和良好的力学性能，为飞机机翼提供了天然的生物模本。

（4）仿真模型

仿真模型是指通过计算机描述和表达生物模型。采用适当的仿真语言或程序使得生物的物理模型、数学模型或结构模型转变为仿真模型。例如，蝼蛄鞘翅通过形态、结构和材料等耦元耦合具有良好的力学性能，在对其进行力学测试时，如果直接在蝼蛄鞘翅上进行，在完成一项力学测试后，可能会破坏鞘翅耦合系统，而影响力学测试的结果。因此，建立生物的仿真模型，可对其进行不同的力学测试。

在选定了合理的建模类别之后，需要对仿生模本进行建模，一般的建模步骤见表50.1-2。

表 50.1-2　仿生模本建模步骤

序号	建模步骤	说　明
1	明确问题	生物模型建立的首要任务是明确欲研究生物的主要功能。特别是研究生物功能的实现模式及其与环境因子的关系，确定建模的目的；问题明确后，再选择合适的建模方法。通常，建模应先核心后一般，先易后难，根据研究的功能目标和具体要求逐步完善
2	合理假设	根据生物的特征和建模的目的，对问题进行必要的、合理的假设，可以说这是建模的关键步骤。一个实际问题不进行合理假设，就很难"翻译"成数学语言或欲建的模型语言，即使可能，也因其过于复杂很难求解。模型建立的合理与否，很大程度上取决于假设是否恰当。如果假设试图把复杂的生物的各方面因素都考虑周全，那么模型或者无法建立，或者建立的模型因为太复杂而失去可解性；如果假设把本应当考虑的因素忽略掉，模型固然好建立并且容易求解，但这时建立的模型可能反映不出生物主要信息，从而使得模型失去存在价值。因此，建模过程中，要根据生物实际问题的要求，做出合理、适当的假设，在可解的前提下力争有更高的可信度。此外，合理的假设在建模过程中的作用除了简化问题外，还可以对模型的使用范围加以明确的限定
3	模型构建	根据欲研究问题的具体情况和所做的假设，全面分析生物中各特征与属性及其相关关系，利用适当的建模工具与方法，建立各个特征量（常量与变量）之间的物理、数学关系结构，这是生物建模的核心工作
4	模型求解	模型求解即采用解方程、画图形、定理证明、逻辑运算、数值计算、可拓分析与优化处理等各种传统的和现代的方法得到模型的有效解。不同生物模型的求解一般涉及的求解知识不同，求解的技术思路也可能各异，目前尚无统一的具有普适意义的求解方法。因此，对于不同的生物模型，首先应优选出合适的求解方法
5	模型解分析	模型求解后，应对解的意义进行分析和讨论，根据问题的需要、模型的性质和求解的结果，有时要分析和揭示生物机制、生物功能与生物特征间的变化规律，有时要给出合理的预报、最优化决策或控制。不论哪种情况，还常常需要对模型进行稳健性和灵敏性分析等。模型相对于客观实际不可避免地会有一定的误差，一般来自于建模假设的误差、近似求解方法的误差、计算工具的舍入误差、数据测量的误差等。因此，对模型参数的误差分析也是模型解分析的一项重要工作

（续）

序号	建模步骤	说　明
6	模型解检验	所谓模型解的检验，即把模型分析的结果"翻译"回到实际问题中去，与实际的生物现象、相关数据进行比较，以检验模型的合理性和实用性。仿生建模会受到许多主观和客观因素的影响，必须对所建模型进行检验，以确保其可信性。模型检验的结果如果不符合或部分不符合实际，原因是多方面的，但通常主要出在模型假设上，应该修改、补充假设，完善模型或重新建模。有时模型检验要经过几次反复，不断改进、不断完善，直至检验结果符合相关要求
7	模型解释	模型解释是指根据一定的规范对模型进行文字描述，建立模型文档。在建模过程中，通过编写模型文档，可以加深对模型的认识，消除模型的不完全性、不确定性和不一致性，提高建模的规范化程度。同时，对模型进行解释，建立模型文档，也便于使用者迅速、清晰地了解模型的结构、功能、使用方法和适用范围等

6.4　提出设计原理与方法

在对生物模本进行准确表征和建模的基础上，提出设计原理和方法是仿生机械设计的灵魂。要想将生物优良特性很好地在仿生机械上再现，准确的设计原理和方法的提出是其必要条件。仿生机械原理是在仿生研究过程中通过大量观察、试验，经过归纳、概括而得出的，能够有效地指导仿生机械设计活动，并且在仿生机械设计实践中不断地完善。生物过程是一个极其复杂的过程，其中蕴含各种各样的自然原理和规律，或者说生物将各种各样的自然原理和规律运用到

了极致。生物在亿万年的进化过程中会主动或被动地适应各种各样的环境，在此期间将各种各样的自然规律相互耦合，从物理原理到化学原理，从结构原理到材料原理，这些原理在进化过程中不断被优化，不断被生物体所掌握，最终对这些原理的运用达到极致水平。生物在适应环境过程中运用生命的智慧将这些原理相互柔和、优化来应对恶劣的生存环境，从而更好地繁衍生息。仿生设计原理和方法的提出就是要探索和发现这些被生物运用的原理和规律，将这些原理和规律迁移和再现到其他的机械产品中，从而使得机械产品获得具有某些生物特征的优异功能。

第2章　仿生机械设计生物模本

1　生物模本的概念

生物系统中具有某种优势特征或功能特性，能为仿生设计所用的生物原型，称为生物模本。这些特征无论是宏观、微观还是介观，都可以作为生物模本供各行各业进行仿生研究，发明和创造出更优、更接近于生物系统的仿生机械产品。不仅如此，生物个体、生物组、生物群（落），或生物体的整体、部分，抑或是生物体的分子、细胞、组织、器官和系统等，只要是有利于人类生存、生活、生产需要的，皆可作为生物模本被模拟。生物模本种类繁多，总体包括动物、植物和微生物，且具有不同的形态、结构、材料、功能和生存方式等。

生物个体的个别部位也可作为生物模本。例如，

鸣蝉（Clanger cicada）翅膀上整齐排布着纳米级鞋钉形柱状物，如图50.2-1a所示。研究发现，当细菌附着到其上时，这种不锋利的"鞋钉"结构如同陷阱般将表皮有弹性的细菌捕获粘住，慢慢地将细菌拉伸，并分裂其细胞膜，拖其下陷至翼表面的"鞋钉"之间，从而将细菌杀死，如图50.2-1b所示。这类似于一个水气球落在充满钢钉的床上，这些钉子并不锋利，不能戳破气球的外表。但随着时间的推移，球内水的重量会把气球拖拽在钉子之间，使其伸展下陷，最终进出的水导致气球泄气。这对于落入蝉翅表面里的细菌，就意味着死亡。蝉翼表面钉状纳米结构采用机械方式消灭细菌的原理，为人类制造新型抗菌功能表面提供了重要的生物学模本。

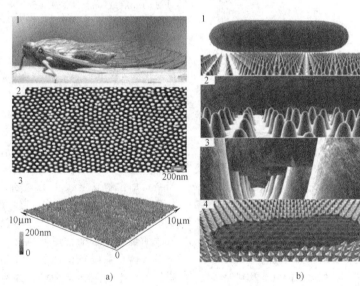

图 50.2-1　蝉翼表面结构及杀菌过程

a）蝉翼表面结构　b）杀菌过程

2　生物模本的基本特征

2.1　特异性

生物模本的特异性是指某种生物群体或个体，相较于其他群体或个体，具有特异的生化、物理和拓扑等特征。生物模本的特异性是其在特定的生存环境中，为了适应外界变化而发展的种群或个体属性。例

如，生活在黏、湿、阴、暗环境中的土壤动物在长期进化过程中，其身体呈现的特异性特征为：附肢短、足退化、身体小而扁平、翼消失、白色化、眼弱化、挖掘肢发达，如图50.2-2a所示。除此以外，对于个体而言，土壤动物中蜣螂体表的特异性特征是在其主要触土部位随机分布有形状规则的凸包或凹坑，这些凸包或凹坑构成体表非光滑形态，是蜣螂在运动中减粘降阻的主要因素，如图50.2-2b所示。

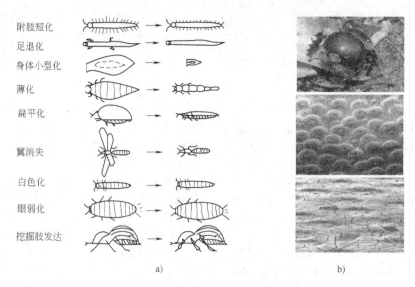

附肢短化

足退化

身体小型化

薄化

扁平化

翼消失

白色化

眼弱化

挖掘肢发达

a)　　　　　　　　　b)

图 50.2-2　土壤动物群体和个体的特异性特征
a）群体　b）蝼蛄个体

2.2　功能性

生物模本为适应各自不同的生存环境和实现特定的生物学行为，皆具有一定或特殊功能甚至兼具多种功能。例如，鳞翅目蝴蝶翅膀具有多种功能特性，不同科的蝴蝶翅膀鳞片微观结构各不相同，共性功能特性是结构色变色、隐身和温控等，可进行无纺织布、隐身和控温等多种功能仿生设计。同时，也可根据不同科特殊功能进行单目标仿生设计。例如，不同科的蝴蝶翅膀色彩各不相同，这是由于其鳞片的微观结构存在着细微差别，对光线的折射和反射效果不同，从而造就了不同色彩的蝴蝶翅膀，为工程仿生设计提供了不同的灵感，开发出了不同的仿生制品。如凤蝶科和灰蝶科蝴蝶翅膀上的一些鳞片具有类似酒钻（gy-roids）的重复结构，能够折射和反射光线，从而使翅膀色彩鲜艳绚丽，为人们开发太阳能电池及其他高效的基于光的装置提供了借鉴。闪蝶科和环蝶科的蝴蝶翅膀一般具有多层膜结构，不仅为人们开发变色材料提供了重要模本，而且还帮助人们开发出了许多非常灵敏的红外热成像传感器，在工业、军事和医学等领域得到了广泛应用。燕尾蝶的翅鳞由类似鸡蛋外包装纸盒的凹凸微结构组成，其中角质层和空气层交错出现，在光线照射至该结构时产生了浓烈的色彩，如图50.2-3a、b、c所示。英国剑桥大学的研究者利用纳米制造工艺制造了与燕尾蝶翅鳞具有相同结构的仿生材料，当光线照射时，会产生如蝴蝶翅膀般的艳丽色泽，如图50.2-3d、e、f所示。自然界中这些模本所

具有的一定或特殊功能甚至兼具的多种功能，为人们提供了更多的灵感，也为人们在一种设计中提供了多种设计方法。

尚需指出，生物模本的功能性是其在生命过程中所呈现的某种（些）有利于其生存与发展的能力或作用，其功能特性跟它的特异性相适应，并通过功能机构来实现，例如，脊椎动物的肢，鸟类的翅膀，植物的根、茎等。不仅如此，生物还具有能够根据外部环境变化而自主地、动态地调控自身功能机构运作，改变自身结构和行为以适应其生存环境的指令，即生物功能实现的“软件”系统——生物信息，这是控制和调节一切生命活动的信号。依据生物功能进行仿生设计，不仅要模拟促使功能实现的显著性特征，还需洞悉和模拟生物功能机构及其信息系统行使功能的作用原理。学习和模拟生物模本的生物学功能，并将其原理移植到工程技术中，可为人类提供最可靠、最灵活、最高效、最经济的接近于生物系统的原创性技术，将是机械仿生追求的重要目标。

2.3　工程性

进行仿生机械设计所选择的生物模本必须具有工程学意义。例如，将具有脱附减阻能力的蝼蛄、蚯蚓、蟋蟀、蚂蚁等土壤动物体表或身体作为生物模本进行仿生研究，用来解决农业机械、工程机械土壤黏附严重、工作阻力大以及磨损快等技术难题，提出了非光滑形态仿生、构形仿生、电渗仿生、柔性仿生及

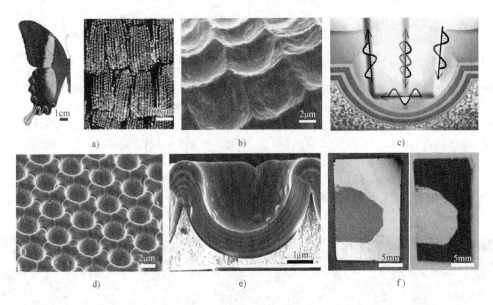

图 50.2-3　燕尾蝶翅鳞结构及其仿生变色材料

a) 燕尾蝶翅鳞　b) 翅鳞微观结构　c) 光在翅鳞上反射原理示意　d) 变色材料微观结构

e) 单个结构放大　f) 材料变色

其耦合方法并应用于机械装备的脱附减阻设计,从而开拓了地面机械脱附减阻仿生研究的新领域。在将壁虎爪趾作为生物模本进行高黏附结构的仿生研究中,发现壁虎的特殊黏附特性源自其脚底 50 万根直径 5μm 的刚毛,每根刚毛末端约有 400～1000 根直径 0.2～0.5μm 的分支(绒毛),这种特殊的微/纳多级结构使得刚毛与物体表面分子能够近距离接触,产生范德华力,如图 50.2-4 所示。壁虎脚趾的这种黏附结构还具有自洁、附着力大、可反复使用以及对任意形貌的未知材料表面具有良好适应性的优点,有望在航空航天、电子封装、高温黏接等工程领域获得巨大应用。蛙眼、鹰眼、蝇眼、猫眼、螳螂虾复眼、鱼眼等生物视觉系统,其卓越的信息感知功能即使是目前最先进的人造传感器也无法比拟的。蛙眼具有"反差检测器""运动凸边检测器""边缘检测器"和"变暗检测器"四种不同的检测器功能,能把一个复杂的图像分解成几种容易识别的特征;蝇眼具有"眼观六路"的广角功能,其复眼包含 4000 个可独立成像的单眼,能看清几乎 360° 范围内的物体;鹰眼的光感受器锥细胞密度高达 100 万个/mm²,能降低视觉细胞接收的强光。将生物作为模本进行视觉仿生研究,是仿生感知领域倍受国内外关注的前沿。上述生物模本展现的优异功能特性为工程领域的仿生设计提供了不竭的创新动力及源泉。

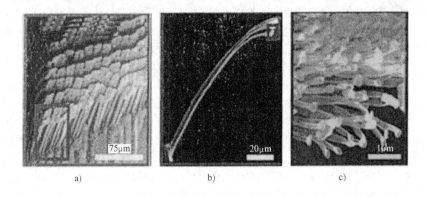

图 50.2-4　壁虎脚趾的刚毛形貌

a) 微米级阵列刚毛　b) 单根刚毛　c) 刚毛末端抹刀形分支

3 生物模本的选择原则

3.1 代表性原则

同种生物体现的显著性特征及其功能特性,尽管大致相同,但依生物群体分布的地域环境不同以及个体的个性特征,在群体或个体间仍呈或多或少的差异性,这是生物多样性的普遍规律。如人类,在生物学上同属一个物种,但因生存的地理位置和遗传因素不同,可分为白色、黄色、黑色和棕色人种,且不同肤色人种的头发、眼睛、鼻梁等也存在差异。对于同一人种的不同个体而言,其指纹、血型、虹膜、步态等也呈现多样的性状差异。用来作为仿生机械设计的生物模本,应首选一种生物群体内具有典型性和代表性的样本,进行重点模拟。例如,进行仿人机器人的步态设计,应选择健康、壮年且姿态标准的人类活体作为生物模本进行步态特征仿生模拟;而模拟植物生长过程,利用 3D 打印技术设计与制造可随环境变化智能生长的 4D 物体时,则需要选择生长状态良好的植物,如选择花朵开放期的石斛兰,根据花朵开放过程进行仿生 4D 智能花朵设计,如图 50.2-5 所示。总之,针对生物模本的选择,应根据仿生目标和功能需求,首选对目标和功能起支配作用的代表性生物及其特征进行模拟。

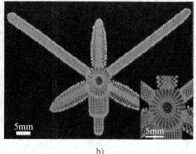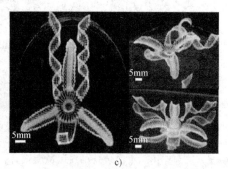

图 50.2-5　仿石斛兰 4D 花朵

a) 石斛兰　b) 3D 打印的仿石斛兰结构材料　c) 浸水后螺旋生长成 4D 花朵

仿生模本是进行仿生设计与开发仿生制品不可或缺的要素与基础。因此,首先要认识、优选、研究模本,并选择有代表性的模本;进而学习、利用、模拟模本;然后设计、开发、研制与模本具有相似功能特性的仿生制品。只有选好仿生模本,才能够更好地设计出最适合工程需求的仿生制品。

3.2 相似性原则

自然界都是相似的,相似性是生物进化中发生的自然规律;人类生活和工程技术中,也处处充满相似现象。正是人类对相似性的深刻认识,才打破了生物与非生物的界线,把动物的自动调节功能赋予机器,从而产生了仿生学。显然,相似性是连接生命界与非生命界的一种纽带,而仿生学的基础就在于仿生系统与被仿的生物、生活和生境系统之间的相似性。

仿生机械设计的基本出发点是仿生目标产品与生物模本的相似性。相似性反映特定事物间属性和特征的共性,主要包括工况条件相似、个性特征相似和功能特性的相似。在仿生机械设计中,需进行相似性分析,寻求生物功能特性、生物属性与工程属性的差异,只有从生物功能、特性、约束、品质等多个方面分析与

评价生物模本与工程产品间的相似程度,优选出最合适的生物模本,才能保证仿生模拟和设计的有效性。

例如,近年来,油船溢油事故频发,虽然油水不容,但因为海洋巨大的水量,油污很快被“稀释”成体积微小的超微油滴并随着洋流不断扩散,严重威胁着生态环境和人类生活安全,目前各国科学家都在寻找能够彻底清除超微油滴的方法。中国科学院化学所的研究者发现,仙人掌刺表面具有微槽形态,且其上分布着许多锥形针尖(见图 50.2-6a),能高效地吸附雾气中的水珠,刺表面收集的水滴能被其表面结构驱动向刺的根部聚拢。研究者想到,雾气中的水滴和油水混合物中的油滴具有相似性,或许可以将仙人掌刺的循环模式应用到油的收集中。研究者模拟仙人掌刺形态与结构,采用铜(表面修饰长链硫醇)和聚二甲基硅氧烷制备了锥形的针尖,并在其表面构筑微纳复合微槽粗糙形态。由于材料本身的疏水亲油性质,油水混合物在流经锥形针尖时,油滴会被吸附到针尖上,慢慢汇集成较大的油滴。针尖收集的油滴超过临界大小时,就会自发地将油滴驱动至针尖根部储存,露出的针尖表面又开始下一个集油的循环,从而实现连续的油水分离,如图 50.2-6b 所示。

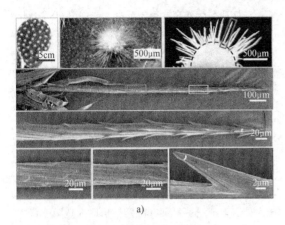

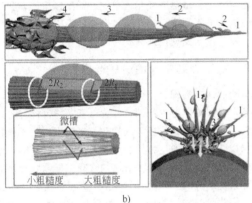

图 50.2-6　仿仙人掌刺进行相似仿生设计
a）仙人掌刺表面形态与结构　b）仿仙人掌刺
材料集油循环示意

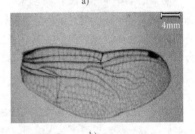

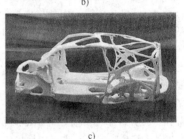

图 50.2-7　典型生物模本的骨架结构
a）雕雁翼　b）黄蜻翅　c）豚鱼骨结构

又如，在自然界中，鸟翼结构适用于低速度高空飞行，通过扑动产生升力，鸟翼采用空心长骨，轻巧柔韧的羽毛和适于飞行的肌肉，使其能够自由旋转并承受各种飞行外载；昆虫翅膀是一种长链聚合物壳质，由翅膜、翅脉组成，与鸟翼的功能相类似；海洋鱼类虽然不产生升力，但分布在身体上的骨架结构，能承受极高的深水压力和外界阻力等，如图 50.2-7 所示。从承受载荷这一功能来看，这些生物结构与小型机翼的承力功能都具有相似性。因此，选择最合适的生物模本，对仿生机械力学设计至关重要。

值得一提的是，相似性的实质是系统间特性的相似，体现这种特性的，可以是系统中的相似要素，即相似元，或是若干相似元构成的组合。有别于传统相似理论，仿生相似性原理重在：①相似性的代表要集中。仿生模本是仿生需求目标的载体，但二者相似的最佳代表是相似元，还是其组合？是哪个相似元，是怎样的组合？应首先确定；即使是组合，对于组合中若干相似元，也应明晰它们各自的权重。②相似度 R

应尽可能高。仿生模本与仿生需求两系统间的相似度越高，仿生效果越好。仿生研究中的相似，一般都是具体相似，其相似度是可以量化的，通常 $R \leqslant 1$；仿生追求 R 值高，使其从形似向神似发展，亦是仿生相似性原理的主旨之一。③相似分析要全面。既要对仿生需求进行相似产品分析、相似工程分析、人工相似分析，还要对仿生模本进行自然相似分析、自相似分析；需要的话，还要进行相似的稳健性分析。

因此，在进行工程需求与仿生模本之间的相似性分析时，其相似性性质有多种，如仿生制品与仿生模本几何结构相似、材料组成相似、运行模式相似、动力模式相似、环境介质相似、功能特性相似、功能实现模式相似等。这些相似性都可以作为仿生制品与仿生模本相似性评价的指标，满足的性质越多，相似度则越高。

3.3　可实现原则

仿生机械设计的最终目标是实现产品的特定功能。选择生物模本，必须保证通过对生物模本的研究，使仿生设计与制造在技术、经济和实际操作上可行，即仿生过程和目标可实现。特别是基于当前工程技术的发展水平，能够运用现有技术和方法实现仿生设计的目标要求。在仿生设计阶段，应结合工程实际，针对特定生物模本的仿生目标进行可行性分析，从而对拟设计仿生方案的可行性、有效性进行技术论证和经济评价。可行性分析是仿生机械设计前具有决定性意义的环节，其主要分析内容是机械产品设计的必要性、功能上的优异性、经济上的合理性、技术上的先进性和环境友好性以及制造条件的可能性和可行性。可行性分析的主要步骤基本上同于一般工程产品设计的分析，但应首先注意仿生模拟的可实现性。

4　生物模本的选择方法

对生物模本的选择，一方面是研究人员基于长期的生物基础研究，在某一生物中发现了对工程领域有价值的功能现象或特征规律，从而引发了将该功能原理或优势特征仿生应用到工程领域的强烈动机。在此过程中，不排除那些富有良好观察力、想象力和创造力的人员，在日常生活和工作中偶然发现了存在于生物系统中的奥秘，从而激发了将其作为生物模本进行仿生研究的灵感；另一方面，是工程技术人员根据工程实际需求，主动到生物领域寻求技术难题的答案。总体来说，对生物模本的选择主要包括从生物到工程的正序选择和从工程到生物的逆序选择两种方法。

4.1　从生物到工程的正序选择

从生物到工程的正序方式选择生物模本，往往是通过对动物（约150万种），植物（约40万种），微生物（约10万种）的个体、组、群，以及生物个体的组成部分，包括组织、器官、系统等的纯生物研究，发现其对工程实际具有启示意义的原理、机制与规律，从而将其选为生物模本进行重点分析，利用各种生物、物理、化学测试分析与仪器和手段，观察、测试和分析生物模本，采用生物分析的方法对其进行定性、定量的描述与处理，进而开启从生物原理到工程仿生的正序研究历程。

例如，世界上有许多国家和地区严重干旱，缺乏水资源，约有22个国家需要从空气中收集水用于饮用或灌溉，因此，研发集水技术、制造集水装置对解决水资源匮乏具有重要的意义。自然界中许多生物能从潮湿空气中收集水滴，从而使其能在干旱缺水的地区生存，这为人类研发集水装置提供了灵感。每个清晨，人们都会发现纤弱的蛛网上结满露水，具有极强的集水功能，这一生物现象，引起许多研究者强烈的好奇，驱使人们去进行探索。研究发现，蛛网在干燥环境下，由亲水性的蓬松胀泡（称为"Puff"）组

成，并周期性排列在两根主纤维上，如图50.2-8 a～c所示；然而，在遇到雾气纤维吸水被润湿后，胀泡结构变成纺锤结（称为"Spindle-knot"），而贯穿其间的主纤维变为纤细的链接结构（称为"Joint"），如图50.2-8 d～j所示。值得一提的是，纺锤结和链接结构分别由无序交织和有序排列的纳米纤维结构组成，因而形成了表面能量梯度，同时由于曲率梯度还产生了拉普拉斯压差，在这两个梯度力的协同驱使下，雾气可以连续不断地凝结而形成小尺度液滴，并从链接结构向纺锤结方向传输，形成较大水滴，悬挂在蜘蛛丝上。受蜘蛛丝集水这一生物现象的启发，科研人员制备了一系列具有纺锤结构的人造集水纤维，在曲率变化、粗糙度和化学组成的共同作用下，利用纺锤结构上不同聚合物亲疏水性能的不同，可以驱动数十皮升的水滴朝向或离开纺锤结构。

4.2　从工程到生物的逆序选择

按照从工程到生物的逆序方法选择生物模本的路径是：根据特定工程问题，经过对其功能目标与约束条件的发散分析，依据需求性和相似性原理，优选具备相似功能特性的生物体、生物组或生物群，以此作为仿生机械设计生物模本。例如，在工程领域有很多需要系统适应的黏附/附着，这类黏着问题一直困扰着许多技术领域，如同/异质材料界面的连接、爬壁机器人的附着装置甚至医学工程的手术黏合等。自然界中，生物超强的附着能力为仿生机械附着设计提供了取之不尽的源泉：具有特殊附着功能的植物——苍耳，为了传播种子，很易黏附于其他物体上；鸟类为了能够在枝头停留，后腿有角质鳞片，腿端爪趾强而有力，其趾部的表皮粗糙坚韧，能够与植物茎干或基底表面（如岩石、地表）形成较大的表面附着力，为其运动提供支持。许多以陆地的平面移动为主要运动方式的哺乳动物（如马、鹿、狗、象、熊、虎等），其足部可以提供较大的支承力和驱动力，从而弱化了爪和趾的作用，进化成平面型或软垫形的脚掌结构。蚂蚁、苍蝇、蜜蜂、螽斯、甲虫、蜘蛛、壁虎等生物的足，能够在直立表面甚至在天棚表面上附着或行走，其优良的附着能力来源于它们足垫的附着机构。而以攀缘能力著称的灵长类动物，其指端的灵活性和强劲的握持能力是其他动物所不能比拟的，这些都为人类设计工程系统附着装置提供了灵感和生物黏着模本。如在螽斯的足垫研究中，足垫表面呈现特殊的非光滑形态，由3～7μm的近似六边形结构单元构成，单元之间由沟槽隔开，其内部由几丁质和蛋白质构成的杆状体结构支撑，并充满血淋巴，如图50.2-9a～d所示。在无载荷的自由状态下，杆状体与足垫

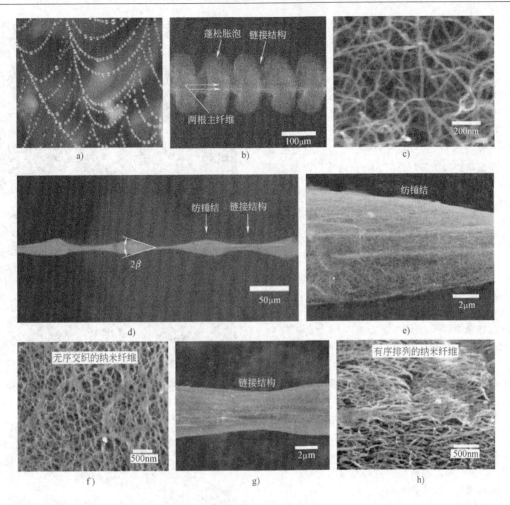

图 50.2-8　筛孔蜘蛛丝干燥与湿润环境下的结构

a）蜘蛛丝集水　b）干燥蜘蛛丝结构　c）干燥蜘蛛丝蓬松胀泡结构　d）湿润蜘蛛丝纺锤结和链接结构周期排列
e）纺锤结放大图　f）纺锤结纳米纤维无序交织　g）链接结构放大图　h）链接结构纳米纤维有序排列

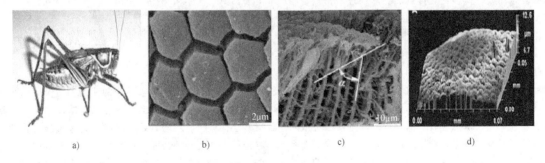

图 50.2-9　蠡斯及其足垫形态和结构

a）蠡斯　b）足垫形态　c）足垫结构　d）足垫 3 维图

表面呈一定角度（45°~70°）。当足垫承受载荷时，杆状体向一侧倾倒，使得足垫接触变形的综合刚度大幅度降低，从而增加了生物体表的柔顺性，使其具有更强的变形能力，以适应与不同尺度粗糙表面的紧密贴合，增加接触面积，提高附着能力。可见，蠡斯足垫通过不同的形态、结构、材料的耦合所呈现的超强附着能力，为设计机械附着装置提供了重要的生物学信息。

5 生物模本分析举例

5.1 生物模本建模分析

利用几何、物理、数学、仿真等理论方法表达生物模本信息，建立关于生物功能与设计参量、工艺参数、工况条件等特征因素的关系模型，是分析生物功能行为与特征的重要手段，亦是机械仿生的重要基础。按照生物模型的表现形式，可分为物理模型、数学模型和结构模型等。

例 50.2-1 水母抽吸运动物理模型

物理模型是对仿生模本功能目标的影响因素进行简化或比例缩放等构建出的实体模型，模型和原型要有共通之处，具有可比性，所研究出的结果更贴近原型。例如，心脏病是威胁人类健康最严重的疾病之一，找到合适的模本测试心脏疾病药物对心肌组织是否有用，对于提高心脏功能至关重要。心脏通过搏动将血液送往全身，而水母在形态和功能上都很像心脏，就像"水泵"通过抽吸水来运动。通过逆向工程原理，美国哈佛大学的研究者将无生命的硅酮树脂和活的小鼠心肌细胞搭配结合，制造出能像心脏一样搏动的会游泳的"人造水母"物理模型，如图 50.2-10 所示。利用"人造水母"物理模型进而制造出"人造水母"，这可以帮助人们反推心脏执行任务时心肌的工作状态，同时，这项成果今后可用于测试心脏病药物。要看一种药物对心肌组织是否有效，可以先看看它在"人造水母"物理模型中的功效。

例 50.2-2 新疆岩蜥抗冲蚀磨损功能数学模型

栖息在沙漠地区的新疆岩蜥为适应风沙环境，其体表进化出了多层结构的皮肤，且成分由不同的材料梯度复合而成，呈覆瓦状排列的菱形鳞片紧密嵌合附着于皮肤表层，鳞片相互之间通过鳞片下的皮肤柔性连接，形成了刚性鳞片通过生物柔性连接的体表结构，这种刚性强化和柔性吸收的特征具有极高的抵抗冲蚀磨损和磨粒磨损的生物功能。

新疆岩蜥的背部是主要耐磨部位，而磨损的主要形式是风夹带沙粒产生的气固两相流对背部造成的冲蚀磨损。首先，新疆岩蜥头部与背部基本由五边或六边形的瓦状鳞片覆盖，鳞片间结合紧密，组成一个系统，能将沙粒对一个鳞片的冲击通过鳞片之间的柔性皮肤，传递到相邻的其他鳞片，从而减小了应力的集中。其次，对于单一鳞片来说，鳞片上部的较硬的角质层、角皮层与其下的软质相的中层、结缔组织层等共同形成了一种壳状复合的结构（由硬到软梯度复合），具有刚性强化和柔性吸收特点。此外，新疆岩蜥前背的鳞片规则排列形成了垂直于风向的凹槽，能

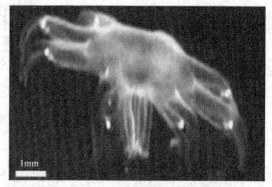

a)

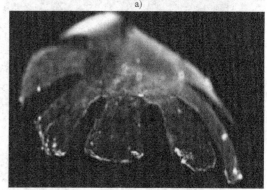

b)

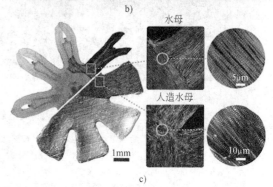

图 50.2-10 水母与人造水母物理模型
a) 水母 b) 人造水母物理模型
c) 水母与人造水母的肌肉

够形成湍流，改变体表边界层的流场，不仅可以减缓沙粒冲击时的速度，同时，还有利于减阻。第三，从微观层面分析，新疆岩蜥背部鳞片具有布满孔状的疏松结构，在受到冲蚀时，这种表面的疏松结构和细微裂隙亦能吸收沙粒冲蚀的能量。这些生物学信息，为建立新疆岩蜥耐冲蚀磨损数学模型提供了重要的依据。

（1）简化分析

冲蚀条件下，沙漠蜥蜴体表抗冲蚀磨损数学模型的建立，既受到外界环境因素的影响，如风沙两相流、温度、湿度、风速、沙粒速度、冲蚀粒子材质、颗粒大小等的影响，也受到生物体本身特征因素的影

响，如体表多层结构、色素颗粒等，因此，其模型的建立应综合考虑这两方面因素的影响，并进行适当简化分析处理。本例只考虑风沙两相流，其他因素在本试验中简化为恒定不变的因素；生物因素主要包括新疆岩蜥的多层体表结构且含有色素与孔隙构造，呈多边形的鳞片形态，体表由硬的角蛋白与软的结缔组织组成，这些形态、结构、材料等因素与新疆岩蜥背部体表耐冲蚀磨损的生物功能有着密切联系。

为简化鳞片形态，由生物原型可知，新疆岩蜥的背部鳞片按一定规律排布，其硬度相对鳞片下层的结缔组织大，而且在鳞片中部为含有色素的致密的结缔组织，下部是疏松的结缔组织。新疆岩蜥背部鳞片为多边形，鳞片边长 0.6mm，远端两个顶点间距约 0.98mm，可以看成为最长的对角线，其线边比值 0.98/0.6=1.63，更接近五边形的比值，所以用正五边形来表示。简化的物理模型为五边形柱状体生长在厚度相对较小而长宽很大的六面体上表面，其中各个部位分别都是各向同性的材质，如图 50.2-11 所示。

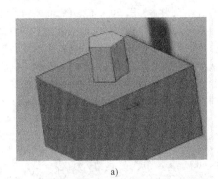

a)

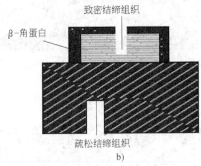

b)

图 50.2-11　简化的物理模型
a) 体模型　b) 剖面图

（2）两相流和力传递分析

在运用 Solidworks 与 CAD 软件绘制出简化的物理模型后，进行应力、变形的分析，在此基础上进行风沙两相流简化分析，并进行结构连接与力的传递分析。

对于风沙两相流分析，在气-固两相流中，载气为连续相，冲蚀粒子为非连续相。当风速低于起沙风速时，载气相中无冲蚀粒子的夹杂，因而只有单一气流作用于新疆岩蜥的背部，故此时为单相流；当风速等于和大于起沙风速时，载气流中夹杂冲蚀粒子，两相流作用于新疆岩蜥背部，此时其背部冲蚀磨损为载气、冲蚀粒子共同作用。在高速载气作用下，将冲蚀粒子视为连续介质，则对于载气、冲蚀粒子的单相流均符合伯努利方程

$$p+\rho gz+(1/2)\rho v^2=C \qquad (50.2\text{-}1)$$

式中，p、ρ、v 分别为流体的压强、密度和速度；z 为铅垂高度；g 为重力加速度；C 为常量，即单位体积流体的压力能 p、重力势能 ρgz 和动能 $(1/2)\rho v^2$，在沿流线运动过程中，总和保持不变，总能量守恒。载气的密度为 $1.225\times10^{-3}\text{g/cm}^3$，其对于 Al_2O_3 冲蚀粒子密度 3.97g/cm^3 来说很小，故载气的动能忽略。试验中，载气和冲蚀粒子的压力与位置在试验条件下视为同一个值，其气-固两相流的位能、动能都可以简化为压能，最后简化为单一的压强。

对于连接与力传递分析，冲蚀磨损过程中，冲击产生的外力首先作用于鳞片表面的角蛋白上，由于角蛋白自身硬度较大，其自身变形较小，同时将外力由角蛋白传给致密的结缔组织与疏松的结缔组织。

（3）模型建立的假设条件

1）风与沙粒的入射角度为 30°。风和沙粒在宏观上都是连续介质，但是，风在微观上还当作连续介质处理；沙粒相是稀相（体积分数 $\alpha<0.01$），忽略粒子相的分压，认为 $1-\alpha\approx1$；风和沙粒之间的动量交换是由黏性阻力描述的，并考虑沙粒子的重力。

2）风速是恒定的，沙粒的比重与形状都是相同的，温度、湿度等非生物因素都看成是稳定不变的，即冲击变形和冲击磨损与上述非生物体因素无关。

3）鳞片都是外表面（β-角蛋白）与其内部（致密的结缔组织，含色素）两种材料构成的五边形柱状体，所有鳞片都是相同的柱状体。

4）β-角蛋白与致密的结缔组织可看成过盈配合；致密的结缔组织与疏松的结缔组织可看成固定端配合，并且致密的结缔组织有柔性，可以在任意方向上转动、变形；角蛋白与疏松的结缔组织为铰接。

5）疏松的结缔组织层可看成半无限大的具有一定厚度的弹性空间体。

6）新疆岩蜥的表皮组织是具有弹性、黏性的组合体。

7）所有外力都简化为均布荷载。

（4）数学模型的建立

采用组合元件来模拟新疆岩蜥体表受风沙两相流作用的本构关系，基本原理是按新疆岩蜥体表的弹性和黏性变形性质设定基本元件，将硬度较大的 β-角

蛋白构成的鳞片视为塑性元件，致密的含色素的结缔组织与疏松的结缔组织可以看成为弹性模量不同的弹性元件。弹性元件称为胡克体 T，T 是服从胡克定律的弹性材料性质；塑性元件称为非牛顿体 S，S 在克服一定应力（σ_0）后，在广义上是服从牛顿黏滞定律的流体（为了简化计算与建模，σ_0 可以当作较小值处理）。

将若干个基本元件串联或并联，就可以得到各种各样的组合元件模型。串联时模型的总应力与各单元的应力相同，即

$$\sigma_{总} = \sigma_1 = \sigma_2 = \cdots = \sigma_m \qquad (50.2\text{-}2)$$

而模型的总应变为各单元应变之和，即

$$\varepsilon_{总} = \varepsilon_1 + \varepsilon_2 + \varepsilon_3 + \cdots + \varepsilon_m \qquad (50.2\text{-}3)$$

或

$$\varepsilon'_{总} = \varepsilon'_1 + \varepsilon'_2 + \varepsilon'_3 + \cdots + \varepsilon'_m \qquad (50.2\text{-}4)$$

并联时模型的总应力由各单元分担，即

$$\sigma_{总} = \sigma_1 + \sigma_2 + \sigma_3 + \cdots + \sigma_m \qquad (50.2\text{-}5)$$

而模型的总应变与各单元的应变相等，即

$$\varepsilon_{总} = \varepsilon_1 = \varepsilon_2 = \varepsilon_3 = \cdots = \varepsilon_m \qquad (50.2\text{-}6)$$

按照假设条件，组合模型体（Z）由弹性元件 T_2 与一个塑性元件 S 并联，并联后再与弹性元件 T_1 串联组合而成，模型符号表示为：$Z = (S \setminus\!\setminus T_2) - T_1$，如图 50.2-12 所示。

数学模型中的符号为，T 为弹性元件，称为胡克体；S 为塑性元件，称为非牛顿体；- 为元件串联；

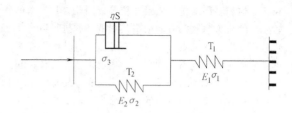

图 50.2-12   组合模型体

$\setminus\!\setminus$ 为元件并联；Z 为表层的组合模型；σ 为元件应力；η 为致密结缔组织的动力黏度，单位 Pa·s；C 为方程求解的常数；ε 为变形量；ε' 为变形量的变化速度；E_1 为致密结缔组织的弹性模量；E_2 为疏松结缔组织的弹性模量；$\dfrac{\mathrm{d}\varepsilon}{\mathrm{d}t}$ 为应变对时间的导数，与 ε' 意义相同；t 为时间。

例 50.2-3   蝴蝶翅膀功能结构模型

本例主要以采自吉林省山区、具有鲜艳颜色的典型蝴蝶——绿带翠凤蝶为研究对象。绿带翠凤蝶翅面形状、分布及形态如图 50.2-13、图 50.2-14 所示。

由形态与结构分析可知，蝴蝶翅面不同的鳞片形状、分布、结构等相互组合，则会产生不同的色彩效应。例如，如果多个塔状多层膜结构按照一定的分布周期排列，可以形成平行脊纹状非光滑表面形态；如果塔状多层膜按一定周期分布于平行多层膜结构上，

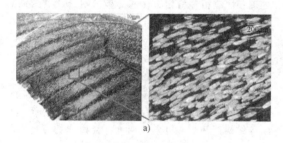

图 50.2-13   绿带翠凤蝶前后翅面鳞片形状与分布
a）前翅   b）后翅

图 50.2-14   绿带翠凤蝶前后翅面鳞片形态
a）后翅   b）前翅

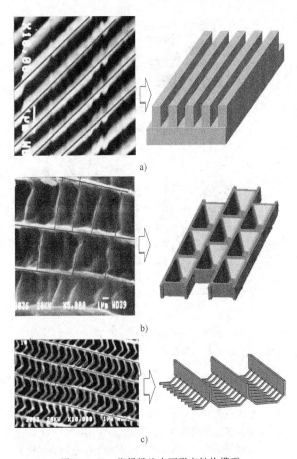

图 50.2-15　蝴蝶鳞片表面形态结构模型
a）平行脊纹形　b）凹坑形　c）栅格形

二者组合可以形成凹坑形非光滑表面形态。可见，采用不同的组合方式，则具有不同的变色结果。

根据蝴蝶鳞片变色特性分析，运用 UG 三维绘图软件，构建典型鳞片结构模型。

（1）鳞片表面形态结构模型

1）平行脊纹形。平行脊纹形是指鳞片表面由向上突起的平行脊脉结构组成，图 50.2-15a 给出了此类表面结构的三维简化模型，最具代表性蝴蝶鳞片是柳紫闪蛱蝶的亮紫色鳞片。白色部分是脊脉，脉与脉之间排布紧凑，间距较小，脉间结构形态不显著，横向交叉的肋状结构基本不可见或隐约见于脊脉根部。这类结构表面的平行脊脉近似等宽等间距分布，脉间距与脉宽比值小于或等于 1。

2）凹坑形。凹坑形是指整个鳞片表面呈现凹坑形近似窗格状结构，表面分布有等间距平行分布的纵向平行脊脉和在相邻脊脉间的平行交错分布的横向短肋，且以相邻脊脉和短肋为侧壁，以鳞片表面为底面形成一个凹坑，如图 50.2-15b 所示，这是此类蝴蝶的典型结构。

3）栅格形。栅格形是指鳞片表面的脊脉和横肋结构都十分显著，脊脉与横肋相交织将表面分割成栅格状，如图 50.2-15c 所示，这类结构多见于蝴蝶的基层鳞片和色素色鳞片。

（2）蝴蝶鳞片横截面结构模型

1）塔状结构。塔状结构是指截面规律分布近似塔状或树枝状脊脉结构群，脊脉与脊脉相互独立，具有一定的间距。每一个纵向脊脉都分布有向两侧伸展的多层薄层结构，如图 50.2-16a~d 左侧图片，图中用线条描述了单个塔状脊脉结构的多层薄片结构形状与分布位置，图 50.2-16a~d 右侧图给出了相应的三维结构模型。从图中可以看出，相邻塔状脊脉结构有的等间距纵向平行分布，如图 50.2-16a、b、d 所示的三种模型；有的两个一组，相互倾斜相交成三角状分布，如图 50.2-16c 所示。每一纵向脊脉左右两侧

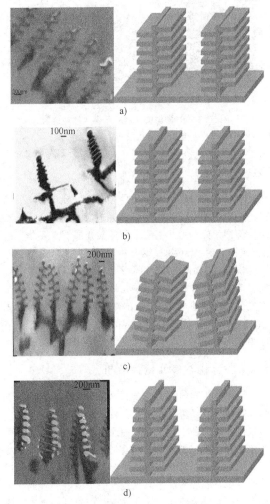

图 50.2-16　蝴蝶鳞片横截面塔状结构透射电镜
分析图和截面结构模型

都分布有平行多层结构，各层形态结构相近，层与层间间距、厚度近似相等。有的左右两侧多层结构对称分布，如图 50.2-16b 和 d 所示；有的左右两侧多层结构交错分布，如图 50.2-16a 和 c 所示。有的多层结构各层水平尺寸近似相等，如图 50.2-16a、b 和 c 所示；有的多层结构各层水平尺寸从上到下逐层递增，如图 50.2-16d 所示。

2）层状结构。由蝴蝶鳞片横截面结构观察发现，有的蝴蝶鳞片的横截面具有连续的平行分布的多层薄片层结构；有的多层结构近似水平平行分布；有的多层结构呈一定角度曲面平行分布。根据工程仿生设计理论，可以将此类层状结构优化为图 50.2-17 所示的结构模型，图 50.2-17a 所示是蝴蝶鳞片横截面层状结构的透射电镜图，图 50.2-17b 所示是优化的三维层状结构模型。

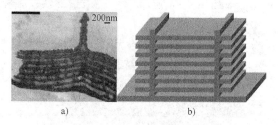

图 50.2-17 蝴蝶鳞片横截面层状结构透射
电镜分析图和截面结构模型

（3）蝴蝶鳞片变色耦合结构模型

通过分别对蝴蝶鳞片表面形态与横截面结构建模，发现蝴蝶结构色鳞片是具有周期性分布的多层薄膜纳米结构。尽管不同颜色鳞片的多层膜结构形态、尺寸不同，但都由几丁质层和空气介质层交替分布组成。图 50.2-18 给出了蝴蝶鳞片两种结构模型。其中，模型 1，如图 50.2-18a 所示，为凹坑形多层膜结构，表面规律分布凹坑形单元体，横截面呈周期性角度变化的层状多层薄片层结构。模型 2，如图 50.2-18b 所示，为棱纹形多层膜结构，表面周期性分布塔状单元体，横截面呈周期性平行多层薄片层结构。

5.2 生物模本多元耦合分析

随着仿生学研究的不断深入，研究人员发现，生物体适应外部环境所呈现的各种功能，不仅仅是单一因素的作用或多个因素作用的简单相加，而是由多种互相依存、互相影响的因素通过一定的机制耦合、协同作用的结果。生物耦合是指两个或两个以上耦元通过合适的耦联方式联合起来成为一个具有一种或一种以上生物功能的物性实体或系统。生物耦合是生物固有属性，是生物经过亿万年进化、优化形成的多因素高度协调的系统，对生存环境具有最佳适应性。在生

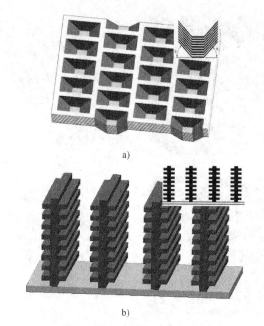

图 50.2-18 蝴蝶鳞片两种结构模型
a）结构模型 1 b）结构模型 2

物耦合中，各耦元对生物耦合功能的贡献是不同的，因此，全面分析可能影响生物功能的各种因素，按贡献大小或重要程度，辨识影响生物功能的主元、次主元，这是多元耦合仿生的重要生物学基础。

层次分析法（AHP）广泛用于难于完全用定量方法来分析的复杂问题，是进行分析与判断的一种很重要的非线性的数学方法。可拓层次分析法（EAHP）是基于可拓集合理论与方法，是研究在相对重要性程度不确定时构造判断矩阵并进行评价的方法。该方法由文献提出，并考虑了人的判断的模糊性，已成功应用于某地区电网扩展规划问题。本例将可拓层次分析法用于耦元贡献度分析，具体分析步骤如下：

（1）构造可拓判断矩阵

对于特定生物耦合功能系统，将其生物功能作为目标层（最高层），该目标唯一，记为 A 层；而影响生物功能发挥的各耦元则作为准则层，记为 B 层，因为考察目标为各耦元对多元耦合功能的贡献度，所以仅需求出准则层对目标层的层次单排序权矢量即可。应用 EAHP 方法，建立层次结构，如图 50.2-19

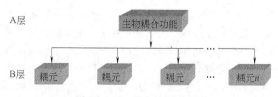

图 50.2-19 层次结构示意图

所示。针对 A 层目标，由专家系统将 B 层与之有关的全部 n 个耦元，通过两两比较给出判断值，利用可拓区间数定量表示它们的相对优劣程度（或重要程度），从而构造一个可拓区间数判断矩阵 $\mathbf{M}'$。

矩阵 $\mathbf{M}' = [m_{ij}]_{n \times n}$ 中的元素 $m_{ij} = [m_{ij}^-, m_{ij}^+]$ 是一个可拓区间数，为了把可拓区间数判断矩阵中每个元素量化，可拓区间数的中值 $[m_{ij}^-, m_{ij}^+]/2$ 就是 AHP 方法中比较判断所采用的 1-9 标度（表 50.2-1）中的整数。

可拓判断矩阵 $\mathbf{M}' = [m_{ij}]_{n \times n}$ 为正互反矩阵，即 $m_{ii} = 1$，$m_{ij}^{-1} = \left[\dfrac{1}{m_{ij}^+}, \dfrac{1}{m_{ij}^-}\right]$（$i = 1, 2, \cdots, n$；$j = 1, 2, \cdots, n$）

（2）计算综合可拓判断矩阵和权重矢量

设 $m_{ij}^t = (m_{ij}^{-t}, m_{ij}^{+t})$（$i$、$j = 1, 2, \cdots, n$；$t = 1, 2, \cdots, T$）为第 t 个专家给出的可拓区间数，结合公式

表 50.2-1　判断矩阵标度及其含义

标度	含　义
1	表示两个因素相比，具有同样重要性
3	表示两个因素相比，一个比另一个稍微重要
5	表示两个因素相比，一个比另一个明显重要
7	表示两个因素相比，一个比另一个强烈重要
9	表示两个因素相比，一个比另一个极端重要
2, 4, 6, 8	表示上述两相邻判断 1-3, 3-5, 5-7, 7-9 的中值
倒数	若因素 b_i 与 b_j 比较得判断 b_{ij}，则因素 b_j 与 b_i 比较的判断为 $b_{ji} = 1/b_{ij}$

$$\mathbf{M}_{ij}^b = \frac{1}{T} \otimes (m_{ij}^1 + m_{ij}^2 + \cdots + m_{ij}^T) \quad (50.2\text{-}7)$$

求得 B 层综合可拓区间数，并建立 B 层全体因素（耦元）对 A 层目标的综合可拓判断矩阵。

对 B 层综合可拓区间数判断矩阵，求其满足一致性的权重矢量，即：

① 求解 $\mathbf{M}^-$、$\mathbf{M}^+$ 的最大特征值所对应的具有正分量的归一化特征矢量 x^-，x^+。

② 由 $\mathbf{M}^- = (m_{ij}^-)_{n \times n}$，$\mathbf{M}^+ = (m_{ij}^+)_{n \times n}$ 计算

$$k = \sqrt{\sum_{j=1}^{n} \frac{1}{\sum\limits_{i=1}^{n} m_{ij}^+}}, \quad m = \sqrt{\sum_{j=1}^{n} \frac{1}{\sum\limits_{i=1}^{n} m_{ij}^-}}$$

$$(50.2\text{-}8)$$

③ 计算权重矢量。$S^b = (S_1^b, S_2^b, \cdots, S_n^b)^T = (kx^-, mx^+)$

（3）层次单排序　据定理 2 计算

$V(S_i^b \geqslant S_j^b)$（$i = 1, 2, \cdots, n$；$i \neq j$），如果 $\forall i = 1, 2, \cdots, n$；$i \neq j$，$V(S_i^b \geqslant S_j^b) \geqslant 0$，则 $P_j^b = 1$，$P_i^b = V(S_i^b \geqslant S_j^b)$（$i = 1, 2, \cdots, n$；$i \neq j$），表示 B 层上第 i 个元素对于 A 层目标的单排序，进行归一化得到 $P^i = (P^1, P_2, \cdots, P^n)^T$，即为 B 层各元素对 A 层目标的排序权重矢量。

以蝼蛄减黏脱土多元耦合为例进行耦元分析，其蝼蛄减黏脱土多元耦合的耦元为头部/爪趾的表面形态、构形及其表面材料，该耦合进行可拓层次分析的具体步骤如下：

1）构造可拓区间数判断矩阵。结合功能目标，将形态、构型、材料耦元分别记为 O_1、O_2、O_3，由专家对影响功能的形态、构形、材料耦元进行两两比较打分，得到耦元层对功能的可拓区间数判断矩阵，见表 50.2-2。

表 50.2-2　耦元层对目标层的可拓区间数判断数据

	O_1	O_2	O_3	O_1	O_2	O_3	O_1	O_2	O_3
O_1	<1,1>	<1.67,2.33>	<2.43,3.57>	<1,1>	<1.9,2.1>	<4.3,5.7>	<1,1>	<3.6,4.4>	<4.4,5.6>
O_2	<0.43,0.60>	<1,1>	<1.35,2.65>	<0.48,0.53>	<1,1>	<3.9,4.1>	<0.23,0.28>	<1,1>	<1.7,2.3>
O_3	<0.28,0.41>	<0.38,0.74>	<1,1>	<0.18,0.23>	<0.24,0.26>	<1,1>	<0.18,0.23>	<0.43,0.59>	<1,1>

2）据上表构造综合可拓判断矩阵 $\mathbf{M}$。

$$\mathbf{M} = \begin{pmatrix} <1, 1> & <2.37, 2.94> & <3.71, 4.96> \\ <0.38, 0.47> & <1, 1> & <2.32, 3.02> \\ <0.21, 0.29> & <0.35, 0.53> & <1, 1> \end{pmatrix}$$

所以有

$$\mathbf{M}^- = \begin{pmatrix} 1 & 2.37 & 3.71 \\ 0.38 & 1 & 2.32 \\ 0.21 & 0.35 & 1 \end{pmatrix}$$

$$\mathbf{M}^+ = \begin{pmatrix} 1 & 2.94 & 4.96 \\ 0.47 & 1 & 3.02 \\ 0.29 & 0.53 & 1 \end{pmatrix}$$

计算得

$\overline{x} = (0.6, 0.28, 0.12)^T$，$x^+ = (0.59, 0.28, 0.13)^T$，

$k = 0.95$，$m = 1.02$

从而有

S_1^b = < 0.57, 0.602 >, S_2^b

　　= < 0.266, 0.2856 >, S_3^b

　　= < 0.114, 0.1326 >

$P_1^b = V(S_1 \geqslant S_3) = 19.288$, $P_2^b = V(S_2 \geqslant S_3)$

　　= 8.9375, $P_3^b = 1$

归一化得到, 各耦元对功能目标影响的权重矢量

$$P = (0.66, 0.306, 0.034)^T$$

由此, 形态、构形、材料耦元的贡献度分别为 0.66, 0.306 和 0.034, 可得出结论, 蝼蛄减黏脱土功能耦合的形态耦元为主耦元、构形耦元为次主元、材料耦元为一般耦元, 从而可对工程仿生的耦合研究进行量化分析, 为进一步的仿生设计、试验与测试提供参考。

应用 EAHP 方法进行生物耦元贡献度分析时, 应结合具体问题选择合适的样本量, 同时, 最好结合前述现有的方法, 在单因素对功能影响测试数据的基础上, 进行可拓评判矩阵的构建, 以得到量化的权重矢量, 明晰后续仿生研究重点。

第 3 章　仿生机械形态与结构设计

1　设计原则

（1）功能性原则

功能性原则是指设计出的仿生产品必须有效实现生物模本所具有的特殊生物功能，达到预期的功能目标。实现特定的功能是仿生机械形态与结构设计的最终目的。

（2）可行性原则

可行性原则是指在仿生形态结构设计计划阶段，对拟设计的仿生方案实施的可行性、有效性进行技术论证和经济评价，以保证该方案技术上合理、经济上合算、操作上可行。

（3）相似性原则

相似性原则是指从生物功能、特性、约束、品质等多个方面分析和评价各种生物模本与机械产品间的相似程度，优选最合适的生物模本，以保证仿生机械形态结构设计的合理性和有效性。

（4）艺术性与技术性相结合的原则

对于机械产品的形体与结构设计一定程度上要体现艺术美，但是艺术美的体现始终应当以技术为基础。机械产品的仿生形态与结构设计应当注重艺术变化与技术应用相统一的关系。

2　设计方法与步骤

2.1　仿生机械形态与结构设计的方法

根据生物原型的尺度、形态、类别的不同以及机械产品形态与结构设计要求，具体的设计方法也有所不同，常用的有以下几类方法。

（1）生物模板法

生物模板法是在材料的制备过程中，根据目标结构引入适合的生物模板，利用模板表面的官能团与前驱体之间发生的化学上、物理上、生物上的结合与约束，在无机材料的生长、形核、组装等过程中起引导作用，进而控制形貌、结构、尺寸等，最后通过高温烧结等方法把模板去除，得到较好复制模板原始特殊分级结构的目标材料。

（2）逆向工程法

逆向工程也称反求工程、反向工程等，它是将生物模型转变为 CAD 模型相关的数字化技术、几何模型重建和产品制造技术的总称，通常用于宏观仿生形态结构设计。

（3）生物形态简化法

生物形态一般是比较复杂的有机形态，需要通过规则化、条理化与秩序化、几何化、删减补足、变形夸张、组合分离等手段对其进行简化。

（4）意象仿生法

仿生意象产品设计一般采用象征、比喻、借用等方法，对形态、色彩、结构等进行综合设计。在这个过程中，生物的意象特征与产品的概念、功能、品牌以及产品的使用对象、方式、环境特征之间的关系决定了生物意象的选择与表现。生物形态简化与意向仿生法常用于机械产品的外观造型设计。

（5）具象形态仿生

具象形态仿生是对生物形态的直观再现，在人类对客观对象的认知基础之上，通过对生活经验以及生物常态的凝练，力求最真实的表达和再现自然界的客观形象。

（6）抽象形态仿生

抽象形态仿生是对自然生物形态的凝练，表达了自然生物形态的本质属性。它超越了直觉的思维层次，利用知觉的判断性、整体性、选择性，将生物形态的内涵理念以及本质属性转移至仿生对象的造型中。

2.2　仿生机械形态与结构设计的步骤

仿生机械形态设计不是自然形态的直接模仿，而是在深刻理解自然原型的基础上，综合机械产品的功能、结构、美学等因素，结合造型心理学设计出具有形态语意和创造性的形态设计，遵循如下步骤。

（1）可行性分析

在进行仿生形态与结构设计之前，首先应根据调研所获得的资料，对机械产品的设计定位、要求，并在使用方式、使用环境、功能结构等方面进行综合分析，确定该机械产品是否适合应用仿生的方法进行形态与结构的设计。

（2）仿生原型选取

根据可行性分析结果及搜集的产品信息作为选取仿生对象的参照，从自然生物中选择符合产品设计要求的生物形态及结构。模仿对象可以是某个物种的特征，或 n 类生物的共同形态特征。

（3）生物特征的认知与仿生特征的提取

在生物原型选定以后，从各个方面对生物形态作全面分析，以便对生物形态的功能、结构及其他特征属性有全面的认识。在此基础上，根据机械产品的设计要求，选择最贴合生物本质特征的、且最符合机械产品设计要求的生物形态特征，运用一定的简化手法进行特征提取。

（4）仿生形态特征的简化处理

最初被提取的生物形态特征往往类似于自然形态，不能在机械产品形态设计中直接应用。因此，需要结合机械产品形态的特点和设计要求，在突出生物本质特征的前提下，运用一定的简化或抽象方法对其进行进一步的处理，使其更符合机械产品形态设计的要求。这个步骤是衔接生物形态特征与机械产品形态特征的重要环节，它关系到生物形态与机械产品形态能否良好地匹配。

（5）生物特征的机械产品设计转化

在得到具有一定抽象程度的生物特征简化式样之后，将生物的主要特征融入产品的功能体系中，使它在机械产品设计中得到具体体现，最终实现产品的形态及结构的仿生设计。

（6）仿生形态设计的评价与验证

对仿生机械形态与结构的设计结果进行评价和验证。将产品仿生形态或结构与生物原型进行特征匹配，验证特征模仿的准确性和有效性。

3 仿生机械外形设计

外形仿生，源于人类祖先朴素的形状相似仿生理念。仿生机械外形设计是以自然界中的生物形态为参考对象，根据一定的设计法则将生物形态主要特征"迁移"至机械外形，并在功能上建立起关联指向的过程。仿生机械外形设计不仅强调产品的外延性意义，也关注于产品的象征意义。

3.1 平滑流线型

3.1.1 平滑流线型的概念

平滑流线型通常是由鸟类、鱼类等在流体介质中生活的生物的外形提取出来的，一般用于车辆、飞行器、船舰等外形设计，以达到减阻、降噪、增效、稳定、美观的目的。

3.1.2 平滑流线型的设计原则、方法、步骤

平滑流线型仿生设计遵循的原则见本篇第3章1，但要特别注意艺术性与技术性结合和相似性原则。设计方法主要采用逆向工程法，在工业设计中通常把

逆向工程法和意象仿生法相结合进行设计。具体步骤参见本篇第3章2.2。

3.1.3 设计实例：奔驰盒形汽车

设计步骤如下：

1）生物原型的选取及可行性分析。为了奔驰概念商务车"Bionic Car"的研发，奔驰的设计师及专家在自然界寻找到了热带海洋里的"boxfish"，如图50.3-1所示，它具有良好的空气力学外形，并且能与汽车外形相结合。它的身体虽然呈立方体，但却具有出色的流线特征。

图 50.3-1　盒子鱼

2）生物特征的认知与仿生特征的提取。采用逆向工程方法及具象形态仿生法获得生物特征的几何点云数据，用三维造型软件对点云数据进行修正和完善。

3）生物特征的机械产品设计转化。根据三维模型加工出实物模型进行模型试验或利用计算机仿真技术对三维模型进行虚拟样机试验，优化模型如图50.3-2所示。根据此模型，设计人员设计出了这款盒形汽车，如图50.3-3所示。

图 50.3-2　奔驰泥塑模型

图 50.3-3　盒形汽车

4）仿生形态设计的评价与验证。用风洞试验，对优化模型进行试验验证，模型的风阻系数为0.095，这是高度流线形态的车型才能达到的。

3.2 力学稳健型

3.2.1 力学稳健型的概念

力学稳定性主要考虑的是机械运动的平稳性，比

如陆地机器在地面上运动的抗倾翻能力以及腾空中抗翻转的能力、水下机器抗干扰保持方向稳定性的能力、空中机器保持姿态稳定性的能力等。力学稳健型是指满足力学稳定性的外形。鸵鸟、袋鼠等生物，虽然只有二足触地，却能快速跳跃奔跑并保持稳定，其外形就是典型的力学稳健型。

3.2.2　力学稳健型的设计原则、方法、步骤

力学稳健型仿生设计主要遵循的原则为功能性原则和相似性原则。常用的设计方法为生物形态简化法和抽象形态仿生法。具体步骤为：

1）对具有力学稳健型的生物的肢体结构进行规则化、几何化，研究其稳定机理。

2）根据稳定机理，做出抽象化的几何图形，并将几何图形转化为杆、铰链等机械元素。

3）根据工程力学设计机械模型，制作样机。

3.2.3　设计实例：仿袋鼠机器人

设计步骤如下：

1）生物原型的选取及可行性分析。袋鼠凭借其粗长尾巴的调节功能使其具有稳健的跳跃姿态，再加之其跳跃速度快、落脚面积小、避障能力强等优点，无疑是弹跳领域的佼佼者。

2）力学稳健型几何化及稳健机理分析。图50.3-4所示为袋鼠的结构示意图，由图可知，其前肢在袋鼠觅食和行走时起支撑作用，后肢和脚主要用来跳跃，尾巴在袋鼠觅食和行走时也起支撑作用，并在跳跃中起平衡和控制方向的作用。头部和前肢在袋鼠的跳跃中自然摆动，对身体也有一定的平衡作用。

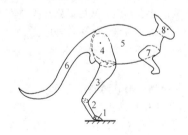

图 50.3-4　袋鼠的结构示意图

3）几何图形向机械元素方面转化。如图 50.3-5所示，构件 5 和构件 4 的连接处为臀关节，构件 4 和构件 3 的连接处为膝关节，构件 3 和构件 2 的连接处为踝关节，构件 2 和构件 1 的连接处为趾关节。共有5 个自由度。

4）样机制作。图 50.3-6 所示为日本 S. H. Hyon等人根据图 50.3-5 设计的单腿机器人。

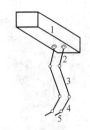

图 50.3-5　仿袋鼠机构模型

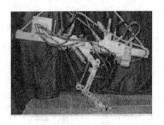

图 50.3-6　日本单腿机器人

3.3　环境适应型

3.3.1　环境适应型的概念

生物与其环境介质和生存条件长期相互作用，促使其进化出高度适应生存环境的构型。这些生物构型通常具有优异的工作性能，称其为环境适应型。

3.3.2　环境适应型的设计原则、方法、步骤

环境适应型仿生设计主要遵循的原则为功能性原则和相似性原则。设计方法主要为逆向工程法。设计步骤同平滑流线型类似，见本篇第 3 章 3.1.2。

3.3.3　设计实例：仿野猪头起垄器

设计步骤如下：

1）仿生原型的选取与功能相似性分析。起垄铲是耕地机械的重要工作部件，合理优化起垄铲结构以减小阻力降低能耗，是农机工程的迫切需求。野猪生来就具有拱土的特性，经过长期进化，其面部具有优良的减阻功能。野猪这种拱土特性与起垄铲铲面的触土特性极为相似，所以选取野猪头部为设计起垄铲的生物模本，如图 50.3-7 所示。

2）仿生信息的获取与处理。采集野猪头部的三维点云数据，并对点云数据进行几何重建，得到野猪头部三维模型（见图 50.3-8）。

3）生物特征的机械产品设计转化。根据此模型设计出仿生起垄铲，如图 50.3-9 所示。

图 50.3-7　野猪头部样本

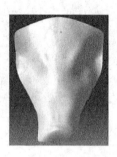

图 50.3-8　野猪头部三维模型

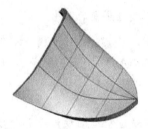

图 50.3-9　仿野猪头部起垄铲

4）仿生设计评价与检验。对其进行计算分析，发现仿生起垄器铲面在起垄时所受应力与普通起垄器铲面所受应力相比，降低了 13% 左右。

4　仿生机械表面形态设计

4.1　拓扑形态

4.1.1　拓扑形态的概念

拓扑形态是在仿生原型拓扑变换中，有关图形的大小、形状等度量将发生变化，而有关图形的点、线、面、体之间的关联、相交、相邻、包含等关系将保持不变，依据这种拓扑关系的前提下进行的一种仿生设计。

4.1.2　拓扑形态设计的原则

在进行拓扑形态的仿生设计过程中遵守本篇第 3 章 1 中的设计原则。此外在拓扑形态设计中还需注意：拓扑性质是知觉组织中最稳定的性质，那么在产品形态仿生设计中要尽可能地保持这种性质的稳定性，即稳定性原则。

4.1.3　拓扑形态设计的方法

拓扑形态仿生设计的方法主要有逆向工程法、生物形态简化法、意象形态仿生法、具象形态仿生法、抽象形态仿生法。具体详情参照本篇第 3 章 2.1。

4.1.4　拓扑形态设计的步骤

第一步：确定研究目标。首先以设计流程为线索，对产品形态仿生设计的核心过程（生物形态特征的分析、提取、简化、生成环节）进行分析，探寻其中较为模糊以及不确定的点，将其锁定为研究目标。

第二步：理论分析。针对研究目标，尝试以拓扑学研究中的拓扑性质作为理论依据进行理性约束。

第三步：提出策略。针对具体的研究目标，建立相应的拓扑性质约束策略。分别在生物形态特征的分析、提取、简化、生成环节进行分析，并提出约束策略。

第四步：策略校验。对于上述约束策略（可能存在疑虑）进行试验设计及校验。

第五步：设计实践。将拓扑性质在产品形态仿生设计过程中的约束策略进行实践运用，将拓扑性质约束策略运用到设计实践中。

4.1.5　拓扑形态设计案例：螳螂特征的认识

对螳螂摄影图片进行搜索，依据图片拍摄角度呈现的趋势选出常态角度，然后去除干扰背景。按螳螂形态特征在认知中的稳定性进行排序：

第一层级是受知觉所把握的整体组织，即螳螂原型。

第二层级划分时，考虑到螳螂前足为"显著特征"，因此列于拓扑结构之前。

第三层级是对螳螂拓扑结构的划分，将第二层级的拓扑结构（颈部、躯干、下肢、翼部、尾部）分别看作整体，进行局部特征的寻找。寻找依据是与同纲"标杆"进行比较，如图 50.3-10 所示，根据多种标杆的比较判断，其中螳螂的头部（三角形）、躯干（躯干细长）、腹部（腹部下垂）具有特色。

第四层级划分是跟同科（目）内的标杆生物进行比较，由于螳螂已为本科中较为典型生物，在受众知觉中具备较为稳定的形象，所以继续以同纲生物为

图 50.3-10　同纲多种典型标杆生物比较

主，此时有针对性地选择形态比例上跟螳螂差不多的蟋蟀和蚱蜢进行细节比较，如图 50.3-11 所示，发现螳螂的眼睛、口器具有特色。

图 50.3-11　同纲形态相近的标杆生物比较

第五层划分时，主要依据视觉对于物体转折处、轮廓发生变化的地方、三角形等敏感程度，将眼睛、口器、胸部、腹部、翅膀、六足分别看作整体进行剖析，此时未发现明显特征，截至第四层。

如图 50.3-12 所示，是以螳螂为原型的形态仿生产品，两款都为较为抽象的仿生产品。

a)　　　　　　　　　　　b)　　　　　　　　　　　c)

图 50.3-12　以螳螂为原型的形态仿生产品

4.2　几何形态

4.2.1　几何形态的概述

把概念的几何学（研究几何形态的大小、形状、位置关系的学科）形态，依据数学逻辑直观化，并应用于平面或立体设计上的形态，称为几何形态。

近年来，人们开始将自然界中某些生物的形态运用到设计中，从而实现如减少阻力、提高性能等效用。例如，将鼠爪趾高效的土壤挖掘性能应用于深松铲减阻结构设计中，仿生减阻深松铲减阻效果明显。根据蚊子的刺吸方式的口器形态，对寻常注射器的针头进行了仿生粗糙表层形态的加工，合理的仿生结构使得针头最高减阻率达到 44.5%。

4.2.2　几何形态的设计原则

在设计中，不仅要确定设计对象的几何形态，更为重要的是协调构成主体的各部分元素之间的关系，因此，需要确立一些原则。

1）固定比例优先原则。在形态设计中，确定产品的尺寸是不可或缺的重要因素之一。

2）形态饱满原则。在形态设计过程当中，从形体、块面、线条方面保证造型后的各个特征形态饱满的原则。

3）和谐统一原则。形态的整体与局部、局部与局部间的和谐统一，体现它稳定、稳重的特性。

4.2.3　几何形态设计的步骤

几何形态的具体设计步骤可参考本篇第 3 章 2.2。

4.2.4　几何形态设计的案例：凹槽形仿生针头优化设计

1）以蚊子和蝉的口针为仿生设计原型进行研究分析。

2）几何形体仿生信息的获取与处理：以蚊子和蝉的口针上的沟槽结构为原型，通过简化处理，提取沟槽的宽度 b、沟槽深度 h 为主要几何特征，如图 50.3-13 所示。

3）运用试验优化技术，通过显式动力学接触分析，获得最优几何形态值（b 为 0.06mm，h 为 0.04mm 时减阻效果最佳）。

4）依据国家标准，对数值分析所用的 9 种凹槽形仿生针头进行穿刺试验，证明沟槽形仿生针头具有明显减阻效果，最高减阻率可达 44.5%，从而验证了

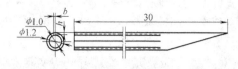

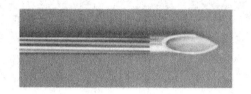

图 50.3-13　沟槽几何形态仿生针头

几何形态设计的有效性。

4.3　非光滑形态

4.3.1　非光滑形态的概述

生物体表普遍存在几何非光滑特征，即一定几何形状的结构单元随机地或规律地分布于体表某些部位；实际的非光滑生物表面的形态形式是各种各样的，大多可归结为几种基本单元的复合形式。几何非光滑结构单元在力学特性上可表现为刚性的、弹性的或柔性的。在尺度上也有所不同，可分为宏观非光滑和微观非光滑。

4.3.2　非光滑形态的设计步骤

非光滑形态仿生的设计步骤请参照本篇第 3 章 2.2。

4.3.3　非光滑形态的设计案例：仿生不粘锅

1）选择仿生原型。研究表明凸包形非光滑多存在于土壤动物体表与土壤挤压摩擦较严重的部位，如蝼蛄头部推土板像正铲挖掘机一样挖土，前足进化成开掘足用力向后扒土，其头和爪就分布凸包形非光滑（见图 50.3-14）；步甲头部也存在着同样的分布。

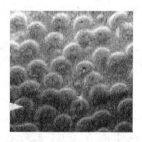

图 50.3-14　蝼蛄头部凸包形非光滑结构

2）仿生非光滑信息的提取。对蝼蛄头部凸包形非光滑生物模型，通过逆向工程方法进行简化、提取，如图 50.3-15 所示。

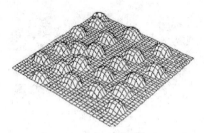

图 50.3-15　三维模拟

3）仿生特征的工程化实现。首先采用模具冲压加工的手段在锅底进行表面改形，然后利用铝合金阳极硬质氧化进行表面改性。如图 50.3-16 所示，即为最终冲压所制得的不粘锅成品。

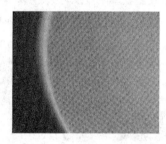

图 50.3-16　不粘锅成品

4）试验验证。通过与普通电饭锅、特富龙电饭煲、不锈钢电饭锅的比较性试验，表明依据黏附力试验结果制造的仿生不粘锅减粘脱附效果明显，同特富龙电饭煲相比，该产品在减粘脱附方面具有同等水平。

5　仿生机械表面功能设计

仿生机械表面功能设计是机械工程与生命科学密切结合形成的新兴交叉领域，其核心科学问题是生物优异功能表面的形成机理和作用规律，以及仿生功能表面设计原理和制造技术。根据上述设计原理，功能表面可分为减阻功能表面、自洁功能表面、耐磨功能表面等。

5.1　仿生机械表面功能设计的原则、方法、步骤

1）仿生机械表面功能设计有一定的设计原则，可以参照本篇第 3 章 1，但在此设计过程中需强调的是功能性原则与相似性原则相结合，设计出的仿生产品可有效实现生物模本所具有的特殊生物功能，达到预期的功能目标。

2）设计过程中常用到生物模板法、逆向工程法和生物形态简化法等。

3）仿生机械表面功能设计的步骤，可参照本篇第 3 章 2。

5.2 仿生机械表面功能设计的实例

表 50.3-1 概括了多种仿生机械表面功能设计,并列举了在各领域的应用。

表 50.3-1 仿生机械表面功能设计实例

功能	设计实例
仿生减阻	仿生减阻是指以自然界生物为原型,探索其减阻的原理,根据其表面结构和器官设计减阻功能表面。海豚皮肤的结构具有减阻特征,以海豚皮肤为生物原型,利用生物形态简化法提取出海豚皮肤的减阻特征,设计了一种形态/柔性材料二元仿生耦合增效减阻功能表面。将面层材料本身的弹性变形加上面层材料与基底材料表面上仿生非光滑结构的耦合,共同对流体进行主动控制,从而实现增效减阻功能,通过试验得出该表面有效地提高了流体机械的效率
仿生自洁	自然界中通过形成疏水表面来达到自洁功能的现象非常普遍,最典型的如以荷叶为代表的植物叶、蝉等鳞翅目昆虫的翅膀以及水黾的腿等。以荷叶为生物原型,提取荷叶自清洁的生物特征,进行特征的机械产品转化。在玻璃表面镀一层疏水膜,这种疏水膜可以是超疏水的有机高分子氟化物、硅化物和其他高分子膜,也可以是具有一定粗糙度的无机金属氧化物膜,在玻璃表面产生超疏水和超疏油的特殊表面,使处在玻璃表面的水无法吸附在玻璃表面而变为球状水珠滚走,亲水性污渍和亲油性污渍无法黏附于玻璃表面,从而保证了玻璃的自清洁
仿生耐磨	运用仿生学原理,通过对生物体系的减摩、抗黏附、增摩、抗磨损及高效润滑机理的研究,从几何、物理、材料和控制等角度用以研究、发展和提升工程摩擦副的性能。以蚯蚓为生物原型,提取蚯蚓非光滑减阻特征,并将这些特征进行机械产品转化,模拟蚯蚓体表形态的凹坑、导角通孔、通孔非光滑表面形态,进行了滴油混合润滑摩擦试验,在混合润滑的条件下,通孔形仿生非光滑表面结构具有明显的减阻、耐磨效应
仿生止裂	模拟生物体在交变载荷下刚性强化和柔性吸收原理,构建具有应力缓释、裂纹阻滞和刚柔耦合效应的人工表面,降低裂纹萌生和扩展的敏感系数,从而实现机械和材料等节能减排、延寿增效的目标。在贝壳珍珠层中,霰石的含量高达 99%,剩下的不到 1%主要是以蛋白质为主的有机质。但是,正是通过这些有机质将不同尺寸的霰石晶片按特殊的层状结构联系起来,形成了层状结构的复合材料,其断裂韧性却比纯霰石高出 3000 倍以上
仿生降噪	在自然界中,苍鹰等生物在运动过程中几乎不发声,通过对其羽毛的生物耦合特征分析确定,其羽毛间呈现的条纹结构和羽毛端部的锯齿形态为降噪的主要因素。选取苍鹰为生物原型,提取苍鹰翼尾缘锯齿的降噪特征参数,并将其应用于多翼离心风机的气动噪声控制,设计出一种新型降噪结构耦合仿生叶片
仿生耐冲蚀	以新疆岩蜥为典型动物,提取其耐磨生物特征,以形态、结构、材料作为因素设计仿生耦合试样,通过喷砂试验检验耦合试样表面的冲蚀磨损特性。喷砂试验选用粒径为 $1000\mu m$ 的 Al_2O_3 颗粒为磨料,对 LY12 硬铝合金与 45 钢为基底的仿生耦合试样进行试验。在试验条件下,采用 LY12 铝合金为基底材料的耦合仿生试样与 45 钢试样相比,有着优异的抗冲蚀磨损性能

6 仿生机械结构设计

6.1 微纳结构

6.1.1 微纳结构概述

随着纳米技术的发展,生物材料和仿生材料的研究已经延伸到微米和纳米尺度,并且在先进功能材料的设计上取得了重大突破。在微米和纳米尺度,自然界的材料通过非常复杂的结构,精细的多级组织和结构之间的完美结合实现了特定的功能。这些生物材料的微米和纳米结构启发人们去设计人工的具有微米和纳米结构的材料来获得某些特定的性质。

6.1.2 微纳结构设计的原则、方法、步骤

微纳结构仿生设计遵循功能性和相似性的原则,设计方法主要通过光学刻印法、模板法、化学修饰法等。具体步骤为:
1)选取具有微纳结构的仿生原型。
2)通过观察确定微纳结构形状尺寸。
3)针对加工材料的不同,选取合适的加工方法。
4)对加工出的微纳结构进行功能性校验。

6.1.3 微纳结构设计实例:有机硅乳胶漆

荷叶表面(见图 50.3-17)按一定规律排列着许多微米尺度的乳突状结构(见图 50.3-18)使其具有自清洁的性能,水在其上可以轻易滑落,并带走灰尘,展现出"出淤泥而不染"的特性。为了保持外墙

面的干燥和清洁，德国 Sto 公司将这种微观结构"克隆"在有机硅涂料中，开发了微结构有机硅乳胶漆（见图 50.3-19），即荷叶效应乳胶漆。在下雨时，雨水在墙面上成珠滚落带走灰尘，保持了墙面的干燥清洁。

图 50.3-17　荷叶表面

图 50.3-18　荷叶表面微纳结构

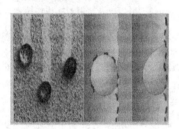

图 50.3-19　荷叶效应乳胶漆涂膜

6.2　蜂窝结构

6.2.1　蜂窝结构概述

早在人类会利用工具之前，自然界中早就出现了高效利用材料、减轻重量的结构——蜂窝结构，如蜜蜂建造的蜂巢、植物叶子中的纤维结构等，这种结构在航空航天、军工等领域有着广泛的应用。

6.2.2　蜂窝结构的设计原则、方法、步骤

蜂窝结构的设计遵循功能性和相似性原则，设计方法主要有展开法、波纹压形和钎焊法等。具体步骤为：首先根据使用要求，选用合适的蜂窝结构；然后，确定蜂窝孔径、孔形、孔隙率、开口度等结构参数；最后，选择合适的方法依照确定的尺寸进行加工制造。

6.2.3　蜂窝结构设计实例：蜂窝板

仿照蜂窝结构（见图 50.3-20）所设计的蜂窝板（见图 50.3-21）具有孔径均匀、密度小、比表面积大的特点，依靠其自身重量轻、比强度高、刚度大、隔热隔音性能好的优良性能，在日常生活中应用十分广泛。

图 50.3-20　蜂窝结构图

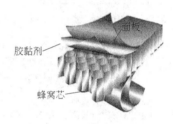

图 50.3-21　蜂窝板示意图

6.3　梯度结构

6.3.1　梯度结构概述

这里的梯度结构只针对梯度功能材料而言，梯度材料是将两种或两种以上的不同种物质经特定复合技术加工而成，使其中一种或多种成分、结构以及性质沿某一指定方向上呈规律变化的非均匀复合材料。具有梯度结构的材料组成成分或结构是呈逐步过渡变化的，这种变化使其具有了更为突出的力学性能，如韧性、耐磨、耐腐蚀等。

6.3.2　梯度结构设计的原则、方法、步骤

梯度结构的设计遵循功能性、可行性、相似性的原则，常用的方法有粉末冶金法、等离子喷涂法、物理气象沉积法（PVD）、化学气象沉积法（CVD）和自蔓延高温燃烧合成法等。具体步骤可参照本篇第3章 2.2。

6.3.3　梯度结构设计实例：泡沫玻璃

贝壳的珍珠层中文石晶体成多边形，并且与有机基质交叉叠层堆垛成有序的层状结构（见图 50.3-22），为裂纹的拓展扩大路径，承受更大的非弹性变形，使

其具有良好的力学性能。仿照这种梯度结构，人们利用碎玻璃、发泡剂、改性添加剂和发泡促进剂等，经过细粉碎和均匀混合后，再经过高温熔化，发泡、退火制成了无机非金属玻璃材料（见图50.3-23），具有十分稳定的力学性能。

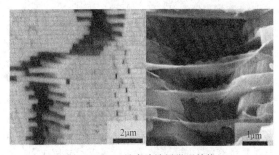

图 50.3-22　贝壳珍珠层微观结构

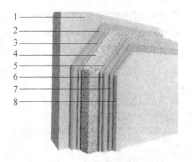

图 50.3-23　泡沫玻璃

1—基层墙体　2—黏结砂浆　3—界面剂　4—泡沫玻璃保温板
5—界面剂　6—抹面砂浆　7—柔性泥子　8—外墙涂料

6.4　鞘连结构

6.4.1　鞘连结构概述

鞘连结构通常是以甲虫鞘翅为仿生原型，所设计出的结构具有轻质、高强和耐损伤的特点，在提高材料稳定性、减轻材料的重量，以及提高材料的抗冲击性能上有广泛的应用。

6.4.2　鞘连结构设计的原则、方法、步骤

鞘连结构的设计遵循功能性、可行性、相似性的原则，大多通过模具浇注成型，具体步骤为：首先，确定研究对象，对仿生原型的微观结构进行细致的观察分析；对所提取的形态特征进行简化处理，使其符合机械形态设计要求；然后通过模拟软件对所设计形态进行力学模拟，进一步优化设计参数；最后，根据材料不同，采用合适的制造方法加工成型，并对产品性能进行评价和验证。

6.4.3　鞘连结构应用实例

甲虫鞘翅的主要结构型式（见图 50.3-24）有腔、梁、微孔洞、蜂窝和叠层结构，鞘翅的腔结构使鞘翅具有轻质高强特性，并表现出优异的耐冲击损伤特性。梁是用来连接鞘翅孔洞结构上下两部分的结构，梁结构为内部微观结构提供支撑并减轻重量。仿照甲虫鞘翅特性所设计的结构（见图 50.3-25）具有强度高、重量轻的特点，并表现出优异的耐冲击损伤特性。

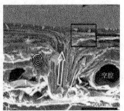

图 50.3-24　东方龙虱鞘翅断面电镜图

图 50.3-25　仿甲虫鞘翅轻质结构

第4章 仿生机械运动学设计

1 运动方案设计

　　仿生机械运动方案设计的主要内容是根据给定仿生机械的工作要求，选取相应的生物运动原型，参考其运动模式，确定仿生机械的工作原理；拟定工艺动作和执行构件的运动形式，绘制运动循环图；结合仿生原型的外形特征、骨骼特征、运动学特性和动力学特性，进行执行机构的型式设计；随之形成仿生机械系统的几种运动方案，并对其进行分析、比较、评价和选择；对选定运动方案中的各执行机构进行综合运动分析，确定其运动参数，并绘制机构运动简图。

1.1 方案设计步骤

　　仿生机械运动方案设计的一般步骤如下：

（1）确定仿生机械工作原理

　　针对设计任务书中规定的仿生机械工作要求，选取相应的生物运动原型，参考其运动模式，分析实现该运动所能采用的机械原理和技术手段。由其工作原理进一步确定仿生机械所要实现的动作，复杂的动作可分解为几种简单运动的合成。例如，可以选取鸟类扑翼运动原型，进行仿生飞行器的设计。鸟类扑翼飞行的实际运动规律非常复杂，每一时刻翼面的姿态和气动力都有所不同，其高效飞行可以看成是减重、增升、减阻和节能综合作用的结果，如图50.4-1所示。为此，可以将鸟类扑翼飞行动作分解为上下扑动、前后挥摆、绕展向轴的扭转和上扑过程中翼面的折叠等动作，在设计仿生飞行器时又将其简化为翼面上扑和下扑动作，在进行仿生飞行器设计时需同时考虑结构、动力学和气动特性。

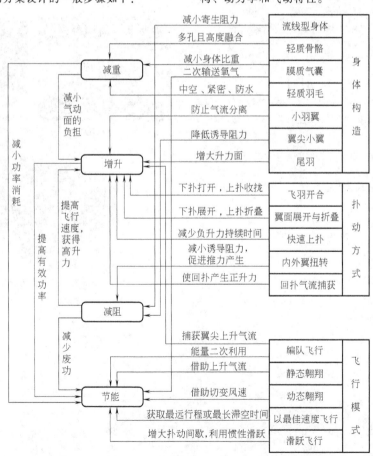

图 50.4-1　鸟类高效飞行机理

（2）拟定仿生机械运动循环图

针对仿生机械要实现的工艺动作，确定执行构件的数目。为了实现仿生机械功能，各执行构件的工艺动作之间往往有一定的协调配合要求，为了清晰地表述各执行构件之间运动协调关系，应绘制仿生机械的运动循环图。仿生机械运动循环图也是进行执行机构选型和拟定机构组合方案的依据，即将各执行构件的工作循环按同一时间（或转角）比例尺在同一幅图上绘出，并且以某一个主要执行机构的工作起始点为基准来表示各执行机构相对于此主要执行机构动作的先后次序。

（3）设计仿生机械执行机构型式

根据执行构件的运动形式和运动参数，确定实现执行构件工艺动作的各个机构，并将其有机地组合在一起，以实现执行构件的工艺动作。所谓机构型式设计，是指究竟选择或设计何种机构来实现预期的工艺动作。机构型式设计又称为机构的型综合，包括机构的选型和

机构的构型。机构的构型可以结合仿生原型的外形及骨骼等特征、运动学特性和动力学特性，进行仿生机械的机构型式设计。例如，生物腿部的多个自由度使其能很好地适应各种地形，灵活地调整其身体姿态和运动步态，以踝关节处连接的跟腱为代表的弹性储能元件在善跑的动物如猫科、犬科动物的腿部结构上就有较好的体现，其在动物奔跑过程中发挥了巨大作用，而这为四足机器人的设计提供了良好的仿生学借鉴。

在设计仿生机械关键机构时要针对其主要性能要求进行优化。例如，足式移动机器人 BigDog 在进行快速移动、慢速移动、停止、转弯等一系列姿态变换过程中，对其平稳性及运动的连续性要求是很高的，必须时刻保持最佳的运动姿态，且纵向的持续行走、奔跑等功能是 BigDog 研究追求的目标。由于地形的影响，机身的姿态需要经常调整，才能确保纵向运动的平稳性和连贯性，而这些腿部关键机构的运动都是使用图 50.4-2 控制方法实现的。

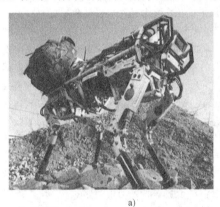

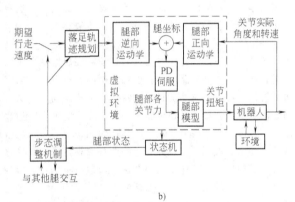

图 50.4-2　BigDog 及其基本行走控制流程图
a）BigDog 外观图　b）BigDog 行走控制流程图

在进行执行机构选型时，应首先满足执行构件运动形式的要求，然后通过对所选机构进行组合、变异和调整等，以满足执行构件的运动参数要求。一般来说，满足执行构件工艺动作的执行机构往往不是一种，而是多种，故应该进行综合评价，择优选用。例如，能实现仿生扑翼飞行器间歇运动的机构有凸轮机构、棘轮机构、槽轮机构，而采用棘轮和槽轮机构会使翅根过于庞大，因此，可选用凸轮机构来实现其翅膀的摆动。

（4）评价仿生机械运动设计方案

仿生机械运动方案设计的评价就是从多种方案中寻求一种既能实现预期功能要求，又具备性能优良、价格低廉的方案，这也是仿生机械运动方案设计的最终目标。机械运动方案设计是一个多解性问题，面对多种设计方案，必须分析比较各方案的性能优劣、价

值高低，经过科学评价和决策才能获得最满意的方案。

（5）绘制仿生机械运动简图

根据仿生机械的工作原理、执行构件运动的协调配合要求，以及所选定的各执行机构，拟定机构的组合方案，画出仿生机械运动简图。在此基础上对仿生机械运动系统进行初步运动学分析，建立仿生机械空间运动方程，通过对仿生机械运动的仿真，获得仿生机械的一些运动参数，进而模拟验证仿生机械设计的可行性。

1.2　运动原理分析

（1）确定工作原理

仿生机械的工作原理是模拟生物界中生物运动的动作机理，可以是物理原理、化学原理、几何机理、数学机理，甚至是生物原理等，但在常规仿生机械设计中通常采用运动的物理原理。确定仿生机械工作原

理是一个创新思维过程，需要了解相关生物运动机理和机械工作原理，综合运用已有知识，才可能较好地确定出仿生机械的工作原理。

机械为了完成同一功能要求可以采用不同的工作原理，而不同工作原理的机械，其机械运动方案也是不同的。即使相同的工作原理，也可拟定出不同的运动方案。例如，为了设计足式步行仿生机器人，可以采取双足、四足和六足步行原理。这三种不同的足式步行原理适合不同的场合，满足不同的足式步行需要，其机械运动方案也就各不相同。对于四足步行原理，执行构件（腿结构）设计可以是全肘式、全膝式、前膝后肘式和前肘后膝式，其对应的机械运动方案也会不同。

（2）确定工艺动作

工作原理确定之后，仿生机械的功能便通过执行构件的工艺动作来实现。依据确立的工作原理和仿生机械的功能要求，确定出执行构件的数目和各执行构件的工艺动作，是一个严谨、而巧妙的构思过程，也是进行仿生机械创新设计的重要环节之一。所以，工艺动作的确定除了要认真分析仿生机械的功能目标，详细了解各种技术原理与操作方法之外，还需在思维方法上进行努力，放开思路，大胆设想。例如，可以根据仿生机械产品的具体功能目标的特点，采用定向思维的方法确定工艺动作；还可以采用多向思维的方法，从不同方向、不同角度，依据所具备的知识、经验和方法，提出新设想、新方案。另外，联想思维或形象思维也是构思工艺动作常用的方法，通过已有的机械产品的启发、类比、联想、综合或改进而拟定出工艺动作，或通过对日常生活中各种现象的观察以及受自然界中各种动作的启发，而联想构思出巧妙的工艺动作。例如，缝纫机借用了手工缝制的"穿针引线"的工作原理，但并没有沿用手工的单线上下穿梭工艺动作，而是采用了双线编织的工艺动作，不仅简化机械结构，而且提高了生产率，改善了缝制质量。再如，智能手洗洗衣机，模仿人手手工洗衣的搓、挤、揉、解、摇、敲等工艺动作，放慢速度以减少衣服损伤。

当生物运动机理不易于转化为工艺动作时，应注意采用便于机械化的工艺动作。确定仿生机械工艺动作时，决不能停留在简单地模仿传统手工动作的模式上，而应充分注意仿生机械自身的运动特点（连续、可整周转动、简单、循环、稳定等），尽可能采用简单的、便于机械化的工艺动作。

（3）分解工艺动作

实现机械功能的工艺动作，一般可分解为多个简单运动。为了便于机构选型和机构综合，常将复杂的工艺动作分解成机械最容易实现的运动形式，如转动和直线移动，然后再进行合成。例如，在分析仿生机械手的工艺动作时，根据作业的要求确定机械手机构的自由度、组成形式、关节数目和配置方式。手部的关节多至多有两个旋转自由度，即弯曲运动和内收外展运动。弯曲运动是指在与手掌自然平面相纵向垂直的平面上的运动，这主要由手背的指间关节和腕部关节来完成。除能完成弯曲运动之外，手掌与指连接的关节，还能进行内收外展运动，因而这类关节具有两个运动自由度。应当说明的是，这类关节的弯曲运动与内收外展运动间含有特定的约束关系，即弯曲运动完成之后，一般不再有内收外展轴向的转动。这是与通常的纯双自由度的机构差别所在，除大拇指外其他四个手指相对于手掌的运动由指掌关节 MP、指间关节 PIP、指端关节 DIP 决定，手指有 4 个自由度，其中 MP 处有 2 个自由度；PIP 和 DIP 处各有 1 个自由度；大拇指有 2 个自由度，整个机械手共 18 个自由度，如图 50.4-3 所示。

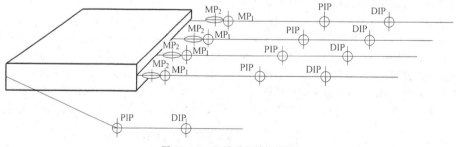

图 50.4-3　机械手的结构模型

将工艺动作分解成多个简单运动后，通过对各个运动实现的可行性、简便性和兼容性（即能否与其他运动的合并）等进行分析，确定出执行构件的数目和各执行构件的运动形式以及运动要求等。

1.3　系统方案设计

机械的功能原理方案的构思和设计，只是提出了实施机械的各分功能的原理方案。对于仿生机械产品来说，从功能原理方案到提供生产用的设计图纸，其间还要做不少工作。其中第一步是进行仿生机械运动系统方案设计，也就是机构系统方案的设计。具体来说，就是将功能原理方案所需实施的各分功能，构想出相应的执行动作，此一系列执行动作按运动循环图的顺序构成了机械工艺动作过程。对各执行动作选择合适的执行机构来加以实现，这些执行机构所组成的机构系统就可实现所需的机械工艺动作过程。由于同一执行动作可以用多个执行机构来实现，因此，机构系统方案可以有好几个，通过选择可以得到综合最优的方案。为了寻求功能作用解的关系脉络更加的清楚和详细，以便设计人员在概念设计中能够符合设计思维逻辑，能够促进开发人员的创新能力，图 50.4-4 给出了功能求解映射关系。

仿生机械运动系统方案设计时应充分考虑所需功率、生产能力、空间尺寸限制、物料流动方向、工作环境等对机器的设计要求，如何满足这些设计要求是机械运动系统方案设计时需逐一加以考虑的。

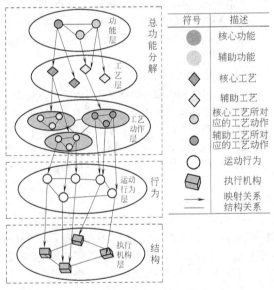

图 50.4-4 执行系统各模型层映射关系示意图

为了得到性能优良、结构简单、工作可靠的仿生机械运动系统方案，设计时应注意如下几个原则：

（1）应注意对机器的工艺动作分解。

工艺动作分解后所得到的执行动作应该能通过常用的机构加以实现；利用一些布置巧妙的挡块，就可以用一个执行动作完成几个工艺动作，从而减少机构的个数。例如，图 50.4-5 所示的双足机器人仿生关节设计，采用一个胡克铰链来实现踝关节的前后、左右旋转运动，然而人的关节驱动由较多的肌肉拉伸运动来实现，对于一个自由度的旋转运动可以简化为两

个肌肉的并联拉伸驱动来实现关节的转动，在双足机器人踝关节设计中采用刚性的连杆来模拟机器人的肌肉运动，比完全模拟肌肉运动减少了驱动器数量。因此，工艺动作过程分解时的巧妙性需要与实际情况紧密结合，并充分应用积累的知识和经验。

（2）在选择执行机构时应注意简单灵巧。

要实现某一执行动作或若干执行动作，选择机构时应注意利用机构的工作性能、结构特点、适用范围等主要特性，使机构造型做到合理、简单、灵巧。例如，多足仿生机械蟹通过采用谐波齿轮传动实现其关节传动的减速（见图 50.4-6）。谐波齿轮传动在通常情况下，刚轮为内齿轮，固定不动；波发生器为椭圆凸轮或双滚轮，作输入轴；柔轮为外齿轮，作输出轴。例如，刚轮与柔轮的齿数差为 2，则波发生器转 1 转，柔轮变形 2 次。若将波发生器装在柔轮中，将使柔轮变为椭圆形，此时，处于长轴的齿将与刚轮齿接触啮合，而处于短轴的齿则与刚轮齿脱开。当波发生器回转时，将迫使柔轮齿依次同刚轮齿啮合，由于相差 2 齿，故发生器转 1 转，将使柔轮在相反方向转过 2 齿，从而获得减速运动，

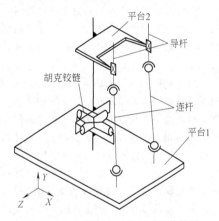

图 50.4-5 双足机器人踝关节机构简图

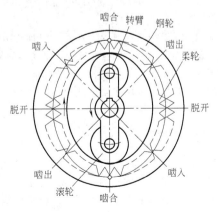

图 50.4-6 谐波齿轮传动的工作原理

大大简化了仿生机械蟹关节的传动系统。选择简单、灵巧的机构是与设计人员熟悉机构特性、富有实际经验分不开的。

（3）进行从机构到机构系统的评价选优。

在数量较多的机械运动系统可行方案中，选择综合最优的方案并不是一件容易的事，选择合理的、可靠的、较为客观的评价指标体系和评价方法是十分重要的。对于仿生机械运动系统来说，评价指标体系的确定应来自于有丰富设计经验的专家，否则会影响确定方案的合理性和可靠性。

2 运动过程的仿生构思

运动是生物的最主要特性之一，而且它往往表现在"最优"的状态。运动模拟就是研究生物运动的运动轨迹、运动规律、速度及加速度等，寻找出其共同的规律，将其抽象为数学模型，然后根据设计需要简化为实用的运动模型，从而作为设计仿生机械运动机构的依据。

2.1 构思原则

仿生学的思想是建立在自然进化和共同进化的基础上的，如农业工程领域仿生脱附、仿生摩擦学以及地面机械仿生理论与技术，昆虫仿生领域内运动仿生、受控昆虫、生物视觉、昆虫传感及信息处理、生物材料，仿生机器人领域的仿人和仿生物的机器人，以上技术通过对生物机理的研究，创造和完善制造工程科学的概念、原理和结构，从而为新产品的生产打下基础。基本的仿生构思原则大致遵循：对比、选择、模仿和优化。具体来说是指针对实际工程中遇到的问题，以仿生学原理为指导，对比研究自然界生物系统的优异功能、形态、结构、色彩等特征与原理，有选择性地在设计过程中应用这些原理和特征进行设计，通过对各种生物系统的功能原理和作用机理进行模仿，最后实现新的技术，设计并优化制造出更好的新材料、新仪器和新机械。

例如，基于螃蟹对滩涂、沙地、湿地等有很强的运动适应性，参照中华绒螯蟹步行足指节的结构，设计了 4 种仿生步行足：圆锥、圆锥沟纹、棱锥和圆柱沟纹步行足，可用作松软地面步行机构的触土部件。

2.2 构思方法

基于前述的仿生机械运动方案设计，对于同一种运动规律，可用不同的机构来实现。对于同一种功能，可选用不同的工作原理和不同的机构来满足要求，而同一种工作原理还可选用、构造不同的机构及

其组合来实现。因此，对于要求满足某种功能的机械，可能的运动方案就有很多种，偏重于机构结构、运动学和动力学特性方面的运动方案主要包括以下几方面：

（1）机构功能

机构的功能就是转换运动和传递力。在进行机构运动设计时，首先就是分析所设计机构的功能，并根据功能来设计、选择机构组成方案。

（2）机构结构的合理性

机构结构的合理性包括机构中构件与运动副的数量及种类选择，机构组成是否最为简洁，运动链可否再作简化，动力源种类与参数选择是否合理，各级传动机构的传动比分配是否合理。

（3）机构的经济性

机械应具有良好的经济性，即加工制造成本低，使用维修费用低。在材料确定后，加工制造成本主要与机构组成及运动副形式有关。因此，设计中要考虑是否有更简捷廉价的方法完成预期任务，对机器的加工、安装与配合精度要求可否降低，需特殊加工零件（凸轮、靠模）的加工难度可否降低，各种消耗（能源、工具、辅料）可否降低，原材料利用率能否提高等。

（4）机构的实用性

理论上可行的机构到能够将其付诸实用，还是有一段距离的。所以设计者要为用户着想，除了满足功能要求，经济实惠以外，还应考虑机器的安全可靠问题，如操作强度、操作人员的体力、脑力消耗，使用、维修、保养、装拆、运输的方便程度，是否会造成污染或公害，对工作环境有无特殊要求（防尘、防爆、防电磁干扰、恒温、恒湿等）。

例如，为了进行机器人手臂和两足步行机构及其控制的设计，须认真进行人体上肢及下肢姿态的研究与分析。在机械仿生过程中，常常采用步态分析的方法，步态分析有定性和定量两种：定性分析是通过目测或者录像观察动物运动过程中各关节以及位姿变化。定量分析是通过设备或器械获取客观数据，以数据为基础对步态进行分析。定量步态分析包括运动学、动力学以及动态肌电图分析三部分。运动学分析不考虑动物质量和力作用，通过跟踪标记点的坐标研究动物运动时的空间位置变化，描述动物运动系统的动作动力学特性，通过测力传感器等获取动物运动时的反作用力信息，结合运动学数据以及逆动力学模型计算关节扭矩、肌肉力以及关节接触力。通过动态肌电图对采集的肌电信号进行分析，研究运动过程中肌肉的收缩活动，定量描述运动过程中肌肉活动与步态之间的关系。目前，步态分析从直接观察发展到以三

维动态测力、三维高速影像、肌肉力矩测量、多通道
肌电测量等现代运动学、动力学测试。

2.3　动作过程与模本的相似性

设计仿生机械动作过程时，需考虑其动作过程与
生物模本的相似性。首先，要分析生物模本的运动过
程，从其动作行为特点入手，设计出满足生物模本生
理结构特点的机械结构，在对仿生运动系统进行设计
时，要做到尽可能的相似，以机械结构来模拟生物模
本的结构。

例如，模拟墨鱼结构进行仿生机器鱼的设计。首
先，分析墨鱼的运动过程，即喷射推进是墨鱼高速游
动和高速转弯的主要推进方式，可分为充水和喷射两
个主要的阶段。在充水过程中，漏斗内的舌瓣闭合，
防止水从漏斗口进入外套膜腔内，外套膜与漏斗连接
处的闭锁器打开，外套膜扩张，利用外套膜腔内的负
压将水从开口处吸入，将外套膜腔充满。在喷射过程
中，外套膜和漏斗连接处的闭锁器首先闭合，漏斗内
的舌瓣张开，外套膜强有力地收缩，将外套膜腔内的
水沿着漏斗喷出，墨鱼依靠喷射的反作用力获得推
力。充水和喷射过程周期性的交替进行，使墨鱼实现
脉冲式喷射推进游动。漏斗前部的喷嘴可以在腹面的
半球内向任意方向转动，从而控制喷射推力的方向，
实现灵活、迅速地改变游动方向。其次，参照墨鱼模
本进行仿生设计，图 50.4-7 所示的仿生机器鱼喷射
推进系统包括仿生外套膜、仿生进水膜、仿生喷嘴和
基体。基体是仿生喷射系统的主体结构，仿生外套
膜、仿生进水膜和仿生喷嘴都固定在基体上。仿生外
套膜形状与解剖的墨鱼样本相似，前端开口，后端封
闭。仿生进水膜整体隐藏在仿生外套膜内，前部呈圆
弧形固定在基体上，后部呈圆弧形与仿生外套膜的内
壁完全吻合，且在仿生外套膜的收缩过程中始终保持
与其内壁相吻合，从而使仿生外套膜和进水膜形成的
完全封闭腔体内能够在仿生外套膜收缩过程中形成一
定的喷射压力。仿生喷嘴后部依靠固定板固定在基体
上，主体为圆柱形，前端为锥形喷口，喷嘴的前部能
实现弯曲。仿生喷射系统仅模仿墨鱼喷射游动动作时
的环状肌纤维收缩运动和利用存储弹性能回复的过
程，其动作过程包括收缩喷射过程和回复冲水过程，

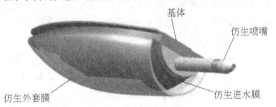

图 50.4-7　仿生机器鱼喷射推进系统

与墨鱼运动过程具有相似性。

3　运动过程分解和执行机构选择

3.1　运动过程的分解

仿生机械系统在总功能分解之后，对于分功能的
求解目前采用功能—行为—结构的求解步骤，即由功
能求解实现功能的行为，由行为来构思实现行为的具
体结构。

对于仿生机械运动系统来说，其总功能是由工艺
动作过程来实现的。工艺动作过程实际上是体现工作
原理、工作过程和工作特点，是对机械系统总功能的
较为具体的描述。因此，工艺动作过程的拟定是仿生
机械运动系统设计的关键。

仿生机械运动系统的总功能是完成核心功能所需
的一系列功能的总和，由总功能来确定相应的工艺动
作过程方法主要有：

（1）基于生物体运动的完善和改进

为了实现总功能而确定相应的工艺动作过程，
可以首先选定与总功能相似的生物运动来进行分析，
以确定工艺动作的程序，例如，通过对树叶的可展
开性特点，设计仿生展开薄膜结构，其工艺顺序为
芽孢结构—波纹折叠形式展开—叶外折叠—叶内
折叠。

通过模拟树叶展开结构特点，可以设计基于树叶
的可展开板壳结构设计，因为在其折叠体积较小的情
况下可以获得较大的展开面积，展开效率较高，可应
用于重复开启的屋面结构及空间可展开平板结构。

（2）拟人动作的分析

工作机器的工艺动作过程不少是模拟人的工作过
程来构思的，例如，平版印刷机实际上是模拟人在纸
上盖图章，因此就有：上墨—移动铅字版—印刷—去
除印好纸张等动作，只要将这一动作过程适当加以完
善就可作为平版印刷机的工艺动作过程。拟人化、仿
生化可有助于构思工艺动作过程，这就是自然界的
启示。

（3）分功能动作求解的综合

机械运动系统总功能分解后可得到一系列分功
能，分功能的动作求解，与分功能的工作原理密切相
关。例如，对运动动作的仿生模拟，单一性动作有时
可以构成一个独立的运动动作，但大多数情况下，它
是构成整套动作的一个组成部分。若干个单一动作连
接起来就成了组合动作，将单一动作中的静力性动
作、平移动作和转动动作结合起来，组成周期性动
作、非周期性组合动作与混合性组合动作。

3.2　运动过程的描述和表达

（1）行为与执行动作

行为是功能的具体描述，在机械运动系统中行为的具体表现就是机器的执行动作。

工艺动作过程的分解与总功能的分解在机械运动系统中往往是一一对应的。因此，每一分功能对应一个行为，对机械运动系统来说一般是对应一个执行动作。

在机械运动系统中能产生的执行动作种类是比较有限的，一般有等速转动、不等速转动、往复摆动、往复移动、间歇转动、间歇移动、平面复杂运动（刚体导引）、空间复杂运动（空间刚体导引）等。

（2）结构与执行机构

在功能—行为—结构的过程模型中，结构是功能的载体，是行为的具体发生器。对于机械运动系统来说，结构主要指形形色色的机构，是产生执行动作的机构，或者称之为执行机构。产生执行动作的执行机构，仅是传统的刚性机构就近千种。

设计从未有过的新机构也是寻求执行机构的重要途径。随着现代机构的发展，执行机构已不仅仅限于传统的刚性构件机构，还有弹性构件、挠性构件等机构，以及各种各样的单自由度、多自由度的可控机构。因此，执行机构的不断创新是机器创新的基础。

（3）工艺动作过程—执行动作—执行机构的功能求解模型

由通用性较强的功能—行为—结构（FBS）功能求解模型发展至针对性较强的工艺动作过程—执行动作—执行机构（PAM）功能求解模型，使机械运动系统设计与机构学紧密结合起来；使机构学从重点研究单个机构转向同时研究机构系统的问题，同时还使机构学与现代机械设计方法学结合在一起，这无疑是一种创新，推动了机构学发展。

PAM 功能求解模型具有较强针对性，其执行动作与执行机构具有一定规律映射性，各执行机构又具有一定程度上的可比性。因此，利用 PAM 功能求解模型将会有利于开展计算机辅助设计，使机械系统设计在一定程度内实现智能化、自动化，从这个角度看 PAM 功能求解模型可以推动机械系统的创新设计。

（4）动作行为和执行机构

对于机械产品中的机械运动系统，其功能分解的过程是根据工作原理来构思工艺动作的过程。人们设计新机器是为了完成某种生产任务，机械运动系统的设计目的是要实现这种工艺动作过程。整个工艺动作过程往往可分解为若干个动作行为或运动行为，即工艺动作过程是由这些动作行为按一定顺序来实现的。

（5）仿生机械的运动形式

目前，仿生机械可以分为陆地仿生机械（智能假肢、仿人手指、仿生行走机械等）、空中仿生机械、水下仿生机械几种类型，按照仿生机械的运动形式划分大致可以分为抓取、行走、游动及飞行等类型。

1）抓取。仿生机械抓取功能的研究主要集中在仿人形机械手上，而对于仿人形机械手，又可以分为工业机器人用机械手、科研智能机器人用机械手、医疗用机械手、军事用机械手以及家庭用机械手。抓取是通过多个手指的联合作用形成抵抗物体上外载荷的接触构型，从而在手与物体之间形成运动和力的传递关系，对物体实现稳定地夹持并产生期望运动。机器人多指手相当于多个开链操作臂的组合，通过各手指的协调运动，可以实现对任意形状物体的抓取和精细操作，并可获得很高的抓取稳定性和操作灵活性。抓取研究中采用的手指与物体的接触模型常有多种形式，夹持式是最常见的一种抓取形式，按其手指夹持物体时运动形式不同，又可分为单支点回转型、双支点回转型和平动型三种（见图 50.4-8）。

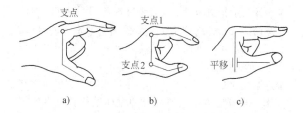

图 50.4-8　手指运动形式示意图

a）单支点会转型　b）双支点会转型　c）平移型

2）行走。根据使用工况不同，行走仿生机械包括常规地形行走（其中有轮式、足式、履带式等多种形式）、松软地面行走、墙面行走、狭小空间行走等运动形式。

动物在行走时，会存在移动部和支撑部。移动部向前迈进的同时，支撑部负责支撑并配合整个躯体向前移动，此时，整个支撑部可以看作一个并联机构。移动部和支撑部在肌肉的作用下协调动作，实现躯体的各种移动。以肢体动物为例，肢体动物在行走时存在摆动腿和支撑腿。摆动腿向前迈进的同时，支撑腿负责支撑并向前移动，此时所有支撑腿可以看作一个并联机构：躯体为动平台，支撑物（如大地）为定平台，并联分支为各支撑腿。在肌肉的作用下，各关节均能够独立运动，所以此并联机构又为超确定输入机构，且多数为多自由度超确定输入并联机构（见图 50.4-9）。如仿生关节的新型轮、蛇形机器人，四足、六足仿生机器人等。

图 50.4-9　"4+2" 多足步行机器人

3）游动。根据鱼类推进机理、游动模式和身体形状，其推进模式可分为身体/尾鳍（Body and/or Caudal Fin，BCF）推进模式和中间鳍/对鳍（Median and/or Paired Fin，MPF）推进模式。BCF 推进模式的鱼类（如金枪鱼、旗鱼、鲨鱼类）在自主游动时，鱼体尾部有射流形成，这些喷射的涡流在产生推力方面起着非常重要的作用，游动时其身体摆动主要集中在尾部，推进效率高、速度快、机动性强，成为主要的仿生研究对象。

4）飞行。目前，仿生飞行器根据其翼型运动方式的不同可分为固定翼、旋翼和扑翼三种。其中，固定翼和旋翼是两种常规飞行普遍采用的方式，两者都是通过机翼产生升力；扑翼微飞行器并不常见，但这种飞行方式被自然界中的鸟类和昆虫广泛采用，被认为是生物进化的最优飞行方式，其升力产生机理与固定翼和旋翼有很大的不同。

固定翼的飞行方式最早是模仿体形较大的生物，如许多大型鸟类（鹰、鹫、大雁、海鸥、天鹅等）。这类飞行生物具有翼展较长较大的特点，而且扑动频率较低，从零到数十赫兹不等。这类飞行方式中，扑翼基本在垂直于前进方向的平面内运动，现代飞机的发明正是基于此类大型鸟类滑翔产生升力的原理。这是目前应用最广、最为成熟的仿生飞行器的飞行方式，大到各种军用飞机、民用运输机以及一些有翼导弹等，小到无人机（UAV）、微飞行器（MAV），如图 50.4-10 所示。

Black Widow　　　　Trochoid　　　　柔性机翼微型飞行器

图 50.4-10　固定翼式 MAV

旋翼飞行方式最开始借鉴蜻蜓尾部在飞行中保持平衡而被直升机所采用（见图 50.4-11）。旋翼桨叶的作用类似于固定翼，通过旋桨的不断旋转，产生向上的拉力，用来克服直升机自身的重力，实现悬停、平飞及侧飞等。

扑翼飞行方式主要是模拟蜂鸟及体形更小的鸟类和昆虫的飞行方式，实现前进、后退、悬停和其他一些高难度的机动飞行。例如，机重 10g、长度不超过 7.5cm 可悬停的仿蜂鸟 Nano Hummingbird（见图 50.4-12），能像真蜂鸟那样拍打着翅膀在空中盘旋，甚至还能后空翻飞行，完成某些高难度的特技动作，通过无线飞行遥控器，该蜂鸟飞行机器人可以按照指令进行精确飞行，并能通过机载计算机进行速度和角度修正。

图 50.4-11　旋翼式 MAV

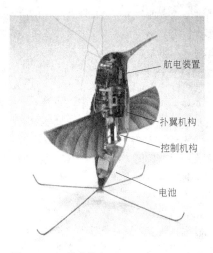

图 50.4-12　纳米蜂鸟（Nano Hummingbird）

3.3　执行机构的选择

执行机构的选择是按功能和执行动作的要求选择可行的执行机构类型。因此，机构选型是机械运动系统设计的重要步骤，机构型式直接关系到机械运动的先进性、适用性和可靠性。

执行机构的选择除了选用现有的、常用机构以外，为了使机械运动方案能达到性能优、结构新的目的，应开展机构型式和结构的创新性设计。仿生机械的机构设计的构想来自生物对设计者的启发，因此，可以基于仿生原理进行执行机构的创新性设计。机构选型时要充分依靠设计者的经验和直觉知识，但是还应借助机构选型的基本方法和主要规律。虽然这些方法、规律不可能代替设计者的创造力，但可以扩大设计者的知识面，运用创造技法提高设计效率，在较高的设计水平上提供选择机构的办法。

例如，设计仿生甲虫机器人，其机构模型如图 50.4-13 所示，六足机构模型采用对称结构设计，主要由机器人躯干和六条腿组成。机器人的每条腿均由基节、股节、胫节三个肢节构成，具有"躯干-基

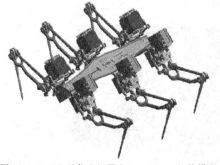

图 50.4-13　六足仿生机器人 HIT-Spider 机构模型

节"关节、"基节-股节"关节、"股节-胫节"关节 3 个独立的旋转自由度。当机器人处于较复杂的环境或是需要跨越障碍时，机器人可以通过六条腿之间相互的支撑和跨越功能来实现相应的移动动作。

4　运动系统方案的组成原则

机械运动系统方案的组成是将所选的执行机构成若干个可行的机械运动方案（亦可称之为机构系统的组成），其应包括机构系统的型综合和机构系统的尺度综合。型综合是确定机构的类型；尺度综合是确定所选机构的各运动尺寸。机构系统的型综合包括各执行机构类型的选择和其相互动作关系的确定。机构系统的尺度综合是根据各执行机构的执行动作的要求，进行各机构的运动尺度的计算和各机构动作时间序列确定，从而使各机构的输出运动完全满足机械的工艺动作过程要求。

4.1　相容性原则

在机械运动中各执行机构的组成大多采用串联形式或并联形式。在组成机械运动系统方案时，其相容性主要反映在保持各执行机构运动的同步性、各执行机构输出动作的协调性以及各输出运动精度的匹配性。

（1）各执行机构运动的同步性

同步性是反映了机械运动系统在一个机械工作循环中各执行机构有相同的工作周期，按一定的节拍完成机械工艺动作要求。通常情况下，要求各执行机构的输入机构按同一转速或按一定的平均速比转动，使各执行机构的运动周期相同。当然，在某些特殊的机械工艺动作工程中，个别执行机构的运动周期是其它执行机构运动周期的整数倍。此时，可以通过定传动比的机构传动来加以保证。

（2）机构输出运动的协调性

在机械运动系统方案组成时，应考虑各机构的输出运动特性。机构的输出运动特性包括：运动形式、运动轴线、运动方向和运动速率。机械运动系统设计时先考虑采用何种工作原理，工作原理确定后需构思工艺动作过程。为了满足工艺动作需要，在组成机械运动系统方案时，应使机构的运动特性复合规定要求，使各执行机构的运动相互协调。

（3）机构输出运动精度的匹配性

在进行机械运动系统方案组成时，还应考虑机构输出运动精度的匹配。因为机械的工艺动作过程是一个整体，对于组成的各个动作精度是有要求的。运动精度的匹配性是指各机构的运动精度能满足完成工艺动作的需要。选择过低的机构运动精度会使机械无法

工作，选择过高的机构运动精度会使制造和设计成本大大提高，同时也没有必要。

4.2　能量最低消耗原则

对于仿生机械运动系统来说，其组成应遵循能量最低消耗原则。仿生机器人系统在加速或者减速过程中耗能最大，在匀速运动过程中耗能最小，所以应尽量避免机器人频繁的加减速，也可以通过合理安排机器人加减速及匀速运动的最优时间，从而降低机器人能耗。例如，在四足机器人的行走步态中，根据运动速度的不同，分为静步态和动步态，当四足机器人的步态从静态行走到慢跑然后到飞奔的步态转化过程中，为使消耗的能量最优，必须根据速度的不同选择不同的步态。为了减少运动中的能量消耗，随着四足机器人运动速度的提高，除了步态需要发生变化之外，其运动参数也需要相应的变化。一般情况下，机器人运动速度越快，身体躯干中心越低，步长越大。因此，必须根据机器人速度的不同，进行不同的步态规划、姿态调整和稳定控制。为了提高四足机器人的适用范围，提高机器人的地形适应能力，机器人在通常运动中必须保持较高的步态速度，利用动步态行走。

4.3　仿生机械运动系统智能控制

运动系统控制是仿生机械实现自身功能的关键所在，是实现仿生机械智能化的基础，例如四足机器人运动控制的实质是腿部运动的控制，为保证其躯体相对平衡与稳定，其需要在不断变化的环境情况下做出实时选择，因此对控制系统有着更高的要求。特别是随着人类对生物机理认识的深入、智能控制技术的发展，仿生机器人作为机器人发展的高级阶段，正向具备生物的自我感知、自我控制等性能特性方向发展。生物特性为机器人的设计提供了许多有益的参考，可以从生物体上学习如自适应性、鲁棒性、运动多样性和灵活性等一系列良好的性能。生物对自身协调运动控制的能力是一般的机电控制系统无法比拟的。目前的仿生机器人多采用传统的控制方法，对神经控制、肌电控制等仿生控制方法突破不够，这使得仿生机器人对复杂环境的适应能力不足，无法真正模拟生物实现精确的定位和灵活的运动控制。如何设计核心控制模块与网络以完成自适应、群控等一系列问题，已经成为仿生机器人研发过程中的首要问题。

生物经过亿万年的进化形成了精巧的运动控制机理，借鉴生物的运动控制机理对仿生机械的运动控制进行研究已成为机器人技术领域新的研究热点。例

如，仿生机器鱼高效、高机动运动的实现，除受外形和机构因素影响外，其通过身体和鱼鳍对水中涡流的有效控制是其高速、高效、高机动游动和抑制外部环境扰动的直接原因，通过鳍的波动运动、拍动运动、多鳍协调运动等方式研究仿生机器鱼的实时运动控制方法，实现高效、高速、高机动三维空间运动和姿态稳定、扰动抑制是仿生机器鱼研究的重要问题。再如，采用人体运动捕捉数据规划仿人机器人的运动，重点是研究人体关节角的变化和肢体末端的数据，近年来发展出一种新的借鉴自然界动物运动控制机理的仿生控制方法，该控制方法将生物技术和机器人技术结合起来，工程模拟动物的中枢模式发生器（Central Pattern Generator，CPG）、高层神经中枢以及生物反射等一些生物现象或控制机理，可有效提高机器人运动的稳定性和环境适应性。CPG 控制的典型代表是 Patrush、Tekken 和 TITAN 系列机器人。

在未来的发展中，仿生机器人控制方式，将在现有基础上进一步深入研究肌电信号（Electromyography，EMG）控制、脑电信号控制等仿生控制方式。EMG 的控制方法已经成为应用最为广泛、成功的人机交互方法，其基本的控制流程如图 50.4-14 所示。人脑的控制意愿产生神经冲动，神经冲动激发肌肉收缩产生 EMG 信号，通过表面电极采集这一信号经处理后发送到假手的控制系统，手指动作产生的接触力信息通过电刺激或是震动反馈的方式反馈到人体，形成类似于人手的控制闭环。模式识别方法是近来广泛采用的一种 EMG 控制方法，该方法通过在皮肤表面放置电极采集前臂原始 EMG 信号，对信号放大、滤波、通过数据采集卡采样。采样后的信号根据分类器拟采用的特征进行分段、特征提取后输入到分类器，识别得到手指的动作模式后发送到底层假手控制器。

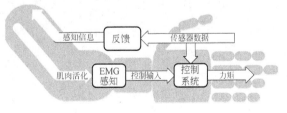

图 50.4-14　EMG 控制流程

5　仿生机械运动设计数学方法

对于仿生机械运动学来说，如何对仿生原型的运动特点进行分析、综合，并用数学方式进行表达，从而研究其运动特性和运动方式，即转换为生物运动和生物力学问题进行研究至关重要。

从运动功能角度分析，用解析法进行机构运动分析的内容，包括有位移分析、速度分析和加速度分析三个方面。这里关键问题是建立位移方程式，至于速度分析和加速度分析，则可利用位移方程式对时间求导一次、二次而求解。

机构运动分析的方法很多，但是矢量概念是描述刚体运动的一种基本分析方法。矢量可用极坐标和直角坐标两种坐标系来描述，它们各有特点。在数值分析方法中，也常常把矩阵法与矢量法结合起来使用。用矩阵法研究机构的运动，就是把机构的运动问题抽象为坐标的变换问题。

5.1 旋转变换张量法

旋转变换张量法于 1976 年由牧野洋最先应用于空间机构运动分析，其优点是：①坐标系建立过程简易，列写运动方程简捷且具有明确的几何意义；②旋转变换张量同时具有确切的解析表达式和明确的几何意义，所以逆问题求解过程可与几何方法结合，对机构的封闭矢量图求解。运用旋转变换张量法建立机械手运动方程和求解运动学逆问题，是仿生机械手运动分析的有力数学工具。

5.2 直角坐标矢量法

机构速度分析目的是为机构奇异位形研究提供雅可比矩阵，其基础是运动学模型的构建。例如，对于球面变胞仿生关节机构，运动学方程的建立是将动平台、静平台上铰链点的坐标在参考坐标系中表示，然后根据机构支链特殊位置关系建立约束方程，运用矢量法建立机构运动学模型，通过对运动学方程求导，得到速度映射模型，进而得到机构雅可比矩阵；或运用矢量法构建机器人运动学模型，并利用几何关系对模型进行求解。

5.3 坐标变换矩阵法

刚体的位姿主要包括刚体参考点的位置和姿态，有矢量法、齐次变换法、四元数法和旋量法等描述方法。其中，齐次变换法能够将运动、变换和映射与矩阵运算联系起来，并且广泛应用于机器人控制算法、计算机图形学、视觉信息处理以及空间机构动力学等领域，所以目前齐次变换法应用最广。一般需要将机器人各部分假设成刚体，这样才能准确地求得机器人各连杆间以及机器人与运动环境之间的运动关系。例如，一款新型八足步行仿生机器人，其腿部机构由一种类似于斯蒂芬森六杆运动链的多连杆机构组成，运用齐次坐标变换矩阵，获得端点的运动方程。

用矩阵法研究机构的运动，就是把机构的运动问题抽象为坐标系的变换问题。这时，除了设置参考坐标系外，在构件上均需安置动坐标系，那么就按动坐标系相对于参考坐标系的位置，即可确定该构件在参考坐标系中的位置。动坐标系相对于参考坐标系的位置，可用一个坐标变换矩阵表示。在采用矩阵法进行机构运动分析中，假定：①固定于构件上任意两点之间的距离，在运动中保持不变；②总位移等于构件的角位移加上线位移；③旋转是不可交换的。

第 5 章　仿生机构设计

1　仿生机构设计概述

1.1　仿生机构基本概念

仿生机构是由刚性构件、柔韧构件、仿生构件及动力元件等通过特定的连接方式组合在一起的机械系统。系统中各部件在控制系统的指挥下，可模仿某种生物特有的运动方式，实现特定的仿生功能。

刚性构件指的是机构中做刚体运动的单元体；柔韧构件是指弯曲刚度很小且不会伸长或缩短的带状构件；仿生构件是模仿生物器官的功能特性，在机构中独立存在且不影响机构的相对运动，并可改善传动质量的构件，如滑液囊、滑液鞘等；动力元件指的是能在控制下直接对柔韧构件施加张力的动力源的总称，其功能相当于动物的肌肉。

1.2　仿生机构组成

仿生机构可划分为刚性和柔性两大组成部分，其中刚性组成部分同传统机构学中的空间机构（开链机构和闭链机构）一样，是整个机构的基础，决定着机构的自由度数及每个刚性构件的活动范围；柔性组成部分则是传统机构学中所没有的，它决定着刚性部分中起始构件的驱动方式及机构的运动确定性。传统空间机构学中没有的"滑车副""环面副""鞍面副""椭球面副"等由动物关节归纳而得到的四种主要运动副形式及其简化过程见表 50.5-1。

表 50.5-1　运动副及其简化过程

简化过程	运动副形式			
	滑车副	椭球面副	鞍面副	环面副
生物关节原形				
运动副简图				
自由度	1	2	2	3

1.3　仿生机构的设计原则

设计机构首先依据工艺要求拟定从动件的运动形式、功能范围，正确选择合适的机构类型，从而进行新机械、新机器的设计，同时分析其运动的精确性、实用性与可靠性等。

（1）机构的选型原则

所谓机构的选型就是选择合理的机构类型实现工艺要求的运动形式、运动规律。

机构的选型主要依据如下原则：

1）依照生产工艺要求选择恰当的机构型式和运动规律。机构型式包括连杆机构、凸轮机构、齿轮机构、轮系和组合机构等。机构的运动规律包括位移、速度、加速度的变化特点，它与各构件间的相对尺寸有直接关系，选用时应作充分考虑，或按要求进行分析计算。

2）结构简单、尺寸适度，在整体布置上占的空间小，布局紧凑，又能节约原材料。选择结构时也应考虑逐步实现结构的标准化、系列化，以期降低成本。

3）制造加工容易。通过比较简单的机械加工，即可满足构件的加工精度与表面粗糙度要求。还应考虑机器在维修时拆装方便，在工作中稳定可靠、使用安全，以及各构件在运转中振动轻微、噪声小等要求。

4）局部机构的选型应与动力机的运动方式、功率、转矩及其载荷特性相互匹配、协调，与其他相邻机构衔接正常，传递运动和动力可靠，运动误差应控制在允许范围内，绝对不能发生运动的干涉。

5）具有较高的生产率与机械效率，经济上有竞争能力。

（2）机构的设计原则

进行仿生机构设计时，除了遵守上述的选型原则外，还要考虑功能性、可靠性、安全性、适用性、可行性。应注意以下原则：

1）生物的机构与运动特性，只能给人们开展仿生机构设计以启示，不能采取照搬式的机械仿生。

2）注重功能目标，力求结构简单。

3）仿生的结果具有多值性，要选择结构简单、工作可靠、成本低廉、使用寿命长、制造维护方便的仿生机构方案。

4）仿生设计的过程也是创新的过程，要注意形象思维和抽象思维的结合，注意打破定式思维，并运用发散思维。

1.4　仿生机构设计方法与设计步骤

仿生机构是建立在模仿生物体的解剖基础上，了解其具体结构，用高速摄像系统记录并分析其运动情况，然后运用机械学的设计与分析方法，完成仿生机构的设计过程，是多学科知识的交叉与运用。

仿生机构的基本设计步骤为：

1）通过研究某些动物关节的特殊结构及连接关系，设计在功能上与之近似的运动副形式。

2）设计高效、轻便、灵敏且应用可靠、便于控制的能量蓄放器，以作为机构的动力执行元件。

3）在传统机构的基础上，结合仿生研究方法，进行机构分析与综合，以适应研制仿生机构的需求。

4）研究仿生机构的运动控制算法，开发相应的软件和硬件系统。

5）应用计算机仿真技术，模拟仿生机构的运动，从运动学和动力学的角度，验证机构尺度综合的可行性与合理性，从而找出机构中存在的问题，对原设计进行必要的修正和优化。

2　仿生机构功能分类

仿生机构是仿生机械的重要组成部分，是模仿生物的运动形式、生理结构和控制原理设计制造出的功能更集中、效率更高、应用范围更广泛，并具有生物特征的机构，是仿生机械中完成机械运动的物质载体。仿生机构的类型，按照生物模本及其运动机构的

类别主要划分为仿生作业机构、仿生行走机构和仿生推进机构等。

3　仿生作业机构

仿生作业机构主要指仿生抓取机构、手臂和手腕机构及仿生行走机构等。

3.1　仿生抓取机构

3.1.1　类似人拇指的抓取机构

人类拇指动作，除拇指的弯曲外还有转动。图 50.5-1 所示的抓取机构由蜗杆蜗轮机构 1 带动差动轮系 2 运动。差动轮系 2 通过行星锥齿轮，把运动传送到两个中心锥齿轮，一个锥齿轮带动拇指 8 的根部转动；另一个锥齿轮通过柔性带 6 和导向轮 5，使拇指的前二节作弯曲运动。

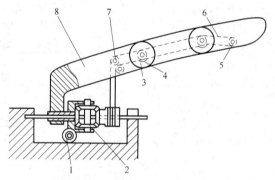

图 50.5-1　类似人拇指的抓取机构

1—蜗杆蜗轮机构　2—差动轮系　3—带轮固定座
4—柔性带支撑轮　5—导向轮　6—柔性带
7—换向轮　8—拇指

3.1.2　弹性材料制成通用手爪的抓取机构

利用能变形的弹性材料制成简单的手爪，可抓握特殊形状的工件，也可抓取易破损材料制成的工件。在图 50.5-2a 所示的抓取机构中，两手爪上，一爪装有平面弹性材料 1，另一爪装有凸面弹性材料 8，其形状必须保证有足够的变形空间。当活塞杆 4 向右移时，接头 6 带动连杆 7 使两手爪 2 相向运动，弹性材料与工件 9 接触后，即随工件的外形而变形，并用其弹性力夹紧工件。图 50.5-2b 为抓取两种不同形状的工件时，弹性材料变形的情况，它既保证了有足够的抓取夹紧力，又避免了夹紧力过于集中而损坏由易破碎材料制成的工件。

3.1.3　用挠性带和开关机构组成的柔软手爪

用挠性带绕在被抓取的物件上，把物件抓住，可以

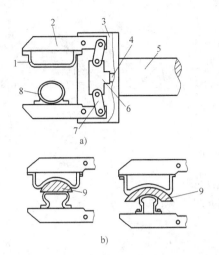

图 50.5-2　弹性材料制成通用手爪的抓取机构

a) 弹性材料制成的抓取机构　b) 抓取机构的抓取动作

1—平面弹性材料　2—手爪　3—连杆安装基座

4—活塞杆　5—保护外罩　6—接头　7—连杆

8—凸面弹性材料　9—工件

分散物件单位面积上的压力而不易损坏。图 50.5-3a 所示挠性带 2 的一端有接头 1，另一端是夹紧接头 9，它通过固定台 8 的沟槽固定在驱动接头 4 上。当活塞杆 5 向右将挠性带拉紧的同时，又通过缩放连杆 3 推动夹紧接头 9 向左，收紧挠性带，从而把物件夹紧；活塞杆向左时，将带松开。图 50.5-3b 是用有柔性的杠杆作手爪，当活塞杆向右时，将手爪放开；反之则夹紧。

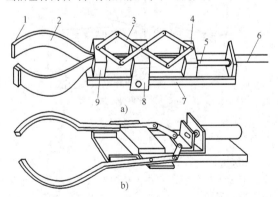

图 50.5-3　用挠性带和开关机构组成的柔软手爪

a) 挠性带抓取机构　b) 柔性杠杆抓取机构

1—接头　2—挠性带　3—缩放连杆

4—驱动接头　5—活塞杆　6—缸体

7—伸缩机构导轨　8—固定台　9—夹紧接头

3.1.4　仿物体轮廓的柔性抓取机构

　　图 50.5-4 所示为用一个自由度实现的柔性抓取机构，无论何种截面的二维物体，它都能包络，而且

可靠地抓取。当电动机 a 运转时，接通离合器 2，将缆绳收紧，使其各链节包络工件；当电动机 b 运转时，接通离合器 2，将缆绳放松，松开工件。

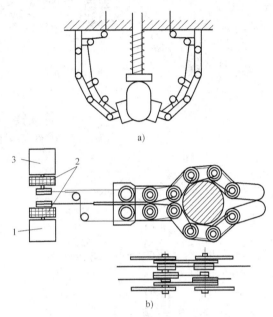

图 50.5-4　仿物体轮廓的柔性抓取机构

a) 单自由度柔性抓取机构 1　b) 单自由度柔性抓取机构 2

1—电动机 a　2—离合器　3—电动机 b

3.1.5　挠性指抓取机构

　　图 50.5-5 所示为一种紧凑的多关节抓取机构，共有 3 个手指，均具有能做屈伸运动和侧屈运动的关节。第 1 指有三个自由度，第 2 指和第 3 指各有四个自由度。图 50.5-5a 中 1a、2a、3a 分别为 1、2、3 三指的侧屈运动关节，1b、2b（$2b_1$、$2b_2$）、3b（$3b_1$、$3b_2$、$3b_3$）分别为三指的屈伸运动关节。图 50.5-5b 表示挠性指的屈、伸状态。

3.2　仿生手臂和手腕机构

3.2.1　圆柱坐标式手臂

　　图 50.5-6 所示为一种圆柱坐标式手臂，手臂能沿半径方向和 z 轴移动，又能绕 z 轴转动，故可做伸缩、升降、摆动等动作。其工作空间为圆柱体，故又被称为圆柱式坐标。与直角坐标式手臂相比，它占据空间位置小，而活动范围大，结构简单、直线性好，因此应用广泛。但由于机械结构关系，z 轴方向的最低位置受到限制，一般不能抓取地面上的工件。此外，其各个运动的分辨率不同，底座回转分辨率用角度增量表示，半径越大，精度越低。

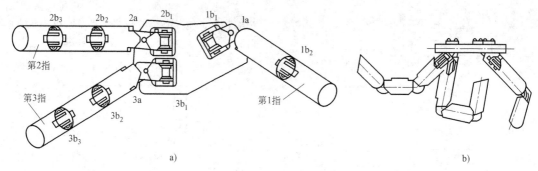

图 50.5-5　挠性指抓取机构
a) 挠性指的侧屈运动　b) 挠性指的屈、伸状态

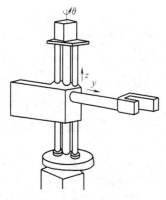

图 50.5-6　圆柱坐标式手臂

3.2.2　活塞液压缸与齿轮齿条组成的手臂回转运动机构

图 50.5-7 所示为一种活塞液压缸与齿轮齿条组成的手臂回转运动机构,当液压缸 5 两腔交替进入压力油时,活塞 4 带动齿条 3 做往复移动,齿条又带动齿轮 2 即手臂 1 往复摆动。通常,手臂 1 的末端安装手腕或手爪,故手臂的转动用以调整手爪抓取工件的方位。

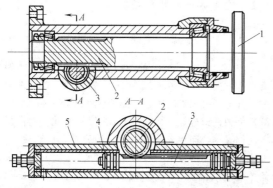

图 50.5-7　活塞液压缸与齿轮齿条组成的手臂回转运动机构
1—手臂　2—齿轮　3—齿条　4—活塞　5—液压缸

3.2.3　直角坐标式手臂

图 50.5-8 所示为一种直角坐标式手臂,该手臂能在直角坐标系的 x、y、z 三个坐标轴方向做直线移动,即能伸缩、移动和升降,这三个运动可同时且互相独立地进行;其工作空间为一立方体,故称为直角坐标式手臂。其特点是结构简单、直观性强、定位精度容易保证;但占据空间位置大,而且相应的工作范围较小、惯性大。这种手臂特别适用于工作位置按行排列的场合。

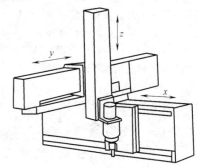

图 50.5-8　直角坐标式手臂

3.2.4　多关节式手臂

图 50.5-9 所示为一种多关节式手臂,手臂的动作类似于人的手臂,它由大小两臂组成。大小两臂间的连接为肘关节,大臂与立柱(或基座)之间连接为肩关节,大小臂和立柱之间具有 ϕ_1、ϕ_2、ϕ_3 三个摆角。这种机械臂的优点是:动作灵活,运动惯性小,通用性大,能抓取靠近机座的工件,并能绕过机体和工作机械之间的障碍物进行工作,但与普通机械的 xyz 直线运动控制相比要复杂得多,特别是多关节式手臂的关节众多,且各关节大多是转角关系,故位置控制上"直观性"差,控制困难。

图 50.5-9a 与 c 相似;图 50.5-9b 中,小臂的驱动源安装在 ϕ_1 的转盘上,通过平行四边形机构传送。

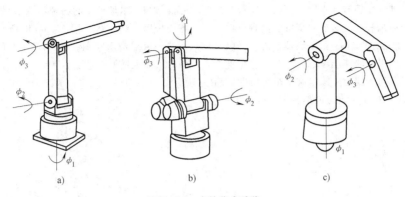

图 50.5-9　多关节式手臂
a) 结构 1　b) 结构 2　c) 结构 3

3.2.5　用平行四边形机构作小臂驱动器的关节式机械手

图 50.5-10 所示为一种用平行四边形机构作小臂驱动器的关节式机械手，该机械手有 5 个自由度，即躯体的回转（θ_1）、手臂的俯仰和伸缩（θ_2、θ_3）、手腕的弯转和滚转（θ_4、θ_5）。该机械手的特点是其第 3 关节（θ_3）的驱动源安装在躯体上，用平行四边形机构将运动传给小臂。这样安排驱动源，是为了减轻大臂的重量，增加手臂的刚度，因而提高手腕的定位精度。

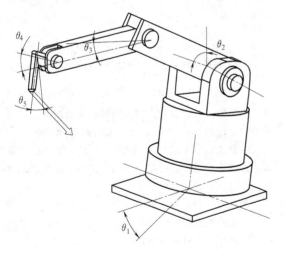

图 50.5-10　用平行四边形机构作
小臂驱动器的关节式机械手

3.3　仿生行走机构

仿生行走机构主要包括仿生步行机构、仿生轮式移动机构以及仿生爬行机构等。仿生步行机构又分为两足仿生步行机构和多足仿生步行机构。

3.3.1　步行机构

仿生步行机构作为一种拥有全方位运动能力的移动运载平台，具有非常广阔的应用前景。目前，科研工作者在仿生步行机构方面做了大量的研究工作，研发出了适合各种复杂地形的移动平台。

（1）拟人型步行机器人

图 50.5-11 所示为人类与鸟类的两足步行状态示意图。人的膝关节运动时，小腿相对于大腿是向后弯曲；而鸟类的腿部运动则与人类相反，小腿相对于大腿是向前弯曲的。

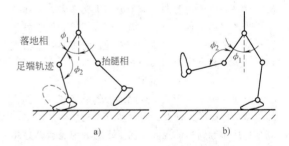

图 50.5-11　拟人型步行机器人
a) 人的步行状态　b) 鸟类的步行状态

有足运动仿生可分为两足步行运动仿生和多足运动仿生，其中两足步行运动仿生具有更好的适应性，也最接近人类，故也称为拟人型步行仿生机器人。拟人型步行机器人具有类似于人类的基本外貌特征和步行运动功能，其灵活性高，可在一定环境中自主运动。拟人型步行机器人是一种空间开链机构，实现拟人行走使得这个结构变得更加复杂，需要各个关节之间的配合和协调。所以各关节自由度分配上的选择就显得尤其重要，从仿生学的角度来看，关节转矩最小条件下的两足步行结构的自由度配置应为：髋部和踝部各需要 2 个自由度，可以使机器人在不平的平面上

站立，髋部再增加一个扭转自由度，可以改变行走的
方向，踝关节处增加一个旋转自曲度可以使脚板在不
规则的表面着地，膝关节上的一个旋转自由度可以方
便地上下台阶。所以从功能上考虑，一个比较完善的
腿部自由度配置是每条腿上应该各有 7 个自由度。图
50.5-12 所示为腿部的 7 个自由度的分配情况。

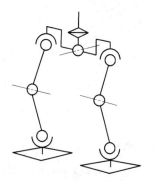

图 50.5-12　拟人机器人腿部的理想自由度

国内外研究的较为成熟的拟人型步行机器的腿部
都选择了 6 自由度的方式，其分配方式为髋部 3 个自
由度，膝关节 1 个自曲度，踝关节 2 个自由度。由于
踝关节缺少了一个旋转自由度，当机器人行走中进行
转弯时，只能依靠大腿与上身连接处的旋转来实现，
需要先决定转过的角度，并且需要更多的步数来完成
行走转弯这个动作。但是这样的设计可以降低踝关节
的设计复杂程度，有利于踝关节的机构布置，从而减
小机构的空间体积，减轻下肢的质量。这是拟人型步
行机器人下肢在设计中的一个矛盾，它将影响机器人
行走的灵活程度和腿部结构的繁简。

（2）多足步行仿生机器人

有足动物在复杂或不规则地面的越障和避障能力
比最敏捷的机器人还要优越，步行机构能到达许多轮
式车辆所不能到达的地方。四足动物的前腿运动是小
腿相对于大腿向后弯曲，而后腿则是小腿相对于大腿
向前弯曲。图 50.5-13 所示为四足动物的腿部结构示
意图。四足动物在行走时一般三足着地，跑动时则三
足着地、两足着地和单足着地交替进行，处于瞬态的
平衡状态。

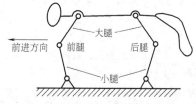

图 50.5-13　四足动物的腿部结构

两足动物和四足动物的腿部结构大多采用简单的

开链结构，多足动物的腿部结构有的采用开链结构，
有的采用闭链结构。图 50.5-14a 所示为多足动物腿
部的一种结构示意图，图 50.5-14b 所示为仿四足动
物的机器人结构示意图。

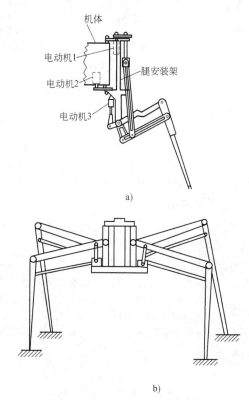

图 50.5-14　多足动物的仿生腿结构
a）多足动物的仿生腿　b）仿四足动物的机器人结构

多足仿生一般是指四足、六足、八足的仿生步行
机器人机构。多足步行机器人能够在复杂的非结构环
境中稳定地行走，一直是机器人研究领域的热点之
一。四足步行机器人在行走时，一般要保证三足着
地，且其重心必须在三足着地的三角形平面内才能使
机体稳定，故行走速度较慢。

通过对步行机器人腿数与性能的定型和评价，同
时也考虑到机械结构和控制系统的简单性，通过对蚂
蚁、蟑螂等昆虫的观察分析，发现昆虫具有出色的行
走能力和负载能力，因此，六足步行机器人得到广泛
的应用，但这种机器人能量消耗较大。图50.5-15所
示为六足步行机器人。

六足步行机器人常见的步行方式是三角步态。三
角步态中，六足机器人身体一侧的前腿、后腿与另一
侧的腿足共同组成支撑相或摆动相，处于同相三条腿
的动作完全一致，即三条腿支撑，三条腿抬起换步。
抬起的每个腿从躯体上看是开链结构，而同时着地的

图 50.5-15　六足步行机器人

三条腿或六条腿与躯体构成并联多闭链多自由度机构。图 50.5-16 所示的六足步行机器人，在正常行走条件下，各支撑腿与地面接触可以简化为点接触，相当于机构学上的 3 自由度球面副，再加上踝关节、膝关节及髋关节（各关节为单自由度，相当于转动副），每条腿都有 6 个单自由度运动副。六足步行机器人的行走方式，从机构学角度看就是 3 分支并联机构、6 分支并联机构及串联开链机构之间不断变化的复合型机构。同时也说明，无论该步行

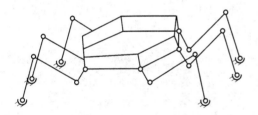

图 50.5-16　六足步行机器人结构

机器人采取的步态及地面状况如何，躯体在一定范围内均可灵活地实现任意的位置和姿态。

3.3.2　轮式移动机构

（1）足与轮并用步行机

图 50.5-17a 所示为一种足与轮并用步行机，足的端头装有球形滚轮，能以三点支撑式在管内行走，能沿管的轴向、周向运动。图 50.5-17b 所示步行机可沿管外壁行走，轴向、周向运动均可。

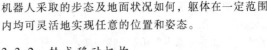
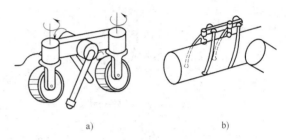

a)　　　　　　　　b)

图 50.5-17　足与轮并用步行机
a）步行机沿路面行走　b）步行机沿管壁行走

（2）能登台阶的轮式行走机构

图 50.5-18 所示为一种能登上台阶的轮式行走机构，当车轮的尺寸和台阶的高度在一定范围时，该车能登台阶行走。在通常的平地上，小形车轮转动而行走，如图 50.5-18a 中①～④；在登台阶行走时，三个小轮绕其转动中心转动，如图 50.5-18b 中⑤、⑥；同时，如有必要，支架⑦也能弯曲；其登台阶行走情况如图 50.5-18c 所示。

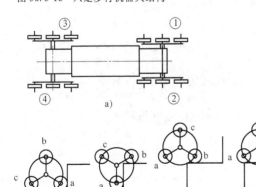
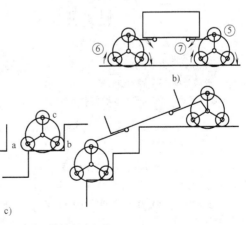

图 50.5-18　能登上台阶的轮式行走机构
a）轮式行走机构俯视图　b）轮式行走机构平地行走　c）轮式行走机构登台阶行走

3.3.3　车轮式步行机

图 50.5-19a 所示为三轮步行机，图 50.5-19b 所示为四轮步行机。图中画有直箭头的是驱动轮，画有弯箭头的是可操纵转向的车轮。当转向轮转向期间，驱动轮旋转行走时，驱动轮与地面间发生滑动，就无

法求出移动量。若在静止状态下操纵转向，则转向阻力矩很大。图 50.5-19c 所示为全方位轮式步行机示意图。该机构可以实现任意方向的转向行走，其车轮接地点在锥齿轮圆锥素线的延长线上，所以转向和行走相互独立，可以高精度地控制其移动量，克服了普通车轮步行机的缺点。图 50.5-19d 所示为两倾斜驱动轮组合的步行机。该机构在本体有前后倾倒趋势时，轮子的接地点可前后移动以防止倾倒，使本体直立安定性提高。

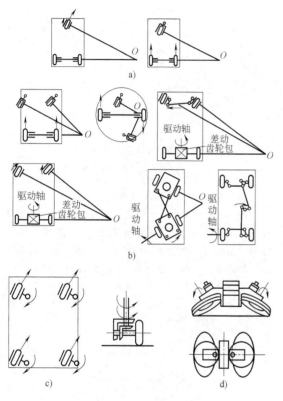

图 50.5-19 车轮式步行机

a）三轮步行机 b）四轮步行机

c）全方位轮式步行机 d）两倾斜驱动轮组合步行机

3.3.4　仿生爬行机构

仿生爬行机器人机构与传统的轮式驱动机器人机构不同，采用类似生物的爬行结构进行运动，使得机器人可以具有更好的与接触面的附着能力和越障能力。

如图 50.5-20 所示为 Strider 爬壁机器人，具有 4 个自由度。结构上由左右两足、两腿、腰部和 4 个转动关节组成，其中 3 个关节 J_1、J_3 和 J_4 在空间上平行放置，可实现抬腿跨步动作，完成直线行走和交叉面跨越功能。Strider 的每条腿各有一个电动机，通过

微型电磁铁来实现两个关节运动的转换。每个电动机独立控制两个旋转关节 R，关节间的运动切换通过一个电磁铁来完成。从图中可以看出，Strider 的左腿电动机通过锥齿轮传动分别实现腿绕关节 J_1 或 J_2 旋转，完成抬左脚或平面旋转动作；Strider 的右腿电动机通过锥齿轮传动分别实现腿绕关节 J_3 或 J_4 旋转，完成抬右脚或跨步动作。以左脚为例，通过电磁铁控制摩擦片式离合器，实现摩擦片与抬脚制动板或腿支侧板贴合，控制抬脚锥齿轮的转动与停止，完成左腿两种运动的切换。抬脚锥齿轮转动则驱动关节 J_2，否则驱动 J_1 旋转。该机构左右脚结构对称，运动原理相似，不同之处在于左脚 J_1 和 J_2 关节通过锥齿轮连接，而右脚的 J_3 和 J_4 关节通过带轮连接。

Strider 的两足分别由吸盘、气路、电磁阀、压力传感器和微型真空泵组成，通过微型真空泵为吸盘提供吸力，利用压力传感器检测 Strider 单足吸附时的压力，以保证爬壁机器人可靠吸附。利用电磁阀控制气路的切换，实现吸盘的吸附与释放。每个吸盘端面上沿移动方向前后各装了一个接触传感器，用于调整足部吸盘的姿态，以保证与壁面的平行。

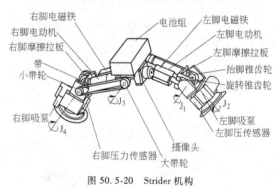

图 50.5-20 Strider 机构

4　仿生推进机构

4.1　扑翼飞行机构

4.1.1　扑翼飞行机构的基本概念

通过模仿自然界鸟类飞行和昆虫运动机理而实现扑翼飞行，使飞行器机翼如同鸟类或昆虫类利用拍翅同时产生升力与推力。扑翼拍翅系统具有举升、悬停和推进功能，根据鸟和昆虫的形体大小，其飞行方式有低频率扑动滑翔，频率略高、运动轨迹相对简单的扑动及频率极高、运动轨迹复杂的扑翼形式。鸟和昆虫的扑翼飞行方式有较大差异，鸟翼在正常平飞（不考虑起飞与降落）过程中有四种基本运动方式：扑动、扭转、挥摆、折叠。鸟翼做周期性高频往复运

动，并将产生的气动力传递到鸟的躯体，配合完成鸟类双翼的复杂空间动作。昆虫翅翼的运动方式有：拍翅运动，翅翼在拍动平面内往复运动；扭翅运动，翅翼绕自身的展向轴线做扭转运动，用以调节翅拍动时的迎角；偏移运动，双翅的拍动平面可以向头部或尾部偏移。昆虫翅翼运动由胸部肌肉控制，通过外骨骼、弹性关节、胸部变形以及收缩-放松肌肉向翅膀传递运动。鸟类及昆虫的飞行运动系统与机械运动系统可类比为：胸部肌肉类似于机械运动系统的驱动器；骨骼和弹性关节类似于机械中的闭环柔性机构；驱动器和柔性机构应集成一体；由驱动器、柔性铰链机构和翅膀组成的机械系统通过振动实现运动。鸟类及昆虫胸部-翅膀结构类似于由能源、控制系统、驱动器、柔性机构以及翼组成的机械系统。

4.1.2　扑翼飞行机构组成及设计要求

扑翼飞行机构是微型扑翼飞行器的核心部件，常见扑翼机构一般由机架、动力源、传动机构以及左右两个翅膀杆组成，其最基本的设计要求为：机构可以完成类似于鸟类或昆虫的多自由度扑动动作；机构运动驱动翅翼可以产生足够的力矩推动飞行器飞行。一般而言，扑翼机构需有固定机架、输入杆、载翅杆；整个机构杆件尽可能少，以保证扑动机构的紧凑、轻巧；所有零件的设计要有良好加工工艺性，以方便机构的试制。

4.1.3　扑翼飞行机构举例

（1）单自由度

1）曲柄滑块扑翼飞行机构。图 50.5-21 所示为曲柄滑块扑翼飞行机构，曲柄带动滑块沿着导杆上下运动，两边的摇杆（翅膀）铰接于滑块，在滑块的带动下实现扑动。

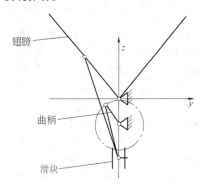

图 50.5-21　曲柄滑块扑翼飞行机构

2）凸轮弹簧扑翼飞行机构。图 50.5-22 所示为凸轮弹簧扑翼飞行机构，盘形凸轮转动，推动下面的

从动件在弹簧的作用下上下移动，铰接于从动件两边的摇杆在从动件的带动下实现上下扑动。只要设计好恰当的凸轮轮廓曲线，即可实现各种扑翼运动规律。

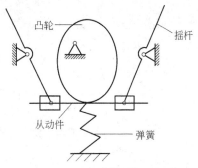

图 50.5-22　凸轮弹簧扑翼飞行机构

3）单曲柄双摇杆扑翼飞行机构。图 50.5-23 所示为单曲柄双摇杆扑翼飞行机构，γ 为机架 OO_1 的安装角，α 为曲柄与 OO_1 之间的夹角，L_1 是曲柄长度，L_2 是连杆长度，L_3 是摇杆长度，L_4 是机架 OO_1 之间的距离。曲柄的角速度可表达为

$$\omega = \frac{\pi n_1}{30i} \qquad (50.5\text{-}1)$$

式中，n_1 是电动机的转速，i 是总传动比。

通过速度瞬时中心法，可求得右扑翼摇杆的角度 $\phi_1(\alpha)$ 和角速度 $\omega_1(\alpha)$，以及左扑翼摇杆的角度 $\phi_2(\alpha)$ 和角速度 $\omega_2(\alpha)$，设初始位置曲柄和 OO_1 重叠，表达式为

$$B = 180° - 2\gamma \qquad (50.5\text{-}2)$$

$$L_5 = \sqrt{L_1^2 + L_4^2 - 2L_1 L_4 \cos\alpha} \qquad (50.5\text{-}3)$$

$$L_6 = \sqrt{L_1^2 + L_4^2 - 2L_1 L_4 \cos(\alpha - B)} \qquad (50.5\text{-}4)$$

$$\beta_1 = \arccos\frac{L_2^2 + L_5^2 - L_3^2}{2L_2 L_5} + M_1 \arccos\frac{L_1^2 + L_5^2 - L_4^2}{2L_1 L_5}$$
$$(50.5\text{-}5)$$

$$\beta_2 = \arccos\frac{L_2^2 + L_6^2 - L_3^2}{2L_2 L_6} + M_2 \arccos\frac{L_1^2 + L_6^2 - L_4^2}{2L_1 L_6}$$
$$(50.5\text{-}6)$$

$$(M_1, M_2) = \begin{cases} (+1, +1) & 0 \leq \alpha < B \\ (+1, -1) & B \leq \alpha < 180° \\ (-1, -1) & 180° \leq \alpha < (180° + B) \\ (-1, +1) & (180° + B) \leq \alpha < 360° \end{cases}$$
$$(50.5\text{-}7)$$

$$\varphi_1(\alpha) = \gamma - \beta_1 \qquad (50.5\text{-}8)$$

$$\varphi_2(\alpha) = \gamma - \beta_2 \qquad (50.5\text{-}9)$$

$$\omega_1(\alpha) = \frac{\omega}{L_4}\left\{\frac{L_1\sin\beta_1}{\sin(\alpha+\beta_1)} - 1\right\} \quad (50.5\text{-}10)$$

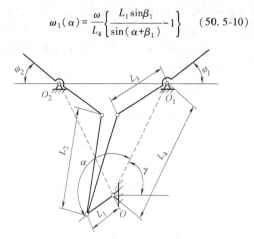

图 50.5-23　单曲柄双摇杆扑翼飞行机构

4）双曲柄双摇杆扑翼飞行机构。图 50.5-24 所示为双曲柄双摇杆扑翼飞行机构，以齿轮作为曲柄的双曲柄双摇杆扑翼机构由两个推杆、两个摇杆和减速齿轮组成，减速齿轮包括中间齿轮和两个驱动齿轮。中间齿轮带动单翅曲柄连杆机构 ABCD 中的驱动齿轮 Z_1 转动，通过左右驱动齿轮的结合点 E 带动 Z_2 转动，以获得相同的转动速度同时推动推杆，使整个扑翼机构实现拍翅运动。为保证高效的传递效率，齿轮、推杆以及摇杆需在同一平面内转动。

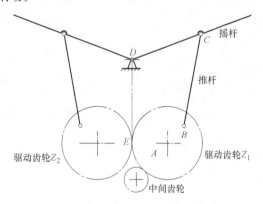

图 50.5-24　双曲柄双摇杆扑翼飞行机构

5）空间扑翼机构。图 50.5-25 所示为空间扑翼机构，该机构是由平面扑翼机构中曲轴转动中心在水平面内旋转 90° 得到的空间四杆机构。两个曲柄的运动关于机身纵平面对称，可消除两侧传动支链的不对称性。曲柄和摇杆的转轴不平行，将平面机构中连杆两端的平面转动副改为球副。空间机构单侧支链由曲柄、连杆及摇杆组成，两个转动副和两个球副，因此，机构自由度为 1（连杆两端是球副，存在一个转动为局部自由度）。

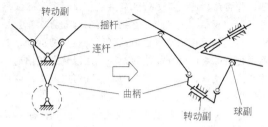

图 50.5-25　空间扑翼机构

（2）双自由度

1）曲柄摇杆扑翼飞行机构。图 50.5-26 所示为曲柄摇杆扑翼飞行机构，齿轮 Z_1 直接与电动机输出轴固接，通过 Z_1Z_2 一级减速之后分别通过 Z_2Z_3 二级减速传递到左右两侧的 Z_4 与四杆机构。曲柄在 Z_4 的带动下转动，同时带动翅膀（摇杆）上下扑动。除齿轮 Z_2 的位置不关于机身中心对称之外，其他所有零部件的布置均关于机身纵平面对称。因此，该机构不仅实现了翅膀的对称扑动，还有效实现了扑动翼两侧的重量平衡（齿轮 Z_2 为塑料齿轮，对整个机构的影响可以忽略不计）。在平面内，摇杆的摆摆角一般关于机架杆的垂直线对称分布，使扑翼机构有效地实现扑动。四杆机构摇杆的幅值要对应于微扑翼机构的拍打幅值，类比于鸟类和昆虫，一般取值范围在 50°～120° 内。

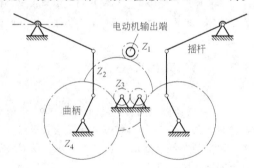

图 50.5-26　曲柄摇杆扑翼飞行机构

2）压电双晶片双摇杆扑翼飞行机构。图 50.5-27 所示为压电双晶片双摇杆扑翼飞行机构，该机构采用两个平行的双摇杆机构，两机构的右侧摇杆中用杆（EF）相连，EF 中部与翅膀中心轴固连，摇杆机构的运动带动翅膀拍动。为增大翅膀的振幅，增加了一个放大 PZT 位移的机构。当两个机构运动相同时，翅膀实现上下拍动，此时机构和单一摇杆机构等效，由于此时翅膀是以相同的迎角上下拍动，一个拍动周期内的平均净升力为零，这种运动不能产生净升力，不可能带动飞行器飞行。当两个机构的运动有相位差时，EF 杆产生偏转，带动翅膀转动，使翅膀上拍和下拍时具有不同的迎角，产生净升力，实现扑翼飞行。这种针对刚性结构翅的双 PZT 驱动翅膀运动机构，其运动控制很容易实现，结构简单、体积小、重量轻，且可以采用两套拍翅机构分别驱动飞行器的两个翅膀，实现独立驱动，能够分别调整两翅膀产生的升力。

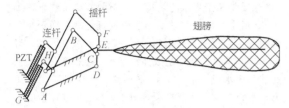

图 50.5-27 压电双晶片双摇杆扑翼飞行机构

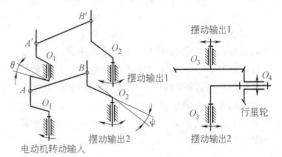

图 50.5-28 并联曲柄摇杆扑翼飞行机构

3）并联曲柄摇杆扑翼飞行机构。图 50.5-28 所示为并联曲柄摇杆扑翼飞行机构，该扑翼机构主要包括并联的两组曲柄摇杆机构与差动轮系两个部分，由直流伺服电动机驱动，将曲柄的连续旋转输入转换为翅膀的平扇与翻转两自由度复合运动输出。首先曲柄输入的旋转运动转换为尺寸参数均相同的两个摇杆摆动运动输出。由于曲柄 O_1A 与曲柄 $O_1'A'$ 存在固定的相位差 θ，所以两个摇杆的摆动输出并不同步，角度差 ψ 在不同转角位置时会有不同的取值。

当电动机以图中所示方向旋转时，摇杆 O_2B' 会先到达摇杆运动空间的极限位置，随后摇杆 O_2B 才到达与其相对应的极限位置。该过程中 ψ 会逐渐减小到零，然后又会反方向逐渐增大，利用这一特性将两个摆动输出再传递到差动轮系。当两个摆动输入的 ψ 不变时，行星轮随着行星轮支架绕轴 O_3 转动，自身不转动；当两个摆动输入的 ψ 变化或者反向运动时，行星轮会绕自身轴线 O_4 转动。因此，将翅膀固定在行星轮上，当曲柄连续转动，两个摇杆摆动输出的 ψ 近似不变时，翅膀保持翅攻角（翅膀扇动方向与翼后缘指向翼前缘方向的夹角）不变而做平扇运动；当两个摇杆在极限位置处反向运动时，翅膀则完成反扇转换过程中的翻转运动。于是，通过设计不同的扑翼机构参数就可以实现不同扇翅角（下扇的起始位置与翅膀当前位置的夹角）及翅攻角的扑翼形式。该机构将两个自由度的运动由一个驱动完成，具有总体质量较轻、控制相对简单、结构设计简洁等优点，且避免了由两个驱动所带来的质量耦合及控制上的联动问题。

4）七杆八铰链扑翼飞行机构。图 50.5-29 所示为可实现翼尖 8 字形运动且使扑翼绕展向轴线扭转的七杆八铰链机构。该机构在一个五杆六铰链机构 A-B-C-D-E-G-A 的基础上，在 C 点和机架上增加一个 RRR 二级杆组 C-F-G 组，扑翼与 CF 杆连接。五杆机构在 C 铰链点可产生 8 字形或香蕉形轨迹，在 GF 和 FC 带动下，使翅翼产生弦向扭转运动。由于机构自

由度为 2，可利用齿轮机构或带传动机构将两个曲柄 AB 和 DE 联系起来。该机构产生 8 字形的运动是由上下和前后两个运动的合成，当前后运动循环周期是上下运动的 2 倍时（AB 至 DE 的传动比为 2），产生 8 字形轨迹；若两者周期相同（AB 至 DE 的传动比为 1），则产生香蕉形运动轨迹，且扑翼的俯仰运动由 CF 杆的角位置实现。安装翅翼的三维运动扑翼飞行机构如图 50.5-30 所示，短轴 Q_1Q_2 与 CF 杆固联，两翼与短轴分别在 Q_1 和 Q_2 处组成球销副，可保证两翼随 CF 杆作俯仰运动；机翼与机架分别在 R_1 和 R_2 处组成滑球副，可将 C 点的平面 8 字形轨迹传至翼尖的空间 8 字形，实现上下扑动和前后划动两个运动。

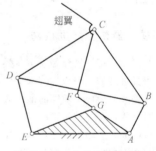

图 50.5-29 七杆八铰链机构

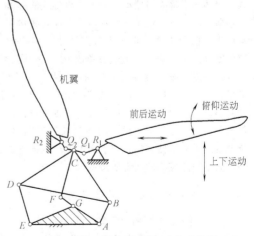

图 50.5-30 三维运动扑翼飞行机构简图

（3）多自由度

图 50.5-31 所示为平行曲柄摇杆扑翼飞行机构，该机构是由一对曲柄连杆组成，能够实现四自由度扑翼运动。其中，一摇杆与翅翼前缘黏接，另一摇杆与后缘黏接，通过驱动器调整两个曲柄的相位差来控制翅翼攻角实现俯仰运动，通过驱动输出摇杆来实现拍翅运动以及利用电动机不同的输出速度来控制拍翅的频率。

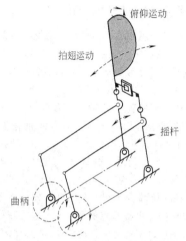

图 50.5-31 平行曲柄摇杆扑翼飞行机构

4.2 水下航行器仿生推进机构

水下航行器仿生推进机构是模仿鱼类等水中动物推进方式获得推进力的一种机构。水中生物由于物种及生活环境的差异，形成了不同的推进方式，按照推进运动模式可分为以下几种：喷射运动模式、中央鳍/对鳍模式（Median and/or Paired Fin，MPF）、身体/尾鳍模式（Body and/or Caudal Fin，BCF）和扑翼推进模式。波动运动模式的典型代表为鳗鱼，游动过程中整个身体几乎都参与摆动；喷射运动模式的典型代表为乌贼、水母等，依靠其特殊的喷水器官将水向后喷射产生向前的推力；MPF 推进模式主要靠胸鳍或腹鳍的摆动产生推进力，通过改变鳍的波形、波幅、频率及左右鳍上波的相位差来控制推力及转弯力矩；BCF 模式的鱼类主要靠身体和尾鳍产生推进力，通过弯曲身体形成向后传播的延伸到尾鳍的推进波，推动鱼体向前行进；海龟等海洋生物通过扑翼实现巡游。与传统的水下航行器相比，仿生水下航行器推进效率更高，且能更加灵活的实现姿态调整。

4.2.1 喷射式仿生水下推进机构

（1）仿墨鱼、樽海鞘的喷射式推进机构

图 50.5-32 所示为模仿墨鱼、樽海鞘等海洋生物

吸水喷水模式的喷射式仿生水下航行器推进机构。该机构由四个弹性吸水喷水筒组成，传动机构中的齿轮齿条机构共有两套，两个半齿轮固定在传动轴的两端（图中是将两个半齿轮机构分开画的，喷水装置未画出），两个半齿轮驱动回程齿条往复运动，回程齿条的两端与轴固定，从而驱动弹性筒的膨胀和收缩，弹性长条和弹性模变形造成弹性吸水喷水筒容积变化，进而弹性筒吸水或排水。1 号、3 号弹性吸水喷水筒的单向出水口同时与 1 号喷管相连，2 号、4 号弹性吸水喷水筒的单向出水口同时与 2 号喷管相连；1 号、4 号弹性吸水喷水筒的吸水排水状态相同；2 号、3 号弹性吸水喷水筒的吸水排水状态相同；1 号和 2 号弹性吸水喷水筒吸水排水状态相反，使得 1 号喷管和 2 号喷管实现连续喷水状态。

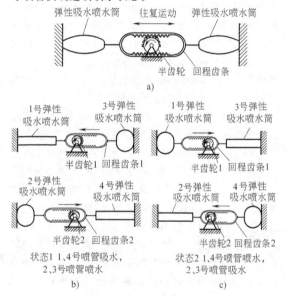

图 50.5-32 喷射式仿生推进机构示意图

a）传动机构工作原理图

b）1、4 号喷管喷水，2、3 号喷管喷水工作原理图

c）1、4 号喷管喷水，2、3 号喷管吸水工作原理图

（2）仿水母的喷水推进机构

图 50.5-33 所示为模仿水母的喷水推进模式的仿生机器水母。该仿生机器水母利用形状记忆合金（SMA）和离子导电聚合物膜（ICPF）作为驱动器，

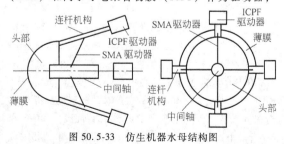

图 50.5-33 仿生机器水母结构图

驱动四只触手运动实现游动。每只触手由一个连杆机构和一块 ICPF 驱动器构成,触手可与形状记忆合金驱动器结合增加运动范围及提供更多的推进力。形状记忆合金通电,机器水母内部体积收缩,使内部的水或者其他介质向后排出,产生向前的推进力。四只触手可协作实现 3 自由度运动。

4.2.2 MPF 仿生水下推进机构

(1) 以何氏鳐为模本的胸鳍仿生推进机构

图 50.5-34 所示为以何氏鳐为仿生对象,设计的一种两自由度胸鳍推进机构。何氏鳐是典型的 MPF 模式推进的鱼类,身体扁平,胸鳍宽大,尾鳍退化,仅依靠胸鳍来实现自由灵活的运动。该推进机构采用连杆机构和齿轮机构分别实现仿胸鳍机器鱼的前后拍翼运动和摇翼运动,共有 8 个运动构件、11 个低副,具有 2 个自由度,由拍翼机构和摇翼机构两部分组成,分别由两个电动机单独实现拍翼运动和摇翼运动。拍翼电动机输出动力通过摇杆和 5 个连杆将动力传递到胸鳍上实现前后拍翼运动,连杆 2 和连杆 3 一起沿套筒移动;摇翼电动机输出动力通过齿轮 1 和固定套筒的齿轮 2 将动力传递到胸鳍上实现胸鳍的摇翼运动。在机构设计中通过连杆 2 与连杆 3 组成转动副来解决拍翼机构和摇翼机构运动时的构件干涉。

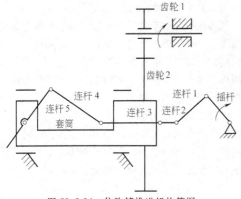

图 50.5-34 仿胸鳍推进机构简图

(2) 以箱鲀的胸鳍仿生推进机构

图 50.5-35 所示为以箱鲀为仿生对象,设计的一种两自由度胸鳍推进机构。该机构为单侧胸鳍推进机构,能够实现摇翼、前后拍翼及两者复合运动。胸鳍的前后拍翼运动由舵机 2 驱动实现。舵机 2 的输出轴带动舵机摇臂和滑动套筒前后摆动,滑动杆和胸鳍通过滑动套筒的带动从而实现前后摆动。舵机 2 固定在传动轴上,其输出轴与舵机摇臂相固定,从而实现舵机 2 的输出与舵机 1 的输出相分离;胸鳍的摇翼运动由舵机 1 驱动实现。舵机 1 的输出轴带动锥齿轮副运动,进而带动传动轴、舵机 2、舵机摇臂以及滑动套筒转动;通过销钉带动滑动杆及胸鳍转动。由于舵机 1 和舵机 2 的输出相互分离,因此当舵机 1 和舵机 2 同时驱动时,胸鳍即可实现复合运动。

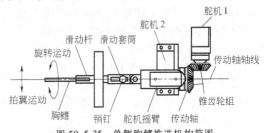

图 50.5-35 单侧胸鳍推进机构简图

4.2.3 BCF 仿生水下推进机构

(1) 仿生鱼尾鳍并联推进机构

图 50.5-36 所示为仿生鱼尾鳍并联推进机构,可以实现两自由度的仿鱼尾运动。图中 A、B 为大、小臂驱动电动机轴所在位置,摆角 $\alpha(t)$ 和 $\beta(t)$ 为摆杆转角与 x 轴正向夹角,摆杆逆时针摆动,角度增加,鱼体前进方向与 x 轴正向相反,y 轴垂直于 x 轴,由右侧指向左侧为轴正向。连杆 AD、BF、CD、CF 的长度 r_m、r_a、p、m 可以根据结构需要确定,d 为大、小臂电动机轴间距,DE 为尾鳍,CD 和 DE 夹角 δ_0 可以根据摆动角度需要进行调节,尾鳍 q 和短杆 p 为固联关系,其夹角可通过摆动范围指标预先确定。[$\alpha(t)$ 是尾鳍机构大臂摆动角;$\theta(t)$ 是尾鳍绕 D 点的摆角;$\zeta(t)$ 和 $\varepsilon(t)$ 为机构计算使用,没有生物学对应意义]。

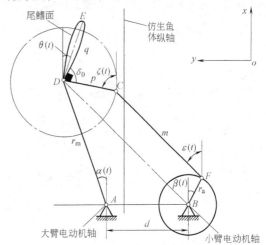

图 50.5-36 仿生鱼尾鳍并联推进机构简图

为使尾鳍摆动角度符合鱼类尾鳍摆动规律,$\alpha(t)$ 和 $\theta(t)$ 须满足

$$y(t) = A_y \sin(2\pi f t) \qquad (50.5-11)$$

$$\theta(t) = \theta_0 \sin(2\pi f t - \varphi) \qquad (50.5-12)$$

$$\alpha(t) = A_y \sin(2\pi f t) \qquad (50.5-13)$$

式中，$y(t)$ 是尾鳍在 y 方向的振荡位移，A_y 是尾鳍拍动位移幅度，A_V 是尾鳍大臂拍动角位移幅度，θ_0 是尾鳍面攻角角位移幅度，f 是尾鳍拍动频率，φ 是尾鳍大臂和尾鳍面摆动相位差，即 $\alpha(t)$ 和 $\theta(t)$ 之间的相位差（A_y 通过摆杆长度和摆角位移幅度计算，A_V、θ_0、f、φ 根据尾鳍拍动要求设定）。

（2）摆动式柔性尾部推进机构

图 50.5-37 所示为通过四连杆机构实现柔性摆动的尾部推进机构，所用四连杆机构将电动机转动转换为摆杆的往复运动。图中，曲柄 A 为原动件，以角速度 ω 进行旋转运动，通过连杆 B 向从动件 C（即摆杆，末端未画全）施加作用力，从而驱动杆件 C 作来回往复摆动。其中摆杆 C 绕转动副摆动，C 杆的摆动就转化成尾部的摆动。

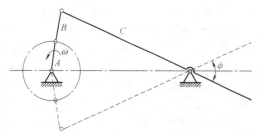

图 50.5-37 摆动式柔性尾部推进机构

4.2.4 仿生扑翼推进机构

图 50.5-38 所示为仿海龟扑翼运动规律的推进机构。海龟前扑翼运动包含上扑过程和下扑过程。

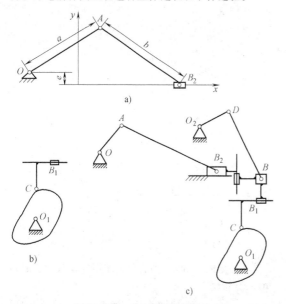

图 50.5-38 仿生扑翼推进机构
a）仿生扑翼偏置曲柄滑块机构 b）仿生扑翼凸轮推杆机构
c）仿生扑翼推进机构总体图

仿海龟扑翼推进机构以凸轮机构和曲柄滑块机构为基础，以铰链机构作为扑翼翻转的驱动机构来模仿海龟扑翼运动。海龟扑翼在运动过程中，向前划和向后划过程中的速度不同，向前划速度慢，向后划速度快，通过具有急回特性的偏置曲柄滑块机构（见图 50.5-38a）来满足扑翼运动的这种特性和运动轨迹需要，通过凸轮推杆机构（见图 50.5-38b）实现竖直方向上的运动。扑翼运动过程中，扑翼的弦线与来流方向存在一个夹角，采用铰链机构来控制扑翼的翻转，使其运动到轨迹中的各个位置时产生相应的夹角。曲柄滑块机构可实现水平方向上的运动，凸轮机构能够实现竖直方向上的运动，两个方向的运动同步进行，在关键点相互结合实现海龟扑翼的运动轨迹。最终将曲柄滑块机构、凸轮机构及铰链机构组合起来，分别布置在相互平行的 3 个竖直平面内（见图 50.5-38c），实现仿海龟扑翼运动。

5 仿生机构发展趋势

5.1 仿生机构的总体发展趋势

随着科技的发展，现代仿生机构设计已经发展为生物学、机构学、电子学、控制学等多门科学交叉的新学科。仿生机构的发展趋势主要有以下几个方面。

（1）仿生机构的创新

机构是机器的基础，要进行机器的创新设计，除了需要进行功能创新和组合创新外，最关键的是进行机构创新，即采用新机构实现机器更为优良的性质。利用机构创新可以避免已有的专利，实现机械产品自主创新，增强产品竞争力。

结合现代控制理论和技术，仿生机构可以从运动链结构的改变来进行创新、拓展，常用的运动链结构有闭链机构、开链机构以及变链机构，更为逼真地实现生物功能是仿生机构创新的重要途径。

（2）仿生机构的广义化

仿生机构在设计过程中，可以将驱动元件集成在机构中，使其成为"有源"机构，以提高机构的可控性；另外，为了实现仿生功能，机构的组成构件也广义化，构件不仅仅是刚体组件，还包括各类电动机、液压缸和气动缸、压电驱动器、电磁开关、形状记忆合金、链条、绳索、弹簧等多种形式，构件的柔性、弹性及挠性使机构多样化。

（3）仿生机构的微型化

微型仿生机械涉及多学科的交叉知识，在航空、航天和生物医学领域具有广泛的应用前景。在微型仿生机械中，微传动机构和微执行机构是主要的机械运动部分。微机构的表面效应、尺寸效应、多尺度效应和跨尺度运动都是微型仿生机构设计中的理论基础。同时，应该积极开展微机构的工作机理动态分析、设计理论和原理、可靠性分析与设计方面的研究。柔顺机构可以用作大型机构，但在微机构和微动机构中有更大的应用前景。

（4）仿生机构的混合驱动

混合驱动机构的基本思想是采用常规电机和伺服电机作为动力源，两种类型的输入运动通过一个多自由度机构合成后产生需要的输出运动。是传统机构与现代机器人机构在性能与成本上的一个良好折中，以适应工作柔性，将传统机构的高速度、低成本、大功率、高效节能等优势与仿生机构的灵活性有机结合起来，使得现代仿生机械从运动机构上引入计算机进行控制，实现机电一体化和智能化的可能，同时又可以实现高速度、高效节能、大功率、低成本等。

5.2　不同类型机构的具体发展趋势

5.2.1　仿生作业机构发展趋势

仿生操作机器人和仿生步行机以及两者结合的移动操作机器人仍然是今后研究的热点，仿生抓取机构和仿生行走机构是其研究的重点。

1）对于仿生抓取机构、手臂和手腕机构，需要进一步研究适合工作环境和要求的机构新构型及其设计理论。研究仿生并联机器人机构的新构型、工作空间、动力特性、动刚度及控制技术；研究多臂协调、冗余机器人的构型与性能；研究多机器人协调合作的机制和计算结构；研究模块化机器人的优化与重构方法等。

2）仿生行走机构需要研究适合工作环境和工作要求的行走机构构型和设计理论；研究各种行走机构的步态规划、运动和控制特性；建立行走机构的精确动力学模型等。

5.2.2　仿生水下推进器推进机构发展趋势

仿生水下推进器模仿水生生物卓越的推进模式，具有许多传统水下推进器无法比拟的优势，如灵活性好、机动性高、噪声小等特点，在军用及民用领域可以发挥独特的作用。推进机构作为仿生水下航行器的一个重要模块，未来的发展可归纳为以下几个方面：

1）机构微型化。微型水下航行器作业时不容易被敌军发现，具有隐蔽性，且能进入人类无法进入的狭小或复杂空间，以获取消息或用于海底管道检测等。因此，机构微型化是发展微型仿生水下航行器一个必然趋势。

2）材料智能化。水生生物具有多关节柔性运动的特性，但目前推进机构多采用金属材料构成，造成了水下航行器在灵活性、机动性等方面与仿生原型相比有很大差距。形状记忆合金、人工肌肉、压电元件等智能材料的出现，将显著提高水下航行器的推进性能。

3）功能多元化。目前，仿生航行器推进机构只能实现单个或几个运动，随着科技的发展，仿生水下航行器推进机构向功能多元化方向发展，可同时实现水下游动、陆上行走、天上飞行等功能，这些功能可能仅通过一套推进机构实现。多功能推进机构的实现将很大程度上提高仿生水下航行器的利用效率。

5.2.3　扑翼飞行机构发展趋势

扑翼飞行机构是扑翼飞行器能量转换和机翼仿生运动的核心部件。扑翼飞行器总体效率偏低和自主飞行能力不足是目前扑翼飞行器发展面临的主要问题，其原因是扑动翼的仿生程度不高以及扑动机构能量转换效率较低。未来扑翼飞行机构的主要研究方向为：设计仿生程度更高且具有复杂扑动模式的扑动机构，进而驱动机翼进行复杂的多自由度运动；或是设计具有多控制参数的扑动机构，通过多参数控制获得最佳推进效率。未来扑动机构设计研究面临多方面的挑战，需要多学科的综合分析和优化，以求达到实用化程度。可以预期，以下几方面将是其设计研究的重点：

1）飞行生物复杂扑动方式的生物功能原理研究及空气动力性能研究的进一步认识，将更大程度上提高仿生扑翼机构的性能。

2）控制技术与机械机构的集成化，实现扑动机构的扑动方式更接近于生物原型，可在一定程度上改善扑翼飞行器性能。

3）基于新型材料为基础的驱动器驱动机翼，可摆脱传统机械传动设计的束缚，减少机械摩擦带来的能量消耗，并且具有结构紧凑、重量轻、体积小、响应速度快的特点，从而提高机构效率。

4）基于 MEMS 技术制造的扑动机构设计，使扑动机构元件微型化。

第6章 仿生机械设计范例

1 仿生行走机械

特殊环境动物因其生存需要，在它们的生存环境中经常表现出优越的运动性能。动物的形貌、结构及运动形态与其生活环境密切相关，科技工作者以特殊环境动物为生物模本，采用工程仿生原理与技术，设计并研制出多种仿生行走机构或机械。本节以机械传动式步行轮为范例介绍仿生行走机械的设计过程。

1.1 生物模本

水牛是一种适合于在一定硬底层的松软地面上行走的大型动物。水牛蹄大，质地坚实，耐浸泡，膝关节和球节运动灵活，在水田中拖载耕地行动自由。水牛采用"半浮式理论"，肚子浮在土壤上滑行，腿作为驱动装置驱动躯体前进，使"沉"与"浮"以及"滑行"与"驱动"巧妙地结合，可高效地在水田中行走。

1.2 仿生设计思路

基于水牛运动的"半浮式理论"，结合水牛跨步策略与车轮运动特点，根据水牛在水田行走时行驶阻力小、驱动力大的优点，提出在松软地面上用步行代替轮子滚动，改变了传统生产中承重与驱动并存的结构体系，进而提出仿生步行轮的概念。仿生步行轮在水田中行驶时，在土壤内不形成沟辙，只留下一个轮脚的刺孔，既有步行的方式，又具有轮子的滚动作用，在浅泥脚水田和有硬底层的沼泽湿地地区具有滚动阻力小、驱动力大的特点。为了解决松软地面车辆平稳行驶，同时保证良好的牵引性能和行驶平顺性，提出一种采用偏心轮机构的机械传动式步行轮，偏心轮转动使轮腿产生伸缩运动，轮毂转动使轮腿跨步行驶，通过合理地确定结构参数，保证轮心离地高度基本不变。步行轮设计原则和方法主要包括基本参数的合理选择和传动方案的确定，而基本参数包括步行轮的腿数、偏心轮的偏心距、腿长、连杆长、偏心距与连杆长度的比值以及轮毂的转角等。

1.3 基本参数的选择

1.3.1 腿数

步行轮是一种两自由度的多腿机构。根据原理分析和试验验证，腿数的选择需要考虑多个影响因素。根据

车轮设计的经验，采用双偏心轮的八腿步行轮，每一偏心轮驱动四个腿，使车辆行驶速度的波动大大减小。此外，两偏心轮的综合偏心质量所产生的惯性力大小相等、方向相反，消除了车辆的附加振动源。

1.3.2 主要结构参数的优化

在步行轮机构原理分析中，仅给出了轮腿外端中心点的轨迹方程，实际上轮腿是具有一定尺寸的实体，不可能在它着地和离地的转角范围内始终实现其中心点与地面接触。因此，实际设计中在轮腿基础上加设弧形脚来实现步行轮行驶过程的运动规律；同时以垂直加速度的均方根值最小为目标进行结构参数的优选，从而获得最佳行驶性能。

1.3.3 连杆大端滑动面包角对偏心轮驱动腿数的影响

通过大端为滑动面与小端为销孔的连杆驱动偏心轮带动轮腿伸缩，由于连杆滑动面与偏心轮外圆表面间存在分布压力和相对运动，因此两者间必须有足够接触面积才能保证运动副间的耐磨性和可靠性。此外，为避免两相邻连杆间发生运动干涉，两者间要留有足够空间。

1.4 传动方案

为了实现步行轮轮毂与偏心轮轴间具有一定传动比的动力传动，采用行星齿轮传动方案。图 50.6-1a、b 所示均为外齿圈固定的行星传动，其中太阳轮轴与偏心轮轴相连，行星轮架与轮毂相连，当太阳轮与行星架的速比等于 2 时，步行轮的运动规律得到保证。

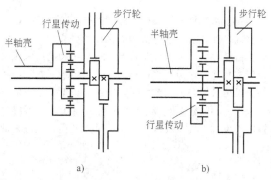

图 50.6-1 步行轮传动方案

a) 行星齿轮传动方案 1 b) 行星齿轮传动方案 2

1.5　步行轮机构运动学

步行轮的机构原理简图如图 50.6-2a 所示，轮毂中偏心轮的转动使轮腿产生伸缩运动，轮毂的转动使轮腿跨步行驶。由机械原理知，偏心轮机构的运动特点与曲柄连杆机构完全相同。当偏心轮（或曲柄）与轮毂之间的传动比正好等于该偏心轮所驱动的腿数时，由图 50.6-2b 所示的几何关系可求得以轮心为坐标原点的轮脚端点轨迹方程为

$$x = \left[L+l\sqrt{1-\lambda^2\sin^2(n-1)\alpha} - R\cos(n-1)\alpha \right]\sin\alpha$$
$$y = \left[L+l\sqrt{1-\lambda^2\sin^2(n-1)\alpha} - R\cos(n-1)\alpha \right]\cos\alpha$$
$$(50.6-1)$$

式中　n——偏心轮所驱动的腿数；
　　　L——腿长；
　　　R——偏心轮偏心距（或曲柄半径）；
　　　l——连杆长；$\lambda = R/l$；
　　　α——轮毂转角。

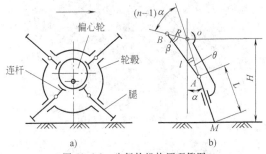

图 50.6-2　步行轮机构原理简图
a）传动关系　b）几何关系

根据式（50.6-1）的轮脚端点轨迹方程，用计算机绘制以轮心为原点的轮脚端点轨迹近似（$n-1$）边形，如图 50.6-3 所示。在轮脚端点从着地到离地的转角区间 $2\pi/n$ 范围内，即当 α 为 $\left(-\dfrac{\pi}{N}, \dfrac{\pi}{N}\right)$ 时，式（50.6-1）中 $y=f(\alpha)$ 的值则为轮心高度 H 值。选择一组优化的 λ、R、L 参数，可以满足轮心高度 H 值基本不变。车辆水平行驶速度 V_T（不计滑转）是轮心对轮腿的相对速度 V_r 和牵连速度 V_e 的合成，由图 50.6-4 可得：

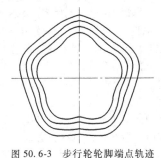

图 50.6-3　步行轮轮脚端点轨迹

$$V_e = \omega H_0/\cos\alpha$$
$$V_T = V_e/\cos\alpha = \omega H_0/\cos^2\alpha \qquad (50.6-2)$$

图 50.6-4 所示为步行轮轮心速度计算简图。图中，H_0 为轮心离地面高度，当 H_0 为不变的常值时，则 α 在 $\left(-\dfrac{\pi}{N}, \dfrac{\pi}{N}\right)$ 区间内，必有 V_{Tmax} 和 V_{Tmin} 出现，令速度不均匀系数为 τ，即

$$\tau = \frac{V_{Tmax}-V_{Tmin}}{V_{Tmin}} = \left[\frac{1}{\cos^2(\pi/n)}-1\right]\times100\% \qquad (50.6-3)$$

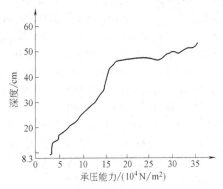

图 50.6-4　步行轮轮心速度计算简图

对 V_T 求导，并令轮毂的角速度 ω 不变，则车辆的行驶加速度为

$$\alpha_T = \frac{dV_T}{dt} = 2H_0\omega^2\tan\alpha(1+\tan^2\alpha) \qquad (50.6-4)$$

水平速度的波动以及由此引起的行驶加速度是一切步行式机构固有的运动规律，不可能完全消除，但可通过机构的合理设计而力求减小。

1.6　步行轮性能试验

1.6.1　步行轮牵引附着性能试验

作为主要用于软湿地面行驶的步行轮，着重进行了水田现场牵引试验。试验水田现场的土壤承压特性如图 50.6-5 所示，采用通常的牵引试验方法，测取拖拉机的不同牵引负荷及相应的滑转率，根据拖拉机传动系统啮合齿轮效率和单轮试验测得的步行轮机构

图 50.6-5　被试水田土壤承压特性

效率计算总的传动效率。步行轮在具有一定硬底层的软湿地面上行驶时具有减小阻力、增大驱动力的优点，其单轮行走效率达 50%~52%，整机牵引效率达 40% 以上。水田现场试验结果见表 50.6-1。

表 50.6-1　水田现场试验结果

序号	δ	F_t	F_f	F_q	η_f	η_m	η_δ	η_t
1	0.09	0	1150	1150	0	0.83	0.91	0
2	0.188	1290	1150	2440	0.5287	0.83	0.812	0.356
3	0.20	1530	1150	2680	0.5709	0.83	0.80	0.379
4	0.23	1925	1150	3075	0.626	0.83	0.77	0.40
5	0.288	2265	1150	3415	0.636	0.83	0.712	0.392
6	0.388	2612	1150	3762	0.6943	0.83	0.612	0.353
7	0.44	2804	1150	3954	0.700	0.83	0.56	0.392
8	0.52	2990	1150	4140	0.722	0.83	0.48	0.288

注：表中 δ 为滑转率；$\eta_\delta = 1 - \delta$；F_t 为牵引负荷（N）；F_f 为零负荷时的拖拉机滚动阻力（N）；$F_q = F_t + F_f$；$\eta_f = F_t / F_q$；η_m 为拖拉机传动系统和步行轮传动效率；$\eta_t = \eta_f \eta_m \eta_\delta$，拖拉机牵引效率。

1.6.2　平顺性能试验

为比较装有步行轮与装有普通轮胎的相同车辆的平顺性，分别对装有步行轮和轮胎的 BJ212 吉普车进行了平顺试验。结果表明，装有步行轮的车辆振动强度随车速增加而增加，其行驶过程中轮心产生的垂直振动主要源于两个方面：一方面源于步行机构运动学；另一方面，由于更换轮脚时轮心垂直位移轨迹出现尖点，使轮心产生冲击振动。

2　仿生飞行机械

飞鸟、昆虫以及哺乳动物中的蝙蝠等在上亿年进化历史中，经过不断适应环境和优化选择，其在形态、运动方式、能量利用等方面，达到了几乎完美的程度，这为空中仿生飞行机械的研究设计提供了借鉴和参照。仿生飞行机械具有体积小、质量小、成本低和运动灵活等特点，在军事和民用方面具有极大的应用前景，受到各国研究机构的重视。微型飞行器是无人飞行器发展的一个新方向，需要集成各种不同的控制算法与组件。微型飞行器要解决的技术难点有很多，比如升力不足，低雷诺数空气动力学问题，微动力与能源系统研究，稳定性问题，控制、增稳、导航和信息传递系统的微型化和集成化研究等。扑翼飞行是在不稳定气流的空气动力学条件下飞行的，其飞行机理及其与结构参数的关系尚无公认规律可循。因此，扑翼微型飞行器比固定翼和旋翼微型飞行器具有更高的飞行效率和飞行性能，但研究过程要困难得多。本节将以仿生扑翼微型飞行器为范例介绍仿生飞行机械的设计过程。

2.1　生物模本

2.1.1　鸟类和昆虫的翅膀结构

翅膀是飞行动物产生升力和推力的直接器官，如图 50.6-6 所示。鸟的翅膀由脊椎动物的前肢演化而来，由肌肉、骨骼、羽毛等主要部分组成。羽毛是翼的重要组成部分，对控制飞行起重要作用。昆虫的翅膀不同于从前肢演化而来的鸟翼，是由体节的背板向两侧扩展而成的，如图 50.6-7 所示。昆虫的翅膀，通常为一韧性膜状翼，薄而且轻，翅膀内部除了少许神经，没有肌肉骨骼系统，只在翼根处有肌肉和身体相连来控制翅膀的扑动，结构相对简单。昆虫只在翼根处控制翅膀的扑动，而翅膀的变形都是在外界气动力作用下产生的，几乎完全是被动的。

图 50.6-6　鸟翼的结构图

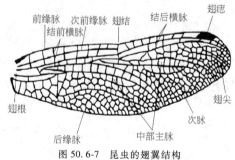

图 50.6-7　昆虫的翅翼结构

2.1.2　鸟翼及昆虫翅翼的运动方式

鸟翼从功能上分为外翼和内翼。内翼的作用与飞机机翼相似，它主要由伯努利原理产生升力，是鸟翼中弯度最大的部分，鸟通过控制内翼在飞行过程中的适时迎角而不产生失速，获得飞行所需的大部分升力。外翼同样能产生升力，但它主要产生前进力；与内翼相比较，这部分弯度较小，同时更具柔韧性。

翅膀在正常平飞（不考虑起飞与降落）过程中有四种基本的运动方式，分别是扑动、扭转、挥摆和折叠。其中，扑动是绕与飞行方向相同的拍打轴的角度运动；扭转是绕翅膀中线的角度运动，它可以倾斜翅膀以改变其迎角大小；挥摆是绕与鸟身垂直轴的角度运动，此时翅膀平行于鸟身做前后挥动；折叠是翅膀沿翼展方向的伸展与弯曲，如图 50.6-8 与图 50.6-9 所示。

图 50.6-8　鸟翼的扑动与扭转

下行程

上行程

图 50.6-9　鸟翼的折叠运动

昆虫与鸟的翅膀结构不同，造成飞行方式有很多不同。昆虫对滑翔的利用十分有限，只能不断拍动其翅翼才能获得空气动力使其停留在空中。图 50.6-10 所示为昆虫翅膀上拍和下拍过程中的扭转运动及作用在翼上气动力的方向改变，箭头指向表示气动力方向。

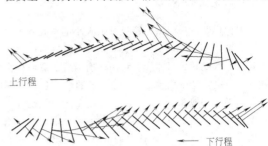

上行程

下行程

图 50.6-10　昆虫翅翼的运动轨迹与气动力方向

2.2　仿生设计思路

通过鸟类、昆虫的翼面积、展弦比等多种物理参量对飞行特性影响规律的评估，把不同参数通过量纲分析联系起来，通过尺寸缩放与比例换算（量纲分析），可以预测某一参数（如翼展）随另一参数（如质量）的变化，进而发现可为微扑翼飞行器设计所利用的参数和规律。

2.3　生物飞行参数

基于几何相似的量纲分析，得到扑翼飞行各参数的尺度关系列于表 50.6-2 第二行。表 50.6-2 中的其余各行给出了由实际统计数据所拟合出来的各参数与鸟类质量的关系。从表 50.6-2 可以看出，几何尺寸对微扑翼飞行器在翼展、翼面积、翼载荷、展弦比和扑翼频率等总体设计参数的影响趋势和对飞行动物相应物理量的影响趋势一致。

表 50.6-2　鸟飞行参数与体质量间的幂函数仿生学统计关系

体质量	翼展 b /m	翼面积 S /m^2	翼载荷 /(N/m^2)	展弦比 λ	最小功率速度 v_{mp}/(m/s)	最大速度范围 /(m/s)	扑展频率 f_w/Hz
量纲分析	$\propto m^{0.33}$	$\propto m^{0.67}$	$\propto m^{0.33}$	$\propto m^{0.00}$	$\propto m^{0.17}$	$\propto m^{0.17}$	$\propto m^{-0.33}$
所有鸟类	—	—	—	—	$5.70m^{0.06}$	$15.4m^{1.10}$	$3.87m^{-0.33}$
鸟类除蜂鸟	$1.17m^{0.39}$	$0.16m^{0.72}$	$62.2m^{0.28}$	$8.56m^{0.06}$	—	—	$3.928m^{-0.27}$
蜂鸟	$2.24m^{0.53}$	$0.69m^{1.04}$	$14.3m^{-0.04}$	$7.28m^{0.02}$	—	—	$1.32m^{-0.60}$

注：m 的单位为 kg。

2.4　仿生扑翼飞行器结构参数设计

2.4.1　微扑翼机总质量 m

根据鸟类扑翼飞行仿生学统计公式，微扑翼飞行器的总质量是设计其他结构、运动及动力参数的基本参变量。从能够正常进行飞行控制和最终有应用价值角度来说，应该包括机体、机翼、传动、动力、能源、传感、控制、通信等部分的质量以及有效负载。开始设计无负载自由飞行的微扑翼飞行器时，可不考虑传感、控制、通信等部分的质量以及有效负载。

随着设计、工艺、材料以及能源动力条件的不断改进，m 的最小可能取值已从刚开始设计的 32.5g 降到目前的 16g，其中，电动机 5.3g、电池 3.2g、传动机构 3.5g、机体 1.5g、机翼 1.5g、尾翼 1.0g。

2.4.2　全翼展 b

翼展 b 是决定微扑翼机总体尺寸的一个重要参数，也是衡量微扑翼机性能的一项关键指标。由表 50.6-2 的仿生关系式可知，$b = 1.17m^{0.39} = 1.17 \times 0.016^{0.39}m = 0.233m = 233mm$。本例作者研制的微扑翼飞行器的实际翼展 $b = 230mm$。

2.4.3 翼面积 S

翼面积 S 是决定微扑翼机升力大小的主要参数之一，S 越大，可产生的升力也越大。所以，为产生较大升力，希望 S 尽可能大。翼展 b 确定后，翼面积主要取决于机翼的平面翼形。当然，S 的取值还与展弦比 λ 有关。一般来说，λ 值较小有助于改善敏捷性和机动性，而 λ 值较大有助于提高滑翔性能。对于给定的翼展 b，$\lambda = 1 \sim 2$ 时对应的 S 比较理想，但只有大多数昆虫及个别鸟种具有这样的展弦比。而从另一个角度来说，λ 值较小的微扑翼机的诱导阻力功率消耗较大。根据关于鸟的仿生学公式可得，$S = 0.16m^{0.72} = 0.16 \times 0.016^{0.72}\,\mathrm{m}^2 = 8.15 \times 10^{-3}\,\mathrm{m}^2$，$\lambda = 8.56m^{0.06} = 8.56 \times 0.016^{0.06} = 6.7$。本例作者研制的微扑翼飞行器的实际翼面积 $S = 13.8 \times 10^{-3}\,\mathrm{m}^2$，实际展弦比 $\lambda = 3.83$。

2.5 仿生扑翼飞行器运动参数设计

2.5.1 最小功率速度 v_{mp}

微扑翼飞行器向前稳态飞行时的状态按照前飞速度（v）的大小可大致分为三种，即慢速飞行、中速飞行和快速飞行。根据仿生学公式，机体向前飞行时，使气动功率消耗最小的前飞速度可得，$v_{mp} = 5.7m^{0.16} = 5.7 \times 0.016^{0.16}\,\mathrm{m/s} = 2.9\,\mathrm{m/s}$。

2.5.2 扑翼拍打频率 f_w

拍打频率 f_w 是微扑翼机的主要参数。根据仿生学公式，扑翼拍打频率可得，$f_w = 3.87m^{-0.33} = 3.87 \times 0.016^{-0.33}\,\mathrm{Hz} = 15.1\,\mathrm{Hz}$。$f_w$ 的获得取决于驱动电动机的额定电压和额定转速，以及传动机构的传动比，更重要的是还与电动机输出转矩特性和气动阻力矩有关。为了达到设计拍打频率，电动机的选择要和传动机构的传动比设计反复进行试验。必要时，还需修改结构参数，例如机翼质量。

2.5.3 扑翼拍打幅值 ϕ

拍打幅值 ϕ 是微扑翼机的另一个主要运动参数。一般来说，拍打幅值 ϕ 越大，扑翼拍打运动产生的升力和推力也越大。拍打幅值 ϕ 的选取比较复杂，一般是类比鸟类和昆虫，可以取 $\phi_{max} = 50° \sim 120°$。在向前稳态飞行时（特别是在中速和快速飞行时），$\phi$ 一般较小，例如，$\phi = 60°$ 甚至更小；在悬停状态，ϕ 一般较大，$\phi = \phi_{max}$。因为初始的设计目标仅要求微扑翼飞行器实现向前稳态飞行，而不必考虑悬停状态。因此，初步设计时可按照中低速向前稳态飞

行特点，结合传动机构设计，在 $\phi_{max} = 60° \sim 80°$ 范围选取。

2.6 仿生扑翼飞行器驱动机构设计

采用微型直流电动机—两级齿轮减速—单曲柄双摇杆机构—扑翼的传动方案，如图 50.6-11 所示。通过优化图 50.6-11 中传动机构的具体参数可以使得左右摇杆的扑翼角及角速度之差降至最小，优化后的参数及仿生扑翼机构分别见表 50.6-3 和如图 50.6-12 所示。

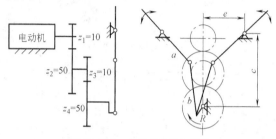

图 50.6-11　扑翼传动机构简图

表 50.6-3　优化后扑翼传动机构主要参数

电动机转速 n	齿轮传动比 i	曲柄长度 R/mm
20000r/min	25 : 1	5.5

连杆长度 b/mm	摇杆长度 a/mm	偏距 e/mm	间距 c/mm
18.2	12.1	11.8	18

图 50.6-12　扑翼机构示意图

2.7 仿生扑翼飞行器翅翼设计

自然界的昆虫翅翼很多都具有相似的典型特征。例如，翅翼均适应于大范围的扭转，形成辐射状弯曲翅脉，翅翼的弦向尺寸变化明显，具有根部大端部小的尖削结构。参考以上条件设计出的柔性扑翼结构如图 50.6-13a 所示，这种翼面由可变形且有一定弹性的聚酯薄膜和支撑薄膜的碳纤维杆构成。空气动力可将薄膜塑造成何种形状，这取决于薄膜的弹性、碳纤维杆上产生的各种弹性力和在翅根施加的驱动力，以及拍动翅翼所产生的惯性力。

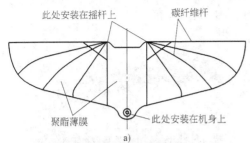

a)

b)

图 50.6-13　柔性扑翼示意图及实物模型

a）柔性扑翼结构示意图　b）柔性扑翼飞行器模型

2.8　仿生微型扑翼飞行器风洞试验

扑翼飞行器模型吊装在风洞试验段，其迎角可调。飞行器上端安装压力传感器，通过数据采集卡的接口与计算机相连，对扑翼过程产生的力进行实时测量与记录。图 50.6-14 所示为扑翼风洞测试系统，图 50.6-15 所示为扑翼模型在风洞中的安装姿态。试

图 50.6-14　扑翼风洞试验系统

图 50.6-15　扑翼模型在风洞中的安装姿态

验结果表明，扑翼频率和扑翼幅值的大小对扑翼的升力影响很大。此外，迎角与风速的变化也明显改变升力。

3　仿生游走机械

随着陆地资源的减少和枯竭，探索海洋资源已成为科学家们热衷的研究项目，主要涉及水下考古勘探、检测石油管道泄漏、探索海洋资源及海洋科学考察等。因此，具有海洋勘测、海底探查、海洋救捞、管道等人造水下结构检测以及水下侦查和跟踪功能的仿生游走机械已成为探索、开发海洋资源和海洋防卫的重要工具。仿生游走机械以水中游走生物为原型，通过研究生物体的构造及其运动机理，增强其在复杂多变的水下环境中的适应能力。本节以仿生墨鱼机器鱼为例介绍仿生游走机械的设计过程。

3.1　生物模本

墨鱼是海洋中的常见动物，全身除背部的乌贼骨以外，没有支撑性的硬骨骼。它们依靠喷射和鳍波动复合推进这种特殊的方式来实现游动，不仅能像鱼一样灵活地游动，还能够实现翻滚、快速后退等鱼类难以实现的游动动作，如图 50.6-16 所示。墨鱼外形结构及内部构造如图 50.6-17 所示。身体分为头、足和躯干。头呈球形位于身体前端，口位于头部顶端；足已转化成腕和漏斗；躯干包括石灰质内壳（乌贼骨）、肌肉性套膜和内脏。墨鱼可以实现快速地向前或者向后游动，而且可以瞬时改变游动方向。鳍波动

图 50.6-16　墨鱼原型

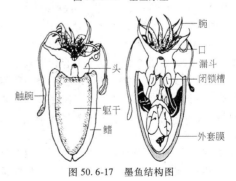

图 50.6-17　墨鱼结构图

推进是墨鱼向前游动、低速游动和低速转弯时的主要推进方式。喷射推进是高速游动和高速转弯的主要推进方式。腕在游动过程中并拢在一起，可以通过摆动运动辅助游动姿态的调整，作用类似于鱼鳍。

3.2 仿生设计思路

以墨鱼为生物模本进行仿生设计，包括分析墨鱼形态结构特征、游动方式及受力情况，研究墨鱼水平鳍波动运动和喷射运动的推进机理；分析墨鱼鳍肌肉结构和动作过程，研制丝驱动的柔性鳍单元结构[以更具动作对称性的形状记忆合金（SMA）为例]；通过模仿墨鱼鳍的生理结构和运动方式，研制柔性鳍单元驱动的仿生水平鳍；通过对墨鱼外套膜肌肉结构和动作过程进行分析，模仿墨鱼生理结构研制仿生喷射系统；模仿墨鱼外形，综合考虑各推进装置和控制系统硬件结构，设计仿生墨鱼机器鱼。

3.3 墨鱼游动机理分析

通过解剖研究墨鱼的形态结构，分析其游动方式及受力情况。对墨鱼鳍波动运动进行分析，建立其运动学模型和动力学模型，并应用仿真方法对其波动运动的推进性能进行研究。建立墨鱼外套膜横截面的运动学模型，并对喷射推进机理进行研究。以实体墨鱼为蓝本，建立墨鱼三维实体模型，并对其外形流体力学性能进行仿真研究。

3.4 SMA丝驱动柔性鳍单元

为了很好地实现模仿墨鱼水平鳍单元的柔性弯曲摆动动作，要求致动器能够产生与肌肉收缩相当的输出力，并且要有足够的变形量，能够从功能上模仿横肌纤维。SMA材料因功质比高、电阻率高、形变回复量和回复应力大、能量密度高等优点，较其他智能材料更适合作为模拟墨鱼水平鳍横肌纤维的致动器。在对鱼类游动进行研究和简化基础上，研制了SMA丝驱动的可调节柔性鳍单元基体结构，采用该基体结构的柔性鳍单元，如图50.6-18所示。柔性鳍单元的动作原理（见图50.6-19）为：当A面的SMA丝加热收缩时，柔性鳍单元向A面方向弯曲，此时相反侧B面的SMA丝被拉伸，并产生弹、塑性变形，同时在弹性体和蒙皮中存储弹性能，当A面的丝停止加热时，柔性鳍单元利用弯曲过程中存储的弹性能使鳍单元恢复。然后B面的SMA丝开始加热，带动柔性鳍单元向B面方向弯曲，同样使A面的丝被拉伸，弹性体和蒙皮中存储弹性能，当B面的SMA丝停止加热时，柔性鳍单元回复到初始的伸直状态。这样的动作过程往复进行，鳍单元实

现周期性的弯曲动作。

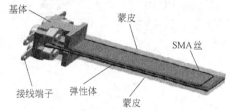

图50.6-18 柔性鳍单元结构

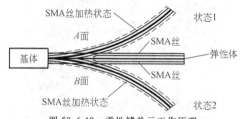

图50.6-19 柔性鳍单元工作原理

3.5 仿生水平鳍设计

仿生水平鳍的设计原则包括：①仿生水平鳍的外形尽可能模仿墨鱼水平鳍外形；②仿生水平鳍至少可模拟一个完整波长的波动运动；③仿生水平鳍鳍面能实现柔性的大变形量波动运动；④仿生水平鳍采用模块化设计方法，便于拆卸、安装和维护。根据上述设计原则设计的仿生水平鳍的结构如图50.6-20a所示，

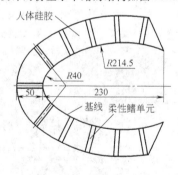

a)

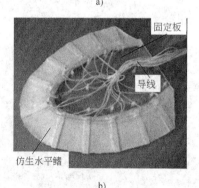

b)

图50.6-20 仿生水平鳍

a) 仿生水平鳍结构示意图 b) 脱模后的仿生水平鳍

脱模后的仿生水平鳍如图 50.6-20b 所示。仿生水平鳍的外形参考解剖的非活体墨鱼实体的水平鳍外形，将墨鱼两侧对称的水平鳍简化为尾部连接在一起的整体，仿生水平鳍呈对称结构，水平鳍鳍基线依据实测的墨鱼水平鳍基线进行拟合，单侧基线由大小两段圆弧相切连接而成，侧面大圆弧半径为 214.5mm，尾部小圆弧半径为 40mm，两侧尾部基线圆弧相切，仿生水平鳍基线沿体长方向投影长度为 230mm。仿生水平鳍采用柔性鳍单元作为驱动器，水平鳍的鳍面宽度与鳍单元的弯曲部分长度相同。水平鳍鳍面是由柔性鳍单元驱动器和连接鳍单元的柔性鳍面组成，通过柔性鳍单元驱动器的柔性摆动带动柔性鳍面使整个水平鳍形成波动运动。为了便于与水下机器人的本体结构相连接，仿生水平鳍设计为一个整体，柔性鳍单元驱动器之间用人体硅胶相连，鳍单元的基体用于与水下机器人连接。

3.6　仿生喷射系统设计

仿生喷射推进系统的设计原则：①仿生喷射系统的结构模仿墨鱼的身体结构，通过仿生外套膜收缩和扩张实现充水和喷射，利用仿生进水膜控制仿生外套膜腔的开闭，利用仿生喷嘴实现喷水方向的改变和模拟舌瓣的开闭功能；②仿生外套膜截面为半圆形，可模拟墨鱼外套膜的均匀收缩和回复动作，模仿墨鱼低速游动时的肌肉纤维运动原理，通过主动收缩运动实现仿生外套膜收缩，而扩张回复时则利用收缩时仿生外套膜内存储的弹性能来实现被动回复；③墨鱼外套膜肌肉结构属于肌肉性骨骼结构，具有较大的柔性，且难以压缩，受现有技术限制难以实现像墨鱼外套膜那样的纯柔性、耐压结构，故采用在不可压缩弹性材料中嵌入可变形骨架支撑方式实现柔性大变形收缩运动；④仿生进水膜采用柔性材料制作，与外套膜相吻合，采用被动运动原理，利用外套膜扩张回复时形成的负压打开，利用喷射压力和自身的回弹力实现闭合；⑤仿生喷嘴模仿墨鱼喷嘴的功能，实现在腹部半球内的任意方向弯曲转动，从而实现改变推进力的方向。依据上述设计原则设计出仿生喷射推进系统，该推进系统包括仿生外套膜、仿生进水膜、仿生喷嘴和基体。

仿生喷射系统仅模仿墨鱼喷射游动动作时的环状肌纤维收缩运动和利用存储弹性能恢复的过程，其动作过程包括收缩喷射过程和恢复冲水过程。在收缩喷射过程中，用于模仿墨鱼外套膜环状肌纤维的嵌入在仿生外套膜内的 SMA 丝通电加热达到逆相变开始温度后，随着 SMA 丝的收缩，仿生外套膜开始整体收缩，同时在硅胶材料中存储弹性能。由于仿生进水膜和仿生喷嘴内仿生舌瓣结构的封闭作用，使仿生外套

膜腔体内的压力升高，当达到一定压力时，仿生舌瓣在压力作用下打开，腔内的水由喷嘴喷出，同时喷嘴通过前端的弯曲改变喷射方向，提供矢量推力。在恢复充水过程中，SMA 丝断电冷却，存储在硅胶材料中的弹性能开始释放，仿生外套膜开始扩张恢复，仿生外套膜腔内形成负压，仿生舌瓣在负压作用下关闭，仿生进水膜在负压作用下打开，周围的水由仿生外套膜和仿生进水膜的开口处进入腔内，SMA 丝温度冷却到马氏体相变结束温度后，仿生喷射系统结束充水过程，仿生进水膜在弹力作用下恢复到初始状态。仿生喷射系统通过收缩喷射过程和扩张充水过程的交替往复实现脉冲式的喷射推进。

3.7　仿墨鱼机器鱼结构设计

在仿墨鱼机器鱼的外形设计上，通过模仿墨鱼的流线型外形尽量降低由于外形因素导致的压差阻力，使机器鱼的身体部分与头部和腕鳍部分平滑过渡。仿墨鱼机器鱼要实现自主游动就必须搭载电源、控制系统硬件和重心调节装置等，所以在机器鱼内部结构设计中要预留足够的空间和安装位置。仿墨鱼机器鱼结构包括仿生水平鳍、上盖、头部、腕鳍、舱体、仿生外套膜、仿生进水膜和仿生喷嘴，如图 50.6-21 所示。仿墨鱼机械鱼长为 483mm，宽为 260mm，高为 113mm，排水量为 2245cm³。仿墨鱼机械鱼样机如图 50.6-22 所示，该机器鱼样机的上盖、头部和舱体结构均采用树脂材料利用快速成型方法加工。

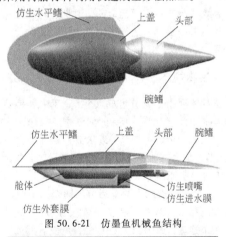

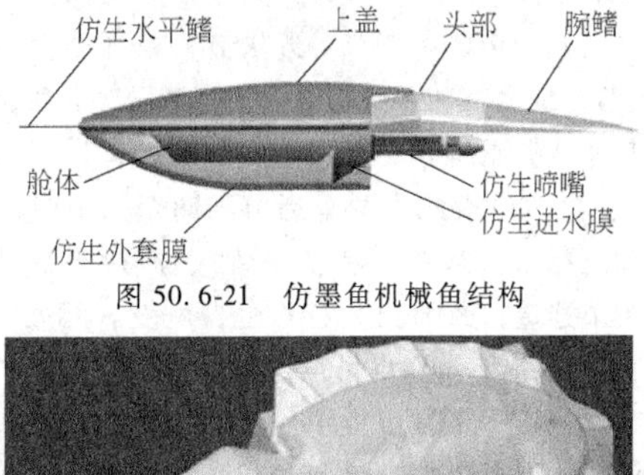

图 50.6-21　仿墨鱼机械鱼结构

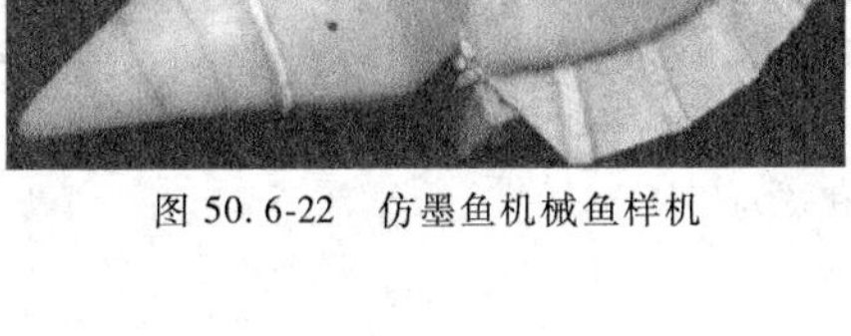

图 50.6-22　仿墨鱼机械鱼样机

为了研究仿墨鱼机械鱼样机的游动性能，在水中对其向前、向后、转弯和下潜游动功能进行了试验。试验结果表明，该机器鱼样机能够依靠仿生水平鳍波动运动和仿生喷射系统的喷射推进来实现向前、向后和转弯游动，样机的最大游动速度35mm/s，与活体墨鱼的巡游速度接近。该样机能实现原地的转弯游动，这种原地的转弯运动能够提高机器鱼的机动性能，有利于增强其对复杂环境的适应能力。

4 仿生运动机械（多关节机械手）

随着机器人技术的不断发展，要求对机器人末端执行机构不断改进完善，以使机器人最大限度地发挥功效。作为机器人执行装置的机械手受到人们的关注。机械手的灵活性、精确度及柔顺性决定了机器人的性能。机械手是机器人与外部环境相互作用的重要环节，直接影响机器人的操作性能和智能化水平。具有多自由度、多功能和智能化的多指灵巧机械手已经成为机器人领域的研究热点。具有多关节和高感知的机械手已经被应用于工业生产中代替原始的夹持装置。这类机械手多具有感知功能，如力、位置检测，能够实现手指对抓取力和抓取位置的精确感知，进而实现对物体的精确位置和力的控制。仿人柔性机械手被应用在类人型机器人，或作为人手的假肢代替人手从事抓取等活动，通常模拟人手的外形和尺寸，手指结构及手指间的位置关系，已经被应用到医疗、服务和娱乐等行业。机械手经过不断研究和进化，现已能较好地实现灵巧机械手运动的实时性、直观性和灵活性。国内外很多学者进行了大量的研究，设计出多指灵巧手来模拟人手动作。

4.1 生物模本

人手主要由3部分组成（5指、手掌和手腕）。4指（小指、无名指、中指和食指）结构相似，均由3个指节（远指节、中指节、近指节）及3个关节组成（远关节、中关节和基关节），如图50.6-23a所示。其中，基关节有屈曲和侧摆两个自由度，每根手指具有4个自由度。拇指则由两个指节和两个关节组成（远指节和近指节、远关节和基关节），拇指与手掌由掌骨间关节连接，故拇指共有4个自由度。因此，人手手指自由度结合手腕自由度组成了人手的22个自由度。在人手正常工作过程中，其手指可单指、多指或交叉使用。拇指通常与其余四指交叉相对运动实现抓握等，其运动轨迹类似于一个圆锥体；其余四指侧摆幅度较小，其运动轨迹近于平面运动。由于各手指间可以交叉配合、协调运动，使得人手可以实现抓握、捏取和提勾等复杂功能，如图50.6-23b所示。

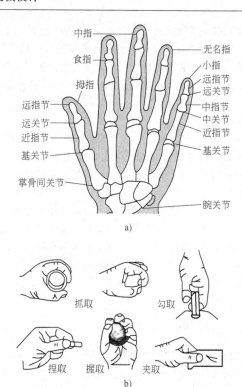

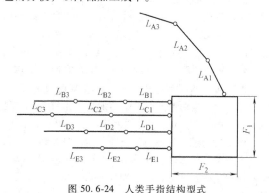

图 50.6-23 人手的结构和功能图
a) 人手结构图 b) 人手功能图

图50.6-24所示为人类手指的结构型式示意图。对某学校青年学生的手指长度进行测量，得到了表50.6-4所列的结果。表50.6-4中所列出的人手的各关节长度尺寸值可以作为设计多指灵巧手的手指长度的参考。这些统计参数是基于骨骼各关节的测量，在实际的设计过程中，还要考虑将来与其装配的机器人的结构尺寸及包装等因素，同时也要兼顾到加工工艺的方便，以降低加工成本。

图 50.6-24 人类手指结构型式

4.2 仿生设计思路

基于人手的生理结构、尺寸及功能特性，采用工程仿生学原理，对多关节机械手结构、材料和功能进行设计。具体包括人工肌肉的设计、关节本体和驱动装置为一体的多向弯曲柔性关节和无轴多铰链的单向弯曲柔性关节的设计。基于模块化设计，应用柔性关节组合制成柔性手指；仿照人手结构设计柔性五指机械手，确定柔性五指机械手的抓取功能和抓取模式。

表 50.6-4　某学校青年学生右手各关节
长度的平均值

性别	男	女	平均
年龄	20 ~ 23	20 ~ 23	—
人数	200	100	—
L_{A1}/mm	49.8	41.8	48.3
L_{A2}/mm	39.2	35.4	38.5
L_{A3}/mm	29.9	28.4	29.6
L_{B1}/mm	50.1	46.0	49.3
L_{B2}/mm	30.6	29.0	30.3
L_{B3}/mm	24.1	22.7	23.8
L_{C1}/mm	53.9	55.1	53.5
L_{C2}/mm	33.5	32.6	34.5
L_{C3}/mm	25.2	23.5	24.9
L_{D1}/mm	52.4	48.3	51.7
L_{D2}/mm	32.8	31.5	32.5
L_{D3}/mm	24.8	22.4	24.4
L_{E1}/mm	43.7	39.6	42.9
L_{E2}/mm	25.8	22.9	25.2
L_{E3}/mm	22.6	20.5	22.2
F_1/mm	83.1	77.9	82.2
F_2/mm	101.2	97.3	100.5

4.3　旋伸型气动人工肌肉

为了构建气动柔性关节，设计了一种新型人工肌肉——旋伸型气动人工肌肉，如图 50.6-25 所示。通入压缩空气后，人工肌肉在内腔气体压力的作用下实现轴向伸长和绕自身轴线的扭转。人工肌肉的内部是弹性橡胶管，外部是圆柱螺旋弹簧和端盖。肌肉两端封闭，其中一端是进气口与气动连接头连接，另外一端与负载相连。旋伸型气动人工肌肉几何及材料特性见表 50.6-5。

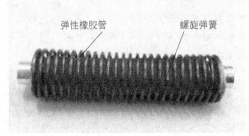

弹性橡胶管　　　螺旋弹簧

图 50.6-25　旋伸型气动人工肌肉结构

当向人工肌肉内腔通入压缩空气后，弹性橡胶管内腔容积增大，由于受到外部螺旋弹簧的束缚，其径

向膨胀受到限制，因此只能沿着轴线方向伸长。由于管壁外侧受到弹簧的束缚，橡胶管外径保持不变，橡胶管在伸长过程中其壁厚将会变薄。同时，由于外部弹簧的螺旋结构，使得人工肌肉在承受内腔均匀压力的同时会产生与弹簧螺旋方向相反的扭矩，导致人工肌肉在轴向伸长的同时绕自身轴线发生旋转。由于橡胶管材料的非线性以及螺旋弹簧的特殊结构，导致人工肌肉在工作状态下变形复杂，在变形过程中伸长和扭转相互耦合。

表 50.6-5　旋伸型气动人工肌肉几何及材料特性

项　　目	参数值
人工肌肉有效长度/mm	40
橡胶管初始外径 /mm	9
橡胶管初始内径/mm	6
弹簧中径/mm	10
弹簧钢丝直径/mm	1
弹簧有效圈数	40
弹簧节距离/mm	1 或 1.5
弹簧弹性模量/GPa	202

4.4　气动单向弯曲柔性关节

无轴多铰链的单向弯曲柔性关节具有很好的横向稳定性和侧向刚度，如图 50.6-26 所示。通入压缩气体后，单向弯曲关节在端盖处纯弯矩的作用下发生弯曲变形。单向弯曲关节内部为弹性橡胶管，外部为形状相同的一组紧密套装的约束环（见图 50.6-26a），约束环一侧矩形孔内装有板弹簧，板弹簧与上下端盖固联为一体，如图 50.6-26b 所示。单向弯曲关节上下两端为端盖，具有通气口和进气口。

a)　　　　　　　　　b)

图 50.6-26　单向弯曲关节
a）约束环　b）单向弯曲关节实物

4.5　气动多向弯曲柔性关节

多向弯曲柔性关节由 4 根气动人工肌肉以并联的方式组成。通入气压后，关节能实现轴向伸长及多个方向上的主动弯曲。多向弯曲柔性关节为关节本体和驱动器复合一体结构。关节本体以气动人工肌肉为主，主要由轴对称排列的 4 个旋伸型人工肌肉并联组

成。人工肌肉两端固定在法兰上，如图50.6-27a所示。为了限制气动旋伸型人工肌肉的扭转，在组成多向弯曲关节时，采用两组旋向不同的圆柱螺旋弹簧制作气动肌肉。多向弯曲关节的4根肌肉以不同的通气方式组合实现柔性关节的多方向弯曲和轴向伸长。当人工肌肉通入不同压力的气体时，关节在轴向伸长的同时可实现8个方向的弯曲（见图50.6-27b）。

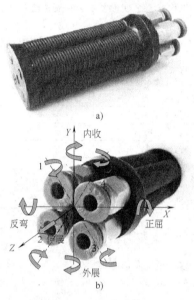

图 50.6-27　多向弯曲柔性关节
a）实物　b）功能

4.6　柔性手指

柔性手指根据人手手指的结构和功能进行设计，每个柔性手指共分为3个关节，分别为基关节、近关节和远关节，由连接盘串联连接。要求基关节能够实现弯曲和摆动，近关节和远关节可以正向弯曲且具有较好的横向稳定性。

（1）串联通气控制手指结构和功能

串联通气控制柔性手指结构和功能如图50.6-28所示。柔性手指的近关节和远关节直接相连，采用串联通气控制方式。通入压缩空气后，柔性手指的近关节和远关节同时正屈。通过调节基关节内部的四根人工肌肉的压力，柔性手指可以实现正屈、反弯、侧摆和伸长。近关节和远关节采用单向弯曲关节，可以很好地实现对物体的抓握。

（2）并联通气控制手指结构和功能

并联通气控制柔性手指结构和功能如图50.6-29所示。柔性手指的近关节和远关节由楔形盘连接，与串联通气控制柔性手指相比最大区别在于远关节可以单独通气控制，比串联通气控制柔性手指更为灵活。

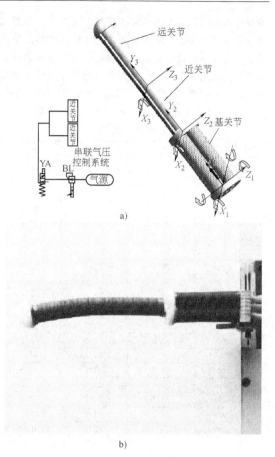

图 50.6-28　串联通气控制柔性手指结构和功能
a）结构功能及气控原理　b）实物图

并联通气控制柔性手指与串联通气控制柔性手指功能相似，同样具有2个自由度和2个机动度。柔性手指的这两种结构可以根据机械手动作要求和实际抓取工作需要进行调换。

（3）大拇指结构和功能

大拇指包括三个关节，基关节、近关节和远关节，主要实现手指的弯曲和摆动功能。大拇指的结构和功能如图50.6-30所示。基关节和近关节均采用多向弯曲关节交错相位安装，以此增加手指的灵活性和工作空间范围。大拇指与手掌间装有位姿调整盘，可以根据不同需要改变拇指的方向和位置，进一步增强大拇指的灵活性。大拇指具有3个自由度和4个机动度，通过控制大拇指各个关节通入的气压驱动基关节、近关节和远关节的运动，可以实现拇指伸长和向不同方向弯曲，调整指端的位姿，同时应用关节的弯曲实现与其他四指的配合抓取物体。

4.7　柔性五指机械手结构

柔性五指机械手采用两种共15个柔性弯曲关节

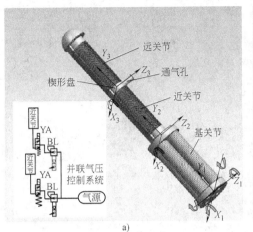

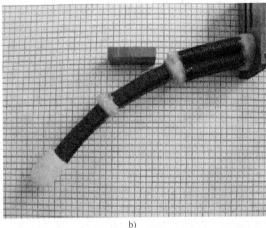

图 50.6-29　并联通气控制柔性手指结构和功能

a）结构及气控原理　b）实物图

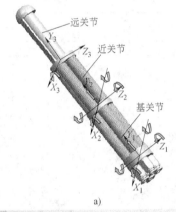

a）

1kg。手指关节处连接盘采用尼龙材料由快速成型制成。食指、中指、无名指和小拇指间隔 10° 分布，关节长度均为 50mm，柔性五指机械手伸展尺寸为 330mm，宽度和厚度分别为 110mm 和 40mm。

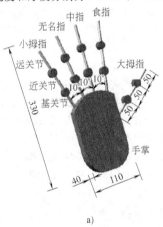

a）

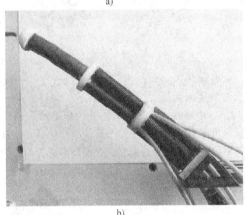

b）

图 50.6-30　大拇指结构和功能

a）结构和功能　b）实物图

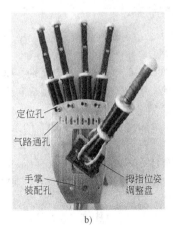

b）

图 50.6-31　柔性五指机械手

a）柔性五指机械手结构示意图　b）柔性五指机械手实物图

构成，如图 50.6-31 所示。从图 50.6-31 中可以看到柔性五指机械手外形尺寸与人手相近，包括手掌以 5 根柔性手指，每个手指由 3 个不同柔性关节组成。手掌采用铝合金材料模仿人类手掌外形铣削完成，手指采用气动柔性关节组成，柔性五指机械手的总质量为

柔性五指机械手的手指的基关节均采用多向弯曲关节。大拇指设计与其余 4 指不同，近关节采用多向弯曲关节，远关节采用单向弯曲关节，其余 4 指的近、远关节均采用单向弯曲关节。为了便于研究大拇指初始位姿对抓取能力的影响，手掌上设置了大拇指位姿调整盘。大拇指与其余 4 指安装不同，通过位姿调整盘精确地连接到手掌上并与其余 4 指相对，位姿调整盘可以调整大拇指相对于手掌的位置，使其可以绕手掌法向轴线回转和沿手掌平行于其余 4 指方向移动，其余 4 指固定安装在手掌前端呈弧形均匀分布。柔性五指机械手抓取模式可以分为握取、勾握、跨握、侧捏、三指捏和夹取等，此外还可以完成下按和提拉等动作。

5 生机电仿生假肢手臂

据 2006 年第二次中国残障人口抽样调查数据计算，我国各类残障人口总数达 8300 万人，占全国总人口比例的 6.34%，其中有肢体残疾 2400 万人，占残障人口的 29%，而其中截肢的患者有 220 万人。在世界范围内，有截肢患者 400 万人。全世界截肢患者人口每年都以 15 万~20 万的数量增加，所有的截肢患者中有 30% 是上肢截肢患者。上肢截肢患者面临诸多生活困难，特别是生活自理能力的缺失，正是在这样的背景下逐渐催生了生肌电仿生假肢手臂研究的需求。研发具有自主知识产权的先进生机电仿生假肢手臂，将提升我国在机电假肢领域的自主研发能力，促进我国假肢生产制造的产业化。为了提高残疾人士的生活质量，帮助他们改善生活自理能力，使他们使用假肢手臂补偿缺失的手臂运动功能，达到回归社会劳动，减少身心痛苦的目的，研发更加实用的生肌电仿生假肢手臂显得尤为重要。

5.1 生物模本

图 50.6-32 所示为我国成人人体尺寸比例关系图，图中 H 为身高。从图 50.6-32 可知，大臂约为整个身高的 20%，小臂约为整个身高的 14%，按照大部分成人的身高 175cm 来计算，则成年人平均手臂的尺寸见表 50.6-6。

人体的肩部区域和大臂有着丰富的肌肉以及复杂的骨骼连接（见图 50.6-33），胸锁关节、肩锁关节、盂肱关节和肩胸关节构成肩关节复合体，整个肩关节复合体同大臂的肱骨相连构成肩关节；大臂的肱骨同小臂的尺骨、桡骨连接处构成了肘关节；小臂的尺骨、桡骨同手掌连接处构成了腕关节。这 3 个关节从上至下串联在一个传动链上，因此设计的假肢也应该是串联结构。

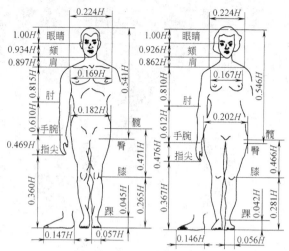

图 50.6-32 人体尺寸比例关系图

表 50.6-6 成年人平均手臂的尺寸

项目	大臂	小臂
长度/cm	35	24.5
宽度/cm	≤ 10	≤ 7

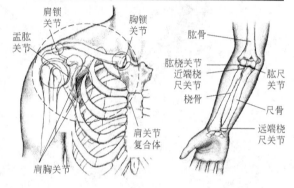

图 50.6-33 人体手臂解剖原理图

根据对真实人体手臂进行运动测量，得到肩关节运动的 7 种运动形式的极限范围，见表 50.6-7。从表 50.6-7 中看出，手臂各个关节的运动可以用 7 个转动自由度来描述，其中整个肩关节简化为 3 个自由度，肘关节只有 1 个自由度，腕关节有 3 个自由度，手臂运动链如图 50.6-34 所示。

表 50.6-7 手臂关节运动极限表

	运动类型	运动范围
肩关节	前屈/后伸（flexion/extension）	−45°~180°
	内旋/外旋（internal rotation/external rotation）	−40°~90°
	外展/内收（abduction/adduction）	−20°~180°
肘关节	前屈/后伸（flexion/hyperextension）	−15°~140°
腕关节	前屈/后伸（flexion/extension）	−90°~90°
	翻掌/内转（supination/pronation）	−90°~90°
	外展/内收（abduction/adduction）	−15°~30°

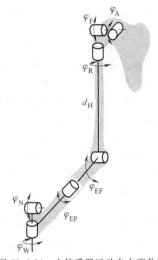

图 50.6-34　人体手臂运动自由度分布

5.2　仿生设计思路

根据人体结构尺寸和上肢解剖学特点，确定生肌电仿生假肢手臂的结构尺寸和动力性能指标，进行生肌电仿生假肢手臂本体零件设计，完成生肌电仿生假肢手臂运动学分析。

5.3　生机电仿生假肢手臂性能指标

生机电仿生假肢手臂是帮助上肢截肢患者重建手臂运动机能的装置，尽可能地模拟真实人体手臂运动。首先，生机电仿生假肢手臂必需具有美观的仿生结构以及良好的机械结构，满足残疾人士对假肢手臂的审美要求，穿戴应使他们感到舒适，同时机械手臂的零件加工、装配应该方便和廉价，后期维修保养应该简单容易。其次，生机电假肢是要安装在人体上，仿生假肢手臂应该具有非常高的安全系数，确保使用过程中不会对人体造成伤害。仿生假肢手臂应达到以下主要技术指标：

1）假肢应该有 7 个自由度。

2）假肢大臂长度 35cm 左右，小臂长度 24.5cm 左右。

3）假肢手臂总质量不超过 4.08kg（9lb）。

4）假肢手臂的末端承载能力为 1kg。

5）每个关节运动的角速度不能低于 15r/min。

6）假肢要有仿人体手臂外壳。

7）假肢要有安全保护装置。

5.4　生机电仿生假肢手臂结构设计

生机电仿生假肢手臂的总体方案由控制系统和假肢本体组成。控制系统要求各个关节的执行机构能够执行速度控制、位置控制以及力矩控制，同时能够检测到各个关

节运动的位置姿态。仿生假肢手臂本体包括大负载肩部机构、中负载肘部机构、小负载腕部机构以及外壳部分，这三大关节结构呈串联布置，并用外壳包裹起来。

仿生假肢手臂有着严格的尺寸限制，要设计出差速机构把两个电动机的输出功率进行叠加一起来驱动肩关节，仿生假肢手臂力矩计算示意如图 50.6-35 所示。

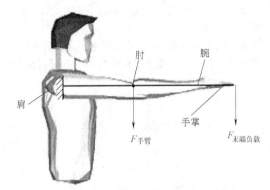

图 50.6-35　仿生手臂各关节负载力矩示意图

采用静力学方法计算其各个关节所受到的极限力矩。假设假肢手臂的重心在肘关节，则由假肢大臂、小臂的长度以及假肢要求最大的质量和负载，可算得各个关节最大的力矩。

肩关节：

$$M_{肩} = F_{手臂}L_{大臂} + F_{末端负载}L_{手臂} = 19.8\text{N} \cdot \text{m}$$

肘关节：

$$M_{肘} = \frac{F_{手臂}}{2}L_{小臂} + F_{末端负载}L_{小臂} = 7.3\text{N} \cdot \text{m}$$

腕关节：

$$M_{腕} = F_{末端负载}L_{手掌} = 0.7\text{N} \cdot \text{m}$$

采用三维设计软件 UG 进行设计，生机电仿生假肢手臂总体结构如图 50.6-36 所示。它由肩关节机构 1，肘

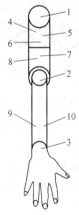

图 50.6-36　生肌电仿生假肢手臂结构图

1—肩关节机构　2—肘关节机构　3—腕关节机构

4、5、6—肩关节驱动系统　7、8—肘关节和腕关节驱动系统

9、10—腕关节驱动系统组成

关节机构 2，腕关节机构 3，肩关节 3 个自由度的驱动系统 4、5、6，肘关节和一个腕关节驱动系统 7、8，腕关节剩下的驱动系统 9、10 组成。可以看出，在假肢手臂的大臂腔体内总共集中了 5 个自由度的驱动设备，其中对应的假肢手臂肘部有肘部驱动机构和腕部的一个自由度驱动机构。这些结构设计使得假肢手臂重心上移，在最大程度上减小了假肢手臂肩关节所承受的负载。

生机电仿生假肢手臂关节机构主要分成四个部分，分别为肩关节机构 1、肩关节机构 2、肘关节机构和腕关节机构 3 以及腕关节机构 4，如图 50.6-37 所示。

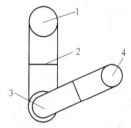

图 50.6-37 生机电仿生假肢手臂关节机构
1—肩关节机构 2—肩关节机构
3—肘关节机构和腕关节机构 4—腕关节机构

整个假肢手臂的结构加上外壳如图 50.6-38 所示。仿生假肢手臂通常只有转动型关节和移动型关节两种，本例所涉及假肢手臂关节全部为转动型关节。转动关节连接着手臂与人体躯干、手掌内部以及手臂与手掌。通常转动关节由驱动器直接驱动产生回转运动，但为了保证手臂尺寸结构紧凑以及为了获得较大的输出力矩，通常要配合各种换向减速装置一起使用。在本例中，具体由电动机、谐波减速器和差速机构相结合的方式来构成大负载关节驱动机构。

图 50.6-38 整个假肢手臂

5.5 生机电仿生假肢手臂运动学分析

为了使生机电仿生假肢手臂能够完成人体肢体运动功能重建，需要计算末端腕关节与手掌的接口在操作空间的位姿。生机电仿生手臂的工作传动形式可以看成一个开式的运动传递链，它是由一些类似杆状的零件通过三个转动关节一个个串联而成的机构。生机电仿生假肢手臂开式传动链的一端固定在残缺的人体肩部，另一端为末端假肢手掌的接口，可以自由活动，完成仿生手的各种抓取动作。生机电仿生假肢手臂每个关节均由直流伺服电动机驱动，在进行运动规划时，人们感兴趣的是在所有关节直流伺服电动机旋转角给定的条件下，末端手掌接口相对于全局固定坐标系的空间位姿描述。为了研究生机电仿生假肢手臂各个关节、连杆的空间位置关系，我们可以在生机电仿生假肢手臂的每个转动关节建立一个坐标系，然后用数学工具来描述这些坐标系之间的关系。

5.6 生机电仿生假肢手臂运动功能试验

为了测试此仿生假肢手臂的运动功能，选取了生活中比较常用的喝水动作来完成试验。首先，给定目标点为人体的嘴部所在的点附近，给定喝水时手掌姿态，经过仿生假肢手臂 DSP 控制系统计算，得到仿生假肢手臂完成喝水动作 7 个自由度中每个自由度所需要转动的角度，规定整个喝水动作在 9s 内完成，用得到的转角除以喝水动作时间 9s，得到每个自由度的角速度，用伺服电动机的速度控制模式闭环来控制整个喝水动作的运行。图 50.6-39 所示为仿生假肢手臂带动仿生手抓取水杯完成喝水动作的全过程。整个喝水动作连贯，关节运动顺畅，抓取杯子稳定，表明此肌电仿生假肢手臂具有与人体手臂相当的日常功能运动能力。

图 50.6-39 生机电仿生假肢手臂喝水动作试验

参 考 文 献

［1］ Lu Y X. Significance and progress of bionics ［J］. Journal of Bionic Engineering, 2014, 1 (1): 1-3.

［2］ Ren L Q. Progress in the bionic study on anti-adhesion and resistance reduction of terrain machines ［J］. Science in China (Technological Sciences), 2009, 52 (2): 273-284.

［3］ 任露泉, 梁云虹. 耦合仿生学 ［M］. 北京: 科学出版社, 2011.

［4］ 林良明. 仿生机械学 ［M］. 上海: 上海交通大学出版社, 1989.

［5］ Yuan L, Man M H, Chang X L. Principles of electromagnetic protection bionics and research of fault self-recovery mechanism ［J］. Engineering, 2014, 2014 (3): 83-96.

［6］ Pris A D, Utturkar Y, Surman C, et al. Towards high-speed imaging of infrared photons with bio-inspired nanoarchitectures ［J］. Nature Photonics, 2012, 6 (3): 195-200.

［7］ Zheng Y, et al. Directional water collection on wetted spider silk. Nature, 2010, 463 (7281): 640-643.

［8］ Nawroth J C, Lee H, Feinberg A W, et al. A tissue-engineered jellyfish with biomimetic propulsion ［J］. Nature Biotechnology, 2012, 30 (8): 792-797.

［9］ James R, Laurencin C T. Regenerative engineering and bionic limbs ［J］. Rare Metals, 2015, 34 (3): 143-155.

［10］ Webster R J, Jones B A. Design and kinematic modeling of constant curvature continuum robots: A review ［J］. The International Journal of Robotics Research, 2010, 29 (13): 1661-1683.

［11］ Najerm J, Sarles S A, Akle B, et al. Biomimetic jelly-fish-inspired underwater vehicle actuated by ionic polymer metal composite actuators ［J］. Smart Materials Structures, 2012, 21 (9): 299-312.

［12］ Granosik G, Hansen M G, Borenstein J. The OmniTread serpentine robot for industrial inspection and surveillance ［J］. Industrial Robot, 2005, 32 (2): 139-148.

［13］ Bai S, Xu Q, Qin Y. Vibration driven vehicle inspired from grass spike ［J］. Scientific Reports, 2013, 3 (7449): 1851-1854.

［14］ Wei S, Berg M, Ljungqvist D. Flapping and flexible wings for biological and micro air vehicles ［J］. Progress in Aerospace Sciences, 1999, 35 (5): 455-505.

［15］ Thomas Willem Bachmann. Anatomical, morphometrical and biomechanical studies of barn owls' and pigeons' wings ［D］. RWTH Aachen University, Germany, 2010.

［16］ Ansari S A, Z bikowski R, Knowles K. Aerodynamic modelling of insect-like flapping flight for micro air vehicles ［J］. Progress in Aerospace Sciences, 2006, 42 (2): 129-172.

［17］ Bixler G D, Bhushan B. Shark skin inspired low-drag microstructured surfaces in closed channel flow ［J］. Journal of Colloid and Interface Science, 2013, 393 (1): 384-396.

［18］ Bixler G D, Bhushan B. Fluid drag reduction with shark-skin riblet inspired microstructured surfaces ［J］. Advanced Functional Materials, 2013, 23 (23): 4507-4528.

［19］ Wen L, Weaver J C, Lauder G V. Biomimetic shark skin: design, fabrication and hydrodynamic function. ［J］. Journal of Experimental Biology, 2014, 217 (10): 1656-66.

［20］ 于帆, 陈嬿. 仿生造型设计 ［M］. 武汉: 华中科技大学出版社, 2005.

［21］ 濮良贵, 纪名刚. 机械设计 ［M］. 北京: 高等教育出版社, 2006.

［22］ 简召全. 工业设计方法学 ［M］. 北京: 北京理工大学出版社, 2004.

［23］ Bhushan B, Yong C J. Natural and biomimetic artificial surfaces for superhydrophobicity, self-cleaning, low adhesion, and drag reduction ［J］. Progress in Materials Science, 2011, 56 (1): 1-108.

［24］ 任露泉. 地面机械脱附减阻仿生研究进展 ［J］. 中国科学, 2008, 38 (9): 1353-1364.

［25］ Tong J, Ren L Q, Chen B C. Geometrical morphology, chemical constitution and wettability of body surfaces of soil animals ［J］. International Agricultural Engineering Journal, 1994, 3: 59-68.

［26］ Ren L Q, Deng S Q, Wang J C, et al. Design principles of the non-smooth surface of bionic plow moldboard ［J］. Journal of Bionic Engineering, 2004, 1 (1): 9-19.

[27] Walker I D. Continuous Backbone "Continuum" Robot Manipulators [J]. Isrn Robotics, 2013, 2013 (1): 1-19.

[28] 崔福斋. 仿生材料 [M]. 北京: 化学工业出版社, 2004.

[29] 佟金, 马云海, 任露泉. 天然生物材料及其摩擦学 [J]. 摩擦学学报, 2001, 21: 315-320.

[30] Dalton A Bt Collins S, Munoz E, el al. Supertough carbon-nanotube fibres [J]. Nature, 2003, 423 (6941): 703.

[31] Liff S M, Kumar N, McKinley G H. High-performance elastomeric nanocomposites viasolvent-exchange processing [J]. Nature Materials, 2007, 6 (1): 76-83.

[32] Vollrath F, Knight D P. Liquid crystalline spinning of spider silk [J]. Nature, 2001, 410 (6828): 541-8.

[33] Gwynne P. Technology: Mobility machines [J]. Nature, 2013, 503 (7475): 16-7.

[34] 蔡江宇. 仿生设计研究 [M]. 北京: 中国建筑工业出版社, 2013.

[35] Yan Q, Han Z, Zhang S W, et al. Parametric Research of Experiments on a Carangiform Robotic Fish [J]. Journal of Bionic Engineering, 2008, 5 (2): 95-101.

[36] Mazzolai B, Mattoli V. Robotics: Generation soft [J]. Nature, 2016, 536 (7617), 400-401.

[37] 田兴华, 高峰, 陈先宝, 等. 四足仿生机器人混联腿构型设计及比较 [J]. 机械工程学报, 2013, 49: 81-88.

[38] 任露泉, 梁云虹. 仿生学导论 [M]. 北京: 科学出版社, 2016.

[39] Ren L Q, Liang Y H. Preliminary studies on the basic factors of bionics [J]. Science China (Technological Sciences), 2014, 57 (3): 520-530.

[40] Pogodin S, Hasan J, Baulin V A, et al. Biophysical model of bacterial cell interactions with nanopatterned cicada wing surfaces [J]. Biophysical Journal, 2013, 104: 835-840.

[41] Ren L Q, Tong J, Li J Q, et al. Soil adhesion and biomimetics of soil engaging components [J]. Journal of Agricultural Engineering Research, 2001, 79 (3): 239-263.

[42] Wang Z Z, Zhang Z H, Sun Y H, et al. Wear behavior of bionic impregnated diamond bits [J]. Tribology International, 2016, 94: 217-222.

[43] Turner M D, Saba M, Zhang Q M, et al. Miniature chiral beamsplitter based on gyroid photonic crystals [J]. Nature Photonics, 2013, 7: 801-805.

[44] Saranathan V, Osuji C O, Mochrie S G J, et al. Structure, function, and self-assembly of single network gyroid (I4132) photonic crystals in butterfly wing scales [J]. PNAS, 2010, 107 (26): 11676-11681.

[45] Pris A D, Utturkar Y, Surman C, et al. Towards high-speed imaging of infrared photons with bio-inspired nanoarchitectures [J]. Nature Photonics, 2012, 6: 195-200.

[46] Han Z W, Niu S C, Shang C H, et al. Light trapping structures in wing scales of butterfly trogonoptera brookiana [J]. Nanoscale, 2012, 4 (9): 2879-2883.

[47] Kolle M, Salgard-Cunha P M, Scherer M R J, et al. Mimicking the colourful wing scale structure of the papilioblumei butterfly [J]. Nature Nanotechnology, 2010, 5 (7): 511-515.

[48] Autumn K, Liang Y A, Hsieh S T, et al. Adhesive Force of a Single Gecko Foot-hair [J]. Nature, 2000, 405: 681-684.

[49] Huber G, Gorb S N, Spolenak R, et al. Resolving the nanoscale adhesion of individual gecko spatulae by atomic force microscopy [J]. Biology Letters, 2005, 1 (1): 2-4.

[50] Bhushan B. Biomimetics-bioinspired hierarchical-structured surfaces for green science and technology [M]. London: Springer Heidelberg New York Dordrecht, 2012.

[51] Xue T, Do M T H, Riccio A, et al. Melanopsin signalling in mammalian iris and retina [J]. Nature, 2011, 479: 67-73.

[52] Sahai D. How bio-organism is playing its role in the lenses technology [J]. IRA-International Journal of Technology & Engineering, 2016, 2 (2): 5-8.

[53] Gladman A S, Matsumoto E A, Nuzzo R G, et al. Biomimetic 4D printing [J]. Nature Materials, 2016, 15: 413-419.

[54] Ju J, Bai H, Zheng Y, et al. A multi-structural and multi-functional integrated fog collection system in cactus [J]. Nature communications, 2012, 3: 1-6.

[55] Zheng Y M, Bai H, Huang Z B, et al. Directional water collection on wetted spider silk [J]. Nature, 2010, 463: 640-643.

[56] Bai H, Tian X L, Zheng Y M, et al. Direction controlled driving of tiny water drops on bioinspired artificial spider silks [J]. Advanced Materials, 2010, 22: 5521-5525.

[57] Autumn K, Liang Y A, Hsieh S T, et al. Adhesive force of a aingle gecko doot-hair [J]. Nature, 2000, 405: 681-684.

[58] Kesel A B, Martin A, Seidi T. Getting a grip on spider attachment: an AFM approach to microstructure adhesion in anthropods [J]. Smart Materials and Structures, 2004, 13: 512-518.

[59] Peng Z, Wang C, Chen S. The microstructure morphology on ant footpads and its effect on ant adhesion [J]. Acta Mechanica, 2016, 227: 2025-2037.

[60] Scherge M, Gorb S N. Using biological principles to design MEMS [J]. Journal of Micromechanics and Microengineering, 2000, 10: 359-364.

[61] Goodwyn P P, Peressadko A, Schwarz, et al. Material structure, stiffness, and adhesion: why attachment pads of the grasshopper (tettigonia viridissima) adhere more strongly than those of the locust (locusta migratoria) (insecta: orthoptera) [J]. Journal of Comparative Physiology A, 2006, 192: 1233-1243.

[62] Nawroth J C, Lee H, Feinberg A W, et al. A tissue-engineered jellyfish with biomimetic propulsion [J]. Nature Biotechnology, 2012, 30 (8): 792-797.

[63] 高峰. 沙漠蜥蜴耐冲蚀磨损耦合特性的研究 [D]. 吉林大学, 2008.

[64] 高峰, 任露泉, 黄河. 沙漠蜥蜴体表抗冲蚀磨损的生物耦合特性 [J]. 农业机械学报, 2009, 40 (1): 180-183.

[65] 高峰, 黄河, 任露泉. 新疆岩蜥三元耦合耐冲蚀磨损特性及其仿生试验研究 [J]. 吉林大学学报 (工学版), 2008, 38 (03): 86-90.

[66] 邱兆美. 蝴蝶鳞片微观耦合结构及其光学性能与仿生研究 [D]. 吉林大学, 2008.

[67] Ren LQ, Qiu Z M, Han Z W, et al. Experimental investigation on color variation mechanisms of structural light in papilio maackii ménétriès butterfly wings [J]. Science China (Technological Sciences), 2007, 50 (4): 430-436.

[68] 邱兆美, 韩志武. 蝴蝶鳞片微观结构与模型分析 [J]. 农业机械学报, 2009, 40 (11): 193-196.

[69] 杨春燕, 蔡文. 可拓工程 [M]. 北京: 科学出版社, 2007.

[70] 申宇卉, 周涵, 范同祥. 硅藻分级多孔功能材料的研究进展 [J]. 材料导报 A: 综述篇, 2016, 30 (4): 1-8.

[71] 徐红磊, 于帆. 基于生命内涵的产品形态仿生设计探究 [J]. 包装工程, 2014, 35 (18): 34-38.

[72] 杜鹤民. 基于产品语义的形态仿生设计方法研究 [J]. 包装工程, 2015, 36 (10): 60-63.

[73] 王慧军. 汽车造型设计 [M]. 北京: 国防工业出版社, 2007.

[74] 陈朋威, 葛文杰, 董海军. 考虑柔性关节的仿袋鼠跳跃机器人落地稳定性研究 [J]. 机械设计, 2013, 30 (01): 35-39.

[75] Li J Q, Xu L, Cui Z R. The Three-Dimensional Geometrical Modeling for Head of Wild Boar by Reverse Engineering Technology [C]. Proceedings of the International Conference of Bionic Engineering, 2006, 235-240.

[76] 周秋生, 刘丹丹, 梁欣. 拓扑学及在 GIS 中的应用 [M]. 哈尔滨: 哈尔滨工程大学出版社, 2014.

[77] 王京春, 陈丽莉, 任露泉, 等. 仿生注射器针头减阻试验研究 [J]. 吉林大学学报 (工学版), 2008, 38 (2): 379-382.

[78] 齐迎春, 丛茜, 王骥月, 等. 凹槽形仿生针头优化设计与减阻机理分析 [J]. 机械工程学报, 2012, 48 (15): 126-130.

[79] 陈秉聪. 车辆行走机构形态学及仿生减粘脱土理论 [M]. 北京: 机械工业出版社, 2001.

[80] 田丽梅, 高志桦, 王银慈等. 形态/柔性材料二元仿生耦合增效减阻功能表面的设计与试验 [J]. 吉林大学学报 (工学版), 2013 (04): 970-975.

[81] Barthlott W, Neinhuis C. Purity of the sacred lotus or escape from contamination in biological surfaces [J]. Planta, 1997, 202: 1.

[82] Liang Y, Huang H, Li X, et al. Fabrication and analysis of the multi-coupling bionic wear-resistant material [J]. Journal of Bionic Engineering, 2010, 7, S24-S29.

[83] 丛茜, 金敬福, 张宏涛, 等. 仿生非光滑表面在混合润滑状态下的摩擦性能 [J]. 吉林大学学报 (工学版), 2006, 36 (3): 363-366.

[84] 陈坤, 刘庆平, 廖庚华, 等. 利用雕鸮羽毛的气动特性降低小型轴流风机的气动特性 [J]. 吉林大学学报 (工学版), 2012, 42 (1):

79-84.

[85] Neinhuis C, Barthlott W. Characterization and distribution of water-repellent self-cleaning plant surfaces [J]. Annals of Botany, 1997, 79 (6): 667-677.

[86] 张广平, 戴干策. 复合材料蜂窝夹芯板及其应用 [J]. 纤维复合材料, 2000, 17 (2): 25-27.

[87] 温变英. 自然界中的梯度材料及其仿生研究 [J]. 材料导报, 2008, 22: 351-356.

[88] Kalpana S K, Dinesh R K, Bedabibhas M. Biomimetic Lessons Learnt from Nacre [M]. Vienna: InTech, 2010.

[89] Dubey D K, Vikas T. Role of molecular level interfacial forces in hard biomaterial mechanics: a review [J]. Annals of Biomedical Engineering, 2010, 38 (6): 2040-2055.

[90] 高雪玉, 杨庆生, 刘志远, 等. 基于纳米压痕技术的碳纤维/环氧树脂复合材料各组分原位力学性能测试 [J]. 复合材料学报, 2012, 29 (05): 209-214.

[91] Cheng H, Chen M S, Sun J R. Histological structures of the dung beetle, Coprisochus Motschulsky-integument [J]. Acta Entomologica Sinica, 2003, 46 (4): 429-435.

[92] 高志, 殷勇辉, 章兰珠. 机械原理 [M]. 2 版. 上海: 华东理工大学出版社, 2015.

[93] 邹慧君. 机械运动方案设计手册 [M]. 上海: 上海交通大学出版社, 1994.

[94] 陈亮, 管贻生, 张宪民. 仿鸟扑翼机器人气动力建模与分析 [J]. 华南理工大学学报 (自然科学版), 2011, 39: 53-57+70.

[95] 张春林. 机械创新设计 [M]. 2 版. 北京: 机械工业出版社, 2010.

[96] Choi B K, Kang D, Lee T, et al. Parameterized activity cycle diagram and its application [J]. ACM T Model Comput S, 2013, 23: 1-18.

[97] 王鑫. 类豹型四足机器人高速运动及其控制方法研究 [D]. 哈尔滨工业大学, 2013.

[98] 丁良宏, 王润孝, 冯华山, 等. 浅析 BigDog 四足机器人 [J]. 中国机械工程, 2012, 23: 505-514.

[99] 朱宝. 扑翼飞行机理和仿生扑翼结构的研究 [D]. 南京: 南京航空航天大学, 2010.

[100] 李贻斌, 李彬, 荣学文, 等. 液压驱动四足仿生机器人的结构设计和步态规划 [J]. 山东大学学报 (工学版), 2011, 41: 32-36, 45.

[101] 王宏, 姬彦巧, 赵长宽, 等. 基于肌肉电信号控制的假肢用机械手的设计 [J]. 东北大学学报 (自然科学版), 2006, 27: 1018-1021.

[102] 刘洪山. 手创伤康复机械手结构设计与分析 [D]. 哈尔滨工业大学, 2007.

[103] Lang L, Wang J, Rao J H, et al. Dynamic stability analysis of a trotting quadruped robot based on switching control [J]. Int J Adv Robot Syst, 2015, 12: 192-1-11.

[104] 陈正水, 邓益民. 基于工艺动作过程的机械执行系统概念设计过程模型 [J]. 机械研究与应用, 2012, 05: 3-6.

[105] 俞志伟. 双足机器人仿生机构设计与运动仿真 [D]. 哈尔滨工程大学, 2006.

[106] 王刚. 多足仿生机械蟹步态仿真及样机研制 [D]. 哈尔滨工程大学, 2008.

[107] 倪风雷, 刘业超, 黄剑斌. 具有谐波减速器柔性关节摩擦力辨识及控制 [J]. 机械与电子, 2012, 04: 71-74.

[108] 张奇, 刘振, 谢宗武, 等. 具有谐波减速器的柔性关节参数辨识 [J]. 机器人, 2014, 36: 164-170.

[109] 王颖, 李建桥, 张广权, 等. 仿生步行足沙地力学特性研究 [J]. 农业机械学报, 2016, 47: 384-389.

[110] 钱志辉, 苗怀彬, 任雷, 等. 基于多种步态的德国牧羊犬下肢关节角 [J]. 吉林大学学报 (工学版), 2015, 45: 1857-1862

[111] 王扬威. 仿生墨鱼机器人及其关键技术研究 [D]. 哈尔滨工业大学, 2011.

[112] Vincent J F V. Deployable Structures in Nature. Deployable Structures [M]. //Pellegrino S. Deployable Structures Springer, 2001: 37-50

[113] 关富玲, 张惠峰, 韩克良. 二维可展板壳结构展开过程分析 [J]. 工程设计学报, 2008, 15: 351-356.

[114] 邹慧君, 张青. 计算机辅助机械产品概念设计中几个关键问题 [J]. 上海交通大学学报, 2005, 39: 1145-1149, 1154.

[115] 宋孟军, 张明路. 多足仿生移动机器人并联机构运动学研究 [J]. 农业机械学报, 2012, 43: 200-206.

[116] Sfakiotaki S M, Lane D M. Review of fish swimming modes for aquatic locomotion [J]. IEEE J Oceanic Eng, 1999, 24: 237-252.

[117] 崔祚, 姜洪洲, 何景峰, 等. BCF 仿生鱼游动机理的研究进展及关键技术分析 [J]. 机械

工程学报, 2015, 51：177-184, 195.

[118] 陈亮. 仿生扑翼机器人气动理论与实验研究 [D]. 华南理工大学, 2014.

[119] Keennon M, Klingebiel K, Won H. Development of the nano hummingbird：a tailless flapping wing micro air vehicle [C]. AIAA Aerospace Sciences Meeting Including the New Horizons Forum and Aerospace Exposition. 2012, AIAA 2012-0588.

[120] 吕仲文. 机械创新设计 [M]. 北京：机械工业出版社, 2004.

[121] 陈甫. 六足仿生机器人的研制及其运动规划研究 [D]. 哈尔滨工业大学, 2009.

[122] 邹慧君. 机械系统概念设计 [M]. 北京：机械工业出版社, 2003.

[123] 闻邦椿. 机械系统概念设计与综合设计 [M]. 北京：机械工业出版社, 2015.

[124] 那奇. 四足机器人运动控制技术研究与实现 [D]. 北京理工大学, 2015.

[125] 郭巧. 现代机器人学：仿生系统的运动感知与控制 [M]. 北京：北京理工大学出版社, 1999.

[126] 王国彪, 陈殿生, 陈科位, 等. 仿生机器人研究现状与发展趋势 [J]. 机械工程学报, 2015, 51：27-44.

[127] Pfeifer R, Lungarella M, Iida F. Self-organization, embodiment, and biologically inspired robotics [J]. Science, 2007, 318：1088-1093.

[128] 中国机械工程学会. 中国机械工程技术路线图 [M]. 北京：中国科学技术出版社, 2011.

[129] 罗庆生, 韩宝玲. 现代仿生机器人设计 [M]. 北京：电子工业出版社, 2008.

[130] 魏清平, 王硕, 谭民, 等. 仿生机器鱼研究的进展与分析 [J]. 系统科学与数学, 2012, 32：1274-1286.

[131] Ijspeert A J. Central pattern generators for locomotion control in animals and robots：A review [J]. Neural Netw, 2008, 21：642-653.

[132] Nicolelis M A L. Actions from thoughts [J]. Nature, 2001, 409：403-407.

[133] Peerdeman B, Boere D, Witteveen H, et al. Myoelectric forearm prostheses：state of the art from a user-centered perspective [J]. J Rehabil Res Dev, 2011, 48：719-738.

[134] 王新庆. 基于肌电信号的仿人型假手及其抓取力控制的研究 [D]. 哈尔滨工业大学, 2012.

[135] 牧野洋. 自动机械机构学 [M]. 胡茂松, 译. 北京：科学出版社, 1980.

[136] 戴建生. 机构学与机器人学的几何基础与旋量代数 [M]. 北京：高等教育出版社, 2014.

[137] 李瑞琴, 郭为忠. 现代机构学理论与应用研究进展 [M]. 北京：高等教育出版社, 2014

[138] 陈兵. 类人机器人行走机构虚拟样机的研究 [D]. 中国科学技术大学, 2014.

[139] 臧红彬, 陶俊杰. 新型八足步行仿生机器人的研制 [J]. 机械传动, 2015, 39：181-185.

[140] 杨兰生. 仿生机构的组成及基本类型 [J]. 哈尔滨科学技术大学学报, 1991, 15 (2)：1-6.

[141] 机械设计手册编委会. 机械设计手册（新版第 2 卷）[M]. 北京：机械工业出版社, 2004：3-29.

[142] 李瑞琴. 机构系统创新设计 [M]. 北京：国防工业出版社, 2008：95-111.

[143] 张春林. 高等机构学 [M]. 北京：北京理工大学出版社, 2006：135-151.

[144] 孟宪源. 机构构型与应用 [M]. 北京：机械工业出版社, 2004：513-527.

[145] 赵旭. 基于机电液一体化的液压机械手设计及其控制 [D]. 东北大学, 2010.

[146] 王佺. 液压驱动机械臂设计及其仿真研究 [D]. 华北电力大学, 2011.

[147] 张东波, 李军, 席巍, 等. 基于力反馈的抓持机构设计 [J]. 机器人技术与应用, 2016, 3：38-40.

[148] 张晓冬, 李建桥, 邹猛, 等. 螃蟹平面运动三维观测和动力学分析 [J]. 农业工程学报, 2013, 29 (17)：30-37.

[149] Ding X L, Xu K. Design and analysis of a novel metamorphic wheel-legged rover mechanism [J]. Journal of Central South University (Science and Technology), 2009, 40 (1)：91-101.

[150] 王明艳. 两足步行生物的运动形态分析 [D]. 中国科学技术大学, 2005.

[151] 张福海. 类人猿机器人四足全方位步行基础研究 [D]. 哈尔滨工业大学, 2005.

[152] 宗光华. 日本拟人型两足步行机器人研发状况及我见 [J]. 机器人, 2002, 6：565-570.

[153] 杨敏. 拟人步行机器人下肢研究现状 [J]. 机械传动, 2006, 2：85-89.

[154] 王刚, 张立勋, 王立权. 八足仿蟹机器人步态规划方法 [J]. 哈尔滨工程大学学报, 2011, 4：486-491.

[155] Xu K, Ding X. Gait analysis of a radial symmetrical hexapod robot based on parallel mechanisms [J]. Chinese Journal of Mechanical Engineering, 2014, 27 (5): 867-879.

[156] Buchli J, Pratt J E, Roy N. Special issue on legged locomotion [J]. International Journal of Robotics Research, 2011, 30 (2): 139-140.

[157] Wang L W, Chen X D, Wang X J, et al. Motion error compensation of multi-legged walking robots [J]. Chinese Journal of Mechanical Engineering, 2012, 25 (4): 639.

[158] Teresa Zielinska. Minimizing energy cost in multi-legged walking machines [J]. Journal of Intelligent and Robotic Systems, 2016, 06: 1-17.

[159] 姜树海, 潘晨晨, 袁丽英, 等. 六足减灾救援仿生机器人机构设计与仿真 [J]. 计算机仿真, 2015, 32 (11): 373-377.

[160] 李文政. 六足仿生机器人步态规划与控制系统研究 [D]. 山东大学, 2011.

[161] 肖勇. 八足蜘蛛仿生机器人的设计与实现 [D]. 中国科学技术大学, 2006.

[162] 张培锋. 一种新型爬壁机器人机构及运动学研究 [J]. 机器人, 2007, 1: 12-17.

[163] 金晓怡, 颜景平, 周建华. 用翅变形观点分析昆虫飞行时的运动和力 [J]. 机械设计, 2007, 24 (11): 23-27.

[164] Shimoyama I, Miura H, Suzuli K, et al. Insect-like microrobots with external skeletons [J]. IEEE Control Systems, 1993, 13 (1): 34-41.

[165] Bin Abas M F, Rafie A S B M, Bin Yusoff H, et al. Flapping wing micro-aerial-vehicle: kinematics, membranes, and flapping mechanisms of ornithopter and insect flight [J]. Chinese Journal of Aeronautics, 2016, 1-9.

[166] Zhu B H, Jin X Y, Zhao L L, et al. A design of innovative experiment platform based on the research of flapping-wing aircraft [J]. Applied Mechanics and Materials, 2014, 651-653: 587-592.

[167] Sattenapalli R, Raju P R. Kinematic analysis of micro air vehicle flapping wing mechanism [J]. International Journal of Scientific Engineering and Technology Research, 2015, 4 (33): 6547-6552.

[168] Ge J, Song G M, Zhang J, et al. Prototype design and performance test of an inphase flapping wing robot [C]. International Conference on Industrial Electronics, IEEE, 2013. 1-6.

[169] 徐一村, 宗光华, 毕树生, 等. 空间曲柄摇杆扑翼机构设计分析 [J]. 航空动力学报, 2009, 24 (1): 204-208.

[170] 朱宝, 王姝歆. 两自由度扑翼机构及其运动仿真研究 [J]. 中国制造业信息化, 2009, 38 (21): 24-28.

[171] 周建华, 王姝歆, 颜景平. PZT 在拍翅式防昆微型飞行机器人动力系统中的应用 [J]. 制造业自动化, 2005, 27 (2): 30-34.

[172] 贾明, 毕树生, 宗光华, 等. 仿生扑翼机构的设计与运动学分析 [J]. 北京航空航天大学学报, 2006, 32 (9): 1087-1090.

[173] 朱保利, 昂海松, 郭力. 一种新型三维仿生扑翼机构设计与分析 [J]. 南京航空航天大学学报, 2007, 39 (4): 457-460.

[174] Conn A T, Burgess S C, Ling C S. Design of a parallel crank-rocker flapping mechanism for insect-inspired micro air vehicles [J]. Journal of Mechanical Engineering Science, 2007, 221(10): 1211-1222.

[175] 王扬威, 于凯, 赵东标, 等. 喷射式仿生水下航行器及其工作方式 [P]. 中国专利: ZL201410149882. 8, 2016-04-27.

[176] Yang Y C, Ye X F, Guo S X. A new type of jellyfish-like microrobot [C]. Shenzhen: IEEE International Conference on Intergration Technology, IEEE, 2007, 673-678.

[177] 傅继军, 洪梓榕, 殷培峰. 仿生机器鱼胸鳍驱动机构设计 [J]. 兰州石化职业技术学院学报, 2015, 15 (3): 13-15.

[178] 李宗刚, 毛著元, 高溥, 等. 一种2自由度胸鳍推进机构设计与动力学分析 [J]. 机器人, 2016, 38 (1): 82-90.

[179] 苏柏泉, 王田苗, 梁建宏, 等. 仿生鱼尾鳍推进并联机构设计 [J]. 机械工程学报, 2009, 45 (02): 88-93.

[180] 李明, 史金飞, 宋春峰, 等. 一种摆动式柔性尾部的仿生机器鱼 [J]. 东南大学学报 (自然科学版), 2008, 38 (1): 32-36.

[181] 朱崎峰, 宋保维, 丁浩, 等. 一种仿海龟扑翼推进机构设计 [J]. 机械设计, 2011, 28 (5): 30-33.

[182] 李瑞琴, 王英, 王明亚, 等. 混合驱动机构研究进展与发展趋势 [J]. 机械工程学报, 2016, 52 (13): 1-9.

[183] 王志浩, 裴熙定, 季学武. 驼足与沙地相互作

用的研究 [J]. 吉林工业大学学报, 1995, 25 (02): 1-7.

[184] 李杰, 庄聚德, 魏东. 驼蹄仿生轮胎对整车牵引性能影响的相似模拟研究 [J]. 农业机械学报, 2004, 35 (03): 1-4, 8.

[185] 张锐, 吉巧丽, 杨明明, 等. 火星巡视器鼓形车轮仿生设计与性能分析 [J]. 农业机械学报, 2016, 47 (08): 311-316

[186] 张锐, 吉巧丽, 张四华, 等. 越沙步行轮仿生设计及动力学性能仿真 [J]. 农业工程学报, 2016, 32 (05): 26-31.

[187] 任露泉, 佟金, 李建桥, 等. 松软地面机械仿生理论与技术 [J]. 农业机械学报, 2000, 31 (01): 5-9.

[188] 陈德兴, 杨文志, 李强. 一种新型行走机构——机械传动式步行轮的研究 [J]. 有色金属工程, 1994, 46 (3): 7-11.

[189] 杨文志, 陈德兴, 张书军, 等. 步行轮设计原则和方法 [J]. 农业工程学报, 1994, 10 (02): 142-146.

[190] 陈德兴, 陈秉聪, 张书军. 步行轮机构原理 [J]. 农业工程学报, 1994, 10 (02): 123-129.

[191] 杨文志, 罗哲, 宁素俭, 等. 步行轮及步行轮拖拉机试验 [J]. 农业工程学报, 1994, 10 (02): 147-152.

[192] 杨文志, 武晓桥, 李强. 步行轮牵引性能计算机预测 [J]. 吉林工业大学学报, 1994, 24 (01): 16-23.

[193] 罗哲, 武晓桥, 宁素俭. 步行轮平顺性分析 [J]. 吉林工业大学学报, 1994, 24 (01): 69-76.

[194] Ren L Q, Li X J. Functional characteristics of dragonfly wings and its bionic investigation progress [J]. Science China (Technological Sciences), 2013, 56 (04): 884-897.

[195] 王国彪, 陈殿生, 陈科位, 等. 仿生机器人研究现状与发展趋势 [J]. 机械工程学报, 2015, 51 (13): 27-44.

[196] 蔡红明, 昂海松, 郑祥明. 基于自适应逆的微型飞行器飞行控制系统 [J]. 南京航空航天大学学报, 2011, 43 (2): 137-142.

[197] 张涛. 扑翼微型飞行器机构分析及样机设计 [D]. 哈尔滨工业大学, 2011.

[198] Mackenzie D. A flapping of wings robot aircraft that fly like birds could open new vistas in maneuverability, if designers can forge a productive partnership with an old enemy: unsteady airflow [J]. Science, 2012, 335 (6075): 1430-1433.

[199] Ma K Y, Chirarattananon P, Fuller S B, et al. Controlled flight of a biologically inspired, insect-scale robot [J]. Science, 2013, 340 (6132): 603-607.

[200] 刘岚, 方宗德, 张西金. 微型扑翼飞行器的升力风洞试验 [J]. 航空动力学报, 2007, 22 (08): 1315-1319.

[201] Shyy W, Berg M, Ljungqvist D. Flapping and flexible wings for biological and micro air vehicles [J]. Progress in Aerospace Sciences, 1999, 35 (5): 455-505.

[202] 刘岚. 微型扑翼飞行器的仿生翼设计技术研究 [D]. 西北工业大学, 2007.

[203] 李峥岳. 微型扑翼飞行器传动机构设计与分析 [D]. 南京航空航天大学, 2012.

[204] 成巍, 苏玉民, 秦再白. 一种仿生水下机器人的研究进展 [J]. 船舶工程, 2004, 26 (01): 5-8.

[205] 王松, 王田苗, 梁建宏. 机器鱼辅助水下考古实验研究 [J]. 机器人, 2005, 27 (02): 147-151.

[206] 丁浩. 仿生扑翼水下航行器推进特性及运动性能研究 [D]. 西北工业大学, 2015.

[207] 杨柯. 水下自重构机器人游走仿生混合运动研究 [D]. 上海交通大学, 2014.

[208] 任淑仙. 无脊椎动物 (上册) [M]. 北京: 北京大学出版社, 1990.

[209] 蔡自兴. 机器人学 [M]. 北京: 清华大学出版社, 2000.

[210] 姜力, 蔡鹤皋, 刘宏. 新型集成化仿人手指及其动力学分析 [J]. 机械工程学报, 2004, 40 (04): 139-143.

[211] 刘晓敏. 基于气动复合弹性体柔性关节机械手研究 [D]. 吉林大学, 2013.

[212] 于世光. 主从灵巧手的控制系统设计与实现 [D]. 浙江理工大学, 2012.

[213] Lim M S, Oh S R, Son J, et al. A human-like real-time grasp synthesis method for humanoid robot hands [J]. Robotics and Autonomous Systems, 2000, 30 (3): 261-271.

[214] Kim I, Nakazawa N, Inooka H. Control of a robot hand emulating human's hand-over motion [J]. Mechatronics, 2002, 12 (1): 55-69.

[215] 于洪. 仿人型假手机构与单手指控制方法的

研究［D］. 哈尔滨工业大学, 2011.

［216］ 曹文祥. 基于人机工程学的虚拟人手的模型建
立及运动学仿真［D］. 武汉理工大学, 2011.

［217］ 郑显华. 仿人机械手结构及其控制系统研究
［D］. 中国矿业大学, 2015.

［218］ 刘世廉. 仿人型机器人简易手指的设计与运
动控制［D］. 国防科学技术大学, 2003.

［219］ 赖德胜, 廖娟, 刘伟. 我国残疾人就业及其影
响因素分析［J］. 中国人民大学学报, 2008,
22 (01): 10-15.

［220］ 何元飞. 脚踏式下肢康复机器人的设计与研
究［D］. 华中科技大学, 2011.

［221］ 陈文斌. 人体上肢运动学分析与类人肢体设
计及运动规划［D］. 华中科技大学, 2012.

［222］ Richard F W. Design of artificial arms and hands
for prosthetic applications［J］. Medical and Bio-
logical Engineering and Computing, 2004, 44:
865-872.

［223］ 李华召. 手臂外骨骼的控制及仿真研究
［D］. 哈尔滨工程大学, 2008.

［224］ 熊大柱. 一种 7 自由度生机电假肢手臂的结
构设计及运动学分析［D］. 华中科技大
学, 2013.